忻州河道管理
XINZHOUHEDAOGUANLI
实用指南
SHIYONGZHINAN

李建平　李霄荣　编著

山西出版传媒集团

山西人民出版社

序

《忻州市河道管理实用指南》一书就要面世了，这不仅是对忻州水利事业、对全省水利事业也是一件大好事。作者在工作之余，深入实地调查，潜心研究，利用两年多的时间完成这本著作。这种锲而不舍、乐于奉献的精神值得我们学习。

河流是地球的血脉，孕育了人类灿烂的文明。人类生存发展与河流息息相关，自人类诞生起，择水而居，逐水而迁，走过漫长的历史长河，经历了自然依存、农耕文明、工业文明三个阶段。新中国成立60年来，人们在开发、利用、整治河流的过程中走了不少弯路。进入新时期，随着社会经济迅猛发展，一方面对河流水资源过量开采、超标排放污水，导致河流水生态迅速恶化；另一方面，大量修建跨河桥梁、闸坝、违规采砂等，致使涉河矛盾激增，这些都对河道管理提出了更高的要求。

近年来，省委、省政府从历史和全局发展的高度，按照党的十七大提出的落实科学发展观、建设生态文明，实现经济社会与自然和谐发展的要求，在汾河流域率先提出生态治理修复与保护战略工程。标志着河流步入开发与保护，利用与治理相结合的生态文明新阶段。各级政府和河道管理单位一定要以"如履薄冰，戒慎恐惧"的心态，高度重视河道管理工作，提高河道管理水平，确保人民群众生命财产安全。

为满足河道管理科学规范、依法管理的要求，我们决定编制《忻州市河道管理实用指南》。经过两年的辛勤努力，几易其稿，终于面世。本书对河流基本知识进行了全面、系统的论述，收集了忻州市66条河流的基本情况、水文情况、社经情况以及涉河工程等，并附有河道管理法律法规和执法文书，资料齐全、记述翔实、数据准确。它不仅对忻州市的河道管理工作具有一定的指导意义，也值得全省河道管理工作者借鉴。

张　健

2013 年 5 月

目录

第一篇　河道管理理论知识

第二篇 忻州河流基础资料

第一篇

河道管理理论知识

第一章 河流基础知识

第一节 河流的概念

一、河流

河道的概念，狭义的理解就是指天然水流的通道，也就是江河水流与河床的综合体。而广义的理解，河道不仅包括水流与河床，还应当包括河床范围内及其边缘的附属物，即河道应当包括堤防及其之间的主河槽、河滩、沙洲、岸线、堤防两侧一定范围内的护堤地。作为自然物的河流，随着人类社会为整治江河，防治水害，开发和利用河流的自然资源而修建了大量的水工程所进行的改造之后，护岸、堤防及护堤地，以及河道内的各项工程，已经成了河道不可分割的组成部分。《河道管理条例》对河道作了法律定义，即河道包括自然河道、湖泊、水库、洼淀、人工水道、行洪区、蓄滞洪区等。

岸线指海洋、江河、湖泊一定宽度的陆域和岸滩水域构成的线状滨水地带，不仅是防洪取水以及港口码头与道路桥梁建设的重要依托，而且还具有重要的景观旅游、生态保护、水源涵养等功能。一般分为海岸线、江（河）岸线和湖岸线。

滩涂是海滩、河滩和湖滩的总称，指沿海大潮高潮位与低潮位之间的潮浸地带，河流湖泊常水位至洪水位间的滩地，时令湖、河洪水位以下的滩地，水库、坑塘的正常蓄水位与最大洪水位间的滩地面积。

河槽也叫河床，是河道中行水、输沙的部分，指河谷中平水期水流所占据的谷底部分。经常或间歇性的水流及河槽（河床）是构成河流的两个因素。

我国对于河流的称谓很多，较大的河流常称江、河、水，如长江、黄河、汉水等；较小的通常称溪、港、源、坑、涧、塘、沟等。为发展水上交通运输而开挖的人工河道称为运河，也称渠。为分泄河流洪水，人工开挖的河道常称为减河。

江与河的命名大致可以从两个方面来区别。一是地域上的区别：南"江"，北"河"。中国南方的河流多称为"江"，例如长江、珠江、钱塘江等。北方的河流多称为"河"，例如黄河、淮河、汾河等。二是规模上的区别：大"江"，小"河"。北方的嫩江、鸭绿江等，这些"江"的共同之处在于长度、流量、流域面积较大；人们通常会把一些小的河流称为"河"。

浙、闽、台地区的一些河流较短小，水流较急，常称溪，如福建的沙溪等。

西南地区的河流也有称为川的，如四川的大金川等。

河流比较特殊的称谓有塘、娄、浜、泾、洪，如浙江的大钱港、罗娄；上海的蕴藻浜、顾泾；江苏的三沙洪等。尤为特殊的是珠江三角洲河网区河道的称谓，如涌（冲）、溶、沥、洋、橛等。

古河道指河流他移后被废弃的河道。

河道主要功能是行洪排涝、交通航运、输水灌溉、水产养殖、蓄水供水。

二、河势

关于河势的概念，有的学者认为河势是河道的平面形态，是约束河道水流的边界；有的认为河势是河道水流运动的态势。

在河流泥沙运动和河床演变研究以及河道整治工程实践中，河势的含义应是，在一定的来水来沙条件、河床边界条件和侵蚀基准面条件诸因素相互作用下，构成一定的水流运动、河道平面形态及两者相对关系的综合势态。

在山区河流中，两岸受到固定边界的控制，水流中悬移质泥沙绝大部分属冲泻质，只有少量粗砂部分和推移质泥沙参与河槽的冲淤作用。因此，在水流与河床相互作用中，两岸边界条件往往对河势起主导作用。

冲积平原河流的河势应包括两个方面的因素：一是水流运动（包括挟带的泥沙），这是河床演变中的主导因素，是促使河床产生平面变形和纵向冲淤变形的最活跃的因素；二是平面形态，是河流造床作用产生的河道轮廓，是约束河道水流的因素。所以，不同的河型具有不同的河势含义。

第二节 河流的岸别及分段

一、岸别

面对河道向下游看时，左边称为河道的左岸，右边称为河道的右岸。

二、河流分段

每条河流一般分为河源、上游、中游、下游、河口五段。

（一）河源

河源指河流发源地，可以是溪涧、泉水、冰川、沼泽或湖泊等。在河流溯源侵蚀下，河源可不断向上移动或改变位置。

对较大河流，常有若干支流，大河源头的确定并无公认标准，目前通常采用"河源唯长"的原则来确定河源，也就是在河流的整个流域中选定最长而且一年四季都有水的支流对应的源头为河源。例如浙江省八大水系之一的飞云江，有洪口溪、泗溪、玉泉溪等支流，以三插溪为最长，即以三插溪为源。

但有时也根据习惯来确定河源。如大渡河比岷江长度和水量都大，但习惯上一直把大渡河作为岷江的支流。

一般而言，一条河流只有一源，但也有采用双源的。例如：浙江省的第一大河钱塘江，最长的两条支流为新安江（668km）和兰江（612km）。以河长为源，则应以新安江为河源，但新安江的大部分区域在安徽省境内，而兰江流经浙江的大部分区域，并且兰江的集水面积和年径流量是新安江的1.7倍，考虑经济文化等因素，钱塘江通常采用双源：北源新安江，南源兰江。

（二）上游

上游指直接连河源，在河流的上段。它的特征是落差大、河谷狭、水流急、流量小、下切力量强，河流中经常出现急滩和瀑布。

（三）中游

中游的特点是河道比降变缓，河床比较稳定，下切力量减弱而旁蚀力量增强，因此，河槽逐渐拓宽和曲折，两岸有滩地出现。

（四）下游

下游是河流的最下段，一般处于平原区，特点是河谷宽，纵断面比降和流速小，河道中淤积作用较显著，浅滩和沙洲常见，河床曲折发育。

（五）河口

河口是河流的终点，也是河流汇入海洋、湖泊或另一河流的入口。这一段因流速骤减，泥沙大量淤积，往往形成三角洲。因其汇入的水域不同，可分为入海河口、入湖河口、支流河口。

入海河口，又称感潮河口，受径流、潮流的共同作用，水动力条件复杂，通常把潮汐影响所及之地作为河口区，受潮汐影响河段为入海河口段。根据沿程水动力差异，河口区可分为河流近口段、河口段、口外海滨段。受径流控制，河道中多江心洲，河床相对稳定，为河流近口段；径流、潮流相互作用，涌潮澎湃，河床多变，属河口段；径流影响微弱，以潮流影响为主，为口外海滨段。

在我国西南和华南喀斯特地貌发育的地区，形成了许多特殊的河流，如河流从岩洞中流出的无头河，河流下游没于落水洞的无尾河，另外一些河流没入地下成为暗河，潜行一段距离后又涌出地面，这些特殊的河流较难区分其河源、上游、中游、下游及河口段。

三、河段

河段指河流在两限定横断面之间的区段。

河流的不同河段往往有不同的名称。为规范统一，比较通行的命名是以该河流入海（河、湖）段的名称为该河流的总称。如长江的源头为沱沱河，经当曲后称通天河，南流到玉树县巴塘河口以下至四川省宜宾市间称金沙江，宜宾以下始称长江。

第三节　河水的来源

河水的来源即河流补给，有雨水、冰雪融水、湖水、沼泽水和地下水补给等多种形式，最终的来源是降水。多数河流不是由单纯一种形式补给，而是多种形式的混合补给。

不同地区的河流、同一地区的不同河流和同一河流在不同季节的主要补给形式和补给数量通常不相同。主要有雨水补给、冰雪融水补给、湖泊和沼泽水补给、地下水补给。

一、雨水补给

雨水是大多数河流的补给源。热带、亚热带和温带的河流多由雨水补给。雨季到来，河流进入汛期，旱季则出现枯水期。雨水补给河流的主要水情特点是，河水的涨落与流域上雨量大小和分布密切相关。

二、冰雪融水补给

由冰雪融水补给河流的水文情势取决于流域内冰川、积雪的储量及分布，也取决于流域内气温的变化。我国发源于祁连山、天山、昆仑山和喜马拉雅山等地的河流，都不同程度地接纳了冰雪融水的补给。

三、湖泊和沼泽水补给

有些河流发源于湖泊和沼泽。湖泊和沼泽对河流径流有明显的调节作用，由湖泊和沼泽补给的河流具有水量变化缓慢、变化幅度较小的特点。

四、地下水补给

这是河流补给的普遍形式，我国西南岩溶发育地区，河水中地下水补给量比重尤其大。地下水对河流的补给量的大小，取决于流域的水文地质条件和河流下切的深度，河流下切越深，切穿含水层越多，获得的地下水补给也越多。以地下水补给为主的河流具有水量年内分配和年际变化均匀的特点。

第四节 河流的分类

一、按流经的国家分类

河流按流经的国家可分为国内河流和国际河流，国际河流又分为国界河流和多国河流。国内河流是指从河源到河口均在一国境内的河流，故亦称为内河。国界河流是指流经两国之间、边界线所经过的河流，故亦称界河，如黑龙江是中俄两国的界河。多国河流是指通过两个或两个以上国家的河流。

二、按水流补给类型分类

河流按水流补给类型主要可分为四类：雨水补给为主的河流，冰雪融水补给为主的河流，湖泊沼泽水补给为主的河流，地下水补给为主的河流。

三、按水流去向分类

河流按水流去向可分为外流河和内流河。直接或间接流入海洋的河流叫外流河，外流河的流域称为外流区。不流入海洋，流入内陆湖泊或中途消失的河流称内流河，内流河的流域称为内流区。

四、按河道级别分类

依据河道的自然规模（流域面积）及其对社会、经济发展影响的重要程度（主要是耕地、人口、城市规模、交通及工矿企业）等因素，1994年2月水利部发布了《河道等级划分办法》（内部试行），明确全国河道分为一级河道、二级河道、三级河道、四级河道、五级河道。

五、按流经地域分类

河流按流经地域可分为山区河道和平原河道两大类，还有丘陵河道、沿海区河道。对于较大的河流，其上游多为山区性河流，而其下游多为平原河流，中游则往往兼有山区河流和平原河流的特性。对于较小的河流，整条河流可能位于山区或平原区。山区河流两岸陡峭，河道深而狭窄，河道横断面形态一般呈现"V"形或者不完整的"U"形。平原地势开阔平坦，水流比较舒缓，河道横断面形态多为"U"形或宽"W"形，河流的平面形态变化多样，如边滩、江心滩等。

六、按流经区域分类

河流按流经区域可分为城市(镇)河段、乡村河段和其他河段。

七、按平面形态分类

平原河道按平面形态可分为四种基本类型：顺直型、蜿蜒型、分汊型、游荡型。

1.顺直型即中心河槽顺直，而边滩呈犬牙交错状分布，并在洪水期间向下游平移。

2.蜿蜒型呈现蛇型弯曲状，河槽比较深的部分靠近凹岸，而边滩靠近凸岸。

3.分汊型，分双汊或者分多汊。

4.游荡型河床分布着较密集的沙滩，河汊纵横交错，而且变化比较频繁。

八、按行政管理权限分类

各地划分不一，通常可将河流分为省管河道、市管河道、县管河道、乡(镇)管河道等。

九、按河道重要性分类

河流按重要性可分为骨干河道、重要河道和一般河道。这种分类是和地区相关的相对概念。通常骨干河道在本地区是行洪排涝的主要河道；重要河道介于骨干河道和一般河道之间，也对本地区防洪排涝起到重要作用；其余为一般河道。另外，还有季节河、悬河等。

季节河也称时令河，是在干旱季节河水干涸的河流。

悬河指河床高出两岸地面的河流。

第五节　水系及干、支流

一、水系

河流通常是大小河道相互沟通形成天然的大系统，大大小小河流构成脉络相通的系统称为水系，也即干流、支流和流域内的湖泊、沼泽或地下暗河相互连接组成的河网系统。水系的平面形态主要受地形和地质构造的控制。

二、独流入海河流

独流入海的河流是特例。独流入海的河流与其他河流间无相关关系，单独入海。如浙江的白溪，山东的白沙河等。

三、干流、支流

一个水系由干流、若干级支流及流域内湖泊、沼泽等组成。在这个系统中，直接流入海洋或内陆湖泊的河流叫做干流，直接流入干流的河流叫做一级支流，直接流入一级支流的河流叫做二级支流，其余依此类推。

四、水系分类

根据干流与支流的分布及平面组合形状，水系通常可分为树枝状、扇状、羽状、平行状、混合状水系等。

1. 树枝状水系：干流、支流分布呈树枝状，是水系发育中最普遍的一种类型。

2. 扇状水系：干支流组合而成的水系轮廓形状如一把平展的扇子。

3. 羽状水系：干流两侧支流分布较均匀，近似羽毛状排列的水系。

4. 平行状水系：支流近似平行排列汇入干流的水系。

5. 混合状水系：由两种以上类型水系复合而成的水系为混合状水系，通常大河有两种或两种以上水系组成。

五、水系名称

水系通常以该水系干流最下游段的名称命名。如：拥有江山港、乌溪江、灵山港、金华江等众多支流的钱塘江，它的水系名称就以干流最下游段的钱塘江命名，称钱塘江水系。

第六节 流域与分水线

一、流域

流域是河流的干流和支流所流过的整个区域，河流集雨范围就是该河流的流域。集雨范围内的土地面积是该河流的流域面积。河流的流域面积可以计算到河流的任一河段，如水文站控制断面，水库坝址或任一支流的汇合口处。

二、分水线

每条河流都有自己的流域，相邻流域之间的分界处称为分水线，即集水区的边界线，降落在分水线两侧的水量将分别流向不同的流域。分水线有的是山岭，有的是高原，也可能是平原或湖泊。在山区，流域的分水线是山脊或山顶，山脊或山顶称为分水岭。例如：我国秦岭以南的地面水流向长江流域，秦岭以北的地面水流向黄河流域。山区或丘陵地区的分水岭明显，在地形图上容易勾绘出分水线。平原地区分水岭不显著，仅利用地形图勾绘分水线有困难，有时需要进行实地调查确定。

流域内的水流通常包括地面水和地下水，因此，分水线有地面分水线和地下分水线之分。如果地面集水区和地下集水区相重合，称为闭合流域；如果不重合，将发生相邻流域的水量交换，则称为非闭合流域。大、中型流域多为闭合流域，小流域通常为非闭合流域。因地下水分水线不易确定，而地下集水区的水量通常比地面集水区的水量小得多，在实际工作中，常用地面集水区代表流域。平时所称的流域，一般指地面集水区。对于某些水量交换较大的流域，则需通过水文地质勘探来确定集水区的范围。

第七节　河流基本特征

河流特征大体可从三方面进行描述：形态特征、水文特征、流域特征。

一、形态特征

河流形态特征主要用河流的地貌、弯曲系数、断面、长度、落差、比降等参数表示。

（一）地貌

山区河流多急弯、卡口，两岸和河心常有突出的巨石，河谷狭窄，横断面多呈"V"形或不完整的"U"形，两岸山嘴突出，岸线犬牙交错很不规则，常形成许多深潭，河岸两侧形成数级阶地。

平原河流横断面宽浅，浅滩、深槽交替，河道蜿蜒曲折，多江心洲、曲流与汊河。河床断面多为"U"形或宽"W"形，较大的河流上游和中游一般具有山区河流的地貌特征，而其下游多为平原河流；对于较小的河流，整条河流可能为山区河流或平原河流。

（二）弯曲系数

河流平面形状的弯曲程度，可以用弯曲系数表示。河流实际长度与河流两端直线距离的比值称为弯曲系数，弯曲系数越大，表明河流越弯曲，径流汇集相对较慢。

（三）断面

河流断面分为纵断面和横断面。

1. 纵断面：指河流从上游至下游沿深泓线所切取的河床和水面线间的断面，即河底高程沿河长的变化，一般用纵断面图表示。以河长为横坐标，河底高程为纵坐标绘制而成的图为河槽的纵断面图。纵断面图表示河流纵坡和落差的沿程分布。

2. 横断面：指垂直于河道中泓线，横截河流，以湿周和自由水面为界的垂直剖面，即河槽中某处垂直于流向的断面，称为在该处河流的横断面。它的下界为河底，上界为水面线，两侧为河槽边坡，有时还包括两岸的堤防。河流横断面是计算流量的主要依据。

（四）长度

自河口至河源（河流上游最初具有表面水流形态的地点），沿河道各横断面最低点的连线量得的距离为河长，河长是计算河流落差、比降、汇流时间的重要参数。在工程设计上所指的河长，常是某一河段的距离。一般而言，河长基本上反映出河流集水面积的大小，即河长越长，河流集水面积越大，反之亦然。

（五）落差

河道两断面间的河底高程差为该河段的落差。河源和河口两处的河底高程差，为河流总落差。落差大表明河流水能资源丰富。

（六）比降

比降包括纵比降和横比降。河段落差与相应河段长度之比，即单位河长的落差叫河道纵比降，纵比降也叫纵坡，即：

$$I=(H2-H1)/L=(dH/L) \times 100\%$$

式中：I—河床比降，以千分率表示（‰）；

H1，H2—河段起点和终点的河床标高 (m)；

dH—河床落差 (m)；

L—河段长度 (m)。

河流横断面的水面，一般并不是水平的，而是横向倾斜或凹凸不平的，河流横断面的比降称横比降。

（七）中泓线

指河道各横断面表面最大流速点的连线。

（八）深泓线

河流各横断面最大水深点的连线。

（九）深泓点

指河流断面最大水深处。

二、水文特征

水文特征主要是指某一河流降雨、径流、流量、水位、洪水、潮汐、水质、泥沙、结冰期长短等。

（一）降雨

从天空降落到地面上的雨水，未经蒸发、渗透、流失而在地面上积聚的水层深度，称为降雨。24h 内的降雨量称为日降雨量，日雨量在 10mm 以下称为小雨，10.0mm～24.9mm 为中雨，25.0mm～49.9mm 为大雨，50.0mm～99.9mm 为暴雨，100.0mm～250.0mm 为大暴雨，超过 250.0mm 的称为特大暴雨。

降雨特征值通常有降雨量、降雨强度、降雨历时、降雨面积、降雨中心。

1. 降雨量指在一定时段内降落在某一点或某一面积上的总雨量。

2. 降雨强度是单位时段内的降雨量。

3. 降雨历时是指一次降雨所经历的时间。

4. 降雨面积是指降雨所笼罩的水平面积。

5. 降雨中心指降雨量集中且范围较小的局部地区。

由雨量站观测到的降雨量，只代表该雨量站所在位置处或较小范围的降雨情况，称为点降雨量。在实际工作中，往往需要全流域的降雨量，即面雨量。可用流域内各雨量站的点降雨量通过计算得到面雨量。最常用的方法是算术平均法和垂直平分法（又叫做泰森多边形法），也可用绘制雨量等值线图来推求。

（二）径流

径流是由降水引起的，但径流并不等同于降水。大气降水如雨、雪等落到地面后，一部分蒸发变成水蒸气返回大气，一部分下渗到土壤成为地下水，其余的水沿着斜坡形成漫流。沿流域的不同路径向河流、湖泊和海洋汇集的水流叫径流。

径流的形成是一个复杂的过程，大体可概化为两个阶段，即产流阶段和汇流阶段。当降水满足了蒸发、植物截留、洼地蓄水和表层土壤储存后，后续降雨强度超过下渗强度，超渗雨沿坡面流动注入河槽的过程为产流阶段。降雨产生的径流，汇集到附近河网后，又从上游流向下游，最后全部流经流域出口断面，叫做河网汇流，这种河网汇流过程，即为汇流阶段。

径流表现有一定的规律。从年内变化看，一年中有汛期、中水期和枯水期之分；从年际变化看，不同年份有丰水年、平水年和枯水年之别。

径流的特征值通常有径流量、径流深、径流模数、径流系数等。

1. 径流量：在某一时段内通过河流某一过水断面的水量称为该断面的径流量（m^3）。在一个年度内通过河流出口断面的水量叫做该断面以上河流的年径流总量。以时间为横坐标，流量过程线和横坐标所包围的面积即为径流量。

2. 径流深：计算时段内的径流总量平铺在整个流域面积上所得到的水层深度（mm）。

3. 径流模数：指某时段内单位面积上所产生的平均流量（$m^3/s \cdot km^2$）。

4. 径流系数：指某时段内降水所产生的径流量与同一时段内降水量的比值。

5. 年径流：一年期间通过河流某一断面或流域出口断面的总水量叫年径流（m^3）。

（三）流量

流量指单位时间内通过某一过水断面的水量。以流量为纵坐标点绘出来的流量随时间的变化过程就是流量过程线。各个时刻的流量是指该时刻的瞬时流量，此外还有日平均流量、月平均流量、年平均流量和多年平均流量等。

1. 洪峰流量：指一次洪水过程中流量的最大值，也就是最大瞬时流量（m^3/s）。

2. 历史最大流量：指历史最大洪水发生过程中的最大流量，又称历史洪水洪峰流量（m^3/s）。

3. 安全泄量：指某河道能安全通过的最大宣泄流量（m^3/s）。

4. 流速：指流体在单位时间内流过的距离（m/s）。

（四）水位

河流的自由水面离某一基面零点以上的高程称为水位。1987 年 5 月，经国务院批准，我国启用"1985 国家高程基准"。

1. 水深：指河流的自由水面离开河床底面的高度。河流水深是绝对高度指标，可以直接反映出河流水量的大小，而水位是相对高度指标，必须明确某一固定基面才有实际意义。

2. 起涨水位：指一次洪水过程中，涨水前最低的水位。

3. 警戒水位：当水位继续上涨达到某一水位，河道防洪堤可能出现险情，此时防汛护堤人员应加强巡视，严加防守，随时准备投入抢险，这一水位即定为警戒水位。警戒水位主要根据堤防标准及工程现状、地区的重要性、洪水特性而确定。

4. 保证水位：按照防洪堤设计标准，保证在此水位时堤防不溃决。

5. 水位过程线与水位历时曲线：以水位为纵轴，时间为横轴，绘出水位随时间的变化曲线，称为水位过程线。某断面上一年水位不小于某一数值的天数，称为历时。在一年中按各级水位与相应历时点绘的曲线称为水位历时曲线。

（五）洪水

洪水是指江河水量迅猛增加及水位急剧上涨，超过常规水位的自然现象。

按洪水成因可分为暴雨洪水、风暴潮洪水、冰凌洪水、溃坝洪水、融雪洪水等。

我国河流的主要洪水大都是暴雨洪水，多发生在夏秋季节，南方一些地区春季也可能发生。以地区划分，我国中东部地区以暴雨洪水为主，西北部地区多融雪洪水和雨雪混合洪水。

融雪洪水是由冰雪融化形成，由于融化过程缓慢，形成的洪水属缓涨缓落型洪水。其余如冰凌洪水、风暴潮洪水、溃坝洪水等类，也都各有其不同的特征。

洪水特征值主要有洪峰水位、洪峰流量、洪水历时、洪水总量、洪峰传播时间等。

1. 洪峰水位和洪峰流量：每次洪水在某断面的最高洪水位和最大洪水流量称为洪峰水位和洪峰流量。

2. 洪水历时和洪水总量：河流一次洪峰从起涨至回落到原状所经历的时间和增加的总水量称为洪水历时和洪水总量。

3. 洪峰传播时间：河流洪水的洪峰从一个断面传播到另一个断面的时间称为洪峰传播时间。

一般来说，山区河流暴雨洪水的特征是坡度陡、流速大、水位涨落快、涨落幅度大，但历时较短、洪峰形状尖瘦，传播时间较快；平原河流的洪水坡度较缓、流速较小、水位涨落慢、涨幅也小，但历时长、峰形矮胖，传播时间较慢。中小河流因流域面积小，洪峰多单峰；大江大河因为流域面积大、支流多，洪峰往往会出现多峰。

4. 汛期：河流洪水从始涨至全回落的时期称汛期。河流中出现大洪水最多的时段称主汛期。

由于各地区气候、降水情况不同，从全国来讲，各河流汛期时间是不同的，南方入汛时间较早，结束时间较晚；北方入汛时间较晚，结束时间较早。春季发生的称春汛，曾称桃花汛；秋季发生的称秋汛；夏秋伏天时节发生的称伏汛，又称伏秋大汛。

（六）泥沙

天然河流大多挟带一定数量的泥沙。特别是在汛期，往往水流浑浊，挟带泥沙较多。挟带泥沙的数量，不同河流有显著差异。河流泥沙的主要来源是流域表面的侵蚀和河床的冲刷，因此，泥沙的多少与流域的气候、植被、土壤、地形等因素有关。

河流泥沙包括推移质与悬移质。推移质泥沙较粗，沿河床滚动、滑动或跳跃运动；悬移质泥沙较细，在水中浮游运动。

河流的泥沙情况通常用含沙量、多年平均年输沙量等指标来描述。

1. 含沙量：指单位体积水中所含悬移质的重量 (kg/m^3)。天然河道中悬移质含沙量沿垂线分布是自水面向河底增加。泥沙颗粒愈小，沿垂线分布愈均匀。含沙量在断面内分布，通常靠近主流处较两岸大。

2. 输沙量：指单位时间内通过单位面积的断面所输送的沙量 (t)。绝大多数河流的含沙量与输沙量高值集中在汛期，我国西北干旱地区的河流，沙峰多在春汛高峰稍前出现。

3. 输沙模数：指单位时间单位流域面积产生的输沙量（$t/km^2 \cdot a$）。

4. 悬移质：指悬浮于水中并随水流移动的泥沙。

5. 推移质：指沿河床滚动、滑动、跳跃或层移的泥沙。

6. 中值粒径：泥沙颗粒组成中的一个代表性粒径，不大于该粒径的泥沙占总重量的50%。

（七）潮汐

河流入海河口段在日、月引潮力作用下引起水面周期性的升降、涨落与进退的现象，称潮汐。潮汐通常用潮位、潮差等特征值来描述。

1. 潮位是指受潮汐影响周期性涨落的水位，又称潮水位。

2. 平均潮位是指某一定时期的潮位平均值。某一定时期内的高 (低) 潮位的平均值称该时期平均高 (低) 潮位。

3. 最高 (低) 潮位是指某一定时期内的最高 (低) 潮位值。

4. 潮差是指在一个潮汐周期内，相邻高潮位与低潮位间的差值。

5. 平均潮差是指某一定时期内潮差的平均值。

6. 最大潮差是指某一定时期内潮差的最大值。

（八）水质

水质是水中物理、化学和生物方面诸因素所决定的水的特性。简单理解就是水的质量，通常用水的一系列物理、化学和生物指标来反映水质。水的用途不同，对水质的要求也不同。GB 3838—2002《中华人民共和国地表水环境质量标准》，将地表水水域环境功能和保护目标，按功能高低依次划分为五类。

1. Ⅰ类：主要适用于源头水、国家自然保护区。

2. Ⅱ类：主要适用于集中式生活饮用水地表水源地一级保护区、珍稀水生生物栖息地、鱼虾类产卵场、仔稚幼鱼的索饵场等。

3. Ⅲ类：主要适用于集中式生活饮用水地表水源地二级保护区、鱼虾类越冬场、洄游通道、水产养殖区等渔业水域及游泳区。

4. Ⅳ类：主要适用于一般工业用水区及人体非直接接触的娱乐用水区。

5. Ⅴ类：主要适用于农业用水区及一般景观要求水域。

对应地表水上述五类水域功能，将地表水环境质量标准基本项目标准值分为五类，不同功能类别分别执行相应类别的标准值，详见下表。水域功能类别高的标准值严于水域功能类别低的标准值。同一水域兼有多类使用功能的，执行最高功能类别对应的标准值。

地表水环境质量标准基本项目标准限值表

单位：mg／L

序号	分类标准值项目	I 类	II 类	III 类	IV 类	V 类
1	水温 (℃)	人为造成的环境水温变化应限制在：周平均最大温升≤1；周平均最大温降≤2				
2	PH 值 (无量纲)	6 ~ 9				
3	溶解氧≥	饱和率 00% (或 7.5)	6	5	3	2
4	高锰酸盐指数≤	2	4	6	10	15
5	化学需氧量 (COD)≤	15	15	20	30	40
6	五日生化需氧量 (BOD5)≤	3	3	4	6	10
7	氨氮 (NH3-N)≤	0.15	0.5	1.0	1.5	2.0
8	总磷 (以 P 计)≤	0.02(湖、库 0.01)	0.1(湖、库 0.025)	0.2(湖、库 0.05)	0.3(湖、库 0.1)	0.4(湖、库 0.2)
9	总氮 (湖、库，以 N 计)≤	0.2	0.5	1.0	1.05	2.0
10	铜≤1.0	0.01	1.0	1.0	1.0	1.0
11	锌≤	0.05	1.0	1.0	2.0	2.0
12	氟化物 (以 F- 计)≤	1.0	1.0	1.0	1.5	1.5
13	硒≤	0.01	0.01	0.01	0.02	0.02
14	砷≤	0.05	0.05	0.05	0.1	0.1
15	汞≤	0.00005	0.00005	0.0001	0.001	0.001
16	镉≤	0.001	0.005	0.005	0.005	0.01
17	铬 (六价)≤	0.01	0.05	0.05	0.05	0.1
18	铅≤	0.01	0.01	0.05	0.05	0.1
19	氰化物≤	0.005	0.05	0.2	0.2	0.2
20	挥发酚≤	0.002	0.002	0.005	0.01	0.1
21	石油类≤	0.05	0.05	0.05	0.5	1.0
22	阴离子表面活性剂≤	0.2	0.2	0.2	0.3	0.3
23	硫化物≤	0.05	0.1	0.2	0.5	1.0
24	粪大肠菌群 (个／L)≤	200	2000	20000	20000	40000

（一）流域面积

流域分水线和河口断面所包围的面积称流域面积（km²）。流域面积是河流的重要特征值。其大小直接影响河流水量大小及径流的形成过程。自然条件相似的两个或多个地区，一般是流域面积越大的地区，河流的水量也越丰富。

（二）流域长度

从流域出口断面沿主河道到达流域最远点的连线称为流域长度，通常用干流的长度来代替（km）。

（三）流域平均宽度

流域平均宽度为流域面积除以流域长度（km）。

（四）流域形状系数

流域形状系数是流域平均宽度和流域长度之比，它便于对不同流域进行对比，如扇形流域形状系数较大，狭长流域则较小。

（五）河网密度

单位流域面积内干流、支流的总长度称河网密度（km/km²）。河网密度表示一个地区河网的疏密程度。

（六）地理位置

流域地理位置以流域边界地理坐标的经纬度来表示。它影响水汽的输送和降雨量的大小。

（七）气候

流域的气候因素包括大气环流、气温、湿度、日照、风速等，径流的形成和发展受气候因素影响，气温、湿度、风速等主要通过影响降水和蒸发而对径流产生影响。

（八）降水和蒸发

降水量和蒸发的大小及分布，直接影响径流的多少。

（九）地质

地层、岩性和地质构造，这些因素与下渗损失、地下水运动、流域侵蚀有关，从而影响径流及泥沙情势。

（十）土壤

土壤主要指土壤种类、结构、持水性、透水性等。

（十一）植被

植被主要指植被类型、分布、覆盖率等。

第八节 河道堤防险情

1. 护堤工程：指为防止河流侧向侵蚀及因河道局部冲刷而造成的坍岸等灾害，使主流线偏离被冲刷地段的保护工程设施。

2. 漏洞：指河道堤防在汛期高水位情况下，洞口出现在背水坡或背水坡脚附近的横贯堤身的渗流孔洞。

3. 管涌：指汛期高水位时，沙性土在渗流力作用下被水流不断带走，形成管状渗流通道的现象，也称翻砂鼓水、泡泉等。

4. 渗水：指由于堤身土料选择不当、堤身断面单薄或施工质量等方面的原因，渗透到堤内的水较多，使高水位下浸润线抬高，背水坡出逸点高出地面，从而使堤背水坡出逸点以下土体湿润或发软，有水渗出的现象。

5.渗漏：在穿堤建筑物与土体结合的部位，由于施工质量和选用施工方法不当等原因，或出现不均匀沉陷等因素发生开裂、裂缝，形成渗水通道，造成结合部位土体的渗透破坏，使水沿着缝隙处产生渗漏，形成接触冲刷险情。

6.漫溢：是洪水漫过堤坝顶部的现象。

7.堤防滑坡：俗称脱坡，是由于边坡失稳下滑造成的险情。

8.崩岸：是在水流冲刷下临水面土体崩落的险情。

9.堤防决口：江河、湖泊堤防在洪水的长期浸泡和冲击作用下，当洪水超过堤防的抗御能力，或者在汛期出险抢护不当或不及时，都会造成堤防决口。

10.跌窝：又称陷坑，是指在雨中或雨后，或者在持续高水位情况下，在堤身及坡脚附近局部土体突然下陷而形成的险情。

第九节 河流的污染与自净

河流具有消纳一定量的污染物质，使自身保持洁净的能力，人们常常称之为河流的自净。当进入水体的污染物超过了河流的自净能力，使得该水体部分或全部失去了它的功能或用途，那么河流污染就发生了。

一、河流的污染及特点

河流的污染物质来源有：大气中的污染物质随降雨而进入河流，地表径流将地表上的污染物质大量携带进河水中，大量生活污水和工业废水的直接排放，水上航运过程中的油脂泄漏等。

二、河流的自净

受污染的河流，在自然条件的作用下，有机物降解，溶解氧回升，使污染浓度逐渐降低，水体基本上或完全恢复到原来的状态，这个过程称为水体自净。这种自然的作用，包括物理净化、化学净化、生物净化、细菌的自然死亡等方面的作用。其中生物净化在水体自净中起重要作用。

（一）物理净化

物理净化是指由于稀释、扩散、沉淀等作用而使河水中的污染物浓度降低的过程。污染物进入河流后受河水的推流和扩散作用，推流即污染物沿水流方向运动，扩散即污染物由高浓度处向低浓度处迁移。在推流和扩散这两种同时存在而又相互影响的运动形式的作用下，使得污染物浓度从排放口开始往下游逐渐降低，同时污染物中的悬浮固体在重力作用下，逐渐沉降到河底，成为淤泥，使污染物得以不断净化稀释。

（二）化学净化

化学净化是指污染物进入水体后在化学作用下使其浓度降低的过程，包括氧化—还原、酸碱中和、沉淀—溶解、分解—化合、吸附—解吸、凝聚—胶溶等。

（三）生物净化

生物净化是指在微生物的作用下，有机污染物逐渐分解、氧化转化为低级有机物和简单无机物，使得水体净化的过程，这一转变的生物化学过程也常被称做生物降解。

（四）细菌的自然死亡

污染物进入河流后，由于环境的变化（如基质减少、日光杀菌、水温及 pH 不适、化学毒物存在、吞食细菌的原生动物存在等），使污水中带来的细菌、病原菌、病毒等逐渐死亡，从而使水体在一定程度上得到自然净化。

影响河流自净的因素很多，其中主要因素有受纳水体的地理、水文条件、微生物的种类与数量、水温、复氧能力以及水体和污染物的组成、污染物浓度等。

三、河流的水环境容量

河流的水自净能力是有限的，如果排入河流的污染物数量超过某一界限时，将造成河流的永久性污染，这一界限称为河流的自净容量或水环境容量。

河流的水环境容量与水体的用途和功能有十分密切的关系。水体的水质目标愈高，其水环境容量愈小；水体的水质目标较低，水环境容量则较大。当然，水体本身的特性，如河宽、河深、流量、流速以及其天然水质等，对水环境容量的影响很大。污染物的特性，包括扩散性、降解性等，也都影响水环境容量。一般而言，污染物的物理化学性质越稳定，其环境容量越小；耗氧性有机物的水环境容量比难降解有机物的水环境容量大；而重金属污染物的水环境容量则甚微。

第十节 河流生态系统

一、生态系统的概念

生态系统是指一定空间中的生物群落（动物、植物、微生物）与其环境组成的系统，其中各成员借助能量交换和物质循环形成一个有组织的功能复合体。

二、河流生态系统的特点

（一）水陆、水气联系紧密性

河流是一个流动的生态系统。相比于湖泊，河流与周围的陆地有更多的联系，因此河流具有水、陆两相联系紧密的特点。河流的水域与两岸陆地间过渡带是两种生境交汇的地方，适合于多种生物生长。

由于河流中水体流动，水深又往往比湖水浅，与大气接触面积大，所以河流水体含有较丰富的氧气，是一种联系紧密的水汽两相结构。特别在急流、跌水和瀑布河段，曝气作用更为明显。与此相应，河流生态系统中的生物一般都是需氧量相对较强的生物。

（二）形态的多样性

1.平面的蜿蜒性。河道按平面形态可分为山区河道和平原河道两大类，平原河道按平面形态又有顺直型、蜿蜒型、分汊型、游荡型等基本形态。无论是山区河道还是平原河道其岸线都是蜿蜒曲折的，山区河道深而窄，平原河道地势开阔平坦，水流比较舒缓，边滩、浅滩、沙洲、江心滩交错分布。平原顺直型河道中心河槽顺直，而边滩呈犬牙交错状分布，并在洪水期间向下游平移；蜿蜒型呈现似蛇形弯曲；分汊型河槽分双汊或者分多汊；游荡型河道，分布着较密集的沙滩，河汊纵横交错，变化比较频繁。"河流喜曲不喜直"，不存在直线或折线形态的天然河流。

2. 纵断面的起伏性。河流从河源到河口，沿程形成了急流、瀑布、跌水、缓流等不同的形态，纵断面的起伏性集中表现在河流坡降在不同河段是不相同的。

3. 横断面的多样性。山区河流多急弯、卡口，两岸和河心常有突出的巨石，河谷狭窄，横断面多呈"V"形或不完整的"U"形，两岸山嘴突出，岸线犬牙交错很不规则，常形成许多深潭。平原河流横断面宽浅，河床上浅滩深槽交替，河道蜿蜒曲折，多江心洲、曲流与汊河。河床断面多为"U"形或宽"W"形。

（三）河床的透水性

一般来说，天然河流的河源及上游的一些河段，河床基岩裸露，透水性较差，而河流的中下游及河口段，河床地层以卵石、砾石、沙性土、黏性土等土层为主，具有透水性能，不同粒径沙石的自然组合，适于水生和湿生植物以及微生物生存，透水的河床又是联结地表水和地下水的通道，使淡水系统形成贯通的整体。

天然河流水陆两相和水汽两相的紧密关系，平面形态的蜿蜒曲折、纵断面的高低起伏、横断面形状多样，河床材料的透水性，造就了丰富的流域生境多样化条件，由此形成了与之相适应的丰富的河流生态系统。

三、人类对河流生态系统的影响

人类大规模开发、整治、改造、利用河流建库滞洪、蓄水发电、筑堤挡水、引水灌溉、纳污排水、取水饮用、通航养殖，为了自身的安全和幸福，最大限度地控制、利用、开发河流，对河流生态系统的影响是广泛而深远的。

1. 平面形态近直线化。建堤挡水，提高了防洪能力，但改变了天然河流蜿蜒曲折宽窄不一的平面形态，使天然河流复杂多样的平面形态呈现近直线化。

2. 横断面的规则化。在横断面布置上，堤防设计中通常一定距离采用一个标准断面进行设计，把自然河流的复杂横断面形状设计成梯形、矩形及弧形等标准几何断面。

3. 纵断面的均一化。为了稳定流态、行洪顺畅或通航需要，采用切滩、炸礁、丁坝等控导建筑物和措施调整坡降，稳定河势，改变了天然河流的急流、瀑布、跌水、缓流等不同的形态。

4. 河流的非连续化。筑水库、造电站、建拦河闸、修橡胶坝等，使流动的河流变成了相对静止的人工湖，造成水流的不连续性。水体形成相对静水，其流速、水深、水温及水流边界条件都发生了重大变化。利用水工建筑物进行人工径流调节，改变了自然河流年内丰枯的水文周期规律，这些变化都大幅度改变河流生物的生存环境。

5. 河床材料的硬质化。堤防和边坡护岸采用混凝土、浆砌石材料抗冲、防渗，增强了工程的强度和耐久性，但同时，自然透水的河床变为不透水，改变了天然河流的透水性和多孔隙性。

6. 建桥梁、修码头、穿管线、采河砂等涉河建设或活动，也改变了河流的平面、断面形态及流态。

7. 河流排污及水面漂浮物污染水质。污水排入河流直接影响水质；各种水面漂浮物覆盖河面，使水中含氧量大大降低，进而影响河流水气两相的紧密关系。

第二章 河道管理

第一节 河道管理范围

一、河道管理范围的概念

河道管理范围是指法律规定对河道实施管理的适用范围，也是政府水行政主管部门行使河道管理权限的区域范围。

二、河道管理范围划定的法律依据

《中华人民共和国防洪法》(以下简称《防洪法》)第二十一条规定：有堤防的河道、湖泊，其管理范围为两岸堤防之间的水域、沙洲、滩地、行洪区和堤防及护堤地；无堤防的河道、湖泊，其管理范围为历史最高洪水位或者设计洪水位之间的水域、沙洲、滩地和行洪区。流域管理机构直接管理的河道、湖泊管理范围，由流域管理机构会同有关县级以上地方人民政府依照前款规定界定；其他河道、湖泊管理范围，由有关县级以上地方人民政府依照前款规定界定。

《中华人民共和国水法》第四十三条规定：国家对水工程实施保护。国家所有的水工程应当按照国务院的规定划定工程管理和保护范围。国务院水行政主管部门或者流域管理机构管理的水工程，由主管部门或者流域管理机构有关省、自治区、直辖市人民政府划定工程管理和保护范围。前款规定以外的其他水工程，应当按照省、自治区、直辖市人民政府的规定，划定工程保护范围和保护职责。

《中华人民共和国河道管理条例》第二十条明确：有堤防的河道，其管理范围为两岸堤防之间的水域、沙洲、滩地(包括可耕地)、行洪区，两岸堤防及护堤地。无堤防的河道，其管理范围根据历史最高洪水位或者设计洪水位确定。

上述法规明确了以下几项内容：河道管理范围分为有堤防的河道和无堤防的河道两类进行划分，无堤防的河道应划定管理范围，有堤防的河道应当划定河道的管理及堤防的保护范围(堤防是水工程之一)；河道管理范围划定的权限是流域管理机构或县级以上地方人民政府。

河道管理范围的大小主要取决于河道等级、堤防安全管理的需要和河道洪水位等。具体划分，应当依照法律规定的权限和程序，结合当地实际而定。范围太大，与水行政主管部门的监管能力不相称，又不利于当地经济发展，特别是对于土地紧缺的地区也不现实；范围太小，不利于河道管理和堤防安全。

第二节　河道安全保护

一、河道安全保护范围

在堤防背水侧河道管理范围以外一定距离内划定的区域，其土地所有权不变，但对影响堤防安全的活动要加以限制。《河道管理条例》中称"河道安全保护范围"为"堤防安全保护区"，规定："在河道管理范围的相临地域规划堤防安全保护区。在堤防安全保护区内，禁止进行打井、钻探、爆破、挖筑鱼塘、采石、取土等危害堤防安全的活动。"

二、河道管理范围内禁止性和限止性活动

河道法律内禁止和限止性活动规定，主要见于《水法》、《防洪法》及《河道管理条例》，集中体现在《防洪法》第三章的有关条款中，其核心内容是河道内从事建设和生产的各项活动都必须符合防洪规划的要求，不得影响河势稳定、危害堤防安全、妨碍行洪和输水。

《防洪法》规定，禁止在河道、湖泊管理范围内建设妨碍行洪的建筑物、构筑物。在河道、湖泊管理范围内建设各类建筑物和构筑物必须符合防洪规划，即须符合规划所确定的防洪标准以及由此而规定的河宽、洪水位等方面的技术要求。《河道管理条例》进一步具体规定为"修建桥梁、码头和其他设施，必须按照国家规定的防洪标准所确定的河宽进行，不得缩窄行洪通道"、"桥梁和栈桥的梁底必须高于设计洪水位，并按照防洪和航运的要求，留有一定的超高"、"跨越河道的管道、线路的净空高度必须符合防洪和航运的要求"等。

上述水法律法规规定，禁止从事影响河势稳定、危害堤防安全和妨碍行洪的活动。例如，禁止在河道、湖泊管理范围内倾倒垃圾、渣土；从事河道采砂、取土、淘金等活动不得影响河势稳定和危害堤岸安全；在行洪河道内不得种植阻碍行洪的林木和高秆作物；不得弃置、堆放阻碍行洪、航运的物体等；禁止围湖造田；禁止围垦河流；若确需围垦的应当进行科学论证，经省级以上人民政府水行政主管部门同意后，报省级以上人民政府批准；禁止擅自填堵原有沟汊、贮水洼淀和废除原有防洪围堤；不得任意砍伐护堤护岸的林木。

三、确权

河道和水工程管理部门依据河道和水工程管理范围划定标准，向土地主管部门提出申请，由土地主管部门核准并发给《土地使用证》，设立界桩，取得水工程占地和管理范围内土地使用权的过程。

四、划界

为确保河道行洪安全及水工程的运行安全，各级政府部门依据国家有关的法规和技术标准划定河道管理范围和水工程的管理、保护范围。

第三章 河道建设项目管理

第一节 涉河项目

一、涉河项目的概念

广义而言，河道管理范围内建设项目包括水库、水电站及跨河、穿河、穿堤、临河的各类工程。《防洪法》对河道管理范围内的建设项目进行了分类，按照《防洪法》的分类，涉河建设项目是指在河道管理范围内修建的跨河、穿河、穿堤、临河的桥梁、码头、道路、渡口、管道、缆线、取水、排水等非水工程设施，简称涉河项目。

二、涉河建设项目管理的重要性

河道是一个天然的大系统，上下游、干支流联为一体，不可分割，某一局部河段的变化，都可能引起河道上下游、左右岸的连锁反应，"上游一弯变，下游弯弯变"是河道演变的整体性的具体表现。在河道管理范围内修建建设项目，对河势稳定和河道行洪、输水等功能的发挥影响很大。特别是防洪方面，无论是建设期，还是运行期，都会涉及工程对河道行洪的安全问题，以及工程自身在汛期的防洪安全问题。因此有必要建立许可制度，规范建设项目的建设，加强事前监管，有效避免建后再作处理的问题，减少不必要的经济损失。

第二节 涉河项目管理制度

一、涉河建设项目审批与规划同意书制度

《防洪法》对河道管理范围内的建设项目进行了分类，并依照项目类型设立了涉河建设项目审批与规划同意书制度。

《中华人民共和国河道管理条例》第十一条规定：修建开发水利、防治水害、整治河道的各类工程和跨河、穿河、穿堤、临河的桥梁、码头、道路、渡口、管道、缆线等建筑物及设施，建设单位必须按照河道管理权限，将工程建设方案报送河道主管机关审查同意后，方可按照基本建设程序履行审批手续。《河道管理条例》规定的管理对象较宽，即"修建开发水利、防治水害、整治河道的各类工程和跨河、穿河、穿堤、临河的桥梁、码头、道路、渡口、管道、缆线等建筑物及设施"。

《中华人民共和国防洪法》将上述管理对象加以区别，并规定了不同的管理制度：对于防洪工程和其他开发水利、防治水害、整治河道等工程，适用规划同意书制度，即《防洪法》第十七条："在江河、湖泊上建设防洪工程和其他水工程、水电站等，应当符合防洪规划的要求；水库应当按照防洪规划的要求留足防洪库容。前款规定的防洪工程和其他

水工程、水电站的可行性研究报告按照国家规定的基本建设程序报请批准时，应当附具有关水行政主管部门签署的符合防洪规划要求的规划同意书。"对于"建设跨河、穿河、穿堤、临河的桥梁、码头、道路、渡口、管道、缆线、取水、排水等工程设施"适用河道管理范围内建设项目审批制度的规定，即《中华人民共和国防洪法》第二十七条："建设跨河、穿河、穿堤、临河的桥梁、码头、道路、渡口、管道、缆线、取水、排水等工程设施，应当符合防洪标准、岸线规划、航运要求和其他技术要求，不得危害堤防安全，影响河势稳定、妨碍行洪畅通。"其可行性研究报告按照国家规定的基本建设程序报请批准前，其中的工程建设方案应当经有关水行政主管部门根据前述防洪要求审查同意。

　　规划同意书与涉河项目审批制度都是对河道管理范围内建设项目实施审批管理的制度。但是它们的管理对象不同，管理的要求也不同。规划同意书制度的管理对象是江河、湖泊上建设的防洪工程和其他水工程、水电站等，其主要目的是审查这些工程建设是否符合防洪规划的要求，确保防洪规划的正确实施。河道管理范围内建设项目的审批管理制度是针对河道管理范围内建设的跨河、穿河、穿堤、临河的桥梁、码头、道路、渡口、管道、缆线、取水、排水等非水工程设施，涉河项目审批是使这些工程设施建设符合防洪等各项技术要求，保证河道安全和行洪通畅。

　　2002年修订的《水法》沿用《防洪法》的分类，在《中华人民共和国水法》第十九条、第三十八条有类似的表述。

　　1988年颁布的《河道管理条例》及1992年水利部和国家计委联合下发的《河道管理范围内建设项目管理的有关规定》，由于颁布时间较早，在涉河项目的表述上与《防洪法》、《水法》有差异，但《防洪法》释义中对此有明确解释。《中华人民共和国防洪法》释义指出：《中华人民共和国河道管理条例》第十一条规定的"修建开发水利、防治水害、整治河道的各类工程和跨河、穿河、穿堤、临河的桥梁、码头、道路、渡口、管道、缆线等建筑物及设施"管理对象较宽，《防洪法》在总结《河道管理条例》实施多年来的经验后将这一问题上升为法律，将上述管理对象加以区别，并规定了不同的管理制度，使其更具有权威性，从而确保防洪安全。

　　简而言之，河道管理范围内的水工程实行规划同意书制度，其他工程实行涉河项目审批制度。

　　无论从依法行政还是从实践的角度，对河道管理范围内的建设项目按项目性质，分别实行涉河建设项目审批与规划同意书制度是适当的。但目前在实际许可中，各地做法不一，既有对河道管理范围内的建设项目不分类，都实行涉河建设项目许可制度的，也有对河道管理范围内的非水工程建设项目实行涉河建设项目许可制度，但水工程规划同意书制度未执行的。从法规体系的一致性原则出发，《河道管理条例》修订应做好法规之间的衔接。

二、防洪评价报告制度

　　《防洪法》第三十三条规定：在洪泛区、蓄滞洪区内建设非防洪建设项目，应当就洪水对建设项目可能产生的影响和建设项目对防洪可能产生的影响做出评价，编制洪水影响评价报告。

水利部、国家计划委员会1992年发布的《河道管理范围内建设项目管理的有关规定》明确，对河道管理范围内重要的建设项目，应编制防洪评价报告。为规范涉河项目的审批，统一防洪评价报告的编制方法，保证编制质量，2004年水利部发布了《河道管理范围内建设项目防洪评价报告编制导则（试行）》（以下简称《导则》），《导则》对建设项目的防洪评价计算、防洪综合评价、防治与补救措施等内容作了规定，对规范防洪评价报告的编制，加强涉河项目审查起到了积极的作用。

对河道管理范围的一些重要的建设项目，建设单位应当委托有相应资质的单位编制建设项目防洪评价报告，并由水行政主管部门组织专家进行评审，通过防洪评价报告明确涉河项目对防洪安全、河势稳定、第三方水事权益等方面影响的定量数据，作为水行政主管部门许可涉河项目的技术支撑。

第四章 河道采砂管理

第一节 河道采砂

一、河道采砂的概念

河道采砂是指用机械方式在自然河道、湖泊、水库、洼淀、人工水道、行洪区、蓄滞洪区等管理范围内开采砂石、取土及淘金（包括淘取其他金属和非金属物质）等翻动或移动砂石的活动。在不同的自然环境条件下，河道采砂可分为旱采和水采等形式。

二、河道采砂设备

河道采砂设备是指用于实施河道采砂的采砂船舶、挖掘机械、分离机械以及其他相关机具和器械。

三、河道采砂许可

河道采砂许可属于行政许可，是指水行政主管部门根据公民、法人或者其他组织的申请，经依法审查，准予其在河道管理范围内从事河道采砂活动的行为。

四、禁采期与可采期

禁采期是指为防止对河道行洪、堤防安全，以及珍稀水生生物的繁殖等构成不利影响，从而禁止在河道范围内实施采砂活动的时段；可采期是指是在不影响河道行洪、输水的前提下，允许在河道范围内实施采砂活动的时段。

五、采砂区的划分

1. 禁采区和可采区：禁采区是指河道管理范围内（为防止对河势稳定、防洪和通航安全，以及跨河、穿河、临河建筑物、重要设施和水生态环境构成不利影响）禁止采砂的区域。可采区是指河道管理范围内允许采砂的区域。

2. 采砂作业区：指（以坐标形式划定的）允许实施河道砂石开采作业的区域。

3. 保留区：指河道管理范围内禁采区和可采区以外的区域。

六、可开采量

可开采量指在不影响河道行洪安全和跨河、穿河、临河建筑物安全的前提下，允许开采的砂石料量。

第二节 河道采砂管理要求

一、河道采砂管理的概念

河道采砂管理是指主管部门依据有关法律法规，通过科学地制定采砂规划、规范地进行采砂许可、监督有序开采等措施，以保证河势的稳定、防洪和通航安全，促进经济社会和谐发展。

二、河道采砂规范管理的要求

河道采砂应当结合河道（航道）整治来开发利用河道中的砂石资源，而不应当单纯地从经济利益出发在河道中进行大量开采。河道采砂管理部门要尊重河道的河势演变客观规律，按照整治河道、保证防洪（及通航）安全的需要和"治河、清障、固堤、采砂"相结合的原则，对河道采砂进行许可审批，并根据河势、水情、工情、水生态环境等实际情况的变化，适时调整开采范围、开采量，使河道采砂有计划、有目的、有秩序地进行。

（一）管理的主要任务和目标

河道采砂管理要从促进经济社会和谐发展的大局出发，树立科学发展观，使河道采砂管理工作服从于经济发展的大局，在管理中做到依法行政、规范程序、强化服务、简化手续、提高效率，使河道采砂管理工作走上依法、科学、规范、有序的正轨。

河道采砂管理工作，就是要通过加强管理，保障河势稳定，保障防洪安全和通航河段的通航安全，保障重要水工程设施安全，以及维护沿岸群众生产生活的正常秩序。同时，维护采砂者的合法权益。

（二）河道采砂的管理要求

河道采砂管理责任重大涉及面广，因此，必须明确责任主体。山西省人民政府办公厅《关于进一步加强河道采砂管理，确保防洪安全的通知》（晋政办发〔2010〕51号）明确：县级人民政府对县城内的河道采砂工作负总责。各级水行政主管部门和河道管理机构要认真履行河道管理、保护和监督职责，加强监督检查，加大监管力度。公安部门要对非法采砂的组织者、屡教不改的非法采砂者、暴力抗法者及涉黑势力依法进行打击。安监、国土、工商、税务等部门要根据各自职责，协调联动，形成合力，坚决制止非法采砂行为。监察部门对河道监管不力，有失职渎职行为的责任人要依法追究责任。

加强河道采砂管理，一是要尽快理顺管理体制，并调整、充实和完善各级政府水行政主管部门的管理力量。二是各地各级管理单位要把采砂管理作为河道管理的一项重要内容，要有专职人员负责日常管理工作。三是水政监察部门要充分发挥水行政执法队伍的整体效能，提高执法力度和执法水平。同时，对于违反法规行为的查处做到合法化、规范化和制度化。要实行河道采砂管理分段负责制，责任到单位，责任到人，明确责任单位和责任人的具体责任，实行责任追究制度，奖罚分明。四是要在地方人民政府的统一协调下，充分发挥公安、安监、国土、工商、税务等相关部门的作用，在其各自的职责范围内，协同做好河道采砂管理工作。

（三）管理措施

在有法可依的前提下，对河道采砂实行科学的规划、规范的许可和开采的有效监督，是加强采砂管理的有效措施。

1.河道采砂规划是根据河道演变情况和趋势、来水来沙及变化情况、防洪及社会经济发展要求，在保证河势稳定、防洪和通航安全、沿岸工农业设施正常运用，以及满足生态环境保护要求的前提下，经过科学论证后，确定了禁采河段和禁采水域，规划了可采区，明确了可采期和禁采期，提出了年度控制开采总量指标，规定了采砂船型和控制数量，为河道采砂的实施和管理提供了科学依据。

2.依据有关法律法规，国家对河道采砂实行采砂许可制度。采砂许可制度是加强河道采砂管理，保障河道采砂有序进行的重要措施，也是防止滥采乱挖河道砂石资源的重要手段之一。河道采砂规划是进行采砂许可的重要依据，采砂许可证的审批发放，应严格按照河道采砂规划进行，并要求申请人进行年度采砂区论证和水生态环境影响分析，有相应的环保措施。

3.河道采砂是一项水上作业，具有一定的特殊性。有些采砂业主在利益驱动下，往往不按要求进行采砂作业。从对从事行政许可事项活动实施监督的角度而言，对采砂作业进行监督也是贯彻《行政许可法》的要求。为了确保采砂活动按照经审批的采砂规划和采砂许可科学、有序地进行，必须对采砂作业进行监督检查。

第三节　河道采砂规划报告的编制

一、总则

1.编制河道采砂规划应遵守国家有关法律、法规。

2.编制河道采砂规划应充分考虑维护河势稳定、保障防洪和通航安全、沿江（河）涉水工程正常运行以及生态与环境保护的要求。

3.编制河道采砂规划应符合江河流域综合规划和区域规划，并与相关专业规划相协调，贯彻全面规划、统筹兼顾、科学合理的原则，正确处理好整体与局部、干流与支流、上下游、左右岸，近期与远景、需要与可能等方面的关系，做到适度、有序地开采利用河道砂石资源。

4.河道采砂规划的主要内容应包括河道演变与泥沙补给分析、河道采砂的分区规划、采砂影响分析、规划实施与管理等。

5.河道采砂规划的规划期可根据规划河流的特性确定。

6.编制河道采砂规划应重视基本资料的收集整理和分析利用。

二、基本资料

1.编制河道采砂规划，应根据规划要求调查、收集、整理和分析有关气象、水文、地形、地质、环境、社会经济、防洪、航运和涉水工程等方面的资料。

2.水文气象资料，应包括能反映流域或规划河段气象、水文特性的有关特征数值的资料。

（1）气象资料主要包括降水、气温、风、雾等气象特征值。

（2）水文资料。

径流资料，主要包括规划河段历年水位、流量、流速特征值等。

泥沙资料，主要包括规划河段的历年输沙量、含沙量、泥沙颗粒级配、床沙等。

潮汐资料，包括感潮或潮流河段的潮位、潮差、流速、潮汐基本特性以及潮流河段流向等。

冰情资料，包括河流历年封冻起讫日期、封冻历时及变化规律、冰厚、封冻影响等。

当规划河段上游有较大蓄水工程或受其他人类活动影响对规划河段水沙条件有明显影响时，应收集人类活动影响情况及相应的水沙条件变化资料。

3.河道地形和地质资料，应包括能反映河道地形、地质特征的资料。

（1）规划河段历年河道地形图、固定断面资料等。

（2）规划河段的地形地貌、地层岩性特征、河谷结构、岸坡形态和类型。河床沉积物的物质组成及主要物质来源；河道砂（砾石）层的分布特征；河道砂层的可采性分析等。

（3）可采区砂层的颗粒组成、储量、分布范围及高程等。

（4）有关环境地质问题预测评估成果、预防崩岸等地质灾害产生的限制条件及措施建议。

4.社会经济资料，应包括规划河段沿岸行政区划、主要城镇和人口分布、主要国民经济指标、主要产业布局等。

5.生态与环境资料，应包括采砂河段的生态与环境现状、水功能区划、环境保护规划和已批准的珍稀动物保护区等。

6.规划河段防洪、护岸和航运资料，应包括河道两岸堤防、护岸工程资料；航道等级和维护尺度，现状航道位置及尺度，通航船舶类型、客货运输量，主要碍航水道分布及治理情况等资料；河道内已建及规划期内拟建的涉水工程资料。

7.编制河道采砂规划应收集江河流域和区域综合规划、防洪规划、河道整治规划、航运规划、沿江各地经济发展和城市建设规划，以及规划河段的采砂现状和管理资料。

8.对收集的资料应进行合理性和可靠程度的分析评价。

三、河道演变与泥沙补给分析

编制河道采砂规划应根据规划河段的水文、地形、地质、河道演变分析成果、人类活动等基础资料进行河道演变与泥沙补给分析。

河道演变与泥沙补给分析的内容可根据不同河道特性、治理及开发情况和采砂（主要指水采、旱采）不同要求具体确定。

（一）河道演变分析

1.河道演变分析的内容，应包括河道历史演变、近期演变以及河道演变趋势分析。

2.河道历史演变分析应说明历史时期河道平面形态、河床冲淤及洲滩等演变特征。

3.河道近期演变及演变趋势分析，应综合分析规划河段近期的河势和河床冲淤变化特性和演变趋势。

4.对于规划河段内的碍航浅滩，应分析其年际和年内冲淤变化、碍航程度以及航道整治的影响等。

5.规划河段及其上游干支流修建水库等水利枢纽、实施水土保持和河道整治等人类活动影响而可能导致规划河段来水、来沙、边界条件等发生较大变化时，应分析其对河道演变的影响。

（二）泥沙补给分析

1.泥沙补给分析，应包括各河段来水特性、泥沙来源，悬移质、推移质的输移特性和颗粒级配，床沙的组成及其颗粒级配。

2.泥沙补给分析可根据河道的水文、地形、地质等资料及河道演变特性及规划河段的河道冲淤状况、床沙颗粒级配、上游来沙数量和颗粒级配，并结合规划采砂要求，利用输沙平衡原理分析各河段的泥沙补给状况。

3.泥沙补给分析应分析人类活动对规划河段泥沙来量变化和补给的影响。

4.对于某些特殊河流或重要河段的泥沙补给分析，可结合数学模型计算或河工模型试验进行分析。

四、采砂分区规划

采砂分区规划，应包括禁采区、可采区、保留区的规划。

采砂分区规划应在分析研究规划河段河道采砂的影响因素和控制条件的基础上进行。

（一）禁采区划定

禁采区应在分析研究采砂影响和控制因素的基础上划定。

1.对维护河势稳定起重要作用的河段和区域，包括控制河势的重要节点、重要弯道凹岸、河道分流区，需控制其发展的汊道等。

2.对防洪安全有较大影响的河段和区域，包括防洪堤外边滩较窄或无边滩处、深泓靠岸段、重要险工段附近、护岸工程附近区域以及其他对防洪安全有较大影响的区域。

3.对航道稳定和通航安全影响较大的河段和区域，包括主航道内、航道变迁区域、碍航水道、过度弯曲的航道及其上下游一定区域、港口码头区域等。

4.对河道的生态与环境影响较大的河段和区域，包括国家和省级人民政府划定的各类自然保护区、珍稀动物栖息地和繁殖场所、主要经济鱼类的产卵场、重要的国家级水产原种场、洄游性鱼类的主要洄游通道、集中饮用水源地、重要引水河段等。

5.对涉水工程正常运用有不利影响的河段和区域，包括桥梁、码头、涵闸、取排水口、过江电缆、隧道等的保护区域。

6.与江河流域和区域综合规划及有关专业规划有矛盾的河段和区域。

（二）可采区规划

1.可采区规划应包括规划河段年度控制开采总量的确定，各可采区规划范围和年度控制实施范围、控制开采高程、控制开采量、可采期和禁采期的确定，可采区作业方式、弃料堆放及其处理方式的选择等。

2. 可采区规划应综合考虑河势、防洪、通航、生态与环境保护、涉水工程正常运行以及开采运输条件等因素，在河道演变与泥沙补给分析的基础上划定。即：对河势稳定、防洪安全、通航安全、生态与环境保护、涉水工程正常运用等基本无影响或影响较小的区域；河道整治、航道整治、港口码头运行等需要疏浚的区域。

3. 规划河段年度控制开采总量应综合考虑泥沙补给、砂石储量及需求等因素确定。年度控制开采总量原则上不宜超过河道多年平均泥沙补给量。

4. 可采区范围的规划布置及其平面控制点坐标的确定，应采用最近的河道地形图。年度控制实施的可采区的长度和宽度指标，应结合可采区所处规划河段的具体情况分析确定。地形图的比例尺可视河道宽度等情况确定，一般不小于 1∶10000。

5. 可采区控制开采高程应在河道演变分析以及泥沙补给分析的基础上确定。一般不宜超过河道正常冲淤变化范围。

6. 各可采区年度控制开采量应考虑年度控制实施的可采区范围大小、控制开采高程以及泥沙补给条件综合分析确定。

7. 可采区的禁采期应在分析不同时期采砂的相关影响的基础上确定，主要考虑以下因素：

（1）主汛期以及水位超过防洪警戒水位时段。

（2）珍稀水生动物和鱼类资源保护要求的时段以及对水环境有较大影响的时段。

（3）通航河流上采砂可能影响通航安全的枯水期。

8. 可采区规划应对各可采区的采砂机具及作业方式提出原则性要求。

9. 有弃料的可采区，应明确提出弃料堆放规划以及开采后河道复平要求。

10. 对需要利用河道内滩地堆放砂石料的河段，应从河道行洪、岸坡稳定、环境保护等要求综合考虑，提出堆放场地的数量及分布、范围及堆放要求等。

（三）保留区规划

规划河段内，禁采区和可采区以外的区域应划定为保留区。划定的保留区可根据河道演变情况和采砂需求，经过充分论证和办理审批手续后调整为可采区。

五、采砂影响分析

编制河道采砂规划应分析采砂规划方案对河势稳定、防洪安全、通航安全、涉水工程正常运行、生态与环境保护等方面的影响，并提出结论性意见及对策措施。

1. 采砂对河势稳定的影响分析，应包括研究不同边界条件和开采方式对河势稳定影响，宜采用最近的河道地形资料，并结合河道演变分析成果进行。

2. 采砂对防洪安全的影响分析，应包括采砂方案对防洪水位、近岸流速、堤防安全、重要险工险段、防洪工程等的影响。重要防洪河段可结合数学模型计算和河工模型试验进行分析和论证。

3. 采砂对通航安全的影响分析，应包括对航道的影响和对通航安全的影响。对航道的影响应结合航道通航现状、航道规划等级和维护尺度，航道存在的主要问题等情况，并结合河道演变分析进行。

4. 采砂对涉水工程的影响分析，应包括采砂对涉水工程运行条件、安全、效率等的影响。可根据采砂直接影响到的河段两岸有关涉水分布情况及正常运用要求进行。

5. 采砂对生态与环境的影响分析，包括分析采砂活动对水体水质、取水口水质的影响范围等影响；对主要经济鱼类、珍稀濒危及特有水生动植物的影响；对沿岸城镇、居民点、建筑物等影响；砂料堆放和运输对城镇及居民点的影响。对减免生态与环境影响的对策措施意见，可在调查涉及区域环境现状的基础上进行。

六、规划的实施与管理

1. 河道采砂规划应明确提出可采区实施程序意见。对于开采量特别大或位于环境敏感河段的可采区，在发放采砂许可证之前，还应在采砂规划的基础上进行采砂的环境影响评价。

2. 河道采砂规划应在对河道采砂管理现状进行调查并分析采砂管理存在的主要问题的基础上，提出完善采砂管理的措施。

3. 对可采区及采砂影响河段，应根据不同河流的特点，提出动态监测管理措施意见。

第四节　河道采砂管理中水行政执法主要措施

一、水行政强制措施的概念

行政强制措施是行政机关为了预防、制止危害社会的行为而采取的限制人身自由、财产权利，使其保持一定状态的手段。水行政强制措施是指水行政主管部门或者法定的其他组织依照法律、法规和规章所赋予的职权，为排除紧急危险或侵害而采取的强制措施。

水行政强制是水行政执法过程中的重要手段和保障，它是为实现行政目的服务的，但它不是最终处理行为。只要对方放弃或停止对水事秩序的危害，接受法律制裁，履行法定义务，符合停止使用的条件，行政强制措施即可解除。水行政强制的目的是为了预防或制止违法行为的发生或继续，或迫使义务人履行义务或达成与履行义务相同的状态。

二、与河道采砂管理相关的水行政强制措施

（一）责令停止违法行为、恢复原状

《中华人民共和国水法》第六十五条规定：在河道管理范围内从事影响河势稳定、危害河岸堤防安全和其他妨碍河道行洪的活动，由县级以上地方人民政府水行政主管部门或者流域管理机构依据职权，责令停止违法行为，限期恢复原状。

（二）责令纠正违法行为或者采取补救措施

《中华人民共和国防洪法》第五十六条第二项规定：在河道、湖泊管理范围内从事影响河势稳定、危害河岸堤防安全和其他妨碍河道行洪的活动，由县级以上地方人民政府水行政主管部门或者流域管理机构责令其停止违法行为，排除阻碍或者采取其他补救措施。

《中华人民共和国河道管理条例》第四十四条第四项规定：未经批准或者不按照河道主管机关的规定在河道管理范围内采砂、取土、淘金、弃置砂石的，由县级以上地方人民政府河道主管机关责令其纠正违法行为、采取补救措施。

（三）责令停止开采作业

《行政许可法》第八十一条规定：公民、法人或者其他组织未经行政许可，擅自从事依法应当取得行政许可的活动的，行政机关应当依法采取措施予以制止，并依法给予行政处罚；构成犯罪的，依法追究刑事责任。

四、水行政强制执行

（一）水行政强制执行的概念

水行政强制执行是指公民、法人或其他组织不履行水行政机关依法作出的水行政处理决定中规定的义务，水行政机关依法采取强制手段，强迫其履行义务，或达到与履行义务相同状态的行为。

（二）水行政强制执行的分类

根据执行主体的不同，水行政强制执行可分为两类：水行政执法主体自行强制执行（即行政强制）和申请人民法院强制执行（即司法强制）。

（三）水行政执法主体强制执行

1.适用范围根据水法规的规定，水行政执法主体强制执行的情形主要包括：

（1）强制拆除违法建筑物、构筑物（依据《中华人民共和国水法》第六十五条）；

（2）强行拆除违章设施（依据《中华人民共和国水法》第五十八条）；

（3）河道清障（依据《中华人民共和国防洪法》第四十二条、第四十五条，《中华人民共和国河道管理条例》第三十六条）；

（4）对围海、围湖、围河造地的处理；

（5）法律、法规规定的其他情形。

2.强制执行程序。

（1）调查取证；

（2）水行政执法主体做出水行政处理决定，并向相对人送达行政法律文书；

（3）当相对人在行政法律文书规定的期限内未履行行政法律文书规定的义务时，水行政执法主体组织力量强制执行；

（4）在水法规规定的紧急情况下，水行政执法主体可不按前述程序执行，而可以直接进行强制执行。

3. 开始执行的时间。一般情况下，只要相对人在行政法律文书规定的期限内未履行行政法律文书规定的义务，水行政执法主体即可强制执行；在水法规规定的紧急情况下，强制执行开始的时间是水行政执法主体确定的时间。

五、水行政处罚

（一）水行政处罚的概念

水行政处罚，是指水行政处罚主体依照法律、法规和规章的规定，对公民、法人或者其他组织违反行政法律规范但未构成犯罪的行为实施的一种惩戒或者行政制裁的具体行为。

河道采砂行政处罚是指各级水行政主管部门、流域管理机构依照法律、法规和规章的规定，对公民、法人或者其他组织违反河道采砂管理规定，但未构成犯罪的行为实施的一种惩戒或者行政制裁的具体行政行为。它是水行政处罚的一种。

（二）河道采砂行政处罚主体

行政处罚的主体是行政机关或法律、法规授权的其他行政主体。河道采砂行政处罚的主体，一是县级以上地方人民政府水行政主管部门；二是流域管理机构。

（三）河道采砂行政处罚种类

水行政处罚的形式、种类有很多，具体到河道采砂行政处罚，其种类主要有：

1. 警告。警告是指行政机关对违反行政管理法律规范的公民、法人或者其他组织的谴责和告诫，是以影响违法行为人声誉为内容的处罚。其目的是通过对行为人精神上的惩戒，使其认识到本身的违法行为，而不再违法。

《中华人民共和国河道管理条例》第四十四条第四项规定：未经批准或者不按照河道主管机关的规定在河道管理范围内采砂、取土、淘金、弃置砂石或者淤泥的，由县级以上地方人民政府河道主管机关给予警告。

2. 罚款。罚款是指行政机关强制违反行政法律规范的公民、法人或者其他组织在一定期限内向国家缴纳一定数量货币的处罚形式，其目的就是使违法行为人在经济上受到损失，从而警示其以后不再违法。

《中华人民共和国防洪法》第五十六条第二项规定：在河道、湖泊管理范围内从事影响河势稳定、危害河岸堤防安全和其他妨碍河道行洪的活动，县级以上人民政府水行政主管部门或者流域管理机构可以处5万元以下的罚款。

《中华人民共和国河道管理条例》第四十四条针对未经批准或者不按照河道主管机关的规定在河道管理范围内采砂、取土、淘金、弃置砂石的，做出了相应规定。

3. 没收非法所得。没收非法所得是指行政机关将违反行政法律规范的公民、法人或者其他组织违法所得的收入强制收归国有的一种处罚形式。没收非法所得是比较严厉的财产处罚。

《中华人民共和国河道管理条例》第四十四条针对未经批准或者不按照河道主管机关的规定在河道管理范围内采砂、取土、淘金、弃置砂石的，做出了相应规定。

4. 吊销河道采砂许可证。《长江河道采砂管理条例》第十八条第二项规定：虽持有河道采砂许可证，但在禁采区、禁采期采砂的，由县级以上地方人民政府水行政主管部门或者长江水利委员会依据职权，吊销河道采砂许可证。

第二篇

忻州河流基础资料

第一章　忻州市河流综述

一、地理位置

忻州市位于山西省北中部，介于东经110°56′～113°58′，北纬38°09′～39°40′之间，东西长约250km，南北宽约100km。北以内长城与大同、朔州为界，西隔黄河与陕西、内蒙古相望，东邻太行山与河北省接壤，南与吕梁、太原、阳泉毗连。

二、地形地貌

纵观全市，境内地形崎岖，山多川少，地质条件和地貌类型错综复杂。东部自北向南分布有恒山、五台山、太行山和系舟山，中部有管涔山、芦芽山及云中山。黄河自北向南穿行于秦晋峡谷之中，形成我市与陕西省的天然屏障。河东岸呈向西倾斜的高原地形，地表为厚层黄土覆盖。东部以丘陵地貌为主，向西过渡为沟壑区，盆地面积较大的有忻定盆地和五寨盆地，前者为中部五台、系舟、云中三山所包围，后者位于芦芽山西北部。山区高原面积约占全市面积的87%，川地占13%。山脉标高多在2000m以上，五台山北台～叶斗峰海拔3058m，被誉为"华北屋脊"，定襄县岭子底海拔560m，为忻州市最低点。

从整体上看，云中山以东，主要由变质岩石山、土石山、黄土丘陵及第四纪沉积物盆地组成。其中系舟山、云中山北部，有局部灰岩地层，主要分布在阳武河上游北支和清水河下游。滹沱河东南侧山区和清水河两侧均为陡坡区，多断层，分布有数片中等郁闭度森林。

云中山以西，管涔山、芦芽山以东的汾河两岸，由以砂页岩为主的土石山区及河谷阶地组成。两侧山区有局部带状灰岩分布，植被稀疏。汾河上游管涔山、芦芽山分布有大面积高郁闭度森林区。

芦芽山以西至黄河沿岸，属黄土丘陵沟壑区，植被条件差，因长期受风雨侵蚀，地貌沟壑纵横，切割破碎，并有许多平顶孤丘，除各源头有部分裸露的灰岩地层外，均属埋深小于200m的隐伏性灰岩分布区。

三、河流水系

忻州市河流分属海河、黄河流域的子牙河、大清河、永定河、汾河、黄河五大水系。河流均呈辐射状自市内向四周发散，汇入市外河流。受地理环境和气候条件所制约，河流兼具山地型和夏雨型的双重特性。在河流形态和河道特征方面表现为：沟壑密度大，水系发育；河流坡陡流急，侵蚀切割严重。在径流和泥沙方面，其特点是：洪水暴涨暴落，含沙量大；年径流集中于汛期，枯季径流小而稳定。区内灰岩分布广泛，地质构造复杂，地表水和地下水转化强烈。河道切割至灰岩地层，地表径流明显减小，地表水转化为地下水，典型代表站如朱家川河桥头站。相反，有岩溶水补给的河流，在泉水出露点以下，基流骤然增大，呈现出泉水补给型河流的明显特征，典型代表站如滹沱河南庄站。

除自北向南流经忻州市的黄河外，集水面积大于 1000km^2 的河流有 9 条。其中海河流域 3 条：滹沱河、清水河和牧马河；黄河流域 6 条：黄河、汾河、朱家川河、岚漪河、县川河和偏关河。集水面积在 100 km^2 ~ 1000km^2 的主要河流有 66 条。集水面积在 100km^2 以下的主要河流有 91 条。

忻州市地处黄河中游，黄河干流从偏关县老牛湾由内蒙古自治区进入秦晋峡谷，忻州位于黄河的左岸，隔河与右岸的陕西省相望。黄河自北向南流经忻州的偏关、河曲、保德三县，在此区间内黄河接纳偏关河（支流有水泉河、沙漠沟）、大石沟河、县川河（支流有红崖子沟、尚峪沟、悬沟河）、朱家川河（支流有清涟河、鹿角河、泥彩河、马家河）、小河沟河、岚漪河（支流有马跑泉河、北川河、南川河、中寨河）的河水，由保德县冯家川出境，流入陕西。

汾河是黄河较大的一级支流，发源于宁武县管涔山麓的雷鸣寺，流经忻州市的宁武、静乐两县，沿途接纳大庙河、中马坊河（支流有东马坊河、怀道河）、西马坊河、新堡河、鸣水河、五村河、东碾河、柳林河（支流有太平河）的河水，从静乐县丰润出境流入太原市。忻州市境内干流长 96.5km，流域面积 2975km^2，平均纵坡 1 / 166。流域内有 100 km^2 ~ 1000km^2 的河流 11 条。

汾河宁化以上至河源，纵坡达 1 / 40，河槽狭窄，宽度仅数十米，由卵石组成。右岸森林较多，宁武、静乐两县较大林场所属森林面积达 23.33 千 ha，主要集中于此，春汛期间河道融冰水和山地融雪水易于错开，水情平稳而峰形不甚集中；静乐一带偶有冰凌堆积现象，也不严重。但暴雨洪水却比较易于集中，河流冰情还受泉水及水温影响比较明显。

滹沱河属海河流域子牙河水系，发源于繁峙县泰戏山西麓马跑泉河、桥儿沟一带，从上游沿河接纳井沟河、洪水河、沿口河、羊眼河、双井河、峨河、峪河、中解河、长乐河、阳武河（支流有龙宫河、官地河、长梁沟河）、北云中河（支流有永兴河）、南云中河、牧马河（支流有平社河）、同河、小银河、清水河（支流有铜钱沟、殊宫寺沟、泗阳河、柳院沟、豆村北沟、滤泗河、移城河）的河水，在定襄县岭子底出境，至阳泉市盂县入河北省境。忻州市境内滹沱河干流长 250.7km，流域面积 11936km^2。流域内有大于 1000km^2 的河流 2 条，100 km^2 ~ 1000km^2 的河流 26 条。

滹沱河干流在山西境内以北、西、南环绕五台山，形若"S"形，崞阳以上为上游，属宽谷型河道，其北、西、南三面环绕五台山，长约 116km，河流由东北流向西南，宽度在 100 m ~ 600 m 之间；崞阳至济胜桥为中游，长约 90km，具有平原型河道的特征，河床宽 500 m ~ 1000m；崞阳至界河铺河流转为南北流向，出界河铺峡口后折向东流，至济胜桥进入山区；济胜桥以下为下游，属山区型河道，河床窄深，比降逐渐变陡，河床窄处仅 30 m ~ 50m。

忻州市境内海河流域除子牙河水系滹沱河外，还有海河流域永定河水系桑干河流域的恢河忻州段、黄水河忻州段、福善庄河和海河流域大清河水系的青羊河、神堂堡河。

恢河是桑干河的一级支流，发源于宁武县余庄乡分水岭，从宁武县城中穿过，由阳方口出谷，流入朔城区。在本市境内河流长 33.56km，流域面积 216km²。

黄水河是桑干河的支流，发源于宁武县薛家岔一带，流域内有宁武县、原平市和代县，流域面积 407.28km²，在本市境内河流长 7km。

福善庄河发源于宁武县全家沟一带，流域内有宁武县和原平市，于福善庄乡的安子村汇入黄水河。在本市境内河流长 15km，流域面积 86.18km²。

青羊河发源于五台山东台顶东侧的古花岩村，流经繁峙县，于繁峙县神堂堡乡出境，至河北省阜平县汇入沙河。在本市境内河流长 36km，流域面积 291.25km²。

神堂堡河发源于繁峙县东部白坡头村西南，于神堂堡乡汇入青羊河。河流长 17.2km，流域面积 125km²。

四、气象水文

忻州市气候由地理环境所决定，在大陆性季风气候总的前提下，兼具山地性气候的特征。

表现为春季少雨干旱多风沙，夏季高温多暴雨，东南风带来的暖湿气流是形成我市降水的主要水汽来源，秋季温和晴朗，冬季漫长干寒，西北风盛行，降水少。山地气候垂直变化十分显著。

全市多年平均 (1956 年—2000 年) 降水量为 475.4mm，多年平均 (1980 年—2000 年) 水面蒸发量在 700mm ~ 1200mm 之间，干旱指数在 1.0 ~ 3.0 之间。

气温由北向南递增，五台山年平均气温最低为 -4.0℃，原平市最高为 8.8℃，全市各气象站年平均气温在 -4.0℃ ~ 8.8℃之间。1 月份气温最低，五台山极端最低气温达 -44.8℃，7 月份气温最高，极端最高气温达 40.0℃。

相对湿度西北部小，东南部大；春季小，夏季大。五台山最大为 68%，全市各气象站年平均相对湿度介于 48% ~ 68% 之间。

无霜期自南向北递减，南部约为 140 天 ~ 194 天，北部约为 115 天 ~ 186 天，高寒山区不足 100 天，南北差异较大。热量条件造成作物种类和一年内栽植次数在地区上的差异。

1956 年—2000 年全市平均径流量 12.46 亿 m³(其中：海河流域 8.61 亿 m³，黄河流域 4.3 亿 m³)，多年径流系数 0.104(其中：海河流域 1.3，黄河流域 0.076)，P = 20%、50%、75%、95% 的河川径流量分别为 16.76 亿 m³、10.36 亿 m³、7.48 亿 m³、5.74 亿 m³。

五、河流开发、利用与治理

新中国成立后，我市历届政府对河流开发、利用与整治十分重视，到 2011 年为止，全市有中小型水库 48 座，其中：中型水库 7 座，小（一）型水库 24 座，小（二）型水库 17 座，总库容 19833.86 万 m^3；有小型水电站 10 座，总装机 1.2 万 kw；有引水闸 32 座；发展灌溉面积 129.82 hm^2。为防治水害，对黄河、汾河、滹沱河等河流分期分段进行大规模集中整治与开发，2009 年开始对中小河流进行治理。到 2012 年　为止，累计建成堤防工程 927 km，保护大片耕地，并为滩涂开发提供了防洪安全保证。同时，为了防止水土流失，在西部 8 县进行水土流失治理；在支沟修建中型淤地坝、骨干坝 530 座。

六、社会经济情况

全市共辖忻府区、定襄、五台、原平、繁峙、代县、静乐、宁武、神池、五寨、岢岚、河曲、保德和偏关 14 个县（市、区），190 个乡、镇和街道办事处，4900 个行政村。总面积 2518.4 千 ha，总人口 307.26 万人，（其中农业人口 237.71 万人），国民生产总值 261.73 亿元。

忻州市矿产资源比较丰富，已探明的矿种有煤、铝土矿、铁矿、金矿、锰矿、耐火黏土、建筑用灰岩、硫黄矿、钼矿、钛矿及金红石矿等。尤其是煤、铝土、铁、金储量相当可观。

2007 年，全市耕地面积 626.56 千 hm^2，其中有效灌溉面积 127.21 千 hm^2，占耕地面积的 20.3%。粮食作物播种面积 399.01 千 hm^2，粮食作物产量 201.22 万 t。粮食种植种类繁多，主要有：玉米、高粱、大豆、莜麦、小麦、谷子、糜子、荞麦、薯类等，忻定盆地为我市的玉米、高粱产区；莜麦、荞麦和大豆集中在西八县一带。经济作物有：花生、胡麻、向日葵、蓖麻、药材等。我市也盛产许多土特产品，其中神池县的胡油，原平市同川的酥梨，保德县的油枣，河曲县的海红果等极具盛名。

第二章　黄河流域

第一节　黄河干流忻州段

黄河干流忻州段基本情况表

表 1-1

<table>
<tr><td rowspan="10">河道基本情况</td><td>河流名称</td><td colspan="2">黄河</td><td>河流别名</td><td colspan="2">—</td><td colspan="2">河流代码</td><td></td></tr>
<tr><td>所属流域</td><td>黄河</td><td>水系</td><td>—</td><td colspan="2">汇入河流</td><td colspan="2">河流总长（km）</td><td>5464</td></tr>
<tr><td>支流名称</td><td colspan="6">偏关河、大石沟河、县川河、朱家川河、小河沟河、岚漪河、孤山川河、黄甫川河、邬家沟、砖窑沟、南曲沟、北石沟。</td><td colspan="2">流域平均宽（km）</td></tr>
<tr><td rowspan="2">流域面积（km²）</td><td>石山区</td><td colspan="2">土石山区</td><td colspan="2">土山区</td><td>丘陵区</td><td>平原区</td><td>流域总面积（km²）</td></tr>
<tr><td></td><td colspan="2"></td><td colspan="2"></td><td></td><td></td><td>795000</td></tr>
<tr><td>纵坡（‰）</td><td colspan="8"></td></tr>
<tr><td>糙率</td><td colspan="8"></td></tr>
<tr><td>设计洪水流量(m³/s)</td><td colspan="2">断面位置</td><td colspan="2">100 年</td><td colspan="2">50 年</td><td>20 年</td><td>10 年</td></tr>
<tr><td>发源地</td><td colspan="4">青藏高原巴颜喀拉山北麓海拔 4500m 的约古宗列盆地</td><td colspan="2">水质情况</td><td colspan="2">V类</td></tr>
<tr><td>流经县市名及长度</td><td colspan="8">偏关县 32km、河曲县 76km、保德县 63km。</td></tr>
<tr><td rowspan="9">水文情况</td><td>年径流量（万 m³）</td><td colspan="2">475.9 亿 m³</td><td colspan="2">清水流量（m³/s）</td><td colspan="2">最大洪峰流量（m³/s）</td><td colspan="2">11900</td></tr>
<tr><td>年均降雨量（mm）</td><td colspan="2">475.9</td><td>蒸发量(mm)</td><td>2166.5</td><td>植被率（%）</td><td></td><td colspan="2">年输沙量（万 t/ 年）</td></tr>
<tr><td rowspan="5">水文站</td><td colspan="3">名称</td><td colspan="3">位置</td><td>建站时间</td><td rowspan="2">控制面积（km²）</td></tr>
<tr><td colspan="3">高石崖水文站</td><td colspan="3">保德</td><td></td></tr>
<tr><td colspan="3">河曲水文站（1955 年停）</td><td colspan="3">河曲县城</td><td>1954 年</td><td></td></tr>
<tr><td colspan="3">义门水文站</td><td colspan="3">保德县义门村</td><td></td><td></td></tr>
<tr><td colspan="3">后会水文站</td><td colspan="3">保德县后会村</td><td>1956 年</td><td>40.4 万</td></tr>
<tr><td>来水来沙情况</td><td colspan="8"></td></tr>
<tr><td rowspan="4">社会经济情况</td><td>流经城市（个）</td><td colspan="2">3</td><td>流经乡镇（个）</td><td colspan="2">15</td><td colspan="2">流经村庄（个）</td><td>161</td></tr>
<tr><td>人口（万人）</td><td colspan="2">15.22</td><td>耕地（万亩）</td><td colspan="2">2.93</td><td>主要农作物</td><td colspan="2">小麦、玉米、莜麦、豆类、胡麻、山药、谷物、土豆、花生、红枣、棉花及瓜果类</td></tr>
<tr><td>主要工矿企业及国民经济总产值</td><td colspan="8">偏关县年人均收入 750 元；河曲县有工矿企业 26 个（座），总收入 24327.72 万元，人均收入 3102.8 万元，粮食产量为 15710t，人均产量 350kg。</td></tr>
</table>

续表 1-1

规划长度(km)			已治理长度（km）			49.73		已建堤防单线长（km）		49.73

	堤防位置	左岸（km）	右岸（km）	型式	级别	标准（年一遇）设防	标准（年一遇）现状	河宽（m）	保护人口（万人）	保护村庄（个）	保护耕地（万亩）
河道堤防工程	偏关县新庄窝村	1.58		土堤①铅丝笼石						1	0.035
	河曲县文笔镇唐家会村	2.1		钢筋混凝土	三		30				
	河曲县文笔镇唐家会村	1		砌石堤/钢筋混凝土	三		30				
	河曲县文笔镇南元村	3.1		砌石堤	三		30				
	河曲县文笔镇北元村	3.98		砌石堤/钢筋混凝土	三		30				
	河曲县楼子营镇娘娘滩村			砌石堤	三		30				
	河曲县楼子营镇大峪村	0.17		土石混合堤	五		30				
	河曲县楼子营镇梁家碛村	1.14		砌石堤	三		30				
	河曲县楼子营镇梁家碛村	1		砌石堤	三		30				
	河曲县楼子营镇楼子营村	2		砌石堤	三		30				
	河曲县楼子营镇河湾村	8.2		砌石堤	三		30				
	河曲县楼子营镇高崞村	0.12		土石混合堤	五		15				
	河曲县楼子营镇马连口村	0.8		砌石堤	三		30				
	河曲县巡镇铺路村	0.05		砌石堤	三		30				
	河曲县旧县乡河畔村	0.05		砌石堤	三		30				
	河曲县旧县乡火山村	0.3		砌石堤	三		30				
	保德县寨沟村	1.4		土堤铅丝笼石						1	0.085
	保德县下川坪村	0.52		土堤铅丝笼石		30	30	1500	0.03	1	0.065
	保德县林遮峪乡	1.1		土堤铅丝笼石		30	30	1500	0.07	1	0.035
	保德县后川村	1.45		土堤铅丝笼石		30	30	1500	0.04	1	0.14
	保德县冯家川乡	0.25		土堤铅丝笼石		30	30	1500	0.11	1	0.02
	保德县铁匠铺村	1.05		土堤铅丝笼石		30	30	1500	0.08	1	0.04
	保德县郭家滩村	1.6		土堤铅丝笼石		30	30	1500	0.10	1	0.05
	保德县康家滩村	2.43		土堤铅丝笼石		30	30	1500	0.09	1	0.046

续表 1-1

	堤防位置	左岸（km）	右岸（km）	型式	级别	标准（年一遇）设防	标准（年一遇）现状	河宽（m）	保护人口（万人）	保护村庄（个）	保护耕地（万亩）
河道堤防工程	保德县马家滩村	1.8		土　堤铅丝笼石		30	30	1500	0.08	1	0.18
	保德县王家滩村	1		土　堤铅丝笼石		30	30	1500	0.06	1	0.12
	保德县张家圪坨村	1.1		土　堤铅丝笼石		30	30	1500	0.06	1	0.054
	保德县李贤棱村	1.3		土　堤铅丝笼石		30	30	1500	0.03	1	0.07
	保德县李家峁村	2.2		土　堤铅丝笼石		30	30	1500	0.03	1	0.16
	保德县故城村	3.27		土　堤铅丝笼石		30	30	1500	0.07	1	0.045
	保德县花园村	1.53		土　堤铅丝笼石		30	30	1500	0.12	1	0.03
	保德县韩家川乡	0.5		土　堤铅丝笼石		30	30	1500	0.80	1	0.04
	保德县柴家湾村	0.4		土　堤铅丝笼石		30	30	1500	0.03		0.02

	水库名称	位置	总库容（万 m³）	控制面积（km²）	防洪标准（年一遇）设计	防洪标准（年一遇）校核	最大泄量（m³/s）	最大坝高（m）	大坝型式
水库	曲峪水库	河曲县巡镇曲峪村	400	23.1			134.5	38	均质土坝
	五花城水库	河曲县邬家沟	110					14.2	均质土坝
	赵家寨水库	保德县赵家寨村前黄石崖流域	70	10.82					

	闸坝名称	位置	拦河大坝型式	坝长（m）	坝高（m）	坝顶宽（m）	闸孔数量	闸净宽（m）	最大泄量（m³/s）
闸坝	王家窨子大坝	保德县城上游2.5km 处	土坝	15	5	5	—	—	—
	人字闸（处）	—	淤地坝（座）		—		其中骨干坝（座）		—

	灌区名称		灌溉面积（万亩）	河道取水口处数
灌区	保德县万亩灌区			

	桥梁名	位置	过流量（m³/s）	长度（m）	宽度（m）	孔数	孔高（m）	结构型式
桥梁	黄河大桥 1#	保德县马家滩村		2000	10	12	10	钢筋砼
	黄河大桥 2#	保德县马家滩村		2000	10	4	10	钢筋砼
	铁路大桥	保德县王家滩村		2000	10	4	10	钢筋砼
	梁家碛大桥	龙口水电站下游 500m		576	12.5	15	12	钢筋预应力
	华莲大桥	距河曲县 30km 处		570	12		15	钢筋预应力

	名称	位置、型式、规模、作用、流量、水质、建成时间等
其他涉河工程	小型机电（井）站	101 眼（处）。
	万家寨水利枢纽	位于河曲县上游。
	龙口水电站	位于河曲县刘家塔镇龙口，4×60 万千瓦，用来调洪发电，2009 年建成。

续表 1-1

河道砂石资源及采砂情况	保德县段砂石资源丰富，主要有铁匠铺砂厂、张家圪蓼砂厂、李家峁砂厂、故城砂厂。
主要险工段及设障河段简述	忻州偏关段最容易遭受河水冲刷、塌岸的河段有关河口、瓦窑峁、老牛湾。河曲段最易遭受洪水侵袭的有楼子营、城关、巡镇3个乡（镇）的22个村。保德段最容易遭受河水冲刷、塌岸的河段有冯家川—神山、铁匠铺—故城、寨沟—林遮峪、花园—韩家川等河段。
规划工程情况	

情况说明：
　　黄河是我国的第二大河，发源于青藏高原巴颜喀拉山北麓海拔4500m的约古宗列盆地，流经青海、四川、甘肃、宁夏、内蒙古、陕西、山西、河南、山东等9个省（区），在山东垦利县注入渤海，流程5464km，流域面积79.5万km²。水面落差4480m。根据黄河地理位置、自然地貌、地质条件以及水文诸情况，干流河道可分为上游、中游、下游三个河段。从河源至内蒙古托克托县的河口镇为上游段，自内蒙古河口镇至河南郑州市的桃花峪为中游段，黄河桃花峪至入海口为下游河段。山西省地处黄河中游河左岸，黄河从山西省偏关县老牛湾入境，流经忻州的偏关、河曲、保德3个县。根据表中流经各县长度统计在忻州境内长度为171km，黄河流域在山西面积为97138km²。
　　2006年黄河流域平均降水量为407.2mm，折合降水总量3237.06亿m³，比上年降水量减小5.5%；与1987年—2000年均值比较，全流域平均偏小4.6%；与1956年—2000年均值比较，全流域平均偏小8.9%。

第二节 汾河流域

汾河干流基本情况表

表 2-1

<table>
<tr><td rowspan="12">河道基本情况</td><td>河流名称</td><td>汾河</td><td>河流别名</td><td colspan="3">—</td><td colspan="2">河流代码</td><td></td></tr>
<tr><td>所属流域</td><td>黄河</td><td>水系</td><td>—</td><td>汇入河流</td><td>黄河</td><td colspan="2">河流总长（km）</td><td>694</td></tr>
<tr><td>支流名称</td><td colspan="6">大庙河、中马坊河（洪河）、西马坊河、新堡河、东碾河、西碾河、五村河（双路河）、鸣河（鸣水河）、岔上河、万辉河、扶头会河、条子沟、刘家庄沟、西河沟、庆鲁沟、白草沟、沙会沟、韩家会沟、洞沟、老牛嘴沟、小石沟、头罗沟、煤窑沟、安家沟、曹家沟。</td><td colspan="2">流域平均宽（km）</td><td>57.26</td></tr>
<tr><td rowspan="2">流域面积（km²）</td><td>石山区</td><td>土石山区</td><td colspan="2">土山区</td><td>丘陵区</td><td>平原区</td><td colspan="2">流域总面积（km²）</td></tr>
<tr><td></td><td>12497.4</td><td colspan="2">6516.6</td><td>10277.6</td><td>10179.4</td><td colspan="2">39471</td></tr>
<tr><td>纵坡（‰）</td><td></td><td></td><td></td><td></td><td></td><td></td><td colspan="2">1.12</td></tr>
<tr><td>糙率</td><td></td><td></td><td></td><td></td><td></td><td></td><td></td><td></td></tr>
<tr><td rowspan="2">设计洪水流量(m³/s)</td><td colspan="3">断面位置</td><td colspan="2">100 年</td><td>50 年</td><td>20 年</td><td>10 年</td></tr>
<tr><td colspan="3">忻州静乐县沙会村</td><td colspan="2">3860</td><td>3160</td><td>1776</td><td>1367</td></tr>
<tr><td>发源地</td><td colspan="4">山西宁武县管涔山雷鸣寺</td><td>水质情况</td><td colspan="3">汾河水库上游段为Ⅲ类。</td></tr>
<tr><td>流经县市名及长度</td><td colspan="8">宁武县 39.6km、静乐县 56.9km。</td></tr>
</table>

<table>
<tr><td rowspan="6">水文情况</td><td>年径流量（万 m³）</td><td>26700</td><td>清水流量（m³/s）</td><td colspan="2">5.4</td><td>最大洪峰流量（m³）</td><td colspan="2">1967 年，2230 沙会水文站</td></tr>
<tr><td>年均降雨量（mm）</td><td>504.8</td><td>蒸发量（mm）</td><td colspan="2">1000 ~ 1200</td><td>植被率（%）</td><td>30</td><td>年输沙量（万 t/年）</td><td>828.5</td></tr>
<tr><td rowspan="4">水文站</td><td colspan="2">名称</td><td colspan="3">位置</td><td colspan="2">建站时间</td><td>控制面积（km²）</td></tr>
<tr><td colspan="2">岔上水文站</td><td colspan="3">宁武县岔上村</td><td colspan="2">1958 年</td><td>30.7</td></tr>
<tr><td colspan="2">宁化堡水文站</td><td colspan="3">宁武县化北屯乡宁化村</td><td colspan="2">1956 年</td><td>1056</td></tr>
<tr><td colspan="2">沙会水文站</td><td colspan="3">静乐县沙会村</td><td colspan="2">1947 年</td><td>2799</td></tr>
<tr><td>来水来沙情况</td><td colspan="8"></td></tr>
</table>

<table>
<tr><td rowspan="3">社会经济情况</td><td>流经城市（个）</td><td>2</td><td colspan="2">流经乡镇（个）</td><td colspan="2">8</td><td>流经村庄（个）</td><td>54</td></tr>
<tr><td>人口（万人）</td><td>2.65</td><td>耕地（万亩）</td><td>11.9</td><td colspan="2">主要农作物</td><td colspan="3">小麦、玉米、谷子、高粱、豆类和薯类、土豆、莜麦</td></tr>
<tr><td>主要工矿企业及国民经济总产值</td><td colspan="8">农村经济总收入 120520 万元。矿产资源主要以煤炭为主，煤碳储量为 250 亿 t，花岗岩、石灰岩次之。现宁武县汾河流域开采矿井有 39 个（其中：37 个乡镇煤矿，一个县营煤矿，一个省统办煤矿），生产能力 649 万 t/年，地质储量 130 亿 t，其中侏罗纪系煤层地质储量 8.47 亿 t，在流域内含煤面积约 900km²。</td></tr>
</table>

续表2-1

	规划长度（km）	125	已治理长度（km）		86.54		已建堤防单线长（km）			86.54
	堤防位置	左岸(km)	右岸(km)	型式	级别	标准（年一遇）		河宽(m)	保护人口（万人）	保护村庄（个）	保护耕地（万亩）
						设防	现状				
河道堤防工程	宁武县化北屯乡宁化村	1.5		砌石堤	四	20	20				
	宁武化北屯乡宁化村—坝门口村	2.5	2.7	砌石堤	四	20	20				
	宁武石家庄镇石家庄村—阳房村		3.5	砌石堤	四	20	20				
	宁武石家庄镇石家庄村—阳房村		2.4	砌石堤	五	10	10				
	宁武石家庄镇阳房村—潘家湾村		2.5	砌石堤	四	20	20				
	宁武县化余庄乡小木厂村	0.24		砌石堤	五	10	10				
	宁武东寨镇三马营村—寺儿沟村		1.79	砌石堤	五	10	10				
	宁武东寨镇东寨村—三马营村	0.2		砌石堤	五	10	10				
	宁武东寨镇二马营村—南山村	1.2		砌石堤	五	10	10				
	宁武东寨镇二马营村—东寺村		2.48	砌石堤	五	10	10				
	宁武东寨镇寺儿沟村—二马营村		1.1	砌石堤	五	10	10				
	宁武县化北屯乡山寨村—北屯村		0.5	砌石堤	四	20	20				
	宁武县化北屯乡鹏屯关村	0.35	0.8	砌石堤	四	20	20				
	宁武化北屯乡鹏屯关村—宁化村		2	砌石堤	四	20	20				
	宁武化北屯乡坝门口村—蚪蚧庙村	1.7		砌石堤	五	10	10				
	宁武县西马坊乡韩家沟村	0.15		砌石堤	五	10	10				
	宁武东寨镇皇尚沟村—二马营村	1.7	0.8	砌石堤	五	10	10				
	宁武县石家庄镇川胡屯村		1.5	砌石堤	五	10	10				
	宁武东寨镇南岔村	0.5		砌石堤	五	10	10				
	宁武县化北屯乡坝门口村—石家庄镇川胡屯村		5.25	砌石堤	五	10	10				
	宁武县化北屯乡丁家沟村	0.1		砌石堤	五	10	10				
	宁武县东寨镇南山村（粮种厂）	1.5	0.4	砌石堤	五	10	10				
	宁武县东寨镇东寺村—南山村		1.53	砌石堤	五	10	10				
	宁武石家庄镇川胡屯村—石家庄村	2.4		砌石堤	五	10	10				
	宁武县化北屯乡大寨村	0.5		砌石堤	五	10	10				

续表 2-1

	堤防位置	左岸 (km)	右岸 (km)	型式	级别	标准(年一遇) 设防	标准(年一遇) 现状	河宽 (m)	保护人口 (万人)	保护村庄 (个)	保护耕地 (万亩)
河道堤防工程	宁武化北屯乡大寨村—化北屯村		0.2	砌石堤	五	10	10				
	宁武化北屯乡北屯村—菜地沟村		1.6	砌石堤	四	20	20				
	宁武化北屯乡菜地沟村—鹏屯关村		0.8	砌石堤	四	20	20				
	宁武化北屯乡头马营村—山寨村		5.7	砌石堤	四	20	20				
	宁武县石家庄镇潘家湾村		1.5	砌石堤	四	20	20				
	宁武县东寨镇寺儿沟村	0.5		砌石堤	五	10	10				
	宁武县化北屯乡头马营村	1.5		砌石堤	四	20	20				
	宁武化北屯乡大场村—头马营村		2.4	砌石堤	四	20	20				
	宁武县石家庄镇吴家湾村	1.1		砌石堤	四	20	20				
	宁武县化北屯乡陈家半沟村	0.3		砌石堤	五	10	10				
	宁武县化北屯乡崔家沟村	0.2		砌石堤	五	10	10				
	宁武县化北屯乡大廖沟村	0.2		砌石堤	五	10	10				
	宁武县化北屯乡李家庵村	0.2		砌石堤	五	10	10				
	宁武县新堡乡赵家沟村(刘家沟堤)	1.93		砌石堤	五	10	10				
	宁武县新堡乡赵家沟村（后堤）		0.3	砌石堤	五	10	10				
	宁武县新堡乡赵家沟村（赵家沟堤）	0.92		砌石堤	五	10	10				
	静乐段家寨乡永安镇村至丰润镇	2.4	21	土堤石坝	五	10	10	200	5.6	35	4

	水库名称	位置	总库容 (万m³)	控制面积 (km²)	防洪标准(年一遇) 设计	防洪标准(年一遇) 校核	最大泄量 (m³/s)	最大坝高 (m)	大坝型式
水库	—	—							

	闸坝名称	位置	拦河大坝型式	坝长 (m)	坝高 (m)	坝顶宽 (m)	闸孔数量	闸净宽 (m)	最大泄量 (m³/s)
闸坝	宁化堡滚水坝	宁武县宁化村	浆砌石滚水坝	83	2.7	0.83	2	0.3	
	坝门口潜坝	宁武县坝门口村	浆砌石滚水坝	120	2	0.75	2	0.3	
	定河潜坝	宁武县定河村	浆砌石滚水坝	160	2	1	2	0.3	
	永安镇滚水坝	静乐县段家寨乡	滚水坝	150	1.6	1.2	—	—	1870
	沙会滚水坝	静乐县鹅城镇	滚水坝	200	1.5	1.3	—	—	2500

续表 2-1

人字闸（处）	—	淤地坝（座）	—	其中骨干坝（座）	—

灌区	灌区名称		灌溉面积（万亩）		河道取水口处数	
	静乐县汾北灌区		1.2		1	

	桥梁名	位置	过流量（m³/s）	长度（m）	宽度（m）	孔数	孔高（m）	结构型式
桥梁	东寨跨汾河铁路桥	宁武县东寨镇上游		240	5	12	12	砼预应力桥
	汾源公路桥	宁武县汾源下游		18	5	6	2.5	砼梁板
	东寨镇公路桥	宁武县东寨镇		18	12	6	3	砼梁板
	头马营大桥	宁武县化北屯乡头马营村东		100	10	10	4.5	砼梁板
	蒯屯关公路桥	宁武县化北屯乡蒯屯关村东		50	12	5	4	砼梁板
	蒯屯关农用桥	宁武县化北屯乡蒯屯关村东	漫水桥	104	3.75	5	3	砼梁板
	宁化农用桥	宁武县化北屯乡宁化村西	漫水桥	91	3.75	15	5	砼梁板
	宁静铁路跨汾河特大 1# 桥	宁武县化北屯乡宁化村下游		603	6	18	8	砼预应力桥
	宁静铁路跨汾河特大 2# 桥	宁武县石家庄镇十里桥村东		666	6	20	5.5	砼预应力桥
	坝门口农用桥	宁武县化北屯乡坝门口村东	漫水桥	91	3.75	6	2.5	砼梁板
	籽坊庙农用桥	宁武县化北屯乡庙圪蚼村西乡村西	漫水桥	78	3.75	6	2.5	砼梁板
	川胡屯公路桥	宁武县石家庄镇川胡屯村东	漫水桥	36	12	12	4	砼梁板
	忻保高速跨汾河大桥	宁武县石家庄镇东						砼预应力桥
	马头山农用桥	宁武县石家庄镇马头山村西	漫水桥	91	3.75	6	3	砼梁　板
	潘家湾农用桥	宁武县石家庄镇潘家湾村东	漫水桥	91	3.75	6	3	砼梁板
	沟口农用桥	静乐县段家寨乡沟口村西	漫水桥	78	3.75			砼梁板
	木瓜山农用桥	静乐县段家寨乡木瓜山村西	漫水桥	104	3.75			砼梁板
	静乐汾河大桥	静乐县城东西城区	2800	190	18	7	5	砼预应力桥
	沙会公路桥	静乐县鹅城镇沙会村北	3000	200	7.5	12	5	砼双曲拱桥
	丰润农用桥	静乐县丰润镇上游	漫水桥	104	3.75			砼梁板
	太佳高速跨汾河大桥	静乐县丰润镇高家舍村西（在建）	百年洪水	2382	24.5		20	砼预应力桥

	名称	位置、型式、规模、作用、流量、水质、建成时间等
其他涉河工程	宁武汾源水电站	位于宁武县南部宁化乡的汾河上游干流上，引水式电站，装机 2×250+2×200kw，总装机容量 900kw，设计水头 25m，设计流量 4.8m³/s。建于 1977 年，2007 年扩机改建。
	西气东输	静乐县神峪乡胡家沟跨河埋设管道，深 5m。

续表 2-1

河道砂石资源及采砂情况	上游河道内天然砂源分布主要在静乐县城至汾河水库库尾段，该段河道地层岩性为第四系全新统冲积物和冲洪积物，厚度 6m～10m。岩性上部为 0.2m～1.5m 厚的低液限粉土层，结构松散，具中—高压缩性；下部为卵石混合土层，卵石含量 60%～80%，成分主要为灰岩、砂岩及少量变质岩，磨圆度为次棱角、次圆状，砂为中细砂，主要成分为石英、长石及一些岩屑。本层结构松散，分选性较差，局部夹粉土、细砂层透镜体。本层由上游至下游颗粒粒径逐渐变细，粗颗粒含量渐少，其下伏为基岩。目前全面禁采。
主要险工段及设障河段简述	宁武县段由于多年洪水冲刷严重，造成石家庄镇马头山—昊家湾左岸险工段 5km，急需治理；静乐县丰润镇丰润村润子沟至李家会庆鲁沟口险段长约 3km，因对岸为石山，顶托洪水，威胁到丰润、李家会的滩地安全。
规划工程情况	规划近期水平年：2020 年；规划远期水平年：2030 年。共有大庙河水库、柳林水库、羊儿岭水库等 7 座水库，汾源水电站、昊家湾水电站、头马营水电站等 15 座水电站，静乐县城镇防洪规划工程，引水工程，集中供水工程等规划工程。（参考资料：2009 年 1 月《山西省汾河流域综合规划修编报告》）

情况说明：

　　汾河是山西省第一大河，发源于宁武县境内管涔山，在宁化乡以上，由东西两大支流组成：西支名洪河，即汾河干流，发源于管涔山雷鸣寺上游。东支名天池，在群山之巅，由 15 个大小高山湖泊组成。东西支汇合南流称为汾河。流向自北向南流经忻州的宁武和静乐两县。

　　汾河自北向南，流经芦芽山和云中山之间，穿过静乐县的下游至太原上兰村高山峡谷区，干流全长 694km，直线长度 412km，河道弯曲系数 1.68。河流发源地高程 1676m，汇入黄河口处高程 368m，高差 1308m。汾河按自然地理条件和河流特征，可分为上、中、下游三段，兰村以上为上游；兰村至义棠为中游；义棠以下至入黄河口为下游。上游段河源至兰村河长 216.9km，河流绕行于峡谷之中，山峡深 100m～200m，河流曲折系数为 1.96，平均纵坡 4.4‰。上游段有 11 条 100km² 以上支流汇入。

　　汾河流域位于山西中部和西南部，东经 110°30′～113°32′，北纬 35°20′～39°00′。东隔云中山、太行山与海河水系为界，西连芦芽山、吕梁山与黄河为界，东南有太岳山与沁河为界，南以孤山、稷王山与涑水河为界。东西宽 188km，南北长 412km，呈带冠状分布，是山西黄土高原的一部分。流域总面积 39471km²，占全省总面积的 25.3%，流域内的山区面积 6516.6km²，占 16.51%；土石山区 12479.4km²，占 31.66%；丘陵区 10277.6km²，占 26.04%；平川区 10179.4km²，占 25.79%。

大庙河基本情况表

表 2-2

河道基本情况	河流名称	大庙河		河流别名		—	河流代码				
	所属流域	黄河	水系	—	汇入河流	汾河	河流总长（km）		14.5		
	支流名称			—			流域平均宽（km）		7.7		
	流域面积（km²）	石山区		土石山区	土山区	丘陵区	平原区		流域总面积（km²）		
		112.25		—	—	—	—		112.25		
	纵坡（‰）	30		—	—	—	—		30		
	糙率	0.035		—	—	—	—		0.035		
	设计洪水流量（m³/s）	断面位置			100 年	50 年	20 年		10 年		
	发源地	宁武县西沟洼			水质情况		I 类				
	流经县市名及长度	宁武县 14.5km。									
水文情况	年径流量（万 m³）	10745		清水流量（m³/s）	0.1	最大洪峰流量（m³/s）					
	年均降雨量（mm）	774.4		蒸发量（mm）		植被率（%）	70	年输沙量（万 t/ 年）		3.76	
	水文站	名称		位置			建站时间		控制面积（km²）		
		岔上水文站		宁武县东寨镇岔上村			1958 年		30.7		
	来水来沙情况	本区悬移质侵蚀模数为 300 ~ 400t/(km²·a)，剥蚀地面甚微。泥沙主要来源于洪峰时节，其他时段均为清水，含沙量很少。									
社会经济情况	流经城市（个）	—		流经乡镇（个）		1	流经村庄（个）		13		
	人口（万人）	0.1219		耕地（万亩）	0.56	主要农作物		土豆、莜麦			
	主要工矿企业及国民经济总产值	粮食总产量为 32.51 万公斤，年内总收入 52.3508 万元。									

河道堤防工程	规划长度（km）	5	已治理长度（km）			0.5		已建堤防单线长（km）		0.5	
	堤防位置	左岸（km）	右岸（km）	型式	级别	标准（年一遇）		河宽（m）	保护人口（万人）	保护村庄（个）	保护耕地（万亩）
						设防	现状				
	宁武县大庙村段	0.2	—	浆砌石	五	10	不足 5 年	18	0.0156	1	0.008
	宁武县湾子村段	0.3	—	浆砌石	五	10	不足 5 年	18	0.008	1	0.005

续表 2-2

水库	水库名称	位置	总库容（万 m³）	控制面积（km²）	防洪标准（年一遇）		最大泄量（m³/s）	最大坝高（m）	大坝型式
					设计	校核			
	—	—	—	—	—	—	—	—	—

闸坝	闸坝名称	位置	拦河大坝型式	坝长（m）	坝高（m）	坝顶宽（m）	闸孔数量	闸净宽（m）	最大泄量（m³/s）
	—	—	—	—	—	—	—	—	—
	人字闸（处）	—	淤地坝（座）	—	其中骨干坝（座）		—		

灌区	灌区名称		灌溉面积（万亩）		河道取水口处数	
	—		—		—	

桥梁	桥梁名	位置	过流量（m³/s）	长度（m）	宽度（m）	孔数	孔高（m）	结构型式
	—	—	—	—	—	—	—	—

其他涉河工程	名称	位置、型式、规模、作用、流量、水质、建成时间等
	—	—

河道砂石资源及采砂情况	有砂石资源，河卵石，无采砂现象。

主要险工段及设障河段简述	由于多年洪水冲刷，造成险工险段 5km。

规划工程情况	

续表2-2

情况说明：

一、河流基本情况

大庙河是汾河的最上游段，流经宁武县楼底村、马家庄村、李家阳坡村、大庙村、湾子里村、窑子湾村、雷鸣寺，进入汾河主河道。弯曲系数1.2，河网密度0.177km／km²，常年有一股清水，平均河宽18m。

该流域属石山林区，森林、植被覆盖率高达70％以上，河型稳定，水土流失较轻，河段狭窄，沟深山高是该河流的最大特点，上游河段有几处形成天然瀑布。海拔在1603m～2503m之间。

二、流域地形地貌

地貌林网密布，沟深山高，走向是从西向东，河流左岸地层以石炭系、二叠系的石灰岩、页岩为主，河流右岸地层以太古代的花岗岩、片麻岩为主。由于地质构造的特点使得地貌变化层次分明，流域西南纯属森林区，东北出现坡耕地，但大部分面积还是杂草灌木丛生，河道基岩裸露，清水长流。

流域内主要植被由乔木林、灌木林和草坡构成。

三、气象与水文

本流域属大陆性寒冷气候，气候寒冷，多大风，冬季漫长，无霜期短，石山林区雨多，高度集中于7月和8月，温度偏差大，降水和气温垂直分布明显。降水量最多是在汛期7～9月份，占年降水总量的79％。年平均气温为4℃，极端最低气温 –27.2℃，≥10℃的积温在1900℃以下。无霜期为80～90d，蒸发量的年内分配随各月的气温、温度和风速的不同而变化。最小蒸发值出现在1月(47.1mm)和12月(50.6mm)，最大蒸发值出现在5月和6月(300mm)。风大风多是该流域气候特点，季风作用明显，出现频率最多的主风向为西北，平均风速为3.1m／s。多风日数控制全年一半以上时间，风势以冬、春两季尤甚。封冻期最大冰厚0.5m，每年10月份下旬开始封口，次年3月下旬至4月上旬开冰，多年平均封冻期为155d。

该河流河水量的年径流深值为150mm～195mm之间。

五、旱、涝、碱灾害与水土流失

据气候资源统计，春旱3～4年一遇，夏旱6～7年一遇，秋旱10年一遇。

洪涝灾害表现为降雨和作物生长后期的连阴雨天气使作物生长期延长。常受霜冻和不熟现象，造成"烂田"、"烂场"使粮食霉变。由于森林覆盖率高，水土流失甚微，流失的主要地带在农作物坡耕地上。

六、社会经济情况

大庙河流域内有县市：宁武县；有乡镇：东寨镇；有村庄：楼底、马家庄、李家阳坡、湾子里、窑子湾、雷鸣寺等。流域内有354户人，499个劳力，大畜822头，猪452头，羊3911只。

中马坊河基本情况表

表 2-3

<table>
<tr><td rowspan="11">河道基本情况</td><td colspan="2">河流名称</td><td colspan="2">中马坊河</td><td colspan="2">河流别名</td><td colspan="2">洪河</td><td colspan="2">河流代码</td><td></td></tr>
<tr><td colspan="2">所属流域</td><td>黄河</td><td>水系</td><td colspan="2">—</td><td>汇入河流</td><td colspan="2">汾河</td><td>河流总长（km）</td><td>46</td></tr>
<tr><td colspan="2">支流名称</td><td colspan="6">天池河、东马坊河、怀道河，共3条。</td><td colspan="2">流域平均宽（km）</td><td>12.3</td></tr>
<tr><td colspan="2" rowspan="2">流域面积（km²）</td><td>石山区</td><td>土石山区</td><td colspan="2">土山区</td><td colspan="3">丘陵区</td><td>平原区</td><td>流域总面积（km²）</td></tr>
<tr><td>—</td><td>565</td><td colspan="2">—</td><td colspan="3">—</td><td>—</td><td>565</td></tr>
<tr><td colspan="2">纵坡（‰）</td><td>—</td><td>0.169</td><td colspan="2">—</td><td colspan="3">—</td><td colspan="3">0.169</td></tr>
<tr><td colspan="2">糙率</td><td>—</td><td>0.03</td><td colspan="2">—</td><td colspan="3">—</td><td colspan="3">0.03</td></tr>
<tr><td colspan="2" rowspan="2">设计洪水流量 (m³/s)</td><td colspan="5">断面位置</td><td>100年</td><td>50年</td><td colspan="2">20年</td><td>10年</td></tr>
<tr><td colspan="5"></td><td></td><td></td><td colspan="2"></td><td></td></tr>
<tr><td colspan="2">发源地</td><td colspan="4">宁武县东庄乡张道沟</td><td colspan="2">水质情况</td><td colspan="4">Ⅱ类</td></tr>
<tr><td colspan="2">流经县市名及长度</td><td colspan="10">宁武县 46km。</td></tr>
<tr><td rowspan="4">水文情况</td><td colspan="2">年径流量（万m³）</td><td>5013</td><td colspan="2">清水流量（m³/s）</td><td colspan="3">0.1</td><td colspan="2">最大洪峰流量（m³/s）</td><td></td></tr>
<tr><td colspan="2">年均降雨量（mm）</td><td>507</td><td>蒸发量（mm）</td><td colspan="2">1650</td><td colspan="2">植被率（%）</td><td colspan="2">年输沙量（万t/年）</td><td>20.18</td></tr>
<tr><td colspan="2" rowspan="2">水文站</td><td>名称</td><td colspan="4">位置</td><td colspan="3">建站时间</td><td colspan="2">控制面积（km²）</td></tr>
<tr><td>—</td><td colspan="4">—</td><td colspan="3">—</td><td colspan="2">—</td></tr>
<tr><td>水文情况</td><td colspan="2">来水来沙情况</td><td colspan="9">输沙量在一年内集中于汛期几场大洪水。在土石山区侵蚀模数在 2300～3100m³/（km².a）之间，在丘陵阶地地区侵蚀模数在 1550～3100 m³/（km².a）之间，平均侵蚀模数为2000 m³/（km².a）之间。</td></tr>
<tr><td rowspan="3">社会经济情况</td><td colspan="2">流经城市（个）</td><td colspan="2">—</td><td colspan="2">流经乡镇（个）</td><td colspan="2">2</td><td>流经村庄（个）</td><td colspan="2">24</td></tr>
<tr><td colspan="2">人口（万人）</td><td>0.5694</td><td>耕地（万亩）</td><td colspan="3">3.9</td><td>主要农作物</td><td colspan="3">莜麦、山药、豌豆、胡麻</td></tr>
<tr><td colspan="2">主要工矿企业及国民经济总产值</td><td colspan="9">经济总收入 143.02 万元，其中农业收入 60.84 万元，牧业收入 22.84 万元，副业收入 61.64 万元。</td></tr>
<tr><td rowspan="7">堤防工程</td><td colspan="2">规划长度（km）</td><td>10</td><td colspan="2">已治理长度（km）</td><td colspan="3">50</td><td>已建堤防单线长（km）</td><td colspan="2">10.19</td></tr>
<tr><td colspan="2" rowspan="2">堤防位置</td><td rowspan="2">左岸（km）</td><td rowspan="2">右岸（km）</td><td rowspan="2">型式</td><td rowspan="2">级别</td><td colspan="2">标准（年一遇）</td><td rowspan="2">河宽（m）</td><td rowspan="2">保护人口（万人）</td><td rowspan="2">保护村庄（个）</td><td rowspan="2">保护耕地（万亩）</td></tr>
<tr><td>设防</td><td>现状</td></tr>
<tr><td colspan="2">宁武迭台寺乡迭台寺村—石庄村</td><td>0.4</td><td></td><td>砌石堤</td><td>五</td><td>10</td><td>10</td><td></td><td></td><td></td><td></td></tr>
<tr><td colspan="2">宁武化北屯乡好水沟村—鹏屯关村</td><td>1.7</td><td></td><td>土堤</td><td>五</td><td>10</td><td>10</td><td></td><td></td><td></td><td></td></tr>
<tr><td colspan="2">宁武县迭台寺石庄村</td><td></td><td>0.45</td><td>砌石堤</td><td>五</td><td>10</td><td>10</td><td></td><td></td><td></td><td></td></tr>
<tr><td colspan="2">宁武县圪廖乡口子村</td><td></td><td>0.9</td><td>砌石堤</td><td>五</td><td>10</td><td>10</td><td></td><td></td><td></td><td></td></tr>
</table>

续表 2-3

	堤防位置	左岸（km）	右岸（km）	型式	级别	标准（年一遇）设防	标准（年一遇）现状	河宽（m）	保护人口（万人）	保护村庄（个）	保护耕地（万亩）
堤防工程	宁武县怀道乡白马崖村（上堤）		1.2	砌石堤	五	10	10				
	宁武县怀道乡白马崖村（下堤）		0.4	砌石堤	五	10	10				
	宁武县化北屯乡石窑会村—牛心会村		0.7	砌石堤	五	10	10				
	宁武县化北屯乡赵家沟村—石窑会村（石窑会村堤）		2.14	砌石堤	五	10	10				
	宁武县化北屯乡赵家沟村—石窑会村（赵家沟堤）	2.3		砌石堤	五	10	10				

	水库名称	位置	总库容（万 m³）	控制面积（km²）	防洪标准（年一遇）设计	防洪标准（年一遇）校核	最大泄量（m³/s）	最大坝高（m）	大坝型式
水库	—	—	—	—	—	—	—	—	—

	闸坝名称	位置	拦河大坝型式	坝长（m）	坝高（m）	坝顶宽（m）	闸孔数量	闸净宽（m）	最大泄量（m³/s）
闸坝	暖泉沟淤地坝	东庄暖泉沟，库容 404.19 万 m³		238	15.5	5	1	1	
	人字闸（处）	—	淤地坝（座）	1		其中骨干坝（座）		1	

	灌区名称	灌溉面积（万亩）	河道取水口处数
灌区	—	—	—

	桥梁名	位置	过流量(m³/s)	长度（m）	宽度（m）	孔数	孔高（m）	结构型式
桥梁	—	—	—	—	—	—	—	—

	名称	位置、型式、规模、作用、流量、水质、建成时间等
其他涉河工程	—	—

河道砂石资源及采砂情况	河床内固有河卵石，无采砂现象。

主要险工段及设障河段简述	由于洪水冲刷，造成险工险段 10km。

规划工程情况	2008 年 12 月，山西省宁武县中马坊河治理建设规划已列入水利部储备项目。治理范围从中马坊河源头张道沟村—好水沟村入汾口，河道整治长度 74km，共建河道护坝 18km，疏浚河道 74km。工程估算总投资 4770.72 万元

续表 2-3

情况说明：

一、河流基本情况

中马坊河位于宁武县城西南 20km 处，流经东庄、暖泉沟、东沟、歹口村、大福滩、马圈湾，从石家庄村进入汾河，支流较多，河网密度 0.77km/km²。

中马坊河海拔在 2142.2m ~ 1570m 之间，总落差 400m，上游段比降小，平坦宽阔，均宽 50m ~ 80m 左右，中、下游段河床面窄，均宽约 30m，主槽明显，阶台地和河滩地较多。

二、流域地形地貌

中马坊河流域土石山区 81.73km²，黄土丘陵阶地区 19.17km²。从上游至出口为二叠、三叠系地层，表现为砂岩岩层较厚页岩较薄，由于地层构造的作用使河流上游形成 8、9 个高山湖泊，是宁武县的景点之一。多数高山湖泊尚存，有的干涸还耕。较大的是公海，又名天池。

该流域内耕地面积 4 万亩，林地面积 1.13 万亩，天然牧草地 1 万亩，植被覆盖率较低，乔木分布稀疏，树种有针叶形和扩叶形，分别是油松、榆树、杨树、白桦等，分布在上游段，灌木林和天然牧草是本地最大的特点，种类繁多。

三、气象

中马坊河流域属大陆性寒冷干燥区，特点是气候寒冷，多大风，无霜期较短，温差较大。根据宁武县气象站测定，该流域无霜期在 100 天 ~ 110 天，平均气温为 6.1℃，平均风速 2.9m/s，历年平均日照总时数 2835 小时，日照百分率 67%，年气温变幅在 58.6℃ ~ 61.2℃ 之间，平均相对湿度在 53% ~ 68% 之间。无霜期日数占全年日数的 47% ~ 50%，且降雨分布极不均匀，降雨高度集中于 7、8、9 月 3 个月内。

四、社会经济情况

中马坊河流域内有县市：宁武县；有乡镇：余庄乡、迭台峙乡；有村庄：石咀头、东庄、暖泉沟、东沟、歹口村、大福滩、马圈湾、石庄等 24 个。

东马坊河基本情况表

表 2-4

<table>
<tr><td rowspan="11">河道
基本
情况</td><td>河流名称</td><td>东马坊河</td><td>河流别名</td><td colspan="4">—</td><td colspan="2">河流代码</td><td></td></tr>
<tr><td>所属流域</td><td>黄河</td><td>水系</td><td>—</td><td>汇入河流</td><td colspan="2">中马坊河</td><td colspan="2">河流总长（km）</td><td>27</td></tr>
<tr><td>支流名称</td><td colspan="6">—</td><td colspan="2">流域平均宽（km）</td><td>6</td></tr>
<tr><td rowspan="2">流域面积
（km²）</td><td>石山区</td><td>土石山区</td><td colspan="2">土山区</td><td colspan="2">丘陵区</td><td>平原区</td><td colspan="2">流域总面积（km²）</td></tr>
<tr><td>—</td><td>113.96</td><td colspan="2">—</td><td colspan="2">50.72</td><td>—</td><td colspan="2">164.68</td></tr>
<tr><td>纵坡（‰）</td><td colspan="2">—</td><td colspan="2">—</td><td colspan="3">—</td><td colspan="2">10.1</td></tr>
<tr><td>糙率</td><td colspan="2">—</td><td colspan="2">—</td><td colspan="3">—</td><td colspan="2">0.04</td></tr>
<tr><td rowspan="2">设计洪水流
量（m³/s）</td><td colspan="3">断面位置</td><td colspan="2">100 年</td><td>50 年</td><td>20 年</td><td colspan="2">10 年</td></tr>
<tr><td colspan="3"></td><td colspan="2"></td><td></td><td></td><td colspan="2"></td></tr>
<tr><td>发源地</td><td colspan="3">宁武县东部东马坊乡石窑子</td><td colspan="2">水质情况</td><td colspan="4">Ⅱ类</td></tr>
<tr><td>流经县市名
及长度</td><td colspan="9">宁武县 27km。</td></tr>

<tr><td rowspan="6">水文
情况</td><td>年径流量
（万 m³）</td><td>1801</td><td>清水流量（m³/s）</td><td colspan="2">0.15</td><td colspan="3">最大洪峰流量（m³/s）</td><td colspan="2"></td></tr>
<tr><td>年均降雨量
（mm）</td><td>500</td><td>蒸发量（mm）</td><td colspan="2">1902.3</td><td>植被率（%）</td><td>8.1</td><td colspan="2">年输沙量
（万 t/年）</td><td>75.6</td></tr>
<tr><td rowspan="2">水文站</td><td colspan="2">名称</td><td colspan="3">位置</td><td colspan="2">建站时间</td><td colspan="2">控制面积
（km²）</td></tr>
<tr><td colspan="2">—</td><td colspan="3">—</td><td colspan="2">—</td><td colspan="2">—</td></tr>
<tr><td>来水来沙
情况</td><td colspan="9">输沙量集中在汛期 7～9 月内的几场大洪水。</td></tr>

<tr><td rowspan="3">社会
经济
情况</td><td>流经城市
（个）</td><td colspan="2">—</td><td colspan="3">流经乡镇
（个）</td><td>2</td><td colspan="2">流经村庄（个）</td><td>27</td></tr>
<tr><td>人口
（万人）</td><td>0.998</td><td colspan="2">耕地
（万亩）</td><td colspan="2">7.92</td><td colspan="2">主要农作物</td><td colspan="2">莜麦、山药、豌豆、胡麻</td></tr>
<tr><td>主要工矿企业及国民
经济总产值</td><td colspan="9">有煤矿。国民经济总产值 3600 万元，总收入 177.5 万元，其中农业收入 95.3 万元，牧业收入 25.3 万元，副业收入 55.83 万元。</td></tr>

<tr><td rowspan="8">河道
堤防
工程</td><td>规划长度（km）</td><td>8</td><td colspan="2">已治理长度（km）</td><td colspan="3">2.3</td><td colspan="2">已建堤防单线长
（km）</td><td>2.3</td></tr>
<tr><td rowspan="2">堤防位置</td><td rowspan="2">左岸
（km）</td><td rowspan="2">右岸
（km）</td><td rowspan="2">型式</td><td rowspan="2">级别</td><td colspan="2">标准
（年一遇）</td><td rowspan="2">河宽
（m）</td><td>保护
人口
（万人）</td><td>保护
村庄
（个）</td><td>保护
耕地
（万亩）</td></tr>
<tr><td>设防</td><td>现状</td><td></td><td></td><td></td></tr>
<tr><td>宁武县东马坊
乡葱沟村</td><td>0.85</td><td></td><td>砌石堤</td><td>五</td><td>10</td><td>10</td><td></td><td></td><td></td><td></td></tr>
<tr><td>宁武县圪廖乡
圪廖村—梅家
庄村</td><td></td><td>0.6</td><td>砌石堤</td><td>五</td><td>10</td><td>10</td><td></td><td></td><td></td><td></td></tr>
<tr><td>宁武东马坊乡
东马坊村—庄
旺村</td><td></td><td>3</td><td>砌石堤</td><td>五</td><td>10</td><td>10</td><td></td><td></td><td></td><td></td></tr>
<tr><td>宁武县东马坊
乡庄旺村—圪
廖乡圪廖村（圪
廖村堤）</td><td></td><td>0.3</td><td>砌石堤</td><td>五</td><td>10</td><td>10</td><td></td><td></td><td></td><td></td></tr>
</table>

续表 2-4

堤防位置	左岸（km）	右岸（km）	型式	级别	标准（年一遇）设防	标准（年一遇）现状	河宽（m）	保护人口（万人）	保护村庄（个）	保护耕地（万亩）
河道堤防工程	宁武县东马坊乡庄旺村—圪廖乡圪廖村（庄旺村下洗煤厂堤）		0.9	砌石堤	五	10	10				
	宁武县东马坊乡上庄村（上堤）	1		砌石堤	五	10	10				
	宁武县东马坊乡上庄村（下堤）		0.2	砌石堤	五	10	10				
	宁武东马坊乡西沟村—东马坊村（西沟村下）		1.3	砌石堤	五	10	10				
	宁武东马坊乡西沟村—东马坊村（东马坊村）		1.2	砌石堤	五	10	10				
	宁武县东马坊乡达达店村—回官石村		0.35	砌石堤	五	10	10				
	宁武县东马坊乡跑泉沟村—豆庄村		0.1	砌石堤	五	10	10				
	宁武县东马坊乡回官石村—跑泉沟村	0.3	1	砌石堤	五	10	10				
	宁武县东马坊乡腰庄村—葱沟村		0.6	砌石堤	五	10	10				
	宁武县圪廖乡梅家庄村—隔河村		0.11	砌石堤	五	10	10				

	水库名称	位置	总库容（万 m³）	控制面积（km²）	防洪标准（年一遇）设计	防洪标准（年一遇）校核	最大泄量（m³/s）	最大坝高（m）	大坝型式
水库	—	—	—	—	—	—	—	—	—

	闸坝名称	位置	拦河大坝型式	坝长（m）	坝高（m）	坝顶宽（m）	闸孔数量	闸净宽（m）	最大泄量（m³/s）
闸坝	—	—	—	—	—	—	—	—	—
	人字闸（处）	—	淤地坝（座）		—		其中骨干坝（座）		—

	灌区名称	灌溉面积（万亩）	河道取水口处数
灌区	—	—	—

	桥梁名	位置	过流量（m³/s）	长度（m）	宽度（m）	孔数	孔高（m）	结构型式
桥梁	隔河桥	宁武县圪廖乡隔河村		30	5	5	20	砼拱桥

	名称	位置、型式、规模、作用、流量、水质、建成时间等
其他涉河工程	—	—

河道砂石资源及采砂情况	河床内固有河卵石，无采砂现象。

续表 2-4

主要险工段及设障河段简述	由于多年洪水冲刷严重，造成险工险段 8km，急需治理。

情况说明：

一、河流基本情况

东马坊河流经宁武县达达店、回官石、跑泉沟、豆家沟、西沟、东马坊、庄旺、圪谬、梅家庄、隔河上、口子村进入中马坊河。平均河宽 40m。海拔在 1540m ~ 2124m 之间。

二、流域地形地貌

东马坊河流域属于土石山区和黄土丘陵沟壑区，森林植被覆盖率 8.1%，河床演变快，水土流失严重，山峰起伏缓慢，林木只在上游段分布，河道宽阔，河岸平缓，河流弯曲。东马坊河流域从地质上看属于中生界的侏罗系，由砂岩、页岩组成，层间夹有煤层。河床与河岸以砂卵石覆盖，厚度约 3m，在岸地上有较厚的砂壤质黄土。整个地形是东高西低，形成东西走向。土石山区占该流域的 69.2%，黄土丘陵沟壑区占该流域的 27.5%。地形最高点是石窑子南山，也是云中山的分水岭。

三、气象与水文

根据宁武气象站测定，该区无霜期在 100d ~ 110d，平均气温为 6.1℃，平均风速 2.9m／s，历年平均日照总时数 2835h，1d 最大降雨量为 150mm，且降水分布极不均匀。春季占全年的 13%，夏季占全年的 65%，秋季占全年的 2%，从气候上看属于典型的大陆寒冷干燥区。特点是气候寒冷，多大风，无霜期较短，温差较大，雨量高度集中于 7 ~ 9 月 3 个月内。

四、水旱灾害与水土流失

干旱是本河流的主要特点，一般春旱 3 ~ 4 年一遇，夏旱 6 ~ 7 年一遇，秋旱 10 年一遇。该区域由于地理位置和气候因素，霜冻和冰雹常造成灾害。初霜 8 年一遇，冰雹年平均 2.9 次，较大灾害的冰雹也常出现，造成粮食大面积减产或绝收。本区水土流失较为严重，由于植被覆盖率低，农业生产和放牧造成严重的人为水土流失。强度侵蚀和极强度侵蚀在该区所占比例较大，大量沙石下泄，使河床淤高，滩地遭到破坏，交通堵塞，粮食作物连年减产。

五、社会经济情况

东马坊河流域内有县市：宁武县；有乡镇：圪寥乡；有村庄：达达店、回官石、跑泉沟、豆家沟、西沟、庄旺、圪谬、梅家庄、隔河上、口子村等 27 个；有 2258 户。

怀道河基本情况表

表 2-5

<table>
<tr><td rowspan="11">河道基本情况</td><td>河流名称</td><td>怀道河</td><td colspan="2">河流别名</td><td colspan="4">—</td><td colspan="2">河流代码</td><td></td></tr>
<tr><td>所属流域</td><td>黄河</td><td>水系</td><td>—</td><td colspan="2">汇入河流</td><td colspan="2">中马坊河</td><td>河流总长（km）</td><td colspan="2">19.5</td></tr>
<tr><td>支流名称</td><td colspan="6"></td><td>流域平均宽（km）</td><td colspan="2">6.4</td></tr>
<tr><td>流域面积
（km²）</td><td>石山区</td><td colspan="2">土石山区</td><td colspan="2">土山区</td><td>丘陵区</td><td>平原区</td><td colspan="3">流域总面积（km²）</td></tr>
<tr><td></td><td>—</td><td colspan="2">125</td><td colspan="2">—</td><td>—</td><td>—</td><td colspan="3">125</td></tr>
<tr><td>纵坡（‰）</td><td>—</td><td colspan="2">10.1</td><td colspan="2">—</td><td>—</td><td>—</td><td colspan="3">10.1</td></tr>
<tr><td>糙率</td><td>—</td><td colspan="2">0.04</td><td colspan="2">—</td><td>—</td><td>—</td><td colspan="3">0.04</td></tr>
<tr><td>设计洪水
流量（m³/s）</td><td colspan="3">断面位置</td><td colspan="2">100 年</td><td>50 年</td><td colspan="2">20 年</td><td colspan="2">10 年</td></tr>
<tr><td></td><td colspan="3"></td><td colspan="2"></td><td></td><td colspan="2"></td><td colspan="2"></td></tr>
<tr><td>发源地</td><td colspan="3">宁武县大岭山老鸦洼</td><td colspan="2">水质情况</td><td colspan="5">Ⅱ类</td></tr>
<tr><td>流经县市
名及长度</td><td colspan="9">宁武县 19.5km。</td></tr>
<tr><td rowspan="5">水文情况</td><td>年径流量
（万 m³）</td><td colspan="2">1238.1</td><td colspan="2">清水流量（m³/s）</td><td colspan="3">0.1</td><td>最大洪峰
流量（m³/s）</td><td colspan="2"></td></tr>
<tr><td>年均降雨
量（mm）</td><td colspan="2">550</td><td>蒸发量(mm)</td><td colspan="2">1902.3</td><td>植被率（%）</td><td colspan="2">16.16</td><td>年输沙量（万 t/年）</td><td>78/52</td></tr>
<tr><td rowspan="2">水文站</td><td colspan="3">名称</td><td colspan="3">位置</td><td colspan="2">建站时间</td><td colspan="2">控制面积（km²）</td></tr>
<tr><td colspan="3">—</td><td colspan="3">—</td><td colspan="2">—</td><td colspan="2">—</td></tr>
<tr><td>来水来沙
情况</td><td colspan="10">输沙量全年集中在 7 ~ 9 月内几场大洪水。</td></tr>
<tr><td rowspan="3">社会经济情况</td><td>流经城市
（个）</td><td colspan="2">—</td><td>流经乡镇
（个）</td><td colspan="2">1</td><td colspan="2">流经村庄（个）</td><td colspan="2">24</td></tr>
<tr><td>人口
（万人）</td><td colspan="2">0.67</td><td>耕地
（万亩）</td><td colspan="2">2.49</td><td colspan="2">主要农作物</td><td colspan="2">玉米、莜麦、豌豆、山药、胡麻、黄芥等</td></tr>
<tr><td>主要工矿企业及国民
经济总产值</td><td colspan="10">总收入 153.36 万元，其中农业收入 32.27 万元，牧业收入 9.06 万元，副业收入
19.96 万元。</td></tr>
<tr><td rowspan="13">河道堤防工程</td><td>规划长度（km）</td><td colspan="2">10</td><td>已治理长度（km）</td><td colspan="3">10</td><td colspan="2">已建堤防单线长（km）</td><td>6.65</td></tr>
<tr><td rowspan="2">堤防位置</td><td rowspan="2">左岸
（km）</td><td rowspan="2">右岸
（km）</td><td rowspan="2">型式</td><td rowspan="2">级别</td><td colspan="2">标准
（年一遇）</td><td rowspan="2">河宽
（m）</td><td>保护
人口
（万人）</td><td>保护
村庄
（个）</td><td>保护
耕地
（万亩）</td></tr>
<tr><td>设防</td><td>现状</td></tr>
<tr><td>宁武怀道乡中马坊村</td><td></td><td>0.5</td><td>砌石堤</td><td>五</td><td>10</td><td>10</td><td></td><td></td><td></td><td></td></tr>
<tr><td>宁武怀道乡天王塔村</td><td></td><td>1.65</td><td>砌石堤</td><td>五</td><td>10</td><td>10</td><td></td><td></td><td></td><td></td></tr>
<tr><td>宁武怀道乡寺湾村</td><td></td><td>0.5</td><td>砌石堤</td><td>五</td><td>10</td><td>10</td><td></td><td></td><td></td><td></td></tr>
<tr><td>宁武怀道乡南沟只村</td><td></td><td>0.2</td><td>土石混合堤</td><td>五</td><td>10</td><td>10</td><td></td><td></td><td></td><td></td></tr>
<tr><td>宁武怀道乡上官庄村</td><td></td><td>1.2</td><td>砌石堤</td><td>五</td><td>10</td><td>10</td><td></td><td></td><td></td><td></td></tr>
<tr><td>宁武怀道乡怀道村</td><td>0.25</td><td>0.5</td><td>砌石堤</td><td>五</td><td>10</td><td>10</td><td></td><td></td><td></td><td></td></tr>
<tr><td>宁武怀道乡大滩沟村</td><td></td><td>0.3</td><td>砌石堤</td><td>五</td><td>10</td><td>10</td><td></td><td></td><td></td><td></td></tr>
<tr><td>宁武怀道乡官地村</td><td></td><td>0.75</td><td>砌石堤</td><td>五</td><td>10</td><td>10</td><td></td><td></td><td></td><td></td></tr>
<tr><td>宁武怀道乡下官庄村</td><td></td><td>0.8</td><td>砌石堤</td><td>五</td><td>10</td><td>10</td><td></td><td></td><td></td><td></td></tr>
</table>

续表 2-5

水库	水库名称	位置	总库容（万 m³）	控制面积（km²）	防洪标准（年一遇）设计	防洪标准（年一遇）校核	最大泄量（m³/s）	最大坝高（m）	大坝型式
	—	—	—	—	—	—	—	—	—

闸坝	闸坝名称	位置	拦河大坝型式	坝长（m）	坝高（m）	坝顶宽（m）	闸孔数量	闸净宽（m）	最大泄量（m³/s）
	—	—	—	—	—	—	—	—	—
	人字闸（处）	—	淤地坝（座）	—	其中骨干坝（座）			—	

灌区	灌区名称	灌溉面积（万亩）	河道取水口处数
	—		

桥梁	桥梁名	位置	过流量（m³/s）	长度（m）	宽度（m）	孔数	孔高（m）	结构型式
	—	—	—	—	—	—	—	—

其他涉河工程	名称	位置、型式、规模、作用、流量、水质、建成时间等
	—	—

河道砂石资源及采砂情况	河床内固有河卵石，砂石资源丰富。有采河卵石现象，但无采砂现象。

主要险工段及设障河段简述	由于洪水冲刷，造成险工险段 10km。

规划工程情况	2008 年 12 月，怀道河治理建设规划治理范围从怀道河源头—中马坊村，新建护村护地坝 10km。

情况说明：

一、河流基本情况

怀道河流经谢家坪、天王塔、上官庄、下官庄、寺湾、怀道、黄松沟、官地村、中马坊等村庄，进入汾河的一级支流中马坊河。

二、流域地形地貌

怀道河流域海拔在 2187.7m ~ 1467m 之间，属土石山区。森林植被覆盖率 16.16%，水土流失严重，山峰起伏，呈馒头状，林木分布在河道左上游段，河道宽阔，河岸平缓，河流弯曲。

怀道河流域从地质上看属于中生代的侏罗纪和二叠、三叠纪地层，由砂岩、页岩组成，层间有煤层。河床与河岸由砂卵石覆盖，厚度约 3m 左右，河流上游段有较厚的砂质黄土，整个地形东高西低，形成东西走向。按照省区规划划分标准属于土石山区，地形最高点是大岭山，分水岭海拔 2187.7m。

流域内主要植被由乔木林、灌木林、草和农作物构成。

三、气象与水文

根据宁武气象站测定，该区无霜期在 100d ~ 110d，平均气温为 6.1℃，平均风速 2.9m／s，历年平均日照总时数 2835h。1d 最大降雨量为 150mm，且降水分布极不均匀。春季占全年的 13%，夏季占全年的 65%，秋季占全年的 2%。从气候上看属于典型的大陆寒冷干燥区，特点是气候寒冷，多大风，无霜期较短，温差较大，雨量集中于 7 ~ 9 月 3 个月内。

四、水旱灾害与水土流失

该流域属土石山区，植被稀疏，水土保持措施不完善，水土流失严重。农业生产和放牧造成严重的人为水土流失。

续表 2-5

　　该流域年取水总量 8.2 万 m³，水力资源开发利用率低。

　　干旱是本流域的主要特点，一般春旱 3～4 年一遇，夏旱 6～7 年一遇，秋旱 10 年一遇。区域由于地理位置和气候因素，霜冻和冰雹常造成灾害。初霜 8 年一遇，冰雹年平均 2.9 次，较大灾害的冰雹也常出现，造成粮食大面积减产或绝收。

　　强度侵蚀和极强度侵蚀在该区所占比例较大，大量沙石下泄，使河床淤高，滩地遭到破坏，交通堵塞，粮食作物连年减产。

　　五、社会经济情况

　　怀道河流域内有乡镇：怀道乡；有村庄：谢家坪、天王塔、上官庄、下官庄、寺湾、黄松沟、官地村、中马坊等 24 个；有 1638 户。

西马坊河基本情况表

表 2-6

<table>
<tr><td rowspan="10">河道基本情况</td><td>河流名称</td><td colspan="2">西马坊河</td><td>河流别名</td><td colspan="3">—</td><td colspan="2">河流代码</td><td></td></tr>
<tr><td>所属流域</td><td>黄河</td><td>水系</td><td>—</td><td colspan="2">汇入河流</td><td colspan="2">汾河</td><td>河流总长（km）</td><td>18</td></tr>
<tr><td>支流名称</td><td colspan="7">黄土峁沟、西沟、东沟、李家沟、西庵沟、车道沟、席麻洼沟、营房沟、梅洞沟，共9条。</td><td>流域平均宽（km）</td><td>6.19</td></tr>
<tr><td rowspan="2">流域面积（km²）</td><td>石山区</td><td colspan="2">土石山区</td><td colspan="2">土山区</td><td colspan="2">丘陵区</td><td>平原区</td><td>流域总面积（km²）</td></tr>
<tr><td>—</td><td colspan="2">156.25</td><td colspan="2">—</td><td colspan="2">—</td><td>—</td><td>156.25</td></tr>
<tr><td>纵坡（‰）</td><td>—</td><td colspan="2">—</td><td colspan="2">—</td><td colspan="2">—</td><td>—</td><td>3.7</td></tr>
<tr><td>糙率</td><td>—</td><td colspan="2">—</td><td colspan="2">—</td><td colspan="2">—</td><td>—</td><td>0.05</td></tr>
<tr><td rowspan="3">设计洪水流量（m³/s）</td><td colspan="3">断面位置</td><td colspan="2">100年</td><td colspan="2">50年</td><td>20年</td><td>10年</td></tr>
<tr><td colspan="3"></td><td colspan="2"></td><td colspan="2"></td><td></td><td></td></tr>
<tr><td colspan="3"></td><td colspan="2"></td><td colspan="2"></td><td></td><td></td></tr>
<tr><td></td><td>发源地</td><td colspan="2">宁武县芦芽山东沟</td><td colspan="2">水质情况</td><td colspan="5">Ⅱ类</td></tr>
<tr><td></td><td>流经县市名及长度</td><td colspan="9">宁武县 18km。</td></tr>
</table>

<table>
<tr><td rowspan="5">水文情况</td><td>年径流量（万 m³）</td><td colspan="2">1800</td><td>清水流量（m³/s）</td><td colspan="2">0.6</td><td>最大洪峰流量（m³/s）</td><td colspan="2">450</td></tr>
<tr><td>年均降雨量（mm）</td><td>500.2</td><td>蒸发量（mm）</td><td>1902.3</td><td>植被率（%）</td><td colspan="2">40.5</td><td>年输沙量（万 t/年）</td><td></td></tr>
<tr><td rowspan="2">水文站</td><td colspan="2">名称</td><td colspan="2">位置</td><td colspan="2">建站时间</td><td colspan="2">控制面积（km²）</td></tr>
<tr><td colspan="2">—</td><td colspan="2">—</td><td colspan="2">—</td><td colspan="2">—</td></tr>
<tr><td>来水来沙情况</td><td colspan="8">该流域由于森林植被覆盖率高，水土流失不太严重，流失的主要地带在坡耕地上，除了在大暴雨时，河流其他时间都是清水。该河道以悬移质泥沙为主，年内挟沙最多时是洪峰时节。</td></tr>
</table>

<table>
<tr><td rowspan="3">社会经济情况</td><td>流经城市（个）</td><td>—</td><td colspan="2">流经乡镇（个）</td><td colspan="2">1</td><td>流经村庄（个）</td><td>43</td></tr>
<tr><td>人口（万人）</td><td>0.915</td><td colspan="2">耕地（万亩）</td><td colspan="2">2.916</td><td>主要农作物</td><td>莜麦、豌豆、山药、胡麻、玉米</td></tr>
<tr><td>主要工矿企业及国民经济总产值</td><td colspan="8">总收入 167.02 万元，其中农业收入 63.59 万元，牧业收入 22.2 万元，副业收入 77.84 万元。</td></tr>
</table>

<table>
<tr><td rowspan="8">河道堤防工程</td><td>规划长度（km）</td><td>8</td><td colspan="2">已治理长度（km）</td><td colspan="2">50</td><td colspan="2">已建堤防单线长（km）</td><td colspan="3">8.55</td></tr>
<tr><td rowspan="2">堤防位置</td><td rowspan="2">左岸（km）</td><td rowspan="2">右岸（km）</td><td rowspan="2">型式</td><td rowspan="2">级别</td><td colspan="2">标准（年一遇）</td><td rowspan="2">河宽（m）</td><td>保护人口（万人）</td><td>保护村庄（个）</td><td>保护耕地（万亩）</td></tr>
<tr><td>设防</td><td>现状</td><td></td><td></td><td></td></tr>
<tr><td>宁武县西马坊乡后吴家沟村</td><td></td><td>0.3</td><td>砌石堤</td><td>五</td><td>10</td><td>10</td><td></td><td></td><td></td><td></td></tr>
<tr><td>宁武县西马坊乡后吴家沟村</td><td>0.5</td><td></td><td>砌石堤/土石混合堤</td><td>五</td><td>10</td><td>10</td><td></td><td></td><td></td><td></td></tr>
<tr><td>宁武县西马坊乡北沟滩村（北沟滩堤）</td><td>0.35</td><td></td><td>砌石堤</td><td>五</td><td>10</td><td>10</td><td></td><td></td><td></td><td></td></tr>
<tr><td>宁武县西马坊乡北沟滩村（蒽沟堤）</td><td>0.7</td><td></td><td>砌石堤</td><td>五</td><td>10</td><td>10</td><td></td><td></td><td></td><td></td></tr>
<tr><td>宁武县西马坊乡席麻洼村</td><td>0.5</td><td>0.3</td><td>砌石堤</td><td>五</td><td>10</td><td>10</td><td></td><td></td><td></td><td></td></tr>
</table>

续表 2-6

	堤防位置	左岸（km）	右岸（km）	型式	级别	标准（年一遇）设防	标准（年一遇）现状	河宽（m）	保护人口（万人）	保护村庄（个）	保护耕地（万亩）
河道堤防工程	宁武县西马坊乡黄土崂村	0.1		砌石堤	五	10	10				
	宁武县西马坊乡马驹沟村	0.43		砌石堤	五	10	10				
	宁武县西马坊乡馒头山村	0.57	0.2	砌石堤	五	10	10				
	宁武县西马坊乡包掌湾村	0.15	0.1	砌石堤	五	10	10				
	宁武县西马坊乡陈家滩村		0.4	砌石堤	五	10	10				
	宁武县西马坊乡高崖底村	0.55		砌石堤	五	10	10				
	宁武县西马坊乡吉家坪村	0.2		砌石堤	五	10	10				
	宁武县西马坊乡前吴家沟村	0.5	0.3	砌石堤	五	10	10				
	宁武县西马坊乡西马坊村（上村堤）		0.2	砌石堤	五	10	10				
	宁武县西马坊乡西马坊村（下村堤）	0.6		砌石堤	五	10	10				
	宁武县西马坊乡斜坡村	0.5		砌石堤	五	10	10				
	宁武县西马坊乡伏和沟村	1.1		砌石堤	五	10	10				

	水库名称	位置	总库容（万 m³）	控制面积（km²）	防洪标准（年一遇）设计	防洪标准（年一遇）校核	最大泄量（m³/s）	最大坝高（m）	大坝型式
水库	—	—	—	—	—	—	—	—	—

	闸坝名称	位置	拦河大坝型式	坝长（m）	坝高（m）	坝顶宽（m）	闸孔数量	闸净宽（m）	最大泄量（m³/s）
闸坝	—	—	—	—	—	—	—	—	—
	人字闸（处）	—		淤地坝（座）		—		其中骨干坝（座）	

	灌区名称	灌溉面积（万亩）	河道取水口处数
灌区	—	—	—

	桥梁名	位置	过流量(m³/s)	长度（m）	宽度(m)	孔数	孔高（m）	结构型式
桥梁	榆木桥村桥	宁武县西马坊乡榆木桥村南		25	12	6	12	砼拱桥

	名称	位置、型式、规模、作用、流量、水质、建成时间等
其他涉河工程	—	—

河道砂石资源及采砂情况	河床内固有河卵石，无采砂现象。

续表2-6

主要险工段及设障河段简述	由于多年洪水冲刷，造成险工险段8km。
规划工程情况	

情况说明：

一、河流基本情况

西马坊河流经达摩庵、南干沟，大南沟、梅洞、宽草坪、馒头山、西马坊、红沙地、榆木桥、坝里，于坝门口注入汾河。弯曲系数1.3，河网密度0.55km／km²，属于树枝状水系。

该河支沟较多，较长的支沟有黄土峁沟、西沟、东沟、李家沟、西庵沟、车道沟。从西南流向东北，经吉家坪、高崖底、包掌湾、北沟滩、后吴家沟、前吴家沟等村，在西马坊村汇入西马坊河，河道纵坡1.15%。

二、流域地形地貌

该流域属于西马坊乡，海拔在2358m～1374m之间。由于该流域森林、植被覆盖率较高，河道河型稳定，水土流失较轻，上游河段狭窄，中、下游河段平展、开阔，滩地、川台地、阶地较多。

流域上段灰岩广布是宁武县的屋脊，山峰林立，林海茫茫，坡陡沟深；中下段为二叠纪、三叠纪砂页岩质山头，多呈馒头状突起。黄土覆盖的梁峁丘陵，由于土层薄，黄土地貌特征得不到发育，大部分已切入基岩。山丘起伏，沟壑纵横。

流域内主要植被由乔、灌、草和农作物构成。

三、气象与水文

流域属大陆性寒冷干燥气候，降水量年际变化在289.2mm～782.3mm之间，贫水年出现频率为46%，丰水年11%，枯水年8%，汛期降水量达387.9mm，占全年降水量的77.5%。多年平均气温6.2℃，极端气温34.8℃～-27.2℃，无霜期为118d，平均日照总时数为2835h。

四、旱、涝、碱灾害与水土流失

根据气象资料统计，春旱3～4年一遇，夏旱6～7年一遇，秋旱10年一遇。

该流域由于森林植被覆盖率高，水土流失不太严重，流失的主要地带在坡耕地上，除了在大暴雨时，河流其他时间都是清水。

五、社会经济情况

西马坊河流域内有乡镇：西马坊乡；有村庄：达摩庵、南干沟、大南沟、梅洞、宽草坪、馒头山、西马坊、红沙地、榆木桥、坝里、坝门口等43个；有2177户，3999个劳力，耕地29157亩，大畜2132头，猪1346头，羊9693只。

六、河道整治

该河道过去逐年经过治理，中、下游河道全部已筑坝造成良田。

鸣水河基本情况表

表 2-7

<table>
<tr><td rowspan="11">河道基本情况</td><td>河流名称</td><td>鸣水河</td><td colspan="2">河流别名</td><td colspan="2">鸣河</td><td colspan="2">河流代码</td><td colspan="2"></td></tr>
<tr><td>所属流域</td><td>黄河</td><td colspan="2">水系</td><td>—</td><td>汇入河流</td><td>汾河</td><td colspan="2">河流总长（km）</td><td colspan="2">25.8</td></tr>
<tr><td>支流名称</td><td colspan="5">文明沟河、木头沟河、庄东平河等，共16条。</td><td colspan="2">流域平均宽（km）</td><td colspan="2">10.3</td></tr>
<tr><td>流域面积（km²）</td><td>石山区</td><td colspan="2">土石山区</td><td colspan="2">土山区</td><td>丘陵区</td><td>平原区</td><td colspan="2">流域总面积（km²）</td></tr>
<tr><td></td><td>—</td><td colspan="2">264.67</td><td colspan="2">—</td><td>—</td><td>—</td><td colspan="2">264.67</td></tr>
<tr><td>纵坡（‰）</td><td colspan="4">9</td><td colspan="3"></td><td colspan="2">9</td></tr>
<tr><td>糙率</td><td>—</td><td colspan="2">0.02~0.03</td><td>—</td><td>—</td><td>—</td><td colspan="3">0.02~0.03</td></tr>
<tr><td rowspan="2">设计洪水流量（m³/s）</td><td colspan="3">断面位置</td><td colspan="2">100 年</td><td>50 年</td><td>20 年</td><td colspan="2">10 年</td></tr>
<tr><td colspan="3">杜家村镇高家村</td><td colspan="2">925</td><td>716.9</td><td>539.1</td><td colspan="2">433.3</td></tr>
<tr><td>发源地</td><td colspan="2">静乐县云中山西坡的七匠沟和南林滩</td><td colspan="2">水质情况</td><td colspan="4">Ⅲ类</td></tr>
<tr><td>流经县市名及长度</td><td colspan="8">静乐县 25.8km，宁武县 1.5km。</td></tr>
<tr><td rowspan="6">水文情况</td><td>年径流量（万 m³）</td><td colspan="2">2600</td><td colspan="2">清水流量（m³/s）</td><td>0.213</td><td colspan="2">最大洪峰流量（m³/s）</td><td>900</td></tr>
<tr><td>年均降雨量（mm）</td><td colspan="2">550</td><td>蒸发量（mm）</td><td>1567</td><td>植被率（%）</td><td>30</td><td colspan="2">年输沙量（万 t/年）</td><td>77</td></tr>
<tr><td rowspan="2">水文站</td><td colspan="2">名称</td><td colspan="3">位置</td><td colspan="2">建站时间</td><td colspan="2">控制面积（km²）</td></tr>
<tr><td colspan="2">—</td><td colspan="3">—</td><td colspan="2">—</td><td colspan="2">—</td></tr>
<tr><td>来水来沙情况</td><td colspan="9">泥沙以石英砂为主，杂有少量砾石，其级配为 2mm~60mm，2~0.1mm，0.1mm~0.01mm，比为 20：75：5。河流泥沙以悬移质为主，年侵蚀模数为 3000t/（km²·a）。年输沙量为 77 万 t，其中推移质输沙量约为 3 万 t。</td></tr>
<tr><td rowspan="3">社会经济情况</td><td>流经城市（个）</td><td colspan="2">—</td><td colspan="2">流经乡镇（个）</td><td>2</td><td>流经村庄（个）</td><td colspan="2">49</td></tr>
<tr><td>人口（万人）</td><td colspan="2">1.77</td><td colspan="2">耕地（万亩）</td><td>4.38</td><td>主要农作物</td><td colspan="2">土豆、莜麦、胡麻、豆类</td></tr>
<tr><td>主要工矿企业及国民经济总产值</td><td colspan="8">鸣水河流域内有任村煤矿、杜家村煤矿、文明村煤矿、刁儿沟煤矿等。</td></tr>
<tr><td rowspan="10">河道堤防工程</td><td>规划长度（km）</td><td colspan="2">41</td><td colspan="2">已治理长度（km）</td><td>27.7</td><td colspan="2">已建堤防单线长（km）</td><td>27.7</td></tr>
<tr><td rowspan="2">堤防位置</td><td rowspan="2">左岸（km）</td><td rowspan="2">右岸（km）</td><td rowspan="2">型式</td><td rowspan="2">级别</td><td colspan="2">标准（年一遇）</td><td rowspan="2">河宽（m）</td><td rowspan="2">保护人口（万人）</td><td rowspan="2">保护村庄（个）</td><td rowspan="2">保护耕地（万亩）</td></tr>
<tr><td>设防</td><td>现状</td></tr>
<tr><td>静乐杜家镇杜家村</td><td></td><td>4</td><td>砌石堤</td><td>五</td><td></td><td>10</td><td></td><td></td><td></td><td></td></tr>
<tr><td>静乐杜家镇上村</td><td></td><td>0.4</td><td>砌石堤</td><td>五</td><td></td><td>10</td><td></td><td></td><td></td><td></td></tr>
<tr><td>静乐杜家镇磨管峪村</td><td></td><td>0.3</td><td>砌石堤</td><td>五</td><td></td><td>10</td><td></td><td></td><td></td><td></td></tr>
<tr><td>静乐杜家镇任家村</td><td></td><td>1.5</td><td>砌石堤</td><td>五</td><td></td><td>10</td><td></td><td></td><td></td><td></td></tr>
<tr><td>静乐西窑—高家村</td><td>6</td><td>8</td><td></td><td></td><td>10</td><td>10</td><td>60</td><td>0.301</td><td>6</td><td>0.35</td></tr>
<tr><td>静乐堂尔上—东窑</td><td>3</td><td>4</td><td></td><td></td><td>10</td><td>10</td><td>50</td><td>0.198</td><td>5</td><td>0.21</td></tr>
<tr><td>宁武石家庄镇沟口村</td><td>0.57</td><td>0.8</td><td>砌石堤</td><td>五</td><td>10</td><td>10</td><td></td><td></td><td></td><td></td></tr>
</table>

续表 2-7

水库	水库名称	位置	总库容（万m³）	控制面积（km²）	防洪标准（年一遇）		最大泄量（m³/s）	最大坝高（m）	大坝型式
					设计	校核			
	—	—	—	—	—	—	—	—	—

闸坝	闸坝名称	位置	拦河大坝型式	坝长(m)	坝高(m)	坝顶宽(m)	闸孔数量	闸净宽(m)	最大泄量（m³/s）
	—	—	—	—	—	—	—	—	—
	人字闸（处）	—	淤地坝（座）	—	其中骨干坝（座）		—		

灌区	灌区名称		灌溉面积（万亩）		河道取水口处数	
	—		—		—	

桥梁	桥梁名	位置	过流量（m³/s）	长度（m）	宽度（m）	孔数	孔高(m)	结构型式
	鸣河大桥	静乐县城至杜家村、史家沟	750	80	7.5		2.5	钢筋砼

其他涉河工程	名称	位置、型式、规模、作用、流量、水质、建成时间等

河道砂石资源及采砂情况	主要产砂区为丰台韦沟西窑、李家湾、杜家村到史家沟口、盘管峪一带。

主要险工段及设障河段简述	杜家村段由于文明沟洪水顶托，鸣水河洪水直冲杜家村，需加固堤防。杜家村段煤矿弃碴侵占河道，需清除。

规划工程情况	2008 年 12 月，山西省鸣河静乐县段治理建设规划已列入水利部储备项目。治理范围从鸣河上游到出口，治理河道长度 23.2km。主要建设内容为：旧堤加固 3.05km，新建堤防 31.45km，河道清淤疏浚 30 万 m³。投资估算总投资 6148 万元。

情况说明：

一、河流基本情况

鸣水河位于静乐北部的土石山区，由东向西流经堂尔上、杜家村等 16 个村，经宁武县沟口村注入汾河。平均宽 11.2km，河床以粗砂为主。

该河为云芦山间河流，呈蜿蜒型，造床流量约 130m³/s，河道由主槽和漫滩组成，主槽与漫滩宽度之比 1：2.7，河道宽与主槽水深之比约为 25，为宽浅形河床，河岸抗冲能力较差，故河床稳定性差。

二、流域地形地貌

鸣水河流域东高西低，南北突起，16 条支沟如枝状由南北汇入。东有云中山，北有鸡冠山，南有黄韦山，地形崎岖，地势高峻，相对高程 1370m ~ 2421m。主要由砂页岩和灰岩构造的土石山区为主，兼有少量变质岩石山区和变质岩石山森林区。石厚土薄，岩石裸露。

上游以落叶松和串根杨为主，灌木以沙刺为主，下游沙棘和蒿草为主，植被较好。

三、气象与水文

该流域正常年降水量 550mm 左右，中等干旱年份 400mm，50 年一遇干旱年份降水量 220mm。降水大部分集中于每年的 7、8、9 月份。多年平均气温 6.5℃，极端最高 34℃，最低 -29.2℃。无霜期 120 天 ~ 135 天左右。最大蒸发量 1567mm。多年平均径流深 90mm。

四、社会经济情况

鸣水河流域内有乡镇：堂尔上乡、杜家村镇；有村庄：磨盘沟村、堂尔上、东窑、李家湾村、任家村、杜家村等。

新堡河基本情况表

表 2-8

<table>
<tr><td rowspan="16">河道基本情况</td><td>河流名称</td><td colspan="2">新堡河</td><td>河流别名</td><td colspan="2">—</td><td colspan="2">河流代码</td><td colspan="2"></td></tr>
<tr><td>所属流域</td><td>黄河</td><td>水系</td><td>—</td><td>汇入河流</td><td colspan="2">汾河</td><td colspan="2">河流总长（km）</td><td colspan="2">16</td></tr>
<tr><td>支流名称</td><td colspan="6">王家沟、大窑洼沟、石坝、达子营、杵木沟、石板桥、石坝沟、小老沟，共8条。</td><td colspan="2">流域平均宽（km）</td><td colspan="2">6.9</td></tr>
<tr><td rowspan="2">流域面积（km²）</td><td colspan="2">石山区</td><td>土石山区</td><td colspan="2">土山区</td><td colspan="2">丘陵区</td><td>平原区</td><td>流域总面积（km²）</td></tr>
<tr><td colspan="2">—</td><td>—</td><td colspan="2">109.95</td><td colspan="2">—</td><td>—</td><td>109.95</td></tr>
<tr><td>纵坡（‰）</td><td colspan="8">—</td><td>3.7</td></tr>
<tr><td>糙率</td><td colspan="8">—</td><td>0.025～0.035</td></tr>
<tr><td rowspan="3">设计洪水流量（m³/s）</td><td colspan="3">断面位置</td><td colspan="2">100年</td><td colspan="2">50年</td><td>20年</td><td>10年</td></tr>
<tr><td colspan="3"></td><td colspan="2">300</td><td colspan="2"></td><td></td><td></td></tr>
<tr><td colspan="3"></td><td colspan="2"></td><td colspan="2"></td><td></td><td></td></tr>
<tr><td>发源地</td><td colspan="4">宁武县小老沟、石坝沟一带</td><td colspan="2">水质情况</td><td colspan="3">Ⅱ类</td></tr>
<tr><td>流经县市名及长度</td><td colspan="9">宁武县 16km。</td></tr>
</table>

<table>
<tr><td rowspan="8">水文情况</td><td>年径流量（万m³）</td><td colspan="2">879.6</td><td>清水流量（m³/s）</td><td colspan="2"></td><td>最大洪峰流量（m³/s）</td><td colspan="2">300</td></tr>
<tr><td>年均降雨量（mm）</td><td colspan="2">500.2</td><td>蒸发量（mm）</td><td>1902.3</td><td>植被率（%）</td><td>31.46</td><td colspan="2">年输沙量（万t/年）</td></tr>
<tr><td rowspan="2">水文站</td><td colspan="2">名称</td><td colspan="3">位置</td><td colspan="2">建站时间</td><td>控制面积（km²）</td></tr>
<tr><td colspan="2">—</td><td colspan="3">—</td><td colspan="2">—</td><td>—</td></tr>
<tr><td>来水来沙情况</td><td colspan="8">以悬移质泥沙为主，年内挟沙最多时是洪峰时节，来水来沙集中于汛期洪水。</td></tr>
</table>

<table>
<tr><td rowspan="3">社会经济情况</td><td>流经城市（个）</td><td colspan="2">—</td><td colspan="2">流经乡镇（个）</td><td>2</td><td>流经村庄（个）</td><td>24</td></tr>
<tr><td>人口（万人）</td><td colspan="2">0.68</td><td>耕地（万亩）</td><td>2.23</td><td>主要农作物</td><td colspan="3">莜麦、豌豆、山药、胡麻、糜黍</td></tr>
<tr><td>主要工矿企业及国民经济总产值</td><td colspan="8">总收入 179.53 万元，其中农业收入 44.36 万元，牧业收入 28.32 万元，副业收入 106.85 万元。</td></tr>
</table>

<table>
<tr><td rowspan="9">河道堤防工程</td><td>规划长度（km）</td><td colspan="2">8</td><td colspan="2">已治理长度（km）</td><td colspan="2">50</td><td colspan="2">已建堤防单线长（km）</td><td>8.13</td></tr>
<tr><td rowspan="2">堤防位置</td><td rowspan="2">左岸(km)</td><td rowspan="2">右岸(km)</td><td rowspan="2">型式</td><td rowspan="2">级别</td><td colspan="2">标准（年一遇）</td><td rowspan="2">河宽(m)</td><td rowspan="2">保护人口（万人）</td><td rowspan="2">保护村庄（个）</td><td rowspan="2">保护耕地（万亩）</td></tr>
<tr><td>设防</td><td>现状</td></tr>
<tr><td>宁武新堡乡接管亭村</td><td>0.13</td><td></td><td>砌石堤</td><td>五</td><td>10</td><td>10</td><td></td><td></td><td></td><td></td></tr>
<tr><td>宁武县新堡乡旧堡村</td><td>0.5</td><td></td><td>砌石堤</td><td>五</td><td>10</td><td>10</td><td></td><td></td><td></td><td></td></tr>
<tr><td>宁武县新堡乡新堡村（护桥堤）</td><td>0.7</td><td>0.5</td><td>砌石堤</td><td>五</td><td>10</td><td>10</td><td></td><td></td><td></td><td></td></tr>
<tr><td>宁武县新堡乡新堡村（新堡上村堤）</td><td>2.3</td><td></td><td>砌石堤</td><td>五</td><td>10</td><td>10</td><td></td><td></td><td></td><td></td></tr>
<tr><td>宁武县新堡乡石坝村</td><td>1.2</td><td></td><td>砌石堤</td><td>五</td><td>10</td><td>10</td><td></td><td></td><td></td><td></td></tr>
<tr><td>宁武新堡乡红土沟村</td><td>1</td><td>1</td><td>砌石堤</td><td>五</td><td>10</td><td>10</td><td></td><td></td><td></td><td></td></tr>
</table>

续表 2-8

水库	水库名称	位置	总库容（万m³）	控制面积（km²）	防洪标准（年一遇）		最大泄量（m³/s）	最大坝高（m）	大坝型式
					设计	校核			
	—	—	—	—	—	—	—	—	—

闸坝	闸坝名称	位置	拦河大坝型式	坝长（m）	坝高（m）	坝顶宽（m）	闸孔数量	闸净宽（m）	最大泄量（m³/s）
	—	—	—	—	—	—	—	—	—
	人字闸（处）	—		淤地坝（座）	8		其中骨干坝（座）		—

灌区	灌区名称		灌溉面积（万亩）		河道取水口处数	
	石家庄灌区		0.026		2	

桥梁	桥梁名	位置	过流量（m³/s）	长度（m）	宽度（m）	孔数	孔高（m）	结构型式
	红土沟农用桥	宁武县新堡乡红土沟		15	4	3	3.5	砼桥

其他涉河工程	名称	位置、型式、规模、作用、流量、水质、建成时间等。
	头马营灌溉渠道	距头马营上游1km处的汾河右岸，渠长10km。
	十里桥渠	引水灌溉渠道，全长6.5km。

河道砂石资源及采砂情况	河床内固有河卵石，有采卵石现象。

主要险工段及设障河段简述	由于多年洪水冲刷，造成险工险段8km。

规划工程情况	无规划工程。

情况说明：

一、河流基本情况

新堡河西北接西马坊河流域以分水线为界，东南与阳方沟流域为邻，由石家庄汇入汾河。

二、流域地形地貌

该河流流域是典型的土石山区，河道弯曲狭窄，主槽明显，阶地很少，河道两岸壁峭沟深。河滩地占主槽的30%，河床相对稳定。流域上段灰岩广布，山峰林立，壁陡沟深，中下段为二叠纪、三叠纪砂页岩质山头。多呈馒头状突起，黄土覆盖的梁状丘陵，由于土层薄，黄土地貌特征得不到充分发育。而发育期间的沟谷，绝大部分已切入基岩。呈现了山丘起伏、沟壑纵横、地表破碎、土石相间的地貌。

流域内主要植被由乔、灌、草和农作物构成。

三、气象与水文

流域内降水年际变化在289.2mm～782.3mm之间，正常年出现频率为46%，偏多年13%，特多年11%，偏少年12%，特少年8%，其中汛期6～9月降水量达387.9mm，占年降水量的77.5%。

流域属大陆性气候寒冷干燥区。气候寒冷，多大风，无霜期短，温差较大，多年平均气温为6.213℃，极端最高气温34.813℃，极端最低气温-27.213℃，无霜期平均为120d，历年平均日照总时数为2835h，日照率67%。

四、旱、涝、碱灾害与水土流失

据气象资料统计，一般春旱3～4年一遇，夏旱6～7年一遇，秋旱10年一遇。

洪涝灾害主要表现为：一是汛期的短历时高强度性降水，使房屋倒塌冲走牛羊，淹没滩地，受灾面积不小。

续表2-8

二是农作物生长后期即9月份的连阴雨天气，历时雨强变化小，使作物生育期延长，易遭霜冻侵袭，常造成"烂田"、"烂场"，使粮食霉变。水土流失主要成因是水力侵蚀。

五、社会经济情况

新堡河流域内有乡镇：新堡乡、石家庄镇；有村庄：小老沟、石坝沟、石板桥、杵木沟、石坝、达子营、芦草沟、红土沟、新堡、旧堡、岭底、石家庄等；有1565户，2717个劳力。大畜1444头，猪768头，羊5050只。

六、河道整治

该河道过去经过逐年治理，中、下游地区已修筑堤坝，河床得到控制，滩地未充分开发利用。

五村河基本情况表

表 2-9

<table>
<tr><td rowspan="20">河道基本情况</td><td>河流名称</td><td colspan="2">五村河</td><td>河流别名</td><td colspan="3">双路河</td><td colspan="3">河流代码</td><td></td></tr>
<tr><td>所属流域</td><td>黄河</td><td>水系</td><td>—</td><td>汇入河流</td><td colspan="2">汾河</td><td colspan="3">河流总长（km）</td><td>20.6</td></tr>
<tr><td>支流名称</td><td colspan="6">马家湾河、神家村河、中庄河，共3条。</td><td colspan="3">流域平均宽（km）</td><td>6.55</td></tr>
<tr><td rowspan="2">流域面积（km²）</td><td>石山区</td><td colspan="2">土石山区</td><td colspan="2">土山区</td><td colspan="2">丘陵区</td><td colspan="2">平原区</td><td>流域总面积（km²）</td></tr>
<tr><td>—</td><td colspan="2">40.5</td><td colspan="2">—</td><td colspan="2">94.5</td><td colspan="2">—</td><td>135</td></tr>
<tr><td>纵坡(‰)</td><td colspan="9"></td><td>19.5</td></tr>
<tr><td>糙率</td><td colspan="9"></td><td>0.03</td></tr>
<tr><td rowspan="3">设计洪水流量（m³/s）</td><td colspan="5">断面位置</td><td colspan="2">100年</td><td>50年</td><td>20年</td><td>10年</td></tr>
<tr><td colspan="5">静乐县沟口村</td><td colspan="2"></td><td>406.4</td><td>305.6</td><td>245.6</td></tr>
<tr><td colspan="5"></td><td colspan="2"></td><td></td><td></td><td></td></tr>
<tr><td>发源地</td><td colspan="5">云中山系兰家山村东北岭麓</td><td colspan="2">水质情况</td><td colspan="3">Ⅱ类</td></tr>
<tr><td>流经县市名及长度</td><td colspan="10">静乐县20.6km。</td></tr>
</table>

<table>
<tr><td rowspan="6">水文情况</td><td>年径流量（万m³）</td><td>1161</td><td colspan="2">清水流量（m³/s）</td><td colspan="3">0.15</td><td colspan="2">最大洪峰流量（m³/s）</td><td></td></tr>
<tr><td>年均降雨量（mm）</td><td>520</td><td>蒸发量(mm)</td><td>820</td><td colspan="2">植被率（%）</td><td>19</td><td colspan="2">年输沙量（万t/年）</td><td>46.75</td></tr>
<tr><td rowspan="2">水文站</td><td colspan="3">名称</td><td colspan="3">位置</td><td colspan="2">建站时间</td><td>控制面积(km²)</td></tr>
<tr><td colspan="3">—</td><td colspan="3">—</td><td colspan="2">—</td><td>—</td></tr>
<tr><td>来水来沙情况</td><td colspan="10">泥沙以石英砂为主，杂有少量砾石，其级配为60mm～2mm，2mm～0.1mm，0.1mm～0.01mm，级配比为20：75：5。年输砂量为46.75万t，其中推移质输沙量约为3万t。</td></tr>
</table>

<table>
<tr><td rowspan="3">社会经济情况</td><td>流经城市（个）</td><td colspan="3">—</td><td colspan="2">流经乡镇（个）</td><td colspan="2">2</td><td>流经村庄（个）</td><td>9</td></tr>
<tr><td>人口（万人）</td><td colspan="2">1.13</td><td>耕地（万亩）</td><td colspan="2">3.84</td><td colspan="2">主要农作物</td><td colspan="2">山药、莜麦、谷子、豆类等</td></tr>
<tr><td>主要工矿企业及国民经济总产值</td><td colspan="10">流域内有狼儿沟煤矿、干连沟煤矿、黄韦上煤矿、神家村煤矿、元洛煤矿，土沟与马家湾村中间产灰岩，黄韦村一带的铅矾土矿。</td></tr>
</table>

<table>
<tr><td rowspan="7">河道堤防工程</td><td>规划长度（km）</td><td colspan="2">20</td><td colspan="3">已治理长度（km）</td><td colspan="2">9.3</td><td>已建堤防单线长（km）</td><td>9.3</td></tr>
<tr><td rowspan="2">堤防位置</td><td rowspan="2">左岸（km）</td><td rowspan="2">右岸（km）</td><td rowspan="2">型式</td><td rowspan="2">级别</td><td colspan="2">标准（年一遇）</td><td rowspan="2">河宽（m）</td><td>保护人口（万人）</td><td>保护村庄（个）</td><td>保护耕地（万亩）</td></tr>
<tr><td>设防</td><td>现状</td><td></td><td></td><td></td></tr>
<tr><td>静乐段家寨乡沟口村</td><td>0.3</td><td></td><td>砌石堤</td><td>五</td><td></td><td>10</td><td></td><td></td><td></td><td></td></tr>
<tr><td>静乐双路乡程子坪村</td><td>5</td><td></td><td>砌石堤</td><td>五</td><td></td><td>10</td><td></td><td></td><td></td><td></td></tr>
<tr><td>静乐双路乡上双路村</td><td></td><td>2</td><td>砌石堤</td><td>五</td><td></td><td>10</td><td></td><td></td><td></td><td></td></tr>
<tr><td>静乐双路乡下双路村</td><td></td><td>2</td><td>砌石堤</td><td>五</td><td></td><td>10</td><td></td><td></td><td></td><td></td></tr>
</table>

续表 2-9

<table>
<tr><td rowspan="3">水库</td><td>水库名称</td><td>位置</td><td>总库容
（万 m³）</td><td>控制面积
（km²）</td><td colspan="2">防洪标准
（年一遇）</td><td>最大
泄量
（m³/s）</td><td>最大
坝高
（m）</td><td>大坝型式</td></tr>
<tr><td></td><td></td><td></td><td></td><td>设计</td><td>校核</td><td></td><td></td><td></td></tr>
<tr><td>—</td><td>—</td><td>—</td><td>—</td><td>—</td><td>—</td><td>—</td><td>—</td><td>—</td></tr>
<tr><td rowspan="3">闸坝</td><td>闸坝名称</td><td>位置</td><td>拦河大坝
型式</td><td>坝长（m）</td><td colspan="2">坝高
（m）</td><td>坝顶宽
（m）</td><td>闸孔
数量</td><td>闸净宽
（m）</td><td>最大泄量
（m³/s）</td></tr>
</table>

<table>
<tr><td>人字闸
（处）</td><td>—</td><td colspan="2">淤地坝（座）</td><td>1</td><td colspan="2">其中骨干（座）</td><td>—</td></tr>
</table>

<table>
<tr><td rowspan="2">灌区</td><td>灌区名称</td><td>灌溉面积（万亩）</td><td>河道取水口处数</td></tr>
<tr><td>五村灌区（清洪两用）</td><td>0.1</td><td>1</td></tr>
</table>

<table>
<tr><td rowspan="5">桥梁</td><td>桥梁名</td><td>位置</td><td>过流量（m³/s）</td><td>长度
（m）</td><td>宽度（m）</td><td>孔数</td><td>孔高
（m）</td><td>结构型式</td></tr>
<tr><td>张旗桥</td><td>静乐县双路乡张旗村东</td><td>180</td><td>30</td><td>8</td><td>5</td><td>2</td><td>钢筋砼</td></tr>
<tr><td>双路桥</td><td>静乐县双路乡双路村南</td><td>210</td><td>35</td><td>8</td><td>6</td><td>2</td><td>钢筋砼</td></tr>
<tr><td>石咀头桥</td><td>静乐县中庄乡石咀头村西</td><td>240</td><td>40</td><td>8</td><td>7</td><td>2</td><td>钢筋砼</td></tr>
<tr><td>五村桥</td><td>静乐县中庄乡五村东南</td><td>300</td><td>40</td><td>8</td><td>7</td><td>2.5</td><td>钢筋砼</td></tr>
</table>

<table>
<tr><td rowspan="2">其他
涉河
工程</td><td>名称</td><td>位置、型式、规模、作用、流量、水质、建成时间等</td></tr>
<tr><td>渡槽</td><td>沟口渡槽长 180 多 m，为砼预制件吊装而成，系薄壳双曲拱型，设计过水能力为 1m³/s。</td></tr>
</table>

<table>
<tr><td>河道
砂石
资源
及采
砂情
况</td><td>主要产砂区为上双路至神家村、上双路至土沟一带。</td></tr>
<tr><td>主要
险工
段及
设障
河段
简述</td><td>砚湾至双路险工段 10.5km。</td></tr>
<tr><td>规划
工程
情况</td><td></td></tr>
</table>

情况说明：

一、河流基本情况

五村河位于静乐县北部山区，由东向西流经双路、中庄 2 个乡的 9 个村庄，于沟口村西 200m 处注入汾河。河床以粗砂为主。

河流呈蜿蜒型，造床流量 119.9 m³/s。河道由主槽与漫滩组成，槽滩之比 1：3，河道宽与主槽水深之比约为 1：5。河岸抗冲能力较差，主流散乱，河床稳定性差。

二、流域地形地貌

该流域地形呈树枝状，权形，上游宽而下游窄，东高西低，北耸黄韦山，南横闹洁山，西为低缓土山，乃汾河左翼隆起部。相对高程 1273m ~ 2053m。上游为灰岩构造土石山区，下游为黄土丘陵沟壑区。主要有乔木、灌木、草本植物等。上游植被较好，下游较差。

本区黄土丘陵沟壑区面积占 70%，植被较差，水土流失严重，流失面积 109km²，占总面积的 81%。侵蚀模数

续表 2-9

为 3500T/km^2 · a。

三、气象与水文

正常年降水量 520mm，中等干旱年份 380mm，50 年一遇干旱年份降水量为 230mm。降水大部分集中于 7、8、9 月 3 个月。多年平均气温 6.55℃，极端最高气温 35℃，最低 –29℃，无霜期 130 天左右。最大蒸发量 1916mm。正常年径流深 86mm。

四、社会经济情况

五村河流域内有乡镇：双路乡、中庄乡；有村庄：兰家山村、北砚湾村、神家村、土沟村、狼儿沟村、寨上村、下双路村、石嘴头村、五村等。

东碾河基本情况表

表 2-10

<table>
<tr><td rowspan="13">河道基本情况</td><td>河流名称</td><td>东碾河</td><td>河流别名</td><td colspan="2">东河</td><td colspan="2">河流代码</td><td colspan="2"></td></tr>
<tr><td>所属流域</td><td>黄河</td><td>水系</td><td>—</td><td>汇入河流</td><td colspan="2">汾河</td><td>河流总长（km）</td><td>56.2</td></tr>
<tr><td>支流名称</td><td colspan="5">乔猛沟、牛泥沟、核桃沟、营坊沟、曲卜沟、龙门沟、狼窝沟，共7条。</td><td>流域平均宽（km）</td><td>8.99</td></tr>
<tr><td rowspan="2">流域面积（km²）</td><td>石山区</td><td colspan="2">土石山区</td><td colspan="2">土山区</td><td>丘陵区</td><td>平原区</td><td>流域总面积（km²）</td></tr>
<tr><td>—</td><td colspan="2">362.91</td><td colspan="2">—</td><td>155.53</td><td>—</td><td>518.44</td></tr>
<tr><td>纵坡(‰)</td><td>—</td><td colspan="5">—</td><td></td><td>8.92</td></tr>
<tr><td>糙率</td><td>—</td><td colspan="6">—</td><td>0.03</td></tr>
<tr><td rowspan="3">设计洪水流量（m³/s）</td><td colspan="4">断面位置</td><td>100年</td><td>50年</td><td>20年</td><td>10年</td></tr>
<tr><td colspan="4">静乐县城</td><td>1166</td><td>839.7</td><td>596</td><td>507.58</td></tr>
<tr><td colspan="8"></td></tr>
<tr><td>发源地</td><td colspan="4">云中山系之马圈山西麓的静乐县漫岩村</td><td>水质情况</td><td colspan="3">Ⅱ类</td></tr>
<tr><td>流经县市名及长度</td><td colspan="8">静乐县56.2km。</td></tr>
</table>

<table>
<tr><td rowspan="5">水文情况</td><td>年径流量（万m³）</td><td>4400</td><td>清水流量（m³/s）</td><td>1.05</td><td>最大洪峰流量（m³/s）</td><td>996
1996年，静乐县城</td></tr>
<tr><td>年均降雨量(mm)</td><td>500</td><td>蒸发量(mm)</td><td>860</td><td>植被率（%）</td><td>年输沙量（万t/年） 117.7</td></tr>
<tr><td rowspan="2">水文站</td><td>名称</td><td colspan="2">位置</td><td>建站时间</td><td>控制面积（km²）</td></tr>
<tr><td>—</td><td colspan="2">—</td><td>—</td><td>—</td></tr>
<tr><td>来水来沙情况</td><td colspan="5">河流泥沙以石英砂为主，兼有少量砾石。其粒径为60mm～2mm、2mm～0.1mm、0.1mm～0.01mm，级配比为20：75：5。悬移质土壤侵蚀模数375～400t/(km²·a)，推移质输沙量为5万t。</td></tr>
</table>

<table>
<tr><td rowspan="3">社会经济情况</td><td>流经城市（个）</td><td>1</td><td>流经乡镇（个）</td><td>4</td><td>流经村庄（个）</td><td>106</td></tr>
<tr><td>人口（万人）</td><td>4.5</td><td>耕地（万亩）</td><td>5.69</td><td>主要农作物</td><td>谷类、豆类、山药、大豆</td></tr>
<tr><td>主要工矿企业及国民经济总产值</td><td colspan="5">东碾河流域内有牛泥村煤矿、邢家沟村煤矿、长湾铁矿、大会村铁矿、西会县发电厂，偏梁、娘子神、新店一带有灰岩，兴旺庄一带产花岗岩，于子坪村一带的长石，长湾、大会村一带的铁矿。</td></tr>
</table>

<table>
<tr><td rowspan="8">河道堤防工程</td><td>规划长度(km)</td><td colspan="3"></td><td colspan="2">已治理长度（km）</td><td colspan="2">35.44</td><td>已建堤防单线长（km）</td><td>35.44</td></tr>
<tr><td rowspan="2">堤防位置</td><td rowspan="2">左岸（km）</td><td rowspan="2">右岸（km）</td><td rowspan="2">型式</td><td rowspan="2">级别</td><td colspan="2">标准（年一遇）</td><td rowspan="2">河宽（m）</td><td rowspan="2">保护人口（万人）</td><td rowspan="2">保护村庄（个）</td><td rowspan="2">保护耕地（万亩）</td></tr>
<tr><td>设防</td><td>现状</td></tr>
<tr><td>静乐县双路乡泉庄村</td><td></td><td>0.5</td><td>砌石堤</td><td>五</td><td></td><td>10</td><td></td><td></td><td></td><td></td></tr>
<tr><td>静乐县双路乡安子坪村</td><td></td><td>0.4</td><td>砌石堤</td><td>五</td><td></td><td>10</td><td></td><td></td><td></td><td></td></tr>
<tr><td>静乐县双路乡季家庄村</td><td></td><td>0.4</td><td>砌石堤</td><td>五</td><td></td><td>10</td><td></td><td></td><td></td><td></td></tr>
<tr><td>静乐县娘子神乡曹峪村</td><td></td><td>0.26</td><td>砌石堤</td><td>五</td><td></td><td>10</td><td></td><td></td><td></td><td></td></tr>
<tr><td>静乐县娘子神乡偏梁村</td><td></td><td>1.5</td><td>砌石堤</td><td>五</td><td></td><td>10</td><td></td><td></td><td></td><td></td></tr>
</table>

续表 2-10

	堤防位置	左岸（km）	右岸（km）	型式	级别	标准（年一遇）设防	标准（年一遇）现状	河宽（m）	保护人口（万人）	保护村庄（个）	保护耕地（万亩）
河道堤防工程	静乐县娘子神乡黑汉沟村		0.7	砌石堤	五		10				
	静乐娘子神乡利润村		0.8	砌石堤	五		10				
	静乐娘子神乡安庆村		0.3	砌石堤	五		10				
	静乐县娘子神乡娘子神村		2	砌石堤	五		10				
	静乐娘子神乡新店村		2.6	砌石堤	五		10				
	静乐娘子神乡西沟村	0.9		砌石堤	五		10				
	静乐县娘子神乡刘家庄村		0.15	砌石堤	五		10				
	静乐县鹅城镇东崖村	0.3		砌石堤	四		20				
	静乐鹅城镇东关村		1.2	砌石堤	三		30				
	静乐康家会镇青年庄村	0.8		砌石堤	五		10				
	静乐康家会镇南湾村	0.7		砌石堤	五		10				
	静乐康家会镇砚湾村	0.1		砌石堤	五		10				
	静乐康家会镇南沟村		0.09	砌石堤	五		10				
	静乐县康家会镇要子沟村		1	砌石堤	五		10				
	静乐县康家会镇石活子村	0.3		砌石堤	五		10				
	静乐康家会镇悬钟村		0.32	砌石堤	五		10				
	静乐康家会镇木要村	0.12		砌石堤	五		10				
	静乐县康家会镇新开岭村	1		砌石堤	五		10				
	静乐县康家会镇前曲卜村	0.3		砌石堤	五		10				
	静乐县康家会镇帅家岩村	0.1		砌石堤	五		10				
	静乐康家会镇固镇村	1		砌石堤	五		10				
	静乐县康家会镇炭窑沟村	1		砌石堤	五		10				
	静乐县康家会镇庄儿上村		0.13	砌石堤	五		10				
	静乐康家会镇铺上村		1.3	砌石堤	五		10				
	静乐县康家会镇东里上村		0.5	砌石堤	五		10				
	静乐县康家会镇圪台坪村		1	砌石堤	五		10				
	静乐康家会镇柳林村		0.8	砌石堤	五		10				

续表 2-10

	堤防位置	左岸（km）	右岸（km）	型式	级别	标准（年一遇）设防	标准（年一遇）现状	河宽（m）	保护人口（万人）	保护村庄（个）	保护耕地（万亩）
河道堤防工程	静乐康家会镇圪洞道村		0.15	砌石堤	五		10				
	静乐县康家会镇康家会村	1		砌石堤	五		10				
	静乐康家会镇尚书会村	1.5		砌石堤	五		10				
	静乐康家会镇里湾村	1		砌石堤	五		10				
	静乐康家会镇石河村	1		砌石堤	五		10				
	静乐娑婆乡于坪子村	0.2		砌石堤	五		10				
	静乐县娑婆乡大会村		0.6	砌石堤	五		10				
	静乐县娑婆乡漫岩村		1.6	砌石堤	五		10				
	静乐县娑婆乡兑子沟村		0.03	砌石堤	五		10				
	静乐娑婆乡大神沟村		1.1	砌石堤	五		10				
	静乐县娑婆乡宽滩村	0.3		砌石堤	五		10				
	静乐县娑婆乡管地村	0.15		砌石堤	五		10				
	静乐娑婆乡下阳寨村	0.1		砌石堤	五		10				
	静乐县娑婆乡邀湖村		1.1	砌石堤	五		10				
	静乐县娑婆乡乔门村	0.12		砌石堤	五		10				
	静乐县娑婆乡娑婆村		1	砌石堤	五		10				
	静乐娑婆乡于家峪村		0.5	砌石堤	五		10				
	静乐县娑婆乡柳子沟村	0.1		砌石堤	五		10				
	静乐县娑婆乡范家沟村	0.15		砌石堤	五		10				
	静乐县娑婆乡砚湾村		0.15	砌石堤	五		10				
	静乐县娑婆乡上阳寨村		0.37	砌石堤	五		10				
	静乐县娑婆乡石城村	0.5		砌石堤	五		10				
	静乐县娑婆乡麦玉村		0.1	砌石堤	五		10				
	静乐县娑婆乡兴旺庄村		0.05	砌石堤	五		10				

	水库名称	位置	总库容（万m³）	控制面积（km²）	防洪标准（年一遇）设计	防洪标准（年一遇）校核	最大泄量（m³/s）	最大坝高（m）	大坝型式
水库	—	—	—	—	—	—	—	—	—

续表 2-10

	闸坝名称	位置	拦河大坝型式	坝长（m）	坝高（m）	坝顶宽（m）	闸孔数量	闸净宽（m）	最大泄量（m³/s）
闸坝	滚水坝	娘子神村	浆砌重力式	30	1.8	1.2	—	—	500
	人字闸（处）	—	淤地坝（座）			4	其中骨干坝（座）		—

	灌区名称	灌溉面积（万亩）	河道取水口处数
灌区	—	—	—

	桥梁名	位置	过流量(m³/s)	长度（m）	宽度（m）	孔数	孔高（m）	结构型式
桥梁	东碾河桥	静乐县城	700	80	9	10	2.5	钢筋砼
	青年庄桥	静乐县康家会镇青龙庄村	450	60	4	7	2.6	钢筋砼
	利润桥	静乐县娘子神乡利润村	400	70	4	9	1.5	钢筋砼
	新开岭桥	静乐县康家会镇新开岭村						
	固镇桥	静乐县康家会镇固镇村						
	沙沟桥	静乐县康家会镇沙沟村						
	康家会桥	静乐县康家会镇	720	80	10.5	10	3	钢筋砼
	龙门沟桥	龙门沟						
	刘西沟桥	刘西沟						
	曲卜沟桥	曲卜沟						
	营坊沟桥	营坊沟						
	曹峪桥	静乐县娘子神乡曹峪村						
	常窑沟桥	静乐县鹅城镇常窑沟村						
	东河桥	东河						

	名称	位置、型式、规模、作用、流量、水质、建成时间等
其他涉河工程	天然气管道	位于东碾河三里店至新开岑，埋在河床以下 3m 处。

河道砂石资源及采砂情况	主要产砂区为石神村、邀湖村、娑婆村、兴旺庄村、上下羊寨村、堡子会村、李货郎沟村、柳林村、悬钟口、庄儿上村、青年庄村、炭窑沟村、康家会村、圪洞道村、圪台坪村、砚湾村一带。现采砂场有石神、邀湖、娑婆、兴旺庄、上下羊寨村、堡子会村、李货郎沟村、柳林村、青年庄村、炭窑沟村 10 个砂场。

主要险工段及设障河段简述	主要险工险段在黑汉沟村上游、范家沟山狼坡下湾道、邀湖小范家沟沟口处、移民村村东北、帅家岩石墼子村背后东碾河左岸，共需筑坝疏浚河道 1 万 m。最为严重的是县城东碾河入汾处的新会至两河交汇处的 3.8 km 河段，河床宽略显窄，有的地方不够 100 m，而且对岸的山嘴，也有岸头出露处，形成水流宣泄不畅，导向右岸，洪水直指护城堤。更为严重的是下游入汾处河床宽仅 90 m，且由于多年不发大洪水河床生长着茂盛的杂草和杨柳小树，大桥下游河床已为草地，河床涨高，断面不够 250 m²，而左岸是树林，右岸是楼房。如果下游一旦滞水，上游必定涌水，故而存在洪水出岸的可能。东崖至娘子神村险段有 10km、雕崖段有河道设障 2km。

续表2-10

规划工程情况	2008年12月，山西省静乐县东碾河治理建设规划已列入水利部储备项目。治理河道长度54km，其中旧坝加固9.1km，新建护岸砂坝9.9km，石坝53km，河道疏浚3处6km，丁坝1.9km。工程估算总投资11161万元。

情况说明：

　　一、河流基本情况

　　东碾河由东向西流经娑婆、康家会、娘子神、鹅城4乡镇的46个村庄，于静乐县鹅城南一公里处注入汾河。其东与忻府区的三交镇、阳曲县的北小店镇毗邻；西和静乐县的神峪沟接壤；南界赤泥洼乡；北临双路乡、堂儿上乡及忻府区的后河堡乡。河流呈蜿蜒型，造床流量为221m³/s。河流没有形成明显的河床，河道虽由主槽和漫滩组成，但主槽与漫滩界限不太明显，因此主流在平面上摆动较大，主流散乱，河道宽与主槽水深之比较大，约为20m左右，为宽浅形，河岸抗冲能力极差，往往遇水即溃、常常坍塌，故河床稳定性很差。

　　二、流域地形地貌

　　东碾河流域地形东高西低，河流又状如一昂首吐信之巨蟒，其最上游即源头至漫岩村约3km长的河段为北南向，漫岩至大神沟村约8km长的河段忽而呈东西向，于该处折了一个大弯折而向南至固镇沟口约16km长的河段又呈北南向，于此处又折了一个大弯，拐向西到鹅城镇南一公里处汇入汾河，长约29.2km。河流左右两翼突兀隆起，渐远渐高由土而土石，发育于两翼山体的56条大小支沟如叶脉状由东、西、南、北四方汇入。相对高程1200m～2157m。由东向西倾斜。流域以砂页岩、花岗岩、变质岩和灰岩构造的土石山区为主，以中下游左右岸临河处的黄土丘陵区为辅。土石山区占流域总面积的70%，土层特薄，部分地域岩石裸露，裸露岩石占土石山区的5%。土石山区有油松、落叶松、乔木、灌木、草本植物；黄土丘陵区则有乔木、灌木草本植物。植被较好。滩地地下水位都较高，埋深在1m～2m之间，从上游到下游分布着3000多亩。

　　支沟斜面以土石山为多，或岩石裸露或土层很薄，加之土质疏松，尽管阴坡植被较好，但水土流失仍很严重，流失面积达350km²。

　　三、气象与水文

　　本流域正常年降水量500mm，中等干旱年份降水385mm，50年一遇干旱年份降水量230mm。降水大部分集中于7、8、9月内，几乎占全年降雨量的60%。流域多年平均气温6.6℃，极端最高气温35℃，最低-29.2℃，无霜期源头漫岩90天～100天，下游135天左右。最大蒸发量1916mm。

东碾河正常年径流深87.5mm，正常年来水量4400万m³。

　　四、社会经济情况

　　东碾河流域内有县市：静乐县；有乡镇：娑婆乡、康家会镇、娘子神乡、鹅城镇；有村庄：漫岩、石神村、邀湖、娑婆、兴旺庄村、上下羊寨村、堡子会村、李货郎沟村、柳林村、悬钟口、庄儿上村、青年庄村、炭窑沟村、木要、康家会、圪洞道村、圪台坪村、砚湾村、铺上、安庆、西会、娘子神、新会、东崖上、东关等、牛泥村、邢家沟村等。

柳林河基本情况表

表 2-11

<table>
<tr><td rowspan="16">河道基本情况</td><td colspan="2">河流名称</td><td colspan="2">柳林河</td><td colspan="2">河流别名</td><td colspan="2">—</td><td colspan="2">河流代码</td><td colspan="3"></td></tr>
<tr><td colspan="2">所属流域</td><td colspan="2">黄河</td><td>水系</td><td>—</td><td>汇入河流</td><td>汾河</td><td colspan="2">河流总长（km）</td><td colspan="3">45</td></tr>
<tr><td colspan="2">支流名称</td><td colspan="4">太平河</td><td colspan="2"></td><td colspan="2">流域平均宽（km）</td><td colspan="3">10.29</td></tr>
<tr><td colspan="2" rowspan="2">流域面积
（km²）</td><td colspan="2">石山区</td><td>土石山区</td><td>土山区</td><td colspan="2">丘陵区</td><td colspan="2">平原区</td><td colspan="3">流域总面积（km²）</td></tr>
<tr><td colspan="2">—</td><td>463</td><td>—</td><td colspan="2">—</td><td colspan="2">—</td><td colspan="3">463</td></tr>
<tr><td colspan="2">纵坡(‰)</td><td colspan="2">—</td><td>—</td><td>—</td><td colspan="2">—</td><td colspan="2">—</td><td colspan="3">23</td></tr>
<tr><td colspan="2">糙率</td><td colspan="2"></td><td></td><td></td><td colspan="2"></td><td colspan="2"></td><td colspan="3"></td></tr>
<tr><td colspan="2" rowspan="3">设计洪水
流量
（m³/s）</td><td colspan="4">断面位置</td><td colspan="2">100 年</td><td colspan="2">50 年</td><td colspan="2">20 年</td><td>10 年</td></tr>
<tr><td colspan="4"></td><td colspan="2"></td><td colspan="2"></td><td colspan="2"></td><td></td></tr>
<tr><td colspan="4"></td><td colspan="2"></td><td colspan="2"></td><td colspan="2"></td><td></td></tr>
<tr><td colspan="2">发源地</td><td colspan="4">发源于静乐县境内四架山南麓的土地堂沟。</td><td colspan="2">水质情况</td><td colspan="5">良好</td></tr>
<tr><td colspan="2">流经县市名及长度</td><td colspan="11">静乐县 17km。</td></tr>
<tr><td rowspan="7">水文情况</td><td colspan="2">年径流量
（万 m³）</td><td colspan="2">639.1</td><td colspan="2">清水流量
（m³/s）</td><td colspan="2"></td><td colspan="2">最大洪峰流量
（m³/s）</td><td colspan="2"></td></tr>
<tr><td colspan="2">年均降雨量(mm)</td><td colspan="2">484.1</td><td>蒸发量
（mm）</td><td>1694</td><td>植被率（%）</td><td>20</td><td colspan="2">年输沙量
（万 t/年）</td><td colspan="2"></td></tr>
<tr><td colspan="2" rowspan="2">水文站</td><td colspan="2">名称</td><td colspan="4">位置</td><td colspan="2">建站时间</td><td colspan="2">控制面积（km²）</td></tr>
<tr><td colspan="2">—</td><td colspan="4">—</td><td colspan="2">—</td><td colspan="2">—</td></tr>
<tr><td colspan="2">来水来沙情况</td><td colspan="10"></td></tr>
<tr><td rowspan="3">社会经济情况</td><td colspan="2">流经城市
（个）</td><td colspan="2">0</td><td colspan="2">流经乡镇
（个）</td><td colspan="2">1</td><td colspan="2">流经村庄
（个）</td><td colspan="2">5</td></tr>
<tr><td colspan="2">人口
（万人）</td><td colspan="2">0.12</td><td>耕地
（万亩）</td><td>0.6</td><td colspan="2">主要农作物</td><td colspan="4">玉米、谷子、莜麦、山药</td></tr>
<tr><td colspan="2">主要工矿企业及国民经济总产值</td><td colspan="10"></td></tr>
<tr><td rowspan="4">河道堤防工程</td><td colspan="2">规划长度（km）</td><td colspan="2"></td><td colspan="3">已治理长度
（km）</td><td colspan="2"></td><td colspan="2">已建堤防单线长（km）</td><td>0.3</td></tr>
<tr><td colspan="2" rowspan="2">堤防位置</td><td colspan="2">左岸
（km）</td><td>右岸
（km）</td><td rowspan="2">型式</td><td rowspan="2">级别</td><td colspan="2">标准（年一遇）</td><td rowspan="2">河宽
（m）</td><td>保护
人口
（万人）</td><td>保护
村庄
（个）</td><td>保护
耕地
（万亩）</td></tr>
<tr><td colspan="2"></td><td></td><td>设防</td><td>现状</td><td></td><td></td><td></td></tr>
<tr><td colspan="2">静乐县龙家庄段</td><td colspan="2">—</td><td>0.3</td><td>石坝</td><td>四</td><td>10</td><td>10</td><td>30</td><td>0.04</td><td>1</td><td>0.02</td></tr>
<tr><td rowspan="2">水库</td><td colspan="2">水库名称</td><td colspan="2">位置</td><td>总库容
（万 m³）</td><td>控制
面积
（km²）</td><td colspan="2">防洪标准
（年一遇）</td><td>最大
泄量
（m³/s）</td><td>最大
坝高
(m)</td><td colspan="2">大坝
型式</td></tr>
<tr><td colspan="2">—</td><td colspan="2"></td><td></td><td></td><td>设计</td><td>校核</td><td></td><td></td><td colspan="2">—</td></tr>
<tr><td rowspan="3">闸坝</td><td colspan="2">闸坝名称</td><td colspan="2">位置</td><td>拦河大坝
型式</td><td>坝长
（m）</td><td>坝高
（m）</td><td>坝顶宽
（m）</td><td>闸孔
数量</td><td colspan="2">闸净宽（m）</td><td>最大泄
量（m³/s）</td></tr>
<tr><td colspan="2">—</td><td colspan="2"></td><td></td><td></td><td></td><td></td><td></td><td colspan="2"></td><td></td></tr>
<tr><td colspan="2">人字闸
（处）</td><td colspan="2">—</td><td colspan="2">淤地坝（座）</td><td colspan="2">—</td><td colspan="2">其中骨干坝（座）</td><td colspan="2">—</td></tr>
</table>

续表 2-11

灌区	灌区名称		灌溉面积（万亩）		河道取水口处数		
	—		—		—		

桥梁	桥梁名	位置	过流量（m³/s）	长度（m）	宽度（m）	孔数	孔高（m）	结构型式

其他涉河工程	名称	位置、型式、规模、作用、流量、水质、建成时间等
	—	—

河道砂石资源及采砂情况	
主要险工段及设障河段简述	
规划工程情况	

情况说明：

　　柳林河位于阳曲县西端，在流经静乐安家庄、龙家庄等地之后，于阳曲县前柳林村北 1.5km 处入太原阳曲境内。是汾河的一级支流，全长 45km，流域面积 463km²，河道平均纵坡 23‰，其中：静乐县段河长 17km，静乐县段流域面积 250km²。

　　河流绕行于山谷之中，河流弯曲系数 1.6，具有明显的山区河流特点。最窄处河宽仅十余米，最宽处河宽近百米，河流形态呈蜿蜒性由北向南流入汾河二库库区。

　　柳林河流域平面几何特征大致呈长条形。流域区多属灰岩石山区，山岭相连，峰峦重叠，壁陡岩高，山峰林立，植被覆盖较差。自然风光优美，并与汾河二库、玄泉寺相依连，有较高的旅游观光开发价值。区内海拔高程多在1100m 以上，其中静乐土地堂山峰为最高，海拔约 2039m，太原境内的横山最高峰为 1859m。流域区地形总趋势是北高南低，河谷与山峰高差较大，石灰岩区溶岩发育，水量渗漏严重。

　　流域区气候属高寒低温半干旱气候，多年平均气温在 8℃ ~ 9℃。最大降雨量出现在 1964 年，雨量为733.9mm，最小降雨量出现在 1972 年，雨量为 219.1mm，最大与最小极值比为 3.4 倍。年内降水量的 70% 以上集中在 6 ~ 9 月份。降水分布特征是年际丰枯变化周期明显，差值悬殊，年内分配不均。

　　流域区地面径流的形成主要受降雨和下垫面条件特征的影响，石灰岩区漏水严重，除大雨或暴雨外一般很难形成径流。因此，柳林河流域属产汇流条件较差的地区。

　　区内多为石山林区，上游区石灰岩区较发育，河谷多为干谷，中下游虽石灰岩广泛出露，但森林、灌木覆盖较好，纵观全流域状况，属中度水土流失区，水土流失侵蚀模数为 1000 ~ 2000t/(km² · a)。

　　柳林河洪水主要由暴雨形成，洪水壶程陡涨陡落，来势凶猛。但因河流多在山峰峡谷之间，洪水对当地居民生命财产威胁不大。

　　流域属中度水土流失区，平均输沙模数为 1000 ~ 2000t/(km² · a)。

　　河流污染流域区无工矿企业。静乐县境内农业区较为集中，太原境内农村居住分散，生态环境基本没有遭到破坏，河流水质良好。

太平河基本情况表

表 2-12

<table>
<tr><td rowspan="9">河道基本情况</td><td>河流名称</td><td colspan="2">太平河</td><td>河流别名</td><td colspan="3">干河</td><td colspan="2">河流代码</td><td></td></tr>
<tr><td>所属流域</td><td>黄河</td><td>水系</td><td>—</td><td>汇入河流</td><td colspan="2">柳林河</td><td colspan="2">河流总长（km）</td><td>19.5</td></tr>
<tr><td>支流名称</td><td colspan="6">岩头河、牛庄河、双井河，共3条。</td><td colspan="2">流域平均宽（km）</td><td>11</td></tr>
<tr><td rowspan="2">流域面积（km²）</td><td>石山区</td><td colspan="2">土石山区</td><td colspan="2">土山区</td><td colspan="2">丘陵区</td><td>平原区</td><td rowspan="2">流域总面积（km²）</td></tr>
<tr><td>—</td><td colspan="2">213.43</td><td colspan="2">—</td><td colspan="2">—</td><td>—</td></tr>
<tr><td>纵坡（‰）</td><td>—</td><td colspan="2">21</td><td colspan="2">—</td><td colspan="2">—</td><td>—</td><td>21</td></tr>
<tr><td>糙率</td><td>—</td><td colspan="2">—</td><td colspan="2">—</td><td colspan="2">—</td><td>—</td><td>213.43</td></tr>
</table>

设计洪水流量（m³/s）

<table>
<tr><td>断面位置</td><td>100年</td><td>50年</td><td>20年</td><td>10年</td></tr>
<tr><td></td><td></td><td></td><td></td><td></td></tr>
</table>

<table>
<tr><td>发源地</td><td>发源于四架山（海拔1976m）东麓的上双井沟</td><td>水质情况</td><td></td></tr>
<tr><td>流经县市名及长度</td><td colspan="3">静乐县19.5km。</td></tr>
</table>

水文情况

<table>
<tr><td>年径流量（万m³）</td><td></td><td colspan="2">清水流量（m³/s）</td><td></td><td colspan="2">最大洪峰流量（m³/s）</td><td></td></tr>
<tr><td>年均降雨量（mm）</td><td>484.1</td><td>蒸发量（mm）</td><td>1694</td><td>植被率（%）</td><td>20</td><td colspan="2">年输沙量（万t/年）</td></tr>
</table>

<table>
<tr><td rowspan="2">水文站</td><td>名称</td><td>位置</td><td>建站时间</td><td>控制面积（km²）</td></tr>
<tr><td>—</td><td>—</td><td>—</td><td>—</td></tr>
</table>

来水来沙情况	太平河洪水主要由暴雨形成，洪水过程陡涨陡落，来势凶猛。流域属中度水土流失区，平均输沙模数为1000～2000t/(km²·a)。

社会经济情况

<table>
<tr><td>流经城市（个）</td><td>—</td><td>流经乡镇（个）</td><td>1</td><td>流经村庄（个）</td><td>10</td></tr>
<tr><td>人口（万人）</td><td>0.6</td><td>耕地（万亩）</td><td>2.4</td><td>主要农作物</td><td>玉米、谷子、莜麦、山药</td></tr>
<tr><td>主要工矿企业及国民经济总产值</td><td colspan="5"></td></tr>
</table>

河道堤防工程

<table>
<tr><td colspan="2">规划长度（km）</td><td></td><td colspan="2">已治理长度（km）</td><td></td><td colspan="2">已建堤防单线长（km）</td><td>0.3</td></tr>
<tr><td rowspan="2">堤防位置</td><td rowspan="2">左岸（km）</td><td rowspan="2">右岸（km）</td><td rowspan="2">型式</td><td rowspan="2">级别</td><td colspan="2">标准（年一遇）</td><td rowspan="2">河宽（m）</td><td rowspan="2">保护人口（万人）</td><td rowspan="2">保护村庄（个）</td><td rowspan="2">保护耕地（万亩）</td></tr>
<tr><td>设防</td><td>现状</td></tr>
<tr><td>静乐县太平庄村</td><td>—</td><td>0.3</td><td>石坝</td><td>四</td><td>10</td><td></td><td>30</td><td>0.02</td><td>1</td><td>0.01</td></tr>
</table>

水库

<table>
<tr><td rowspan="2">水库名称</td><td rowspan="2">位置</td><td rowspan="2">总库容（万m³）</td><td rowspan="2">控制面积（km²）</td><td colspan="2">防洪标准（年一遇）</td><td rowspan="2">最大泄量（m³/s）</td><td rowspan="2">最大坝高（m）</td><td rowspan="2">大坝型式</td></tr>
<tr><td>设计</td><td>校核</td></tr>
<tr><td>—</td><td>—</td><td>—</td><td>—</td><td>—</td><td>—</td><td>—</td><td>—</td><td>—</td></tr>
</table>

续表 2-12

闸坝	闸坝名称	位置	拦河大坝型式	坝长（m）	坝高（m）	坝顶宽（m）	闸孔数量	闸净宽（m）	最大泄量（m³/s）
	—	—	—	—	—	—	—	—	—
	人字闸（处）	—	淤地坝（座）		—		其中骨干坝（座）		—

灌区	灌区名称	灌溉面积（万亩）	河道取水口处数
	—	—	

桥梁	桥梁名	位置	过流量（m³/s）	长度（m）	宽度（m）	孔数	孔高（m）	结构型式

其他涉河工程	名称	位置、型式、规模、作用、流量、水质、建成时间等

河道砂石资源及采砂情况	

主要险工段及设障河段简述	

规划工程情况	

情况说明：
一、河流基本情况
太平河位于静乐县东南部，流经赤泥、羊圈坪，从横山村汇入柳林河。
二、流域地形地貌
太平河流域平面形态大致呈杏叶状，北山是静乐县东碾河的分水岭，西山是静乐县汾河干流小支流的分水岭，南山是古交市狮子河的分水岭，东山是柳林河上游主流的分水岭，流域属石灰岩山区，山岭相连，峰峦重叠，壁陡岩高，山峰林立，植被覆盖较差。流域内有少量油松林、白桦、山杨林，主要植被是黄栌、红酸刺、连翘灌丛，其次是沙棘、虎榛子、黄蔷薇灌丛。
三、气象与水文
流域多年平均气温在 8℃~9℃。
流域内地面径流的形成主要受降雨和下垫面石灰岩的影响，除大雨或暴雨外一般很难形成径流。太平河洪水主要由暴雨形成，洪水过程陡涨陡落，来势凶猛。但因河流多在山峰峡谷之间，洪水对当地居民生命财产威胁不大。因此，河道没有堤防工程。
流域属中度水土流失区，平均输沙模数为 1000~2000t /（km²·a）。
四、社会经济情况
太平河流域内有乡镇：赤泥洼乡；有村庄：上双井、下双井、羊丈、松沟会、造军村、家条岭、羊圈坪、天宽、安子上、横山村等。

第三节　黄河支流

偏关河基本情况表

表 3-1

<table>
<tr><td rowspan="14">河道基本情况</td><td>河流名称</td><td colspan="2">偏关河</td><td>河流别名</td><td colspan="2">关河、另山河</td><td colspan="2">河流代码</td><td></td></tr>
<tr><td>所属流域</td><td>黄河</td><td>水系</td><td colspan="2">—</td><td>汇入河流</td><td>黄河</td><td>河流总长（km）</td><td>130</td></tr>
<tr><td>支流名称</td><td colspan="5">沙漠沟河、口子卫河、只泥泉河、水泉河、野猪口河</td><td colspan="2">流域平均宽（km）</td><td>14.8</td></tr>
<tr><td rowspan="2">流域面积（km²）</td><td>石山区</td><td colspan="2">土石山区</td><td>土山区</td><td>丘陵区</td><td>平原区</td><td colspan="2">流域总面积（km²）</td></tr>
<tr><td>—</td><td colspan="2">774</td><td>—</td><td>1151</td><td>—</td><td colspan="2">1925</td></tr>
<tr><td>纵坡（‰）</td><td>—</td><td colspan="2">6.7</td><td>—</td><td colspan="2"></td><td colspan="2">—</td></tr>
<tr><td>糙率</td><td>—</td><td colspan="2">0.04 ~ 0.07</td><td>—</td><td colspan="2"></td><td colspan="2">0.04~0.07</td></tr>
<tr><td rowspan="2">设计洪水流量（m³/s）</td><td colspan="4">断面位置</td><td>100 年</td><td>50 年</td><td>20 年</td><td>10 年</td></tr>
<tr><td colspan="4">忻州偏关县</td><td>3164</td><td>2593</td><td>1865</td><td>1220</td></tr>
<tr><td>发源地</td><td colspan="4">神池县鹞子沟村</td><td>水质情况</td><td colspan="3">Ⅲ类</td></tr>
<tr><td>流经县市名及长度</td><td colspan="8">忻州市神池县 3km、忻州市偏关县 68km。</td></tr>
</table>

<table>
<tr><td rowspan="6">水文情况</td><td>年径流量（万 m³）</td><td>2070</td><td>清水流量（m³/s）</td><td colspan="2">0.2</td><td>最大洪峰流量（m³/s）</td><td colspan="2">2140
1979 年</td></tr>
<tr><td>年均降雨量（mm）</td><td>418.3</td><td>蒸发量(mm)</td><td colspan="2">2037.5</td><td>植被率（%）</td><td>23</td><td>年输沙量（万 t/年）</td></tr>
<tr><td rowspan="2">水文站</td><td colspan="2">名称</td><td colspan="3">位置</td><td>建站时间</td><td>控制面积（km²）</td></tr>
<tr><td colspan="2">偏关（三）水文站</td><td colspan="3">偏关县城附近沙石沟村</td><td>1958 年</td><td>1896</td></tr>
<tr><td>来水来沙情况</td><td colspan="8">泥沙级配为砾石类土，大于 2mm 颗粒占粗粒的 50%。细粒含量 <5%，泥沙不均匀系数 $C_u \geqslant 5$。曲率系数 $C_r = 1 \sim 3$，为良好级配。平均侵蚀模数 12000 ~ 18000t/（km²·a），侵蚀类型主要以片蚀、沟蚀、重力侵蚀为主。</td></tr>
</table>

<table>
<tr><td rowspan="3">社会经济情况</td><td>流经城市（个）</td><td>1</td><td>流经乡镇（个）</td><td>5</td><td>流经村庄（个）</td><td>317</td></tr>
<tr><td>人口（万人）</td><td>7.52</td><td>耕地（万亩）</td><td>55.5</td><td>主要农作物</td><td>胡麻、玉米、莜麦、土豆</td></tr>
<tr><td>主要工矿企业及国民经济总产值</td><td colspan="5">流域内偏关县有铁矿、铝矾土、煤、硫铁矿、耐火黏土、石灰岩、大理石、石英石、明矾等。现有发电厂 2 座，硅钙厂 1 座，铁厂 2 座，水泥厂 1 座。流域内 2007 年国民生产总值 7.5 亿元。</td></tr>
</table>

续表 3-1

	规划长度（km）	20.5		已治理长度 （km）		15.41			已建堤防单线长（km）			15.41
	堤防位置	左岸 （km）	右岸 （km）	型式	级别	标准(年一遇)		河宽 （m）	保护 人口 （万人）	保护 村庄 （个）	保护 耕地 （万亩）	
						设防	现状					
河道堤防工程	偏关县窑头乡堡子湾村（皮家沟段）		0.02	砌石堤	四		20					
	偏关县新关镇沙石沟村（马家坡段）	0.14		砌石堤	四		20					
	偏关县新关镇路家窑村（路家窑段）	0.51		砌石堤	四		20					
	偏关县窑头乡窑头村（窑头段）		0.71	砌石堤	五		10					
	偏关县陈家营乡油房头村（石湖沟门段）	0.16		砌石堤	五		10					
	偏关县新关镇南城村（西园段）		0.83	砌石堤	四		20					
	偏关县老营镇贾堡村（贾堡段）		0.41	砌石堤	四		20					
	偏关县老营镇鸭子坪村（黄土湾段）		0.17	砌石堤	五		10					
	偏关县老营镇鸭子坪村（村前段）		0.11	砌石堤	五		10					
	偏关县新关镇庄王村（庄王段）		0.22	砌石堤	四		20					
	偏关县老营镇老营村（老营段）		0.46	砌石堤	五		10					
	偏关县老营镇老营村（应蟆口段）		0.3	砌石堤	五		10					
	偏关县新关镇西关村（西关段）		0.87	砌石堤	四		20					
	偏关县陈家营乡石沟子村（前湖子段）		0.16	砌石堤	五		10					
	偏关县新关镇磨石滩村（后湾段）		0.3	砌石堤	四		20					
	偏关县陈家营乡常家窑村（小南坪段）	0.15		砌石堤	五		10					
	偏关县新关镇上关村（上关段）		0.45	砌石堤	四		20					
	偏关老营镇马肚梁村（大河湾沟后湾段）	0.21		砌石堤	四		20					
	偏关县陈家营乡陈家营村（猪场河畔段）		0.23	砌石堤	五		10					
	偏关县陈家营乡陈家营村（教场沟口段）		0.13	砌石堤	五		10					
	偏关县陈家营乡陈家营村（上河湾段）		0.23	砌石堤	五		10					
	偏关县老营镇上土寨村（南湾段）		0.23	砌石堤	五		10					
	偏关县窑头乡响水村（杨家沟段）		0.55	砌石堤	五		10					
	偏关县新关镇中关村（中关段）	0.71		砌石堤	四		20					

续表 3-1

	堤防位置	左岸 (km)	右岸 (km)	型式	级别	标准（年一遇）设防	标准（年一遇）现状	河宽 （m）	保护人口 （万人）	保护村庄 （个）	保护耕地 （万亩）
河道堤防工程	偏关县老营镇方城村（前河湾段）		0.52	砌石堤	四		20				
	偏关县老营镇方城村（沙湾段）		0.04	砌石堤	四		20				
	偏关县陈家营乡曲家湾村（马道湾段）		0.19	砌石堤	五		10				
	偏关县陈家营乡曲家湾村（漫水湾段）		0.12	砌石堤	五		10				
	偏关县老营镇下土寨村（下土寨段）	0.73		砌石堤	四		20				
	偏关县老营镇下土寨村（东河湾段）		0.85	砌石堤	四		20				
	偏关县陈家营乡黄家营村（庙湾段）		0.11	砌石堤	五		10				
	偏关县陈家营乡黄家营村（前湾段）		0.15	砌石堤	五		10				
	偏关县陈家营乡八柳村（河湾段）		0.2	砌石堤	五		10				
	偏关县新关镇马梁村（黄中滩段）	0.41	0.71	砌石堤	四		20				
	偏关县窑头乡腰铺村（腰铺段）	0.14	0.59	砌石堤	四		20				
	偏关县窑头乡岳家村（岳家村段）	0.41		砌石堤	四		20				
	偏关县窑头乡王家坪村（王家坪段）		0.31	砌石堤	五		10				
	偏关县窑头乡阳坡店村（油房湾段）	0.2		砌石堤	四		20				
	偏关县窑头乡阳坡店村（曲儿湾段）	0.11		砌石堤	五		10				
	偏关县新关镇西沟村（澄泥塔段）	0.47	0.09	砌石堤	四		20				
	偏关县老营镇大河湾村（小营段）		0.1	砌石堤	四		20				
	偏关县新关镇沙石沟村（沙石沟段）		0.62	砌石堤	四		20				
	偏关县窑头乡沙圪旦村（沙圪旦段）	0.08		砌石堤	五		10				

	水库名称	位置		总库容 （万m³）	控制面积 （km²）	防洪标准（年一遇）设计	防洪标准（年一遇）校核	最大泄量 （m³/s）	最大坝高 （m）	大坝型式
水库	—	—		—	—	—	—	—	—	—

	闸坝名称	位置		拦河大坝型式	坝长（m）	坝高（m）	坝顶宽（m）	闸孔数量	闸净宽 （m）	最大泄量 （m³/s）
闸坝	—	—		—	—	—	—	—	—	—
	人字闸 （处）	3		淤地坝（座）	33		其中骨干坝（座）		20	

	灌区名称	灌溉面积（万亩）	河道取水口处数
灌区	—	—	—

续表3-1

	桥梁名	位置	过流量（m³/s）	长度（m）	宽度（m）	孔数	孔高（m）	结构型式
桥梁	堡子湾大桥	偏关县窑头乡	2210	80	12	3	15	拱式桥
	马梁大桥	偏关县马梁村	2210	85	12	1	20	双曲拱桥
	南河大桥	偏关县城段	2210	90	12	5	6	拱式桥
	西沟大桥	偏关县西沟村	2210	100	12	6	15	拱式桥
	铁厂大桥	偏关县陈家营乡油坊头村	2210	80	12	5	15	拱式桥

	名称	位置、型式、规模、作用、流量、水质、建成时间等
其他涉河工程	引黄渡槽	偏关河下土寨段，1处。
	排污口	偏关河县城段右岸，2006年~2007年兴建3处。
	小型提水工程	偏关河沿线，有27处。
	万家寨引黄工程	万家寨镇。

河道砂石资源及采砂情况	

主要险工段及设障河段简述	偏关河城区段马家坡砖厂挤占河道宽15m；县铁厂大桥上游油房头段右岸弃渣3000m³。险工险段位于偏关河西沟段堤防坍塌2处120m。

规划工程情况	偏关河偏关县段按照《偏关县流域综合规划报告》（2006年—2030年）在关河沿线规划护地坝14处，河底坝6座，淤地坝5座，护岸20km，滩涂开发0.28万亩。 2008年12月，山西省偏关河偏关县段治理建设规划已列入水利部储备项目。治理整体河道68km，新建浆砌石护岸42.346km；排污涵洞1.85km，清淤33.8万m³，河道裁弯取直1.166km。工程估算总投资13914.77万元。

情况说明：

偏关河是黄河的一级支流，古称太罗河。《绥远通志稿》载："太罗河，即今偏关县之关河。"源头在忻州市神池县的鹞子沟。从利民沟进入朔州市朔城区，经利民镇、暖崖等村镇，出朔城区东驼梁村进入平鲁区，流经下木角、下水头等地，出平鲁区的口子上村进入忻州市偏关县境内。朔州段与上游神池段流域总面积562km²，河道总长62km，其中忻州市神池县段仅长3km，其余全在朔州市境内，平均纵坡6.7‰，糙率0.04~0.07。河流为蜿蜒分汊型。有大小沟道2904条，流域面积774km²。忻州偏关河内流域面积1151km²，河长68km。

流域上游地势全处于土石山区。地面坡度大，切割严重，沟壑纵横。侵蚀类型主要是片蚀、沟蚀、重力蚀。朔州段年经流量1080万m³，最大洪峰流量1556m³/s，年均降雨量430mm，蒸发量1760mm，植被率7%，年输沙量168万t/年。忻州偏关段年径流量2070万m³，清水流量0.2m³/s，最大洪峰流量2140m³/s，年均降雨量418.3mm，蒸发量2037.5mm，植被率23%，年输沙量1585万t/年。

流域偏关境内上游两岸地形狭窄，酷似手指，河道呈蜿蜒游荡型；中游地段河岸宽阔，水流畅通，恰如手掌，河道呈平直顺长型；下游两岸地形破碎，岩石陡峭，处狭谷地带，河道呈蜿蜒型，但河势基本稳定。

流域偏关境内属黄河中游黄土丘陵沟壑区，地势东高西低，地表支离破碎，山高坡陡，沟壑纵横，坡呈鸡爪状。地貌按其成因及形态特征分为三个小区：侵蚀构造中低山区，由寒武系、奥陶系石灰岩组成，分布于老营、南堡子等乡（镇）；构造剥蚀岛状孤山黄土峁梁丘陵区，分布于万家寨、水泉、新关、尧头、天峰坪、陈家营、楼沟等乡（镇）；侵蚀堆积山间宽谷阶地区，分布于偏关河河谷地区，宽度约0.5km~1.5km。

干旱是该流域最大的灾害。其次洪水也是该河下游的一大灾患，每有山洪常会冲毁农田、冲垮堤防，牛羊等大畜被冲走也时常发生。

水泉河基本情况表

表 3-2

<table>
<tr><td rowspan="11">河道基本情况</td><td colspan="2">河流名称</td><td colspan="2">水泉河</td><td colspan="2">河流别名</td><td colspan="3">—</td><td colspan="2">河流代码</td><td></td></tr>
<tr><td colspan="2">所属流域</td><td>黄河</td><td>水系</td><td colspan="2">—</td><td>汇入河流</td><td colspan="2">偏关河</td><td colspan="2">河流总长（km）</td><td>48</td></tr>
<tr><td colspan="2">支流名称</td><td colspan="6"></td><td colspan="2">流域平均宽（km）</td><td>3.6</td></tr>
<tr><td colspan="2" rowspan="2">流域面积（km²）</td><td>石山区</td><td>土石山区</td><td colspan="3">土山区</td><td colspan="2">丘陵区</td><td>平原区</td><td colspan="2" rowspan="2">流域总面积（km²）</td></tr>
<tr><td>—</td><td>—</td><td colspan="3">—</td><td colspan="2">—</td><td>—</td><td>173</td></tr>
<tr><td colspan="2">纵坡（‰）</td><td colspan="7">—</td><td colspan="2">64</td></tr>
<tr><td colspan="2">糙率</td><td colspan="7"></td><td colspan="2">0.025</td></tr>
<tr><td colspan="2" rowspan="2">设计洪水流量（m³/s）</td><td colspan="5">断面位置</td><td colspan="2">100 年</td><td>50 年</td><td>20 年</td><td>10 年</td></tr>
<tr><td colspan="5"></td><td colspan="2"></td><td></td><td></td><td></td></tr>
<tr><td colspan="2">发源地</td><td colspan="4">内蒙古清水河县南部的暖泉乡</td><td colspan="2">水质情况</td><td colspan="4">季节性河流</td></tr>
<tr><td colspan="2">流经县市名及长度</td><td colspan="10">偏关县 48km。</td></tr>
<tr><td rowspan="6">水文情况</td><td colspan="2">年径流量（万 m³）</td><td colspan="2">996</td><td colspan="2">清水流量（m³/s）</td><td colspan="2"></td><td colspan="2">最大洪峰流量（m³/s）</td><td></td></tr>
<tr><td colspan="2">年均降雨量（mm）</td><td>417</td><td>蒸发量（mm）</td><td colspan="2">2037.5</td><td>植被率（%）</td><td colspan="2">19</td><td colspan="2">年输沙量（万 t/ 年）</td></tr>
<tr><td colspan="2" rowspan="2">水文站</td><td colspan="2">名称</td><td colspan="3">位置</td><td colspan="2">建站时间</td><td colspan="2">控制面积（km²）</td></tr>
<tr><td colspan="2">—</td><td colspan="3">—</td><td colspan="2">—</td><td colspan="2">—</td></tr>
<tr><td colspan="2">来水来沙情况</td><td colspan="9">季节性河流，70% 的降水集中在 7 ~ 9 月。</td></tr>
<tr><td></td></tr>
<tr><td rowspan="3">社会经济情况</td><td colspan="2">流经城市（个）</td><td colspan="2">—</td><td colspan="2">流经乡镇（个）</td><td colspan="2">2</td><td colspan="2">流经村庄（个）</td><td>41</td></tr>
<tr><td colspan="2">人口（万人）</td><td colspan="2">1.025</td><td colspan="2">耕地（万亩）</td><td colspan="2">3.075</td><td>主要农作物</td><td colspan="2">糜黍、玉米、土豆、莜麦</td></tr>
<tr><td colspan="2">主要工矿企业及国民经济总产值</td><td colspan="10"></td></tr>
<tr><td rowspan="11">河道堤防工程</td><td colspan="4">规划长度（km）</td><td colspan="3">已治理长度(km)</td><td colspan="5">已建堤防单线长（km）</td></tr>
<tr><td colspan="2" rowspan="2">堤防位置</td><td rowspan="2">左岸（km）</td><td rowspan="2">右岸（km）</td><td rowspan="2">型式</td><td rowspan="2">级别</td><td colspan="2">标准（年一遇）</td><td rowspan="2">河宽（m）</td><td>保护人口</td><td>保护村庄</td><td>保护耕地</td></tr>
<tr><td>设防</td><td>现状</td><td>（万人）</td><td>（个）</td><td>（万亩）</td></tr>
<tr><td colspan="2">偏关县水泉乡七家坪村（孙家梁段）</td><td></td><td>0.17</td><td>砌石堤</td><td>五</td><td></td><td>10</td><td></td><td></td><td></td><td></td></tr>
<tr><td colspan="2">偏关县水泉乡七家坪村（沙湾河塔段）</td><td>0.29</td><td></td><td>砌石堤</td><td>五</td><td></td><td>10</td><td></td><td></td><td></td><td></td></tr>
<tr><td colspan="2">偏关县水泉乡张岭沟村（前沟段）</td><td>0.06</td><td></td><td>砌石堤</td><td>五</td><td></td><td>10</td><td></td><td></td><td></td><td></td></tr>
<tr><td colspan="2">偏关县水泉乡张岭沟村（石鱼洼段）</td><td></td><td>0.21</td><td>砌石堤</td><td>五</td><td></td><td>10</td><td></td><td></td><td></td><td></td></tr>
<tr><td colspan="2">偏关县水泉乡百草坪村（阳湾段）</td><td>0.29</td><td>0.71</td><td>砌石堤</td><td>五</td><td></td><td>10</td><td></td><td></td><td></td><td></td></tr>
<tr><td colspan="2">偏关县陈家营乡闫家贝村（后背湾段）</td><td>0.16</td><td></td><td>砌石堤</td><td>五</td><td></td><td>10</td><td></td><td></td><td></td><td></td></tr>
<tr><td colspan="2">偏关县水泉乡水泉村（前河段）</td><td>0.35</td><td></td><td>砌石堤</td><td>五</td><td></td><td>10</td><td></td><td></td><td></td><td></td></tr>
<tr><td colspan="2">偏关县水泉乡刘家咀村（河槽沟段）</td><td></td><td>0.03</td><td>砌石堤</td><td>五</td><td></td><td>10</td><td></td><td></td><td></td><td></td></tr>
</table>

续表 3-2

水库	水库名称	位置	总库容 （万m³）	控制面积（km²）	防洪标准（年一遇）		最大泄量（m³/s）	最大坝高（m）	大坝型式
					设计	校核			
	—	—	—	—	—	—	—	—	—

闸坝	闸坝名称	位置	拦河大坝型式	坝长（m）	坝高（m）	坝顶宽（m）	闸孔数量	闸净宽（m）	最大泄量（m³/s）
	人字闸（处）		淤地坝（座）			其中骨干坝（座）			

灌区	灌区名称		灌溉面积（万亩）		河道取水口处数

桥梁	桥梁名	位置	过流量（m³/s）	长度（m）	宽度（m）	孔数	孔高（m）	结构型式

其他涉河工程	名称	位置、型式、规模、作用、流量、水质、建成时间等
	引黄输水工程	水泉沟
	209国道	纵贯水泉沟南北

河道砂石资源及采砂情况	

主要险工段及设障河段简述	

规划工程情况	

情况说明：

一、河流基本情况

水泉河流经偏关的水泉乡和陈家营乡，从陈家营乡的杨家营村注入偏关河。流域总面积332km²，主河道总长48km，其中山西偏关县境内流域面积173km²。为季节性河流。河道两岸地形狭窄，产汇流历时较短，水土流失严重，河型属蜿蜒游荡型，河床基本稳定。

二、流域地形地貌

水泉河流域属典型的黄土丘陵沟壑区，地势北高南低，地表支离破碎，山高坡陡，沟壑纵横。流域内植被稀疏，主要植被有柠条、杨树、油松等。

三、气象与水文

流域内气候十年九旱，降水分布不均，全年70%的降水集中在7～9月份。流域内多年平均气温5℃～8℃，多年平均日照时数为2600h～2900h。

流域内以干旱灾害为主，十年九旱，洪涝灾害次之，雹灾最少。

四、社会经济情况

水泉河流域内有乡镇：水泉乡、陈家营乡；有村庄：石海子、万家窑、许家湾、孙家梁、七家坪、宋家窑、池家窑、百草坪、西沟、店湾、阎家贝、八柳树等41个。农业人口占80%。

五、涉河工程

流域内209国道纵贯南北通过，引黄输水工程横跨水泉沟，被破坏的河道得以整治，两岸及道路基本绿化。

近年来，流域内上马了包括水利局、世行项目办的一系列水保生态建设项目，水土流失初步得到控制，生态环境正在改善。

沙漠沟基本情况表

表 3-3

<table>
<tr><td rowspan="16">河道基本情况</td><td>河流名称</td><td colspan="2">沙漠沟</td><td colspan="2">河流别名</td><td colspan="2">—</td><td>河流代码</td><td></td></tr>
<tr><td>所属流域</td><td>黄河</td><td>水系</td><td colspan="2">—</td><td>汇入河流</td><td>偏关河</td><td>河流总长（km）</td><td>19</td></tr>
<tr><td>支流名称</td><td colspan="6"></td><td>流域平均宽（km）</td><td>7</td></tr>
<tr><td rowspan="2">流域面积（km²）</td><td>石山区</td><td colspan="2">土石山区</td><td colspan="2">土山区</td><td>丘陵区</td><td>平原区</td><td rowspan="2">流域总面积（km²）</td></tr>
<tr><td></td><td colspan="2"></td><td colspan="2"></td><td>131.25</td><td></td><td>131.25</td></tr>
<tr><td>纵坡（‰）</td><td colspan="7"></td><td>9.8</td></tr>
<tr><td>糙率</td><td colspan="7"></td><td>0.026</td></tr>
<tr><td rowspan="3">设计洪水流量（m³/s）</td><td colspan="2">断面位置</td><td colspan="2">100 年</td><td>50 年</td><td>20 年</td><td>10 年</td><td></td></tr>
<tr><td colspan="2"></td><td colspan="2">613.5</td><td>541.9</td><td>445.6</td><td>371.7</td><td></td></tr>
<tr><td colspan="8"></td></tr>
<tr><td>发源地</td><td colspan="3">偏关县万家寨镇草垛山村</td><td colspan="2">水质情况</td><td colspan="3">优良</td></tr>
<tr><td>流经县市名及长度</td><td colspan="8">偏关县 19km。</td></tr>
</table>

<table>
<tr><td rowspan="6">水文情况</td><td>年径流量（万 m³）</td><td colspan="3">清水流量（m³/s）</td><td colspan="2">最大洪峰流量（m³/s）</td><td></td></tr>
<tr><td>年均降雨量（mm）</td><td>417</td><td>蒸发量（mm）</td><td>2037.5</td><td>植被率(%)</td><td>21</td><td>年输沙量（万 t/ 年）</td><td>475.6</td></tr>
<tr><td rowspan="2">水文站</td><td colspan="2">名称</td><td colspan="2">位置</td><td>建站时间</td><td colspan="2">控制面积（km²）</td></tr>
<tr><td colspan="2">—</td><td colspan="2">—</td><td>—</td><td colspan="2">—</td></tr>
<tr><td>来水来沙情况</td><td colspan="7">年内降水分布不均，20% 的降水集中在 7 ~ 9 月。</td></tr>
</table>

<table>
<tr><td rowspan="3">社会经济情况</td><td>流经城市（个）</td><td colspan="2">—</td><td>流经乡镇（个）</td><td>2</td><td>流经村庄（个）</td><td>51</td></tr>
<tr><td>人口（万人）</td><td>0.765</td><td>耕地（万亩）</td><td colspan="2">2.295</td><td>主要农作物</td><td>糜黍、玉米、土豆、莜麦</td></tr>
<tr><td>主要工矿企业及国民经济总产值</td><td colspan="6">2007 年国民经济总产值 0.5 亿元。</td></tr>
</table>

<table>
<tr><td rowspan="4">河道堤防工程</td><td>规划长度（km）</td><td></td><td colspan="3">已治理长度（km）</td><td colspan="2">已建堤防单线长（km）</td><td></td></tr>
<tr><td rowspan="3">堤防位置</td><td rowspan="3">左岸（km）</td><td rowspan="3">右岸（km）</td><td rowspan="3">型式</td><td rowspan="3">级别</td><td colspan="2">标准（年一遇）</td><td rowspan="3">河宽（m）</td><td rowspan="3">保护人口（万人）</td><td rowspan="3">保护村庄（个）</td><td rowspan="3">保护耕地（万亩）</td></tr>
<tr><td>设防</td><td>现状</td></tr>
<tr><td></td><td></td></tr>
</table>

<table>
<tr><td rowspan="3">水库</td><td rowspan="2">水库名称</td><td rowspan="2">位置</td><td rowspan="2">总库容（万 m³）</td><td rowspan="2">控制面积（km²）</td><td colspan="2">防洪标准（年一遇）</td><td rowspan="2">最大泄量（m³/s）</td><td rowspan="2">最大坝高（m）</td><td rowspan="2">大坝型式</td></tr>
<tr><td>设计</td><td>校核</td></tr>
<tr><td>—</td><td>—</td><td>—</td><td>—</td><td>—</td><td>—</td><td>—</td><td>—</td><td>—</td></tr>
</table>

续表 3-3

闸坝	闸坝名称	位置	拦河大坝型式	坝长（m）	坝高（m）	坝顶宽（m）	闸孔数量	闸净宽（m）	最大泄量(m³/s)
	人字闸（处）			淤地坝（座）		2	其中骨干坝（座）		1

灌区	灌区名称		灌溉面积（万亩）		河道取水口处数

桥梁	桥梁名	位置	过流量（m³/s）	长度（m）	宽度(m)	孔数	孔高（m）	结构型式
	沙漠沟大桥	偏关县城陈家庄窝南500m	541.9	80	12	1	20	双曲拱

其他涉河工程	名称	位置、型式、规模、作用、流量、水质、建成时间等
	万家寨引黄工程枢纽	位于偏关县万家寨镇。
	引黄输水隧洞	位于偏关县万家寨镇，48m³/s,1998年建成，输水到太原。
	引黄渡槽	四圪塔村下。
	平万公路	平鲁—万家寨公路，纵贯偏关县万家寨镇南北。

河道砂石资源及采砂情况	

主要险工段及设障河段简述	

规划工程情况	根据《沙漠沟治理可行性研究报告》规划淤地坝54座，其中建设骨干坝18座，中型淤地坝16座，小型淤地坝20座。

续表 3-3

情况说明：

一、河流基本情况

沙漠沟流经偏关的万家寨镇、新关镇，从新关镇的陈家庄窝村注入偏关河。为季节性河道。河道两岸地形狭窄，河型呈蜿蜒游荡型，河床及两岸多以卵石、石灰岩为主，相对稳定。

二、流域地形地貌

流域属典型的黄土丘陵沟壑区，地势北高南低，地表支离破碎，山高坡陡，沟壑纵横。流域内植被主要有柠条、杨树、柳树、油松等。

三、气象与水文

流域气候属季风型温带大陆性气候，四季分明，十年九旱，风大沙多。流域内多年平均气温 5℃～8℃，多年平均日照时数为 2600h～2900h。

流域内以干旱为主，十年九旱，尤以春旱最严重。洪灾虽没有造成大的灾害损失，但几乎年年都有。

四、社会经济情况

沙漠沟流域有乡镇：万家寨镇、新关镇；有村庄：岳家窑、光阳嘴、李家嘴、寺圪塔、邓家嘴、珍珠庄窝、陡嘴、贺家山、陈家庄窝等 51 个。

五、涉河工程

流域内平（鲁）万（家寨）公路纵贯南北通过，引黄输水隧洞跨沟而过，沟道两岸及道路均已绿化。流域内展开了大规模的水保生态工程建设，在主沟上兴建以骨干坝为主的沟道控制性工程，沟坡植树种草，恶劣的生态环境初步得以改善。

大石沟河基本情况表

表 3-4

<table>
<tr><td rowspan="12">河道基本情况</td><td colspan="2">河流名称</td><td colspan="2">大石沟河</td><td colspan="2">河流别名</td><td colspan="3">—</td><td></td><td></td></tr>
<tr><td colspan="2">所属流域</td><td>黄河</td><td>水系</td><td colspan="2">—</td><td>汇入河流</td><td colspan="2">黄河</td><td>河流总长（km）</td><td>23.4</td></tr>
<tr><td colspan="2">支流名称</td><td colspan="7">养仓沟、引平河、生嘴沟、前河沟等，共20条。</td><td>流域平均宽（km）</td><td>4.86</td></tr>
<tr><td colspan="2" rowspan="2">流域面积（km²）</td><td colspan="2">石山区</td><td colspan="2">土石山区</td><td colspan="2">土山区</td><td>丘陵区</td><td>平原区</td><td>流域总面积（km²）</td></tr>
<tr><td colspan="2"></td><td colspan="2"></td><td colspan="2"></td><td>113.75</td><td></td><td>115.62</td></tr>
<tr><td colspan="2">纵坡（‰）</td><td colspan="8">1.9</td></tr>
<tr><td colspan="2">糙率</td><td colspan="8">0.0244 ~ 0.04</td></tr>
<tr><td colspan="2" rowspan="2">设计洪水流量（m³/s）</td><td colspan="4">断面位置</td><td>100 年</td><td>50 年</td><td>20 年</td><td colspan="2">10 年</td></tr>
<tr><td colspan="4"></td><td>622.63</td><td>542.7</td><td>411.73</td><td colspan="2">361.8</td></tr>
<tr><td colspan="2">发源地</td><td colspan="4">偏关县楼沟乡小石洼村</td><td colspan="2">水质情况</td><td colspan="3">季节性河流</td></tr>
<tr><td colspan="2">流经县市名及长度</td><td colspan="9">河曲县 18km，偏关县 5.4km。</td></tr>
<tr><td colspan="12"></td></tr>
<tr><td rowspan="6">水文情况</td><td colspan="2">年径流量（万 m³）</td><td colspan="2">365.8</td><td colspan="2">清水流量（m³/s）</td><td colspan="2">—</td><td colspan="2">最大洪峰流量（m³/s）</td><td></td></tr>
<tr><td colspan="2">年均降雨量（mm）</td><td colspan="2">462.7</td><td>蒸发量（mm）</td><td colspan="2">1913.7</td><td>植被率（%）</td><td>22.9</td><td>年输沙量（万 t/年）</td><td>17.68</td></tr>
<tr><td colspan="2" rowspan="2">水文站</td><td colspan="3">名称</td><td colspan="2">位置</td><td colspan="2">建站时间</td><td colspan="2">控制面积（km²）</td></tr>
<tr><td colspan="3">—</td><td colspan="2">—</td><td colspan="2">—</td><td colspan="2">—</td></tr>
<tr><td colspan="11">7 ~ 9月由暴雨形成洪水，洪水泥沙含量高，年平均侵蚀模数 9800t/（km²·a），流域每年向黄河输沙 99.22 万 t。</td></tr>
<tr><td colspan="11"></td></tr>
<tr><td rowspan="3">社会经济情况</td><td colspan="2">流经城市（个）</td><td colspan="3">—</td><td colspan="2">流经乡镇（个）</td><td>1</td><td>流经村庄（个）</td><td>20</td></tr>
<tr><td colspan="2">人口（万人）</td><td colspan="2">0.594</td><td colspan="2">耕地（万亩）</td><td>4.75</td><td colspan="2">主要农作物</td><td>谷子、豆类、糜黍、土豆</td></tr>
<tr><td colspan="2">主要工矿企业及国民经济总产值</td><td colspan="9">流域内有煤矿 2 座，石料厂 2 个。乡镇产值 3146 万元。大石沟河河道内有优质的石灰岩。</td></tr>
</table>

<table>
<tr><td rowspan="8">河道堤防工程</td><td colspan="2">规划长度（km）</td><td colspan="3">已治理长度（km）</td><td colspan="2">1.39</td><td colspan="2">已建堤防单线长（km）</td><td>1.39</td></tr>
<tr><td rowspan="3">堤防位置</td><td rowspan="3">左岸（km）</td><td rowspan="3">右岸（km）</td><td rowspan="3">型式</td><td rowspan="3">级别</td><td colspan="2">标准（年一遇）</td><td rowspan="3">河宽（m）</td><td rowspan="3">保护人口（万人）</td><td rowspan="3">保护村庄（个）</td><td rowspan="3">保护耕地（万亩）</td></tr>
<tr><td rowspan="2">设防</td><td rowspan="2">现状</td></tr>
<tr></tr>
<tr><td>河曲县刘家塔镇刘家塔村</td><td>1</td><td></td><td>土石混合堤</td><td>五</td><td></td><td>15</td><td></td><td></td><td></td><td></td></tr>
<tr><td>河曲县刘家塔镇黄家庄村</td><td>0.08</td><td>0.2</td><td>土石混合堤</td><td>五</td><td></td><td>15</td><td></td><td></td><td></td><td></td></tr>
<tr><td>河曲县刘家塔镇郝家沟村</td><td></td><td>0.07</td><td>土石混合堤</td><td>五</td><td></td><td>15</td><td></td><td></td><td></td><td></td></tr>
<tr><td>河曲县刘家塔镇碓臼也村</td><td></td><td>0.04</td><td>土石混合堤</td><td>五</td><td></td><td>15</td><td></td><td></td><td></td><td></td></tr>
</table>

续表 3-4

水库	水库名称	位置	总库容（万 m³）	控制面积（km²）	防洪标准（年一遇）		最大泄量（m³/s）	最大坝高（m）	大坝型式
					设计	校核			
	—	—	—	—	—	—	—	—	—

闸坝	闸坝名称	位置	拦河大坝型式	坝长（m）	坝高（m）	坝顶宽（m）	闸孔数量	闸净宽（m）	最大泄量（m³/s）
	—	—	—	—	—	—	—	—	—
	人字闸（处）			淤地坝（座）	125	其中骨干坝（座）		18	

灌区	灌区名称		灌溉面积（万亩）		河道取水口处数	
	—		—		—	

桥梁	桥梁名	位置	过流量（m³/s）	长度（m）	宽度（m）	孔数	孔高（m）	结构型式
	刘家塔大桥	河流出口100m 处		55	8		25	钢筋砼盖板桥

其他涉河工程	名称	位置、型式、规模、作用、流量、水质、建成时间等
	深井提水工程	位于河曲县树儿梁旧乡政府，可供周围 2000 余人饮用水。
	水窖、旱井	251 眼。
	大口井	16 眼。
	谷坊	24500 个。

河道砂石资源及采砂情况	
主要险工段及设障河段简述	刘家塔镇郝家沟 – 董家庄 3km 长为险工段，仅有零星公路堤防。
规划工程情况	

情况说明：
　　一、河流基本情况
　　大石沟河是黄河水系的一级支流，流经河曲县刘家塔、前川 2 个乡镇的 26 个村，由董家村汇入黄河。地势东高西低，大小支沟 20 余条，海拔 1100m ～ 1300m。
　　二、流域地形地貌
　　大石沟河属季节性河流，流域内地形破碎，土质疏松，土壤侵蚀模数约为 8000m³/（km²·a）。整个流域河床底部有分布不均匀的基岩，以上部分为轻粉质壤土，植被稀少。
　　三、气象与水文
　　流域属温带大陆性季风气候，属半干旱温和区。据河曲气象站的记载，最大年降水量 786.3mm，最少降水量 215.6mm，

续表3-4

年平均气温7℃，年平均风速1.9m/s，无霜期130d左右，冰冻厚1.2m。

四、旱、涝灾害及水土流失

旱灾是该流域最主要的灾害。流域内雨季短，旱季长，雨量偏少，蒸发力强。一般重旱年出现频率为3年一次，干旱年每2年一次。春旱平均1.4年一次。有连续干旱5年，5年绝收的情况，人民的温饱问题常受到威胁。

涝灾常发生在汛期的6～9月，降雨占到全年降水量的70%。暴雨发生后，第一毁坏农田，第二毁坏水利工程，对淤地坝的损害尤其严重，一则冲毁，二则淤积。

水土流失面积77.8km²，占总面积的62.8%。治理面积3.34万亩，占水土流失面积的28.6%。在无植被的坡地上每年流失土0.7cm，给黄河带来"泥患"。

五、社会经济情况

大石沟河流域内有乡镇：刘家塔镇；有村庄：上沟北、下沟北、史家山、大阴梁、红米梁、东梁、串家洼、黄尾、碓臼也、上养仓、下养仓、树儿梁、冯家庄、臭儿洼、山庄头、沙嘴、郝家沟、刘家塔、董家庄、后大洼、前大洼、邓草也、仁义庄等。

人口密度741人/km²，基本农田0.89万亩，人均1.5亩。严重的水土流失加上传统的广种薄收的经营方式是造成该地贫穷的主要原因。

六、流域治理

流域内建起树儿梁大坝、串家洼上养仓骨干坝及村建淤地坝8座，共11座。通过以户承包小流域的治理、世行水保项目的治理，已完成四田面积0.89万亩，种草0.297万亩，水保林0.65万亩，分别占治理面积的26.7%和64.4%。

七、水资源及开发利用

大石沟河流域水资源可采量约为0.49亿m³/a，水资源年均利用量为23万m³。

流域发展规划是：半山区以建设基本农田，发展经济水果林为主，实行林粮间作；高山区以种草、种灌、大力发展畜牧业为主，实行草田轮作。在工程措施上，根据水资源情况，建土沟水库1座，坝高50m，库容500万m³。新建淤地坝11座，总库容6900万m³，补修加固旧坝242座，谷坊24500个。

县川河基本情况表

表3-5

	河流名称	县川河		河流别名		—		河流代码		
河道基本情况	所属流域	黄河	水系	—	汇入河流	黄河		河流总长（km）		110
	支流名称	红崖子沟、尚峪沟河、悬沟河、王家寨河，共4条。						流域平均宽（km）		14.2
	流域面积（km²）	石山区	土石山区	土山区		丘陵区	平原区	流域总面积（km²）		
				108.94				1559		
	纵坡(‰)			13				6.8		
	糙率							0.027～0.029		
	设计洪水流量（m³/s）	断面位置			100年	50年		20年		10年
					3565.83	3108.5		2529.83		2072.05
	发源地	神池县大严备乡温家山村管涔山西麓			水质情况		季节性河流				
	流经县市名及长度	神池县35.5km、五寨县21.5km、偏关县21.5km、河曲县53km。									

水文情况	年径流量（万m³）	3330	清水流量（m³/s）	0.1～0.2	最大洪峰流量（m³/s）	1890,旧县水文站 1995年7月28日	
	年均降雨量（mm）	455	蒸发量（mm）	1900	植被率（%）	年输沙量（万t/年）	981
	水文站	名称	位置		建站时间	控制面积（km²）	
		旧县水文站	河曲县旧县乡		1956	1562	
	来水来沙情况	流域内泉水较少，约73.8公升/秒，流域多年平均来水量4315万m³,汛期6～9月供水即占到75%左右，年清水总量29900m³,洪水流量833m³/s，最大洪水流量4060m³/s。侵蚀模数12000万t/(km²·a)左右，洪水含沙量43.57%。					

社会经济情况	流经城市（个）	—	流经乡镇（个）	5	流经村庄（个）	235	
	人口（万人）	7	耕地（万亩）	86	主要农作物	山药、莜麦、荞麦、胡麻、谷子、大豆、豌豆、葵花、油料	
	主要工矿企业及国民经济总产值	流域内有煤碳，以工农业为主，产值16292万元。					

河道堤防工程	规划长度（km）			已治理长度（km）		2.61	已建堤防单线长（km）			2.61
	堤防位置	左岸（km）	右岸（km）	型式	级别	标准（年一遇）		河宽（m）	保护人口（万人）	保护村庄（个）	保护耕地（万亩）
						设防	现状				
	河曲土沟乡前下庄村	0.05	0.21	砌石堤	五		15				
	河曲旧县乡火山村	0.3		钢筋混凝土堤	五		15				
	河曲土沟乡后下庄村		0.25	砌石堤	五		15				
	河曲旧县乡旺山村	0.8		砌石堤	五		15				

续表 3-5

	堤防位置	左岸（km）	右岸（km）	型式	级别	标准（年一遇）设防	标准（年一遇）现状	河宽（m）	保护人口（万人）	保护村庄（个）	保护耕地（万亩）
河道堤防工程	河曲土沟乡横梁会村	0.09	0.09	砌石堤/土石混合堤	五		15				
	河曲沙泉乡石槽沟村	0.1	0.05	砌石堤/土石混合堤	五		15				
	河曲土沟乡河岔村	0.08		砌石堤	五		15				
	河曲旧县乡河塔村	0.03	0.09	砌石堤/土石混合堤	五		15				
	河曲县沙泉乡川口村	0.02		砌石堤	五		15				
	河曲土沟乡榆立洼村	0.45		砌石堤	五		15	—	—	—	

	水库名称	位置		总库容（万m³）	控制面积（km²）	防洪标准（年一遇）设计	防洪标准（年一遇）校核	最大泄量（m³/s）	最大坝高（m）	大坝型式
水库	—	—		—	—		—	—	—	—

	闸坝名称	位置		拦河大坝型式	坝长（m）	坝高（m）	坝顶宽（m）	闸孔数量	闸净宽（m）	最大泄量（m³/s）
闸坝	—	—		—	—	—	—	—	—	—
	人字闸（处）	—		淤地坝（座）	298			其中骨干坝（座）			67

	灌区名称		灌溉面积（万亩）	河道取水口处数
灌区	—		—	—

	桥梁名	位置		过流量（m³/s）	长度（m）	宽度（m）	孔数	孔高（m）	结构型式
桥梁	神河铁路桥	河曲县旧县乡							
	旧县七孔桥	河曲县旧县乡			40	8	7	8	石拱桥
	红崖峁公路桥	河曲县单寨乡红崖峁村			30	8	1	8	石拱桥
	胡家坪公路桥	河曲县单寨乡胡家坪村			30	8	1	8	石拱桥

	名称	位置、型式、规模、作用、流量、水质、建成时间等
其他涉河工程	川口引洪工程	
	长畛引洪工程	

河道砂石资源及采砂情况	河道下游段有石灰石资源，石料厂一处。

续表 3-5

主要险工段及设障河段简述	县川河河曲县段险工险段和设障河段位于俊河村至河岔村段，共计 11km。
规划工程情况	2008 年 12 月，山西省县川河河曲县段治理建设规划已列入水利部储备项目。治理河段是县川河河曲段 27km 和尚峪沟河段 13.2km，主要工程内容为：俊梁村—河岔村段新建两岸顺河砌石堤防 7km，护底过路坝 5 条 0.2km，河叉—石曹沟新建堤防 9km；尚峪沟支沟—兔坪新建两岸砌石堤防 6km；石曹沟至旧县段清淤清障 7km。工程估算总投资 5114.58 万元。

情况说明：

一、河流基本情况

县川河位于忻州市西部，流经神池、五寨、偏关、河曲 4 个县后，由河曲禹庙汇入黄河，流域总面积 1559km²。五寨县境内流域平均宽 4.5km，河曲县境内流域面积 511km²，流域平均宽 14.2km，河道比降 6.8%。神池县境内植被率为 7.1%，偏关县境内植被率为 25%,河曲县境内植被率为 26.5%。

二、流域地形地貌

县川河流域地处黄土高原丘陵沟壑区，地理坐标为东经 111°10′~112°04′，北纬 39°03′~39°36′，流域内基本为黄土覆盖，水土流失严重，大部分面积沟壑纵横，沟深坡陡，梁大坡长，土层深厚，结构疏松，植被较差，仅在海拔较高的山区出露寒武奥陶系地层。流域上游主要在神池县境内，为东北—西南走向的洪涛山脉盘踞，东部山大沟深，西部梁峁连绵、沟壑密布，梁峁间有小面积盆地分布。流域中部张家山、大庙山脉呈东西走向，尚峪沟在两山之间曲折流向西南汇入干流，王家山脉由东向西，成为县川河与南面朱家川河的分水岭，山脉北麓地形相对开阔，坡度平缓。流域下游基本为河谷形，两山夹一河，曲折流向黄河。

三、气象与水文

县川河流域附近有神池、五寨、偏关、河曲四县的气象站。流域地处中纬度，属温带大陆性气候，四季分明，春季干旱多风，夏季温和雨水集中，秋季凉爽霜冻早，冬季寒冷而漫长。6~8 月份占全年降水量的 63%，降水量的年际变化较大，年最大降水量为 798mm（1976 年），最小降水量为 208mm（1972 年），相差 3.8 倍。多年平均气温 4.7℃~8.8℃，1 月份最冷，平均气温 –13.3℃,7 月份最热，平均气温 23.9℃,多年平均无霜期北部 125d,南部 160d。流域内日照充足，年日照时间 2700h 以上。

县川河流域属完全洪汛性的季节性河流，全年清水流量较少，仅每年初春有少量消冰水，到 4~6 月即断流，7~9 月由暴雨形成洪水，洪水过后河道便干涸了。

四、旱涝灾害及水土流失

流域内的自然灾害以旱灾为主，春旱是主要的自然灾害，重旱年出现频率为 6~7 年一次，半干旱年为 5~6 年一次，春旱年 1.4 年出现一次，基本是"十年九春旱"。全流域性的涝灾出现概率很少，但局部性的大暴雨在汛期内时有发生，往往造成洪涝灾害。水土流失十分严重，水土流失面积达 1400km²,占流域总面积的 90%。流域每年流失表土 1300 万余吨，每年每亩土壤风蚀表土厚度 1cm 左右，重约 10.7t,风蚀对土壤的侵蚀破坏极大。

五、社会经济情况

县川河流域内有乡镇：长畛乡、三岔镇、土沟乡、社梁乡、旧县乡；有村庄：神池县的温家山村、东鹤落峁、西鹤落峁、小严备、北庄子、郭家村、张家村、王家寨、崔家庄、南庄窝、韩家坪、三道沟、营头镇村、宋坝王村、南沙城村、北沙城村、铺儿坪村、前梨树峁、偏关县的东寨村、西寨村、韩家畔村、刘家沟村、河曲县的榆岭坪村、俊家庄、横梁会村、胡家坪村、沙宅、川口、黄反嘴、井湾子、丁家沟村、旺山村、龙门沟村、河畔村等。流域内人口密度较小，90% 以上为农业人口。农业生产以种植业为主，由于水资源利用条件差，水土流失严重，农业生产条件较差，流域内大部分属于贫困地区。在国家的支持下，当地政府持续开展了水土流失治理，近几年又按照国家的政策开展了退耕还林还草，水土流失得到了遏制，生态环境有所改善，经济得到了发展。

红崖子沟基本情况表

表 3-6

<table>
<tr><td rowspan="12">河道基本情况</td><td>河流名称</td><td colspan="2">红崖子沟</td><td colspan="2">河流别名</td><td colspan="2">—</td><td colspan="2">河流代码</td><td colspan="2"></td></tr>
<tr><td>所属流域</td><td>黄河</td><td>水系</td><td colspan="2">—</td><td>汇入河流</td><td colspan="2">县川河</td><td colspan="2">河流总长（km）</td><td>32</td></tr>
<tr><td>支流名称</td><td colspan="5">草庵沟，共1条。</td><td colspan="3">流域平均宽（km）</td><td colspan="2">7.4</td></tr>
<tr><td rowspan="2">流域面积（km²）</td><td>石山区</td><td colspan="2">土石山区</td><td>土山区</td><td colspan="2">丘陵区</td><td>平原区</td><td colspan="2">流域总面积（km²）</td></tr>
<tr><td>—</td><td colspan="2">—</td><td>—</td><td colspan="2">236.87</td><td>—</td><td colspan="2">236.87</td></tr>
<tr><td>纵坡（‰）</td><td>—</td><td colspan="2">—</td><td>—</td><td colspan="3">—</td><td colspan="2">7.3</td></tr>
<tr><td>糙率</td><td>—</td><td colspan="2">—</td><td>—</td><td colspan="3">—</td><td colspan="2">0.18 ~ 0.25</td></tr>
<tr><td rowspan="3">设计洪水流量(m³/s)</td><td colspan="4">断面位置</td><td colspan="2">100 年</td><td>50 年</td><td colspan="2">20 年</td><td>10 年</td></tr>
<tr><td colspan="4"></td><td colspan="2"></td><td></td><td colspan="2"></td><td></td></tr>
<tr><td colspan="4"></td><td colspan="2"></td><td></td><td colspan="2"></td><td></td></tr>
<tr><td>发源地</td><td colspan="4">神池县烈堡乡南桦山</td><td colspan="2">水质情况</td><td colspan="4">季节性河流</td></tr>
<tr><td>流经县市名及长度</td><td colspan="9">神池县32km。</td></tr>
<tr><td rowspan="5">水文情况</td><td>年径流量（万m³）</td><td colspan="3"></td><td colspan="2">清水流量（m³/s）</td><td></td><td colspan="2">最大洪峰流量（m³/s）</td><td></td></tr>
<tr><td>年均降雨量（mm）</td><td colspan="2">440</td><td>蒸发量（mm）</td><td colspan="2">1900</td><td>植被率(%)</td><td colspan="2">6.7</td><td>年输沙量（万t/年）</td></tr>
<tr><td rowspan="2">水文站</td><td colspan="2">名称</td><td colspan="2">位置</td><td colspan="3">建站时间</td><td colspan="2">控制面积（km²）</td></tr>
<tr><td colspan="2">—</td><td colspan="2">—</td><td colspan="3">—</td><td colspan="2">—</td></tr>
<tr><td>来水来沙情况</td><td colspan="9"></td></tr>
<tr><td rowspan="3">社会经济情况</td><td>流经城市（个）</td><td colspan="2">—</td><td colspan="2">流经乡镇（个）</td><td>1</td><td colspan="2">流经村庄（个）</td><td colspan="2">16</td></tr>
<tr><td>人口（万人）</td><td colspan="2">0.28</td><td>耕地（万亩）</td><td colspan="2">7.89</td><td>主要农作物</td><td colspan="4">胡麻、莜麦、山药、豆类、蘑菇</td></tr>
<tr><td>主要工矿企业及国民经济总产值</td><td colspan="9">流域内无工矿企业。</td></tr>
<tr><td rowspan="4">河道堤防工程</td><td>规划长度（km）</td><td colspan="2">—</td><td colspan="2">已治理长度（km）</td><td colspan="2">—</td><td colspan="2">已建堤防单线长（km）</td><td>—</td></tr>
<tr><td rowspan="2">堤防位置</td><td rowspan="2">左岸（km）</td><td rowspan="2">右岸（km）</td><td rowspan="2">型式</td><td rowspan="2">级别</td><td colspan="2">标准(年一遇)</td><td rowspan="2">河宽（m）</td><td>保护人口（万人）</td><td>保护村庄（个）</td><td>保护耕地（万亩）</td></tr>
<tr><td>设防</td><td>现状</td><td></td><td></td><td></td></tr>
<tr><td>—</td><td>—</td><td>—</td><td>—</td><td>—</td><td>—</td><td>—</td><td>—</td><td>—</td><td>—</td></tr>
</table>

续表 3-6

水库	水库名称	位置	总库容（万m³）	控制面积（km²）	防洪标准（年一遇）		最大泄量（m³/s）	最大坝高（m）	大坝型式
					设计	校核			
	—	—	—	—	—	—	—	—	—

闸坝	闸坝名称	位置	拦河大坝型式	坝长（m）	坝高（m）	坝顶宽（m）	闸孔数量	闸净宽（m）	最大泄量（m³/s）
	调洪坝	神池县吴受咀	土坝						
	调洪坝	神池县史家庄	土坝						
	调洪坝	神池县万家疃	土坝						
	人字闸（处）	—		淤地坝（座）	69	其中骨干坝（座）			26

灌区	灌区名称		灌溉面积（万亩）		河道取水口处数	
	—		—		—	

桥梁	桥梁名	位置	过流量（m³/s）	长度(m)	宽度（m）	孔数	孔高（m）	结构型式
	—	—	—	—	—	—	—	—

其他涉河工程	名称	位置、型式、规模、作用、流量、水质、建成时间等
	水窖	528眼。
	大口井	11处。

河道砂石资源及采砂情况	红崖子沟流域内无砂石资源。

主要险工段及设障河段简述	红崖子沟流域内无险工险段及设障河段。

规划工程情况	红崖子沟流域内无规划工程。

续表 3-6

情况说明：

情况说明：

一、河流基本情况

红崖子沟由东北向西南流经神池县红崖子乡、长畛乡的 16 个村庄，于长畛乡的铺儿坪村汇入县川河。红崖子沟长约 32km，宽约 2.5m，居住人口 2800 口。

二、流域地形地貌

上游重峦叠嶂、沟深坡陡；灌木纵生，植被较好，属土石山区。下游地势较平缓，河道较宽，植被稀少，属黄土丘陵区。属完全季节性河流，全年清水含量较少。由于地势复杂海拔较高，形成了该地区的气候特征为：春季多风少雨，夏季温和降水集中，秋季凉爽霜冻早，冬季寒冷而漫长，全年基本以干旱为主。降水多集中在 6～8 月，平均气温为 4.1℃，极端最低气温为 -33.5℃，极端最高气温为 34.3℃，无霜期平均 115d。

三、社会经济情况

红崖子沟流域内有乡镇：烈堡乡；有村庄：黄尘沟、史家庄、营盘、南水泉、经崖子、吴受嘴、辛窑坪、万家窑、小窑、后梨树窑、铺儿坪。该地区农业生产以种植业为主，是全县的主要产粮区。近年来畜牧业也有了很大的发展，大小牲畜（牛、骡、猪、羊等）人均 3 头（只）。

四、涉河工程

由于该流域地理位置偏僻，经济条件落后，水保世行项目未划入该区，现已治理面积 1653.3km²，占流失面积的 34%，其中，有基本农田 4662 亩，人均 1.8 亩；林地 1.91 万亩，种草 0.1 万亩，淤地坝 5 座。为了解决人畜吃水困难，该地曾进行了大规模的水窖修筑，蓄积天然雨水。

尚峪沟基本情况表

表 3-7

<table>
<tr><td rowspan="13">河道基本情况</td><td>河流名称</td><td colspan="2">尚峪沟</td><td colspan="2">河流别名</td><td colspan="2">北县川河</td><td colspan="2">河流代码</td><td></td></tr>
<tr><td>所属流域</td><td>黄河</td><td>水系</td><td colspan="2">—</td><td>汇入河流</td><td colspan="2">县川河</td><td>河流总长（km）</td><td>58.4</td></tr>
<tr><td>支流名称</td><td colspan="6"></td><td>流域平均宽(km)</td><td>5.58</td></tr>
<tr><td rowspan="2">流域面积（km²）</td><td>石山区</td><td colspan="2">土石山区</td><td colspan="2">土山区</td><td>丘陵区</td><td>平原区</td><td colspan="2">流域总面积（km²）</td></tr>
<tr><td>—</td><td colspan="2">—</td><td colspan="2">—</td><td>331.88</td><td>—</td><td colspan="2">331.88</td></tr>
<tr><td>纵坡(‰)</td><td>—</td><td colspan="2">—</td><td colspan="2">—</td><td></td><td>—</td><td colspan="2">1.8</td></tr>
<tr><td>糙率</td><td>—</td><td colspan="2">—</td><td colspan="2">—</td><td></td><td>—</td><td colspan="2">0.0278 ~ 0.04</td></tr>
<tr><td rowspan="2">设计洪水流量（m³/s）</td><td colspan="3">断面位置</td><td colspan="2">100 年</td><td>50 年</td><td>20 年</td><td>10 年</td><td></td></tr>
<tr><td colspan="3">土沟乡河叉村</td><td colspan="2">1255</td><td>1093.8</td><td>890.37</td><td colspan="2">729.39</td></tr>
<tr><td>发源地</td><td colspan="3">偏关县南堡子乡上井坪村</td><td colspan="2">水质情况</td><td colspan="4">季节性河流</td></tr>
<tr><td>流经县市名及长度</td><td colspan="9">偏关县 45.2km、河曲县 13.2km。</td></tr>
</table>

<table>
<tr><td rowspan="5">水文情况</td><td>年径流量（万m³）</td><td>4313</td><td>清水流量（m³/s）</td><td colspan="2">2.6</td><td colspan="2">最大洪峰流量（m³/s）</td><td></td></tr>
<tr><td>年均降雨量(mm)</td><td>462.3</td><td>蒸发量（mm）</td><td>1913.7</td><td>植被率（%）</td><td>9</td><td>年输沙量（万t/年）</td><td colspan="2">165.6</td></tr>
<tr><td rowspan="2">水文站</td><td colspan="2">名称</td><td colspan="2">位置</td><td colspan="2">建站时间</td><td colspan="2">控制面积（km²）</td></tr>
<tr><td colspan="2">—</td><td colspan="2"></td><td colspan="2"></td><td colspan="2"></td></tr>
<tr><td>来水来沙情况</td><td colspan="9">侵蚀模数 12000 ~ 15000t/(km²·a)，泥沙级配为砾石类土，大于 2mm 颗粒占粗粒的 50%。细粒含量 <5%，泥沙不均匀系数 CU ≥ 5。曲率系数 Cr=1 ~ 3，为良好级配。</td></tr>
</table>

<table>
<tr><td rowspan="3">社会经济情况</td><td>流经城市（个）</td><td>—</td><td>流经乡镇（个）</td><td colspan="3">4</td><td>流经村庄（个）</td><td colspan="2">25</td></tr>
<tr><td>人口（万人）</td><td>0.259</td><td>耕地（万亩）</td><td colspan="3">3.5</td><td>主要农作物</td><td colspan="2">糜谷、豆类、山药等</td></tr>
<tr><td>主要工矿企业及国民经济总产值</td><td colspan="8">近十年平均粮食总产108.8kg,总收入 178.4 万元，人均年收入 688.64 元。2007 年国民经济总产值1.5 亿元。</td></tr>
</table>

<table>
<tr><td rowspan="6">河道堤防工程</td><td colspan="2">规划长度（km）</td><td colspan="2">3</td><td colspan="3">已治理长度（km）</td><td>已建堤防单线长（km）</td><td>3</td></tr>
<tr><td rowspan="2">堤防位置</td><td>左岸（km）</td><td>右岸（km）</td><td rowspan="2">型式</td><td rowspan="2">级别</td><td colspan="2">标准（年一遇）</td><td rowspan="2">河宽（m）</td><td>保护人口（万人）</td><td>保护村庄（个）</td><td>保护耕地（万亩）</td></tr>
<tr><td></td><td></td><td>设防</td><td>现状</td><td></td><td></td><td></td></tr>
<tr><td>苍黄坪</td><td>0.5</td><td>0.5</td><td>重力式挡土墙</td><td>四</td><td>20</td><td>20</td><td>40</td><td>0.035</td><td>1</td><td>0.03</td></tr>
<tr><td>尚峪</td><td>0.6</td><td>0.5</td><td>重力式挡土墙</td><td>四</td><td>20</td><td>20</td><td>70</td><td>0.028</td><td>1</td><td>0.02</td></tr>
<tr><td>楼沟乡迤西村</td><td>0.5</td><td>0.4</td><td>重力式挡土墙</td><td>四</td><td>20</td><td>20</td><td>35</td><td>0.026</td><td>1</td><td>0.02</td></tr>
</table>

续表 3-7

水库	水库名称	位置	总库容（万m³）	控制面积（km²）	防洪标准(年一遇)		最大泄量（m³/s）	最大坝高（m）	大坝型式
					设计	校核			
	—	—	—	—	—	—	—	—	—

闸坝	闸坝名称	位置	拦河大坝型式	坝长（m）	坝高（m）	坝顶宽（m）	闸孔数量	闸净宽（m）	最大泄量（m³/s）
	—	—	—	—	—	—	—	—	—
	人字闸（处）		淤地坝（座）		5		其中骨干坝（座）		

灌区	灌区名称		灌溉面积（万亩）		河道取水口处数	
	—		—		—	

桥梁	桥梁名	位置	过流量（m³/s）	长度（m）	宽度（m）	孔数	孔高（m）	结构型式
	迤西桥	偏关县楼沟乡迤西村	827.0	40	12	1	15	拱式

其他涉河工程	名称	位置、型式、规模、作用、流量、水质、建成时间等
	水窖	528 眼。
	大口井	11 处。

河道砂石资源及采砂情况	

主要险工段及设障河段简述	

规划工程情况	

续表 3-7

情况说明：

一、河流基本情况

尚峪沟发源于偏关县南堡子乡上井坪村，于河曲县土沟乡黑豆瘪村自北向南汇入县川河。河曲县境内流域面积 53.4km²。海拔高程在 1000m ~ 1400m 之间。

二、流域地形地貌

该流域属黄土丘陵沟壑区，流域沟道双线并行，支沟呈树枝状分布，平均沟壑密度 2.8km／km²，沟壑面积占总面积的 55%，沟谷坡度平均在 45° 以上。本支流河道宽阔，两岸有断续台地出现，台地下切 20m ~ 50m 即为主沟。流域植被稀疏，植物种类单一。乔木林主要有杨树、油松树；灌木有柠条、沙棘；经济林有海红果、山杏；人工草有苜蓿、草木樨。

三、气象与水文

流域属温带大陆季风气候，半干旱凉爽区。特点是冬季寒冷干燥，春季多风少雨，夏季炎热高温，日照丰富，年均风速 1.9m/s，平均大风日数 26d，年最高气温 37℃，最低气温 -30℃，平均气温 6.8℃，年日照时数为 2855.7h。

年内降水分布极不均匀，6 ~ 9 月降水量占全年降水量的 62%，无霜期 110d 左右，属干旱缺水。

流域为季节性河流，无常流水，沟道泉水很少，汛期有较丰富的洪水资源，地下水埋藏较深，开采困难，且分布不均，人畜吃水十分困难，主要靠水窖等蓄积天然雨水。

流域内无水文观测站，用县川河水文资料，泥沙最大含量 917 kg／m³。

四、旱、涝灾害与水土流失

该流域最主要的自然灾害是干旱。其雨季短，旱季长。阵雨偏少，蒸发力强。一般重旱年出现频率为三年一次，干旱年每二年一次，"十年九春旱"。人民温饱问题主要受旱灾威胁。同时，洪灾、冰雹等灾害是流域内的主要自然灾害。

水土流失面积 48.6km²，占流域总面积的 91.3%，年平均侵蚀厚度在 4cm 以上，粒径大于 0.5mm 的粗沙含量在 38.2%。

五、社会经济情况

尚峪沟流域内有乡镇：南堡子乡、尚峪乡、楼沟乡、土沟乡；有村庄：沙坪、夺印、巩家梁、牛草洼、榆立洼、村沟、寨洼、新窑圪洞、上庄、兔坪、铺路、土沟、河岔、王家山等。

流域内人口密度 35.06 人／km²，人口自然增长率 10%，农业人口 2590 人，农业劳动力 984 个。

由于该流域地理位置偏僻，经济条件落后，水保世行项目未划入该区，现已治理面积 1653.3km²，占流失面积的 34%。其中，有基本农田 4662 亩，人均 1.8 亩；林地 1.91 万亩，种草 0.1 万亩，淤地坝 5 座。为了解决人畜吃水困难，该地曾进行了大规模的水窖修筑，蓄积天上降水。

悬沟河基本情况表

表 3-8

<table>
<tr><td rowspan="11">河道基本情况</td><td>河流名称</td><td colspan="2">悬沟河</td><td>河流别名</td><td colspan="2">—</td><td colspan="2">河流代码</td><td></td></tr>
<tr><td>所属流域</td><td>黄河</td><td>水系</td><td>—</td><td>汇入河流</td><td colspan="2">县川河</td><td>河流总长（km）</td><td>28.9</td></tr>
<tr><td>支流名称</td><td colspan="6">狐尾巴沟、打回头沟、东沟，共 3 条。</td><td>流域平均宽（km）</td><td>4.71</td></tr>
<tr><td rowspan="2">流域面积（km²）</td><td>石山区</td><td colspan="2">土石山区</td><td>土山区</td><td>丘陵区</td><td colspan="2">平原区</td><td>流域总面积（km²）</td></tr>
<tr><td>—</td><td colspan="2">—</td><td>—</td><td>137.5</td><td colspan="2">—</td><td>137.5</td></tr>
<tr><td>纵坡（‰）</td><td>—</td><td colspan="2">—</td><td>—</td><td>—</td><td colspan="2">—</td><td>1.28</td></tr>
<tr><td>糙率</td><td>—</td><td colspan="2">—</td><td>—</td><td>—</td><td colspan="2">—</td><td>0.0256 ~ 0.037</td></tr>
<tr><td rowspan="3">设计洪水流量（m³/s）</td><td colspan="3">断面位置</td><td>100 年</td><td>50 年</td><td colspan="2">20 年</td><td>10 年</td></tr>
<tr><td colspan="3">悬沟河出口处</td><td>702.03</td><td>600.9</td><td colspan="2">498.06</td><td>407.96</td></tr>
<tr><td colspan="3"></td><td></td><td></td><td colspan="2"></td><td></td></tr>
<tr><td>发源地</td><td colspan="3">河曲县前川乡桑卜梁村</td><td>水质情况</td><td colspan="4">季节性河流</td></tr>
<tr><td colspan="2" style="border:none"></td></tr>
</table>

<table>
<tr><td rowspan="1"></td><td>流经县市名及长度</td><td colspan="8">河曲县 28.9km。</td></tr>
</table>

<table>
<tr><td rowspan="6">水文情况</td><td>年径流量（万 m³）</td><td colspan="2">384.8</td><td>清水流量（m³/s）</td><td colspan="2"></td><td>最大洪峰流量（m³/s）</td><td colspan="2">702.03</td></tr>
<tr><td>年均降雨量（mm）</td><td>456</td><td>蒸发量（mm）</td><td colspan="2">1805.7</td><td>植被率（%）</td><td>33.2</td><td>年输沙量（万 t/ 年）</td><td>137.3</td></tr>
<tr><td rowspan="2">水文站</td><td colspan="2">名称</td><td colspan="2">位置</td><td colspan="2">建站时间</td><td colspan="2">控制面积（km²）</td></tr>
<tr><td colspan="2">—</td><td colspan="2">—</td><td colspan="2">—</td><td colspan="2">—</td></tr>
<tr><td>来水来沙情况</td><td colspan="8">侵蚀模数 10000 ~ 12000 吨 /(km²·a)，洪水含沙量高，年来沙 136.2 万 t。</td></tr>
</table>

<table>
<tr><td rowspan="3">社会经济情况</td><td>流经城市（个）</td><td colspan="2">—</td><td>流经乡镇（个）</td><td colspan="2">4</td><td>流经村庄（个）</td><td colspan="2">34</td></tr>
<tr><td>人口（万人）</td><td colspan="2">0.697</td><td>耕地（万亩）</td><td colspan="2">8.364</td><td>主要农作物</td><td colspan="2">谷子、豆类、糜黍、土豆、油类</td></tr>
<tr><td>主要工矿企业及国民经济总产值</td><td colspan="8">以农业为主，总产值 3495 万元。</td></tr>
</table>

<table>
<tr><td rowspan="3">河道堤防工程</td><td>规划长度（km）</td><td colspan="3"></td><td colspan="2">已治理长度（km）</td><td colspan="3">已建堤防单线长（km）</td></tr>
<tr><td rowspan="2">堤防位置</td><td>左岸（km）</td><td>右岸（km）</td><td>型式</td><td>级别</td><td>标准（年一遇）
设防 / 现状</td><td>河宽（m）</td><td>保护人口（万人）</td><td>保护村庄（个）</td><td>保护耕地（万亩）</td></tr>
<tr><td></td><td></td><td></td><td></td><td></td><td></td><td></td><td></td><td></td></tr>
</table>

续表 3-8

水库	水库名称	位置	总库容（万m³）	控制面积（km²）	防洪标准（年一遇）		最大泄量（m³/s）	最大坝高（m）	大坝型式
					设计	校核			
	—	—	—	—	—	—	—	—	—

闸坝	闸坝名称	位置	拦河大坝型式	坝长（m）	坝高（m）	坝顶宽（m）	闸孔数量	闸净宽（m）	最大泄量（m³/s）
	—	—	—	—	—	—	—	—	—
	人字闸（处）	—	淤地坝（座）		15		其中骨干坝（座）		11

灌区	灌区名称		灌溉面积（万亩）		河道取水口处数	
	—		—		—	

桥梁	桥梁名	位置	过流量（m³/s）	长度（m）	宽度（m）	孔数	孔高（m）	结构型式
	悬沟中桥	河曲县鹿固乡王寺崾村南300m主沟	611.9	25	8	1	7	浆砌石拱桥
	悬沟桥	悬沟出口		28	8	1	7	浆砌石拱桥

其他涉河工程	名称	位置、型式、规模、作用、流量、水质、建成时间等
	—	—

河道砂石资源及采砂情况	下游出口段有优质石灰石，当地群众开采。

主要险工段及设障河段简述	

规划工程情况	新规划骨干坝剩余 3 座未实施，中型淤地坝 2 座未实施，2009 年全部完工。

情况说明：

一、河流基本情况

悬沟河是县川河的一级支流，发源于河曲县前川乡桑卜梁，于沙坪乡丁家洼村汇入县川河。河底仅宽 10m ~ 15m，平均沟深约 60m。

二、流域地形地貌

流域内水土流失较为严重，河道下切较深，为典型的山区河流。发源地桑卜梁高程 1451m，出口禹庙高程 850m。基本为黄土覆盖，仅在海拔较高的山区出露岩石，为寒武奥陶系灰岩地层，大部分属黄土高原丘陵沟壑区，山峦起伏，沟壑纵横，沟深坡陡，支离破碎，切入深度为 40m ~ 150m。

由于大部分被开垦为农田，自然植被仅残存于部分荒坡和农田沟坡边缘，主要有白草、沙蓬、节节草等耐旱植被，近年人工栽种了柠条、沙棘、杨树，使植被覆盖率由原来 10% ~ 15% 提高到 33.2%。

三、气象与水文

流域地处中纬度，属温带大陆性气候，四季分明。降水量最大 798mm，最小 208mm，相差 3.8 倍。降水年内分配极不均匀，汛期 6 ~ 9 月降雨量占全年总降水量的 75% 以上，而春末夏初的 3 ~ 5 月仅占 10% 左右。年平均气温 4.7 ~ 8.8℃，最冷 1 月份，气温降到 -23℃，最热 7 月份 31℃，春温高于秋温。

悬沟河为季节性河流，流域内大部分区域蒸发量以 6 月、7 月最大，冬季最小。初春有少量消冰水流过，到 4 ~

续表 3-8

6 月断流，7～9 月由暴雨形成洪灾，洪峰过去，支流便干枯。流域内泉水较少，泉水流量 11.9L／s。

该流域无水文观测点。汛期 6～9 月洪水占到全年来水量的 75% 左右，流域水土流失严重，每年向黄河的输沙量 137.3 万 t。

四、旱、涝灾害与水土流失

旱灾是该流域最主要的自然灾害。一般重旱年出现频率为 3 年一次，干旱年每 2 年一次，春旱平均 1.4 年一次。即"十年九春旱"。绝收的年份经常有，人民的温饱问题经常受到威胁。涝灾发生在汛期的 6～9 月，降雨量占到全年降水量的 75%，暴雨发生后，一则毁坏农田，二则破坏水利工程。对淤地坝的损害尤甚，一是冲毁，二是淤积。河曲县悬沟大坝耗资 62.5 万元，投工 230.4 万元，建起仅一年便被大水冲毁，未曾运行便已报毁。

水土流失面积 117.1km²，占总面积的 86%。在无植被的坡地上每年流失表土 0.7cm，给黄河带来了"泥患"，一些村庄、农田被毁，不得已村庄进行搬迁，年流失肥土量 4328t。

五、社会经济情况

该流域内有乡镇：单寨乡、前川乡、鹿固乡、沙坪乡 4 个，有村庄：新窑圪洞、夺印、郑家洼、雨淋梁、前川、阳漫梁、王龙家嘴、前石板沟、后石板沟、单寨、上打回头、下打回头、团峁、神堂峁、蒿梁、百家嘴、范家也、魏家沙坪、许家坡等。共有 1762 个劳力。

该流域土地资源丰富，人均土地 28.5 亩，耕地 12 亩，其特点是坡地多，平地极少，林草覆盖率低。农业发展仅限于种植业，一直处于半封闭状态的小农经济的经营方式，现有耕地占总面积的 35%，人均农业收入 310 元，农民还完全靠天吃饭，温饱问题一直没有解决。该地区花果业尚有规模，是河曲的"大果子"基地。畜牧业发展幅度较大。

六、治理工程

30 年来，为了防止水土流失，国家、群众共同努力，进行了富有成效的水保工作。进行了封山育林，有阴山林场，七星林阴片，后来以户承包治理小流域。到 2001 年完成水土保持面积 3981m²，占流失面积的 34%，建坝 220 座，达到坝地 1600.5 亩，基本农田共 1.49 万亩，人均 2.1 亩，造林 4.203 万亩，种草 2787 亩，近年大量栽植柠条、沙棘，使林草覆盖率大大提高。

1977 年在王寺峁附近干流上建一大坝，不久即冲毁，损失较大。流域内水资源奇缺，人畜吃水困难。

朱家川河基本情况表

表 3-9

河道基本情况	河流名称	朱家川河		河流别名		—			河流代码	
	所属流域	黄河		水系		—	汇入河流	黄河	河流总长（km）	167.6
	支流名称	二道河（清涟河）、鹿角河、泥彩河、东川河，共 4 条							流域平均宽（km）	17.3
	流域面积（km²）	石山区		土石山区		土山区	丘陵区	平原区	流域总面积（km²）	
		—		702.59		—	1826.16	374.52	2903.3	
	纵坡（‰）	—				—			5.02	
	糙率	—				—			7.26	
	设计洪水流量（m³/s）	断面位置				100 年	50 年	20 年	10 年	
						4922.67	4290.71	3492.44	2860.47	
	发源地	管涔山西麓的神池县东湖乡金土梁村、达木河村一带			水质情况					
	流经县市名及长度	神池县 60.6km、五寨县 44.7km、河曲县 21km、保德县 41.3km。								
水文情况	年径流量（万 m³）	4160		清水流量（m³/s）			最大洪峰流量（m³/s）		2420 1967 年 8 月 10 日 保德县后会村	
	年均降雨量（mm）	449.6	蒸发量（mm）	1785 ~ 1930		植被率（%）		年输沙量（万 t/年）	1363	
	水文站	名称		位置			建站时间		控制面积（km²）	
		桥头水文站		保德县桥头村（1979 年前为后会，1988 年前为下流碛，1989 年迁至桥头村）			1958 年		2901	
	来水来沙情况	年侵蚀模数为 9000 ~ 12000t/(km²·a)，最大含沙量 60.4%。是典型的黄河多沙、粗沙严重流失区。								
社会经济情况	流经城市（个）	3		流经乡镇（个）		11		流经村庄（个）	191	
	人口（万人）	18	耕地（万亩）	164		主要农作物		土豆、莜麦、胡麻、糜黍、谷子、杂豆、油料、南瓜、葵花等		
	主要工矿企业及国民经济总产值	神华桥头矸石发电厂。以农业为主。河曲县境内总产值 2644 万元，保德县境内总产值 2494.7 万元，人均产值 818 元。								

续表 3-9

	规划长度（km）		8	已治理长度（km）			3.67	已建堤防单线长（km）		3.67
河道堤防工程	堤防位置	左岸（km）	右岸（km）	型式	级别	标准（年一遇） 设防	标准（年一遇） 现状	河宽（m）	保护人口（万人）	保护村庄（个）	保护耕地（万亩）

河道堤防工程	堤防位置	左岸（km）	右岸（km）	型式	级别	设防	现状	河宽（m）	保护人口（万人）	保护村庄（个）	保护耕地（万亩）
	河曲沙泉乡沙泉村		0.92	砌石堤	五		15				
	河曲沙泉乡朱家川村		0.05	土石混合堤	五		15				
	河曲沙泉乡涧沟村		0.1	砌石堤	五		15				
	河曲沙泉乡涧沟村	0.05		砌石堤	五		15				
	河曲沙泉乡大耳村		0.3	砌石堤	五		15				
	河曲沙泉乡后红崖村		0.5	砌石堤	五		15				
	河曲沙泉乡铺上村		0.4	土石混合堤/钢筋混凝土堤	五		15				
	河曲沙泉乡坡底村		0.56	砌石堤	五		15				
	河曲沙泉乡青阳塔村	0.05		土石混合堤	五		15				
	河曲沙泉乡前红崖村		0.2	砌石堤	五		15				
	河曲沙泉乡芦子坪村		0.1	土石混合堤	五		15				
	河曲沙泉乡东新窑村	0.18		砌石堤	五		15				
	河曲沙泉乡东新窑村		0.26	砌石堤	五		15				

水库	水库名称	位置	总库容（万m³）	控制面积（km²）	防洪标准（年一遇） 设计	防洪标准（年一遇） 校核	最大泄量（m³/s）	最大坝高（m）	大坝型式
	—	—	—	—	—	—	—	—	—

闸坝	闸坝名称	位置	拦河大坝型式	坝长（m）	坝高（m）	坝顶宽（m）	闸孔数量	闸净宽（m）	最大泄量（m³/s）
	—	—	—	—	—	—	—	—	—
	人字闸（处）	—	淤地坝（座）	95		其中骨干坝（座）			65

灌区	灌区名称		灌溉面积（万亩）		河道取水口处数	
	—		—		—	

续表 3-9

	桥梁名	位置	过流量（m³/s）	长度（m）	宽度（m）	孔数	孔高（m）	结构型式
桥梁	寨坡公路桥	河曲县沙泉乡芦子坪		20	5			钢筋砼盖板
	阴塔公路桥	河曲县沙泉乡阴塔村		20	5	1	5	石拱桥
	沙泉桥	河曲县沙泉乡沙泉村		20	5	1	5	石拱桥
	后红崖桥	河曲县沙泉乡后红崖村		30	8	1	6	石拱桥
	普济桥	保德县桥头镇	65.2	10	15	1	4	石拱桥
	前汾桥	保德县桥头镇	70.4	12	10	1	6	石拱桥
	北河岔桥	曹虎	89.6	20	20	1	5	钢筋砼盖板
	尚峪沟桥	尚峪沟	70.9	15	10	1	4	石拱桥

其他涉河工程	名称	位置、型式、规模、作用、流量、水质、建成时间等
	天然气管道	位于五寨县韩家楼和三岔村，1995 年建成。

河道砂石资源及采砂情况	保德县境内有部分多年沉积砂，分部零星，采掘难度大。现在河道管理部门加大执法力度，禁止在此区域内采砂。

主要险工段及设障河段简述	神东煤矿洗煤厂位于朱家川河夏柳青村，紧靠河岸，位置低，三条输送煤及矸石的皮带的栈桥横跨朱家川河，且常有大量弃渣侵占河道，严重影响河道正常行洪。

规划工程情况	计划在下流碛左岸修筑护坝 8km。山西省朱家川河神池县段、河曲县段和保德县段治理建设规划已列入水利部储备项目。 　　神池县段治理范围是达木河至孙家湾，河道治理长度为 86.4km。工程主要建设内容为：修筑河堤 180.12km，河道清淤 99km，护堤生物工程 132km。工程估算总投资 32310 万元。 　　河曲县段治理范围是李家沟—前红崖段、沙泉段，治理河段长度为朱家川河 21km，朱家川河一级支流泥彩河段 12.2km。工程主要建设内容为：新建堤路结合的顺directions砌石堤防 18.5km，护底过路坝 7 条0.36km，新建护坡堤防 5km，清淤 1km。工程估算总投资 7811.70 万元。 　　保德县段治理范围是朱家川河从红花塔入境至花园出口，泥彩河丛岭沟、下流碛至花园段，治理河道长度为朱家川河保德段 41.3km 的主河段与支流泥彩河主河段 0.8km。工程主要建设内容为：清淤清障、疏浚 42.1km，修筑护村、护地、护厂、护岸堤防 17.65km，工程估算总投资 25470 万元。

情况说明：

　　一、河流基本情况

　　朱家川河发源于管涔山西麓的神池县东湖乡金土梁村、达木河村一带，流经五寨县、河曲县，于保德县杨家湾镇花园村附近汇入黄河。河曲县境内流域面积为 216.3km²。河床稳定性较好，为洪汛期季节性河流。朱家川河流域地处晋西北黄土高原，位于东经 111°56′~112°14′，北纬 38°43′~39°18′ 之间。在神池、五寨县境内为上游，河道属河谷型，河床宽浅，纵坡平缓，岸滩开阔。河曲、保德县境内为下游，河道渐变为峡谷型，汛期水流湍急，河道深切，河底基岩出露。

　　二、流域地形地貌

　　流域内均属黄土丘陵沟壑区，山高坡陡、梁峁交错，呈现千沟万壑、支离破碎的地貌景观。

　　保德县境内的纵观地形是东高西低，南高北低，共有大小支毛沟 527 条，其中 41.3km 的 1 条，10km~20km 的

1 条，5km ～ 10km 的 7 条，3km ～ 5km 的 20 条，1km ～ 3km 的 168 条，0.5km ～ 1km 的 330 条，沟道总长度 651.72km，沟壑密度为 2.34km/km^2。

五寨县境内的地形地貌分为四大类型：一是土石山区，位于流域南部，这里地势高亢、重峦叠嶂、谷坡峻峭、沟深坡陡，占全流域面积的 16.6%；二是冲积平原区，位于流域中部，地形平坦、交通方便，是五寨农业种植业精华地带，占全流域面积的 19.1%；三是丘陵缓坡区，位于冲积平原区东西部，以明显的斜势与平原分开，占全流域面积的 19.6%；四是丘陵沟壑区，位于流域西北部，地形支离破碎，千沟万壑，植被稀少，是水土流失重点治理区之一，占全流域面积的 44.7%。

神池县境内植被率为 9.6%，河曲县境内植被率为 6.2%。

三、气象

该流域属温带大陆性气候，四季分明，多风少雨，十年九旱。

保德县境内，多年平均降雨量为 475.9mm，年最高气温 35.7℃，年最低气温 -25.5℃，年平均气温为 8.7℃，全年 ≥ 10℃的积温为 3229.4℃，≥ 0℃的积温为 3836.7℃，年均蒸发量为 2166.5mm，年均日照总时数为 2814.3 小时，年均太阳总辐射量为 141.9 千卡 / 平方厘米，无霜期在 150 天 ～ 179 天左右。

五寨县境内，处于高寒地带，属亚寒带大陆性气候，年平均降水量为 478.3mm，一年中多受季风影响，年平均气温 4.9℃。1 月份最冷，平均气温 -13.3℃。7 月份最热，平均气温 20.1℃，历年极端最低气温 -36.6℃。年平均无霜期 127 天，最大冻土层厚 1.8m，极端最高气温 35.2℃。年平均蒸发量 1784.4mm。

四、社会经济情况

朱家川河流域内有县市：神池县、五寨县、河曲县、保德县；有乡镇：神池县的东湖乡、义井镇、贺职乡，宁武县的新寨乡、三岔镇、韩家楼乡，河曲县的沙泉乡、赵家沟乡，保德县的尧圪台乡、桥头镇、杨家湾镇；有村庄：大尾塔、金家沟、泥彩、葫芦山、水泉、阁老殿、贾家山、魏善坡、赵家沟、白草坡、龙王塔、上杨家庄、火盘、卧牛湾、李家沟、党家也、石也、马家梁、寨坡、红崖也、戏皇、后沟、新窑、洞沟子、高家会、后红崖、阴塔、石沟塔、高坡、坡底、天洼、大耳、芦子坪、前红崖、沙泉、朱家川等。

清涟河基本情况表

表 3-10

河道基本情况	河流名称	清涟河		河流别名		二道河		河流代码	
	所属流域	黄河	水系	—	汇入河流	黄河	河流总长（km）		50
	支流名称	—					流域平均宽（km）		16.7
	流域面积（km²）	石山区	土石山区	土山区	丘陵区		平原区	流域总面积（km²）	
		—	171.2	—	—		684.8	856	
	纵坡（‰）	—		—	—			0.3	
	糙率	—		—	—			0.035	
	设计洪水流量(m³/s)	断面位置		100 年		50 年		20 年	10 年
		五寨县旧堡渡槽				496			
	发源地	五寨县荷叶坪南麓		水质情况			Ⅰ类		
	流经县市名及长度	五寨县 50km。							

水文情况	年径流量（万 m³）	1275.6	清水流量（m³/s）	0.5 ~ 0.4	最大洪峰流量（m³/s）		462	
	年均降雨量（mm）	478.3	蒸发量（mm）	1755	植被率(%)		年输沙量（万 t/年）	127.59
	水文站	名称	位置			建站时间		控制面积（km²）
		—	—			—		—
	来水来沙情况	上游植被很好，水流夹砂较少，河流较稳定，多以砂卵石为基，相应其糙率为0.035。据资料分析清涟河流域水土流失模数为 3000 ~ 5000t/（km²·a）。多年平均年来水量为 1640 万 m³。						

社会经济情况	流经城市（个）	1	流经乡镇（个）	7	流经村庄（个）		42
	人口（万人）	4.7	耕地（万亩）	30.6	主要农作物		小杂粮、豆类、油料、山药、玉米、葵花
	主要工矿企业及国民经济总产值						

河道堤防工程	规划长度（km）	6	已治理长度（km）		8	已建堤防单线长（km）		6		
	堤防位置	左岸（km）	右岸（km）	型式	级别	标准（年一遇）		河宽（m）	保护人口（万人）	保护村庄（个）	保护耕地（万亩）
						设防	现状				
	五寨县前所乡旧堡村—砚城镇中所村	3	3	浆砌石	五	10	10	50	1.9	14	22.8

水库	水库名称	位置	总库容（万 m³）	控制面积（km²）	防洪标准（年一遇）		最大泄量（m³/s）	最大坝高（m）	大坝型式
					设计	校核			
	南峰水库	五寨县前所乡神路沟村	697.3	131	50	300	477.92	40.1	均质碾压土坝

续表 3-10

	闸坝名称	位置	拦河大坝型式	坝长（m）	坝高（m）	坝顶宽（m）	闸孔数量	闸净宽（m）	最大泄量（m^3/s）
闸坝	泄洪闸	南峰水库大坝东端		420	40	6	1	5	462
	检修闸	南峰水库大坝东端		420	40	6	1	5	462
	灌溉闸	南峰水库						0.8	
	人字闸（处）	—	淤地坝（座）		11	其中骨干坝（座）			11

	灌区名称	灌溉面积（万亩）	河道取水口处数
灌区	南峰水利管理处	设计灌溉面积 5，有效灌溉面积 3.2	

	桥梁名	位置	过流量（m^3/s）	长度（m）	宽度（m）	孔数	孔高（m）	结构型式
桥梁	五东公路桥	五寨县前所乡旧堡村	368	48	12	8	4	混凝土
	阳岢公路桥	五寨县城关镇	368	48	12	4	4	混凝土
	铁路桥	东关村	345	45	6	3	4	混凝土
	五三公路桥	五寨县胡会乡石咀头村	205	20	12	4	4	混凝土

	名称	位置、型式、规模、作用、流量、水质、建成时间等
其他涉河工程	天然气管道	位于三岔村和韩家楼乡。
	通讯光缆	位于旧堡村和三岔镇。

河道砂石资源及采砂情况	砂源基本枯竭，三孔桥上游为禁采区，下游段只有部分零星浮采，无规模性采砂活动。
主要险工段及设障河段简述	高庙段遇大洪水会危及东护岸、西干渠 300 余米和 2000 余亩耕地。
规划工程情况	高庙段东护岸 300 余米修复加固。山西省五寨县清涟河治理建设规划已列入水利部储备项目。清涟河治理的范围是南峰水库至三岔镇小刘家湾村的清涟河河口。规划河道整治长度 54km，治理工程主要建设内容是：旧坝加固 7.297km；新建（重建）浆砌石堤防、护岸 12.448km；新建生物坝（土坝）21.656 km；河道疏浚 6.80km。需完成土石方 185.3 万 m^3，工程估算总投资 10683.68 万元，其中，国家补助 8546.94 万元，市、县财政自筹 2136.74 万元。

情况说明：

一、河流基本情况

清涟河为长流水，至五寨县山口旧堡村进入五寨盆地，分为清涟河和岐道河 2 条河流，岐道河至前所乡广益渠，清涟河下游渐变为季节性河流，流经砚城、前所、胡会、小河头、新寨 5 个乡镇，至三岔镇小刘家湾村汇入朱家川河。该河纵贯南部山地和中部平川。流域形状系数为 0.334，河道平均宽 50m。

二、流域地形地貌

清涟河流域主要为冲积平原区和土石山区两种类型，其中土石山区位于东南部，这里地势高亢，沟深坡陡。约占流域面积的 20%；冲积平原区，位于五寨县中部，这里地形平坦，是五寨县种植业的精华之地。

续表 3-10

全流域地貌主要分为三种类型：冲积平原分布于二道河河谷平原；河缓丘台地分布于清涟河谷地两侧，以明显斜坡与河谷平原分开；花岗岩陡峻高山分布于县城东南部，山体主要由花岗岩组成。

流域大部分地区植被稀少，是水土流失重点治理区之一。

三、气象与水文

总的降雨特点是年际间降雨量差异悬殊较大，年内分布不均，在冬春降水极少，有时冬春数月无降水，春旱频繁，年际降水丰枯交错，旱多丰少。

流域内年平均气温 4.9℃，1 月份最冷，平均气温 -13.3℃，7 月份最热，平均气温 20.1℃。历年极端最低气温 -36.6℃，极端最高气温 35.2℃。平均无霜期 127 天，≥10℃的积温平均 2452.3 小时。

四、社会经济情况

清涟河流域内有县市：五寨县；有乡镇：城关镇、前所乡、胡会乡、小河头镇、新寨乡、三岔镇、韩家楼乡；有村庄：旧堡村、东关村、城内村、大胡会、小胡会、中所村、前所村、小河头村、马军营村、旧寨村、刘家湾村、周家村、丈子头村等。农业人口 4.7 万人，耕地 30.6 万亩。

五、涉河工程

清涟河上的主要水利工程是南峰水库，该水库以灌溉为主，结合防洪、养鱼综合利用的工程。水库清水流量为 0.15 ~ 0.4m³/s。灌溉兴利库容 441 万 m³，防洪库容 274 万 m³，重复利用库容 71 万 m³。有效灌溉面积 3.2 万亩。20 世纪 70 ~ 80 年代兴建的浆砌石护岸，近年来老化失修，破损严重，急需加固，否则将影响县城及沿河居民的生命财产安全。

流域内有 11 座骨干坝，同时配机修梯田，沟头防护、植树、种草等水保治理力度加大，效果明显。

鹿角河基本情况表

表 3-11

<table>
<tr><td rowspan="12">河道基本情况</td><td>河流名称</td><td>鹿角河</td><td colspan="2">河流别名</td><td colspan="2">—</td><td colspan="2">河流代码</td><td></td></tr>
<tr><td>所属流域</td><td>黄河</td><td colspan="2">水系</td><td>—</td><td>汇入河流</td><td colspan="2">朱家川河</td><td>河流总长（km）</td><td>36.7</td></tr>
<tr><td>支流名称</td><td colspan="7">—</td><td>流域平均宽（km）</td><td>8.1</td></tr>
<tr><td rowspan="2">流域面积（km²）</td><td>石山区</td><td colspan="2">土石山区</td><td>土山区</td><td>丘陵区</td><td colspan="2">平原区</td><td colspan="2">流域总面积（km²）</td></tr>
<tr><td>—</td><td colspan="2">—</td><td>—</td><td>354.04</td><td colspan="2">—</td><td colspan="2">354.04</td></tr>
<tr><td>纵坡（‰）</td><td>—</td><td colspan="2">—</td><td>—</td><td colspan="3"></td><td colspan="2">0.88</td></tr>
<tr><td>糙率</td><td>—</td><td colspan="2">—</td><td>—</td><td colspan="3"></td><td colspan="2">0.03 ~ 0.04</td></tr>
<tr><td rowspan="2">设计洪水流量（m³/s）</td><td colspan="3">断面位置</td><td colspan="3">100 年</td><td>50 年</td><td>20 年</td><td>10 年</td></tr>
<tr><td colspan="3">下鹿角村</td><td colspan="3"></td><td></td><td></td><td>15</td></tr>
<tr><td>发源地</td><td colspan="3">五寨县梁家坪乡蔡家焉村</td><td colspan="3">水质情况</td><td colspan="3">Ⅰ类</td></tr>
<tr><td>流经县市名及长度</td><td colspan="9">五寨县 36.7km。</td></tr>
<tr><td></td><td colspan="9"></td></tr>
</table>

<table>
<tr><td rowspan="6">水文情况</td><td>年径流量（万 m³）</td><td>259</td><td>清水流量(m³/s)</td><td colspan="2">0.009</td><td colspan="2">最大洪峰流量（m³/s）</td><td colspan="2">15
1994 年，下鹿角村</td></tr>
<tr><td>年均降雨量（mm）</td><td>478.3</td><td>蒸发量（mm）</td><td>1784.4</td><td>植被率（%）</td><td>稀少</td><td colspan="2">年输沙量（万 t/ 年）</td><td></td></tr>
<tr><td rowspan="2">水文站</td><td colspan="2">名称</td><td colspan="3">位置</td><td colspan="2">建站时间</td><td>控制面积（km²）</td></tr>
<tr><td colspan="2">—</td><td colspan="3">—</td><td colspan="2">—</td><td>—</td></tr>
<tr><td>来水来沙情况</td><td colspan="8"></td></tr>
</table>

<table>
<tr><td rowspan="3">社会经济情况</td><td>流经城市（个）</td><td>—</td><td colspan="2">流经乡镇（个）</td><td colspan="2">2</td><td colspan="2">流经村庄（个）</td><td>16</td></tr>
<tr><td>人口（万人）</td><td>0.65</td><td>耕地（万亩）</td><td colspan="2">5.2</td><td colspan="2">主要农作物</td><td colspan="2">玉米、葵花、山药</td></tr>
<tr><td>主要工矿企业及国民经济总产值</td><td colspan="9"></td></tr>
</table>

<table>
<tr><td rowspan="3">河道堤防工程</td><td>规划长度（km）</td><td>—</td><td colspan="2">已治理长度（km）</td><td colspan="2">—</td><td colspan="2">已建堤防单线长（km）</td><td>—</td></tr>
<tr><td rowspan="2">堤防位置</td><td>左岸（km）</td><td>右岸（km）</td><td>型式</td><td>级别</td><td colspan="2">标准（年一遇）</td><td>河宽（m）</td><td>保护人口（万人）</td><td>保护村庄（个）</td><td>保护耕地（万亩）</td></tr>
<tr><td></td><td></td><td></td><td></td><td>设防</td><td>现状</td><td></td><td></td><td></td><td></td></tr>
<tr><td></td><td>—</td><td></td><td></td><td></td><td></td><td></td><td></td><td></td><td></td><td></td></tr>
</table>

<table>
<tr><td rowspan="3">水库</td><td rowspan="2">水库名称</td><td rowspan="2">位置</td><td rowspan="2">总库容（万 m³）</td><td rowspan="2">控制面积（km²）</td><td colspan="2">防洪标准（年一遇）</td><td rowspan="2">最大泄量（m³/s）</td><td rowspan="2">最大坝高（m）</td><td rowspan="2">大坝型式</td></tr>
<tr><td>设计</td><td>校核</td></tr>
<tr><td>白草庄水库</td><td>五寨县东秀庄乡白草庄村附近</td><td>840</td><td>45</td><td>50</td><td>500</td><td>62.78</td><td>23.72</td><td>均质人工夯实土坝</td></tr>
</table>

续表 3-11

闸坝	闸坝名称	位置	拦河大坝型式	坝长（m）	坝高（m）	坝顶宽（m）	闸孔数量	闸净宽（m）	最大泄量（m³/s）
	—	—	—	—	—	—	—	—	—
	人字闸（处）	—		淤地坝（座）	6		其中骨干坝（座）		6

灌区	灌区名称		灌溉面积（万亩）			河道取水口处数	

桥梁	桥梁名	位置	过流量（m³/s）	长度（m）	宽度（m）	孔数	孔高（m）	结构型式
	—	—	—	—	—	—	—	—

其他涉河工程	名称	位置、型式、规模、作用、流量、水质、建成时间等
	—	—

河道砂石资源及采砂情况	鹿角河流域内无砂石资源。

主要险工段及设障河段简述	鹿角河流域内无险工险段及设障河段。

规划工程情况	鹿角河流域内无规划工程。

情况说明：

一、河流基本情况

鹿角河经杏岭子乡，至韩家楼乡固城村汇入朱家川河，流域形状系数为 0.22。

二、流域地形地貌

流域内的地形地貌为丘陵沟壑区，这里地形支离破碎，千沟万壑，植被稀少，是水土流失重点治理区之一。

三、气象与水文

流域内年平均降水量春季为 65.2mm（占 22.4%），夏季为 294mm（占 61.1%），冬季为 11mm（占 2.3%），且年内分配差异较大，主要集中在 6～9 月份，常出现暴雨天气。流域内年平均气温约 5℃，1 月份最冷，平均气温为 -13.3℃，7 月份最热，平均气温为 20.1℃，历年极端最低气温 -36.6℃，极端最高气温 35.2℃，平均无霜期 127d，年平均蒸发量为 1784.4mm，大于 10℃的积温平均为 2452.3h。

鹿角河多年平均年径流量为 259 万 m³。

四、旱、涝灾害与水土流失

全流域内最大的自然灾害是干旱，出现频率高，影响面广，农业产量下降明显，均约两年一遇，多数年份连续荒旱。涝灾对于流域的危害仅次于旱灾，主要因年内降雨量分布不均，雨量较集中，致使地表径流量集中排泄，加之流域内地貌沟壑纵横，支离破碎，植被稀少，滥垦滥伐等因素，形成一降大暴雨就发生山洪，造成水土流失严重，水毁破坏性极大。流域内风沙大，自然条件恶劣，加上洪灾等侵蚀，是水保重点治理区之一。

五、社会经济情况

鹿角河流域内有乡镇：杏子岭乡、东秀庄乡；有村庄：蔡家焉村、碾子嘴村、王满庄村、安家坪村、汶子坪、下关村、西坪村、西坪沟村、麻坪村、官嘴村、上鹿角村、崖窑村、白家沟村、下鹿角村、田家坡村、阳宅村等。农业生产属广种薄收，掠夺性经营，亩产低而不稳，仅徘徊在百十斤左右。

六、涉河工程

鹿角河流域内主要水利工程为白草庄水库，白草庄水库是一座以防洪为主，结合养鱼、灌溉综合利用的水库。目前白草庄水库只有养鱼业效益，将来在白草庄水库还可实行提水灌溉，它的灌溉效益有较大的开发潜力。流域内兴建骨干坝、淤地坝 6 座，同时配以机修梯田、植被、种草等措施，治理达 20%。

泥彩河基本情况表

表 3-12

<table>
<tr><td rowspan="12">河道基本情况</td><td>河流名称</td><td>泥彩河</td><td>河流别名</td><td colspan="2">曹虎河</td><td colspan="2">河流代码</td><td colspan="2"></td></tr>
<tr><td>所属流域</td><td>黄河</td><td>水系</td><td>—</td><td>汇入河流</td><td>朱家川河</td><td>河流总长（km）</td><td colspan="2">36</td></tr>
<tr><td>支流名称</td><td colspan="5">马家河，共 1 条。</td><td>流域平均宽（km）</td><td colspan="2">4.88</td></tr>
<tr><td rowspan="3">流域面积（km²）</td><td>石山区</td><td colspan="2">土石山区</td><td>土山区</td><td>丘陵区</td><td>平原区</td><td colspan="2">流域总面积（km²）</td></tr>
<tr><td>—</td><td colspan="2">—</td><td>—</td><td>443.55</td><td>—</td><td colspan="2">443.55</td></tr>
<tr><td rowspan="2" colspan="9"></td></tr>
<tr><td>纵坡（‰）</td><td>—</td><td colspan="2">—</td><td>—</td><td colspan="2">—</td><td colspan="2">7.1 ~ 15.2</td></tr>
<tr><td>糙率</td><td>—</td><td colspan="2">—</td><td>—</td><td colspan="2">—</td><td colspan="2">0.0111 ~ 0.0455</td></tr>
<tr><td rowspan="2">设计洪水流量 (m³/s)</td><td colspan="3">断面位置</td><td colspan="2">100 年</td><td>50 年</td><td>20 年</td><td>10 年</td></tr>
<tr><td colspan="3"></td><td colspan="2">831.98</td><td>725.17</td><td>590.26</td><td>483.45</td></tr>
<tr><td>发源地</td><td colspan="3">岢岚县李家沟乡之山岭洼</td><td colspan="2">水质情况</td><td colspan="3">无地表水</td></tr>
<tr><td>流经县市名及长度</td><td colspan="8">岢岚县 19.84km、河曲县 12.2km、保德县 5.8km。</td></tr>

<tr><td rowspan="6">水文情况</td><td>年径流量（万 m³）</td><td colspan="2">480</td><td>清水流量（m³/s）</td><td colspan="2">—</td><td>最大洪峰流量（m³/s）</td><td colspan="2">831.98</td></tr>
<tr><td>年均降雨量（mm）</td><td colspan="2">420 ~ 475.9</td><td>蒸发量（mm）</td><td colspan="2">1785 ~ 2166.5</td><td>植被率（%）</td><td>年输沙量（万 t/ 年）</td><td>194.31</td></tr>
<tr><td rowspan="2">水文站</td><td colspan="3">名称</td><td colspan="2">位置</td><td colspan="2">建站时间</td><td>控制面积（km²）</td></tr>
<tr><td colspan="3">—</td><td colspan="2">—</td><td colspan="2">—</td><td>—</td></tr>
<tr><td>来水来沙情况</td><td colspan="8">年侵蚀模数 10000 万 t/(km²·a)，年输沙量 194.31 万 t，洪水含沙量 26.6%。</td></tr>
<tr><td colspan="9"></td></tr>

<tr><td rowspan="3">社会经济情况</td><td>流经城市（个）</td><td colspan="2">—</td><td>流经乡镇（个）</td><td colspan="2">4</td><td>流经村庄（个）</td><td colspan="2">31</td></tr>
<tr><td>人口（万人）</td><td colspan="2">0.8</td><td>耕地（万亩）</td><td colspan="2">5.2</td><td>主要农作物</td><td colspan="2">以玉米、莜麦、葵花、豆类、胡麻为主，山药、糜谷、蔬菜次之。</td></tr>
<tr><td>主要工矿企业及国民经济总产值</td><td colspan="8">石灰岩为流域内的主要资源，无工矿企业。以农业为主，总产值为 307.16 万元。</td></tr>

<tr><td rowspan="7">河道堤防工程</td><td>规划长度（km）</td><td colspan="2">0.5</td><td>已治理长度（km）</td><td colspan="2">0.25</td><td>已建堤防单线长（km）</td><td colspan="2">0.25</td></tr>
<tr><td rowspan="2">堤防位置</td><td>左岸（km）</td><td>右岸（km）</td><td rowspan="2">型式</td><td rowspan="2">级别</td><td colspan="2">标准（年一遇）</td><td rowspan="2">河宽（m）</td><td>保护人口（万人）</td><td>保护村庄（个）</td><td>保护耕地（万亩）</td></tr>
<tr><td></td><td></td><td>设防</td><td>现状</td><td></td><td></td><td></td></tr>
<tr><td>岢岚县段</td><td>0.03</td><td>0.07</td><td>浆砌石</td><td></td><td>10 ~ 20</td><td>10</td><td>10</td><td>0.15</td><td>3</td><td>0.05</td></tr>
<tr><td>河曲县赵家沟乡前泥彩村</td><td>0.1</td><td></td><td>钢筋混凝土防洪墙</td><td>五</td><td></td><td>15</td><td></td><td></td><td></td><td></td></tr>
<tr><td>河曲县赵家沟乡中泥彩村</td><td>0.05</td><td></td><td>土石混合堤</td><td>五</td><td></td><td>15</td><td></td><td></td><td></td><td></td></tr>
</table>

续表 3-12

水库	水库名称	位置	总库容（万 m³）	控制面积（km²）	防洪标准（年一遇）		最大泄量（m³/s）	最大坝高（m）	大坝型式
					设计	校核			
	—	—	—	—	—	—	—	—	—

闸坝	闸坝名称	位置	拦河大坝型式	坝长（m）	坝高（m）	坝顶宽（m）	闸孔数量	闸净宽（m）	最大泄量（m³/s）
	—	—	—	—	—	—	—	—	—
	人字闸（处）	—	淤地坝（座）	1			其中骨干坝（座）		2

灌区	灌区名称	灌溉面积（万亩）	河道取水口处数
	—	—	—

桥梁	桥梁名	位置	过流量（m³/s）	长度（m）	宽度（m）	孔数	孔高（m）	结构型式
	—	—	—	—	—	—	—	—

其他涉河工程	名称	位置、型式、规模、作用、流量、水质、建成时间等
	水窖	保德县境内有 500 眼。

河道砂石资源及采砂情况	泥彩河流域无砂石资源。

主要险工段及设障河段简述	泥彩河岢岚县段 4 个行政村 5 个自然村均需要防护，保德县段无险工险段及设障河段。

规划工程情况	岢岚县段规划修筑浆砌石护村坝 0.5km。

情况说明：

一、河流基本情况

泥彩河从暖泉湾出岢岚县境，流经河曲县赵家沟乡的泥彩、金家沟、大尾塔村，在窑洼乡买子山村入保德县境，由东向西流经保德县窑洼乡的买子山、孙家峁，于窑洼村有支流马家河注入，经曹虎村、官地坪村在桥头镇石棱湾村汇入朱家川河。岢岚境内河道比降为 7.1‰。流长为 18km，河床糙率为 0.025，主槽宽 10m～20m，漫滩宽 20m，阶地宽 30m 左右。河曲境内河流为洪汛期的季节性河流，流向为偏东南向西，沟道长 12.2km，河道比降 14.7‰，河床糙率 0.0313～0.0455。保德境内主河道入境处海拔高程为 1161.3m，主河道平均比降为 15.2‰。

该河道比较顺直，主槽稳定，河床为卵石，平整，河槽较宽浅，河床糙率系数在 0.0111～0.0294 之间。

二、流域地形地貌

泥彩河属黄土丘陵沟壑区，为高原丘陵地貌，地势东高西低，沟壑纵横，梁峁交错，植被稀少。

三、气象与水文

流域属温带大陆性气候。最高气温为 35.7℃，最低气温为 -28.7℃。河曲境内多年平均降水量为 420mm，蒸发量为 1785m～1930mm 之间。保德境内多年平均降水量为 475.9mm，年均蒸发量为 2166.5mm，无霜期在 150～179d 之间。岢岚境内多年平均降水量为 450mm，多年平均蒸发量为 1959.8mm。

泥彩河多年平均天然年径流量为 480 万 m³。泥彩河在岢岚县境内最大洪峰流量为 330m³/s，河曲县境内最大洪峰流量为 831.98m³/s。

四、旱、涝灾害与水土流失

泥彩河流域最主要的自然灾害是旱灾。特别是春旱、伏旱更为频繁。流域植被稀少，水土流失十分严重。河曲境内土壤侵蚀模数为 11000t／(km²·a)，主要为面蚀和沟蚀。保德境内土壤侵蚀模数为 10000t／(km²·a)，流域治理面积达 2781 亩。

五、社会经济情况

泥彩河流域内有乡镇：李家沟乡、赵家沟乡、窑洼乡、桥头镇；有村庄：暖泉湾、大尾塔村、买子山、孙家峁、曹虎村、官地坪村、石棱湾村、金家沟、泥彩、葫芦山、水泉、阁老殿、樊家洼、范家塔、石塔、石佛河村等。

马家河基本情况表

表 3-13

<table>
<tr><td rowspan="9">河道基本情况</td><td colspan="2">河流名称</td><td>马家河</td><td>河流别名</td><td colspan="3">—</td><td colspan="2">河流代码</td><td colspan="2"></td></tr>
<tr><td colspan="2">所属流域</td><td>黄河</td><td>水系</td><td>—</td><td>汇入河流</td><td colspan="2">泥彩河</td><td colspan="2">河流总长（km）</td><td>43.3</td></tr>
<tr><td colspan="2">支流名称</td><td colspan="6">—</td><td colspan="2">流域平均宽（km）</td><td>5.2</td></tr>
<tr><td colspan="2" rowspan="2">流域面积
（km²）</td><td>石山区</td><td>土石山区</td><td>土山区</td><td colspan="2">丘陵区</td><td>平原区</td><td colspan="3">流域总面积（km²）</td></tr>
<tr><td>—</td><td>—</td><td>—</td><td colspan="2">224.68</td><td>—</td><td colspan="3">224.68</td></tr>
<tr><td colspan="2">纵坡（‰）</td><td>—</td><td>—</td><td>—</td><td colspan="2">8.3～12.5</td><td>—</td><td colspan="3">8.3～12.5</td></tr>
<tr><td colspan="2">糙率</td><td>—</td><td>—</td><td>—</td><td colspan="2">0.0111～0.0294</td><td>—</td><td colspan="3">0.0111～0.0294</td></tr>
<tr><td colspan="2" rowspan="2">设计洪水流量
（m³/s）</td><td colspan="3">断面位置</td><td colspan="2">100 年</td><td>50 年</td><td colspan="2">20 年</td><td>10 年</td></tr>
<tr><td colspan="3">岢岚出境处</td><td colspan="2"></td><td>681.59</td><td colspan="2">477.11</td><td></td></tr>
</table>

<table>
<tr><td rowspan="2">河道基本情况</td><td>发源地</td><td colspan="2">岢岚县西豹峪乡上西沟</td><td>水质情况</td><td colspan="3">无地表水</td></tr>
<tr><td>流经县市名及长度</td><td colspan="6">岢岚县23.09km、保德县20.21km。</td></tr>
</table>

<table>
<tr><td rowspan="6">水文情况</td><td>年径流量
（万m³）</td><td>323.73</td><td>清水流量（m³/s）</td><td colspan="2">—</td><td>最大洪峰流量（m³/s）</td><td colspan="2">330</td></tr>
<tr><td>年均降雨量（mm）</td><td>450～475.9</td><td>蒸发量（mm）</td><td colspan="2">1959.8～2166.5</td><td>植被率（%）</td><td>年输沙量
（万t/年）</td><td>108～115.1</td></tr>
<tr><td rowspan="2">水文站</td><td>名称</td><td colspan="3">位置</td><td colspan="2">建站时间</td><td>控制面积
（km²）</td></tr>
<tr><td>—</td><td colspan="3">—</td><td colspan="2">—</td><td>—</td></tr>
<tr><td>来水来沙情况</td><td colspan="7">年侵蚀模数为10000t/(km².a)，悬移质输沙量全部来自汛期。</td></tr>
</table>

<table>
<tr><td rowspan="3">社会经济情况</td><td>流经城市（个）</td><td>—</td><td>流经乡镇（个）</td><td>4</td><td>流经村庄（个）</td><td>48</td></tr>
<tr><td>人口（万人）</td><td>0.95</td><td>耕地（万亩）</td><td>1.49</td><td>主要农作物</td><td>以玉米、莜麦、葵花、豆类、胡麻为主，山药、糜谷、蔬菜次之。</td></tr>
<tr><td>主要工矿企业及国民经济总产值</td><td colspan="5">主要矿产资源为石灰岩、煤、铁、铝矾土，国民经济总产值为265.2万元，人均产值为521元。马家河流域岢岚县段无工矿企业。</td></tr>
</table>

<table>
<tr><td rowspan="4">河道堤防工程</td><td colspan="3">规划长度（km）</td><td>1</td><td colspan="3">已治理长度（km）</td><td colspan="2">已建堤防单线长（km）</td><td>2.1</td></tr>
<tr><td rowspan="2">堤防位置</td><td>左岸（km）</td><td>右岸（km）</td><td rowspan="2">型式</td><td rowspan="2">级别</td><td colspan="2">标准（年一遇）</td><td>河宽（m）</td><td>保护人口（万人）</td><td>保护村庄（个）</td><td>保护耕地（万亩）</td></tr>
<tr><td></td><td></td><td>设防</td><td>现状</td><td></td><td></td><td></td><td></td></tr>
<tr><td>岢岚县西山段</td><td>1.8</td><td></td><td></td><td></td><td>20～30</td><td></td><td>20</td><td>0.55</td><td>48</td><td>0.1</td></tr>
</table>

<table>
<tr><td>马家河岢岚县段</td><td></td><td>0.3</td><td>浆砌石</td><td></td><td>10～20</td><td>10</td><td>20</td><td>0.06</td><td>2</td><td>0.1</td></tr>
</table>

<table>
<tr><td rowspan="3">水库</td><td rowspan="2">水库名称</td><td rowspan="2">位置</td><td rowspan="2">总库容
（万m³）</td><td rowspan="2">控制面积
（km²）</td><td colspan="2">防洪标准
（年一遇）</td><td rowspan="2">最大泄量
（m³/s）</td><td rowspan="2">最大坝高
（m）</td><td rowspan="2">大坝型式</td></tr>
<tr><td>设计</td><td>校核</td></tr>
<tr><td>—</td><td>—</td><td>—</td><td>—</td><td>—</td><td>—</td><td>—</td><td>—</td><td>—</td></tr>
</table>

续表 3-13

闸坝	闸坝名称	位置	拦河大坝型式	坝长(m)	坝高(m)	坝顶宽(m)	闸孔数量	闸净宽(m)	最大泄量（m³/s）
	—	—	—	—	—	—	—	—	—
	人字闸（处）	—	淤地坝（座）		36		其中骨干坝（座）		6

灌区	灌区名称	灌溉面积（万亩）	河道取水口处数
	—	—	—

桥梁	桥梁名	位置	过流量（m³/s）	长度（m）	宽度（m）	孔数	孔高（m）	结构型式
	—	—	—	—	—	—	—	—

其他涉河工程	名称	位置、型式、规模、作用、流量、水质、建成时间等
	深井	2 眼，位于保德县境内
	水窖	保德县境内有 1000 眼。
	流域综合治理工程	位于保德县王家庄村。

河道砂石资源及采砂情况	马家河保德县段、岢岚县段无砂石资源。

主要险工段及设障河段简述	马家河保德县段无险工险段和设障河段，岢岚县段甘钦、马家河、沙塔新村需防护。

规划工程情况	马家河保德县段无规划工程，岢岚县段浆砌石护村护地坝 1000m。

情况说明：

一、河流基本情况

马家河地处晋西北黄土高原，地理位置位于东经 111°23′~111°28′，北纬 38°45′~38°58′。马家河流经岢岚县西部的马家河村、官道底村、维塔村、沙塔村，于新舍窠村进入保德县，于窨洼乡注入泥彩河。岢岚境内平均宽度 5km，境内流长 31km。保德县境内流域面积为 108km²，无清水流量。为季节性河流，河床为砂卵石、石灰岩，基本稳定，属蜿蜒型河流。主槽宽 10m~20m，漫滩很少，阶地宽 20m 左右。保德境内主河道入境处新舍窠河底海拔高程为 1150m，主河道平均比降为 12.5‰。该河道比较顺直，主槽稳定，河床为卵石，平整，河槽较宽浅。

二、流域地形地貌

马家河属黄河中游黄土丘陵沟壑区，山高坡陡、梁峁交错，地势东高西低。

三、气象与水文

流域属温带大陆性气候，四季分明。最高气温为 35.7℃，最低气温为 -28.7℃。保德境内多年平均降水量为 475.9mm，年均蒸发量为 2166.5mm，年平均气温为 8.7℃，无霜期在 150d~179d 之间。岢岚境内多年平均降水量 450mm，年际变化在 200mm~500mm 之间，多年平均蒸发量 1959.8mm。

保德县境内年径流量为 270 万 m³，年输沙量为 108 万 t。岢岚境内平均径流模数为 1.87 万 m³/s·km²，多年平均径流量 323.73 万 m³，悬移质多年平均土壤侵蚀模数 6647t/（km²·a），悬移质多年平均输沙量 115.1 万 t，全部来自汛期。

四、旱、涝灾害与水土流失

马家河流域基本上以旱年为主，特别是春旱、伏旱更为频繁，干旱、霜冻、冰雹是主要灾害性天气。植被稀少，水土流失严重。

五、社会经济情况

马家河流域内有乡镇：西豹峪乡、水峪贯乡、窨洼乡；有村庄：甘钦、马家河、官道底、豹峪沟、沙塔、水峪贯村、神官湾村、窨洼村等 48 个。

六、水资源开发利用

保德县完成了王家庄流域综合治理工程、贺家山万亩林场工程。截至 2000 年底，初治面积达到 1.8 万亩，治理度达到 11.12%。兴建骨干淤地坝 3 座，普通淤地坝 33 座，做水窖 1000 眼，打深井 1 眼。岢岚县建成水保治沟骨干坝 3 座，坝控面积 16.3km²。

小河沟河基本情况表

表 3-14

<table>
<tr><td rowspan="12">河道基本情况</td><td>河流名称</td><td colspan="2">小河沟河</td><td colspan="2">河流别名</td><td colspan="2">—</td><td colspan="2">河流代码</td><td colspan="3"></td></tr>
<tr><td>所属流域</td><td>黄河</td><td>水系</td><td colspan="2">—</td><td>汇入河流</td><td colspan="2">黄河</td><td colspan="2">河流总长（km）</td><td colspan="2">36.5</td></tr>
<tr><td>支流名称</td><td colspan="6"></td><td colspan="2">流域平均宽（km）</td><td colspan="2">4.6</td></tr>
<tr><td rowspan="3">流域面积（km²）</td><td colspan="2">石山区</td><td>土石山区</td><td colspan="2">土山区</td><td colspan="2">丘陵区</td><td>平原区</td><td colspan="2">流域总面积（km²）</td></tr>
<tr><td colspan="2">—</td><td>—</td><td colspan="2">—</td><td colspan="2">166.53</td><td>—</td><td colspan="2">166.53</td></tr>
<tr><td></td><td></td><td></td><td></td><td></td><td></td><td></td><td></td><td></td><td></td></tr>
<tr><td>纵坡(‰)</td><td colspan="2">—</td><td>—</td><td colspan="2">—</td><td colspan="2">17.19</td><td>—</td><td colspan="2">17.19</td></tr>
<tr><td>糙率</td><td colspan="2">—</td><td>—</td><td colspan="2">—</td><td colspan="2">0.0145～0.037</td><td>—</td><td colspan="2">0.0145～0.037</td></tr>
<tr><td rowspan="3">设计洪水流量（m³/s）</td><td colspan="3">断面位置</td><td colspan="2">100 年</td><td colspan="2">50 年</td><td>20 年</td><td colspan="2">10 年</td></tr>
<tr><td colspan="3"></td><td colspan="2"></td><td colspan="2">655.61</td><td>522.59</td><td colspan="2">420. 45</td></tr>
<tr><td colspan="3"></td><td colspan="2"></td><td colspan="2"></td><td></td><td colspan="2"></td></tr>
<tr><td>发源地</td><td colspan="3">岢岚县水峪贯乡寨子村白龙殿</td><td colspan="2">水质情况</td><td colspan="5">无地表水</td></tr>
<tr><td colspan="2">流经县市名及长度</td><td colspan="10">岢岚县 11.71km、保德县 24.79km。</td></tr>
</table>

<table>
<tr><td rowspan="6">水文情况</td><td>年径流量（万m³）</td><td>249.2</td><td>清水流量（m³/s）</td><td colspan="2">—</td><td colspan="2">最大洪峰流量（m³/s）</td><td colspan="2">1200</td></tr>
<tr><td>年均降雨量(mm)</td><td>434～475.9</td><td>蒸发量（mm）</td><td>2107.6～2166.5</td><td>植被率（%）</td><td></td><td colspan="2">年输沙量（万 t/ 年）</td><td>99.67</td></tr>
<tr><td rowspan="2">水文站</td><td>名称</td><td colspan="3">位置</td><td colspan="3">建站时间</td><td>控制面积(km²)</td></tr>
<tr><td>—</td><td colspan="3">—</td><td colspan="3">—</td><td>—</td></tr>
<tr><td colspan="2">来水来沙情况</td><td colspan="8">降雨集中在每年的 7 月、8 月、9 个 3 个月内，年侵蚀模数为 10000t/（km²·a）。</td></tr>
</table>

<table>
<tr><td rowspan="3">社会经济情况</td><td>流经城市（个）</td><td colspan="2">—</td><td>流经乡镇（个）</td><td colspan="2">3</td><td>流经村庄（个）</td><td colspan="3">45</td></tr>
<tr><td>人口（万人）</td><td colspan="2">0.83</td><td>耕地（万亩）</td><td colspan="2">6.11</td><td>主要农作物</td><td colspan="3">土豆、莜麦、荞麦、黑豆、糜子</td></tr>
<tr><td colspan="2">主要工矿企业及国民经济总产值</td><td colspan="8">有煤炭、石灰石、铝土矿、铁矿等，还有优质矿泉水，此外硫黄矿、高岭土、油母页岩、长石、粗沙、红土等资源储量也十分可观。目前岢岚县境内无工矿企业。</td></tr>
</table>

<table>
<tr><td rowspan="4">河道堤防工程</td><td>规划长度（km）</td><td>0.5</td><td colspan="3">已治理长度（km）</td><td colspan="3"></td><td>已建堤防单线长（km）</td><td>0.1</td></tr>
<tr><td rowspan="2">堤防位置</td><td>左岸（km）</td><td>右岸（km）</td><td>型式</td><td rowspan="2">级别</td><td colspan="2">标准（年一遇）</td><td>河宽（m）</td><td>保护人口（万人）</td><td>保护村庄（个）</td><td>保护耕地（万亩）</td></tr>
<tr><td></td><td></td><td></td><td>设防</td><td>现状</td><td></td><td></td><td></td><td></td></tr>
<tr><td>小河沟河岢岚境内</td><td></td><td>0.1</td><td>浆砌石</td><td></td><td>10～20</td><td>10</td><td>15</td><td>0.01</td><td>1</td><td>0.01</td></tr>
</table>

<table>
<tr><td rowspan="3">水库</td><td rowspan="2">水库名称</td><td rowspan="2">位置</td><td rowspan="2">总库容（万m³）</td><td rowspan="2">控制面积（km²）</td><td colspan="2">防洪标准（年一遇）</td><td rowspan="2">最大泄量（m³/s）</td><td rowspan="2">最大坝高(m)</td><td rowspan="2">大坝型式</td></tr>
<tr><td>设计</td><td>校核</td></tr>
<tr><td>—</td><td>—</td><td>—</td><td>—</td><td>—</td><td>—</td><td>—</td><td>—</td><td>—</td></tr>
</table>

续表 3-14

闸坝	闸坝名称	位置	拦河大坝型式	坝长（m）	坝高（m）	坝顶宽（m）	闸孔数量	闸净宽（m）	最大泄量（m³/s）
	—	—	—	—	—	—	—	—	—

	人字闸（处）	—	淤地坝（座）		12		其中骨干坝（座）		—

灌区	灌区名称			灌溉面积（万亩）			河道取水口处数		
	—			—			—		

桥梁	桥梁名	位置	过流量（m³/s）	长度（m）	宽度（m）	孔数	孔高（m）	结构型式
	南河沟桥	保德县南河沟乡	30	50	4	1	5	石拱桥

其他涉河工程	名称	位置、型式、规模、作用、流量、水质、建成时间等
	深井	2 眼，位于保德县东庄焉村、南河沟乡。
	水窖旱井	800 眼。

河道砂石资源及采砂情况	小河沟河流域无砂石资源。
主要险工段及设障河段简述	小河沟河在保德县段有污水排放，岢岚县水峪贯乡芦子河、新窑、娘娘庙需防护。
规划工程情况	小河沟河保德县段无规划工程，岢岚县段规划浆砌石护村护地坝 500m。

情况说明：

一、河流基本情况

小河沟河地理坐标在东经 110°21′41″~111°20′29″，北纬 38°44′11″~38°49′18″，从保德县南河沟乡化岭塔村入境，由东向西流经南河沟、林遮峪、冯家川 3 个乡，于冯家川乡神山村注入黄河。最高海拔高程 1590m（木瓜棱），最低海拔高程 798.9m（神山），流域内最高海拔高程 1715.6m（岢岚白龙殿），入境处河底高程 1220m。该河河道比较顺直，主槽稳定，河床为卵石，平整，纵坡平缓，冲淤变化不大。

二、流域自然地理

该流域地形东高西低，南高北低，山川河流随地势汇归黄河。流域内均属黄土丘陵沟壑区，山高坡陡、梁峁交错，呈现千沟万壑、支离破碎的地貌景观。境内共有大小支毛沟 239 条，沟道总长度 245.1km，沟壑密度为 2.46km／km²。该流域的植被属山地干草原类，以旱生的豆科、禾本科为主，由多年生和一年生植物混合建群，天然植被低矮、稀疏、分布零散、生长较差，覆盖度不大；流域上游灌木林分布较广，流域下游红枣经济林分布较多，生长良好。

三、气候

流域属温带大陆性气候，四季分明，多风少雨，十年九旱，年最高气温 35.7℃，年最低气温 -25.5℃，年平均气温为 8.7℃，年均日照总时数为 2814.3h，无霜期在 150d~179d 之间。

四、水文、泥沙

该河未设水文站，属季节性河流，无清泉水。根据《忻县地区水文水利计算手册》，该区域正常年径流深值为 25mm，保德县境内年径流量为 249.2 万 m³。

五、旱、涝、碱灾害与水土流失

流域面积全部为水土流失面积，流域内梁、峁、坡大部分面积为黄土所覆盖，沟底岩石出露。由于黄土抗蚀性能差，降雨又集中在 7~9 月 3 个月，在强烈的地表径流侵蚀作用下，形成了梁峁起伏、沟壑纵横、支离破碎、植被稀疏的十分发育的丘陵沟壑系统。水土流失十分严重，加之十年九旱的气候特点，导致了土壤肥力降低、植物生长不良，生产水平低下，农业发展缓慢、生态环境恶化、人民生活贫困的恶性循环。

六、社会经济情况

小河沟河流域内有乡镇：南河沟乡、林遮峪乡、冯家川乡；有村庄：化岭塔村、神山村、寨子、刘村、芦子河、新窑、娘娘庙村等。

七、水资源开发利用

该流域治理程度较差，水利工程较少，截至 2000 年年底，共发展基本农田 3828 亩，造林 1.6 万亩（乔木林 4830 亩，灌木林 9853.05 亩，经济林 1339.95 亩），种草 10.05 亩，初治面积累计达到 1.986 万亩，治理程度达到 13.3%。随着退耕还林项目与生态建设项目在该流域的实施，生态环境将进一步得到改善。

岚漪河基本情况表

表 3-15

<table>
<tr><td rowspan="12">河道基本情况</td><td>河流名称</td><td colspan="2">岚漪河</td><td>河流别名</td><td colspan="2">—</td><td colspan="2">河流代码</td><td></td></tr>
<tr><td>所属流域</td><td>黄河</td><td>水系</td><td>—</td><td colspan="2">汇入河流</td><td colspan="2">黄河</td><td>河流总长（km）</td><td>120</td></tr>
<tr><td>支流名称</td><td colspan="6">北川河、南川河、迷虎沟、马跑泉河、中寨河、燕家村沟、王家岔沟、西豹峪沟。</td><td colspan="2">流域平均宽（km）</td><td>25</td></tr>
<tr><td rowspan="3">流域面积（km²）</td><td>石山区</td><td colspan="2">土石山区</td><td colspan="2">土山区</td><td>丘陵区</td><td colspan="2">平原区</td><td>流域总面积（km²）</td></tr>
<tr><td>—</td><td colspan="2">714.9</td><td colspan="2">—</td><td>1451.7</td><td colspan="2">—</td><td>2166.6</td></tr>
<tr><td>纵坡（‰）</td><td>—</td><td colspan="2">9.6</td><td colspan="2">—</td><td>9.6</td><td colspan="2">—</td><td>9.6</td></tr>
<tr><td>糙率</td><td>—</td><td colspan="2">0.04</td><td colspan="2">—</td><td>0.04</td><td colspan="2">—</td><td>0.04</td></tr>
<tr><td rowspan="2">设计洪水流量（m³/s）</td><td>断面位置</td><td colspan="3">100 年</td><td>50 年</td><td colspan="2">20 年</td><td>10 年</td></tr>
<tr><td>高家崖村</td><td colspan="3">2619</td><td></td><td colspan="2"></td><td></td></tr>
<tr><td>发源地</td><td colspan="3">岚县芦芽山区荷叶坪、饮马池山</td><td colspan="2">水质情况</td><td colspan="3">上游水质为Ⅰ类，下游为Ⅲ类</td></tr>
<tr><td>流经县市名及长度</td><td colspan="8">岢岚县 64.5km。</td></tr>
<tr><td></td><td colspan="8"></td></tr>
</table>

<table>
<tr><td rowspan="5">水文情况</td><td>年径流量（万 m³）</td><td>9400</td><td colspan="2">清水流量（m³/s）</td><td colspan="2">0.0027 ~ 0.8</td><td>最大洪峰流量（m³/s）</td><td colspan="2">923（1959 年，岢岚县城）</td></tr>
<tr><td>年均降雨量（mm）</td><td>494</td><td>蒸发量（mm）</td><td>1959.8</td><td>植被率（%）</td><td>41</td><td>年输沙量（万 t/年）</td><td colspan="2">1066</td></tr>
<tr><td rowspan="2">水文站</td><td colspan="2">名称</td><td colspan="2">位置</td><td colspan="2">建站时间</td><td colspan="2">控制面积（km²）</td></tr>
<tr><td colspan="2">岢岚水文站</td><td colspan="2">岢岚县城</td><td colspan="2">1959 年</td><td colspan="2">476</td></tr>
<tr><td>来水来沙情况</td><td colspan="8">汛期降雨量占全年的 67%。流域内已出露的泉水较大的有牛家庄一带泉水，出流量 80L/s，深山焉、大营盘、黑峪等三泉流量为 110L/s。泥沙级配以土和沙粒为主，属悬移质泥沙，悬移质多年平均侵蚀模数 4427t/(km²·a)。输沙全部来自汛期。</td></tr>
</table>

<table>
<tr><td rowspan="3">社会经济情况</td><td>流经城市（个）</td><td>1</td><td>流经乡镇（个）</td><td>25</td><td>流经村庄（个）</td><td>369</td></tr>
<tr><td>人口（万人）</td><td>11</td><td>耕地（万亩）</td><td>54.8</td><td>主要农作物</td><td>春小麦、玉米、莜麦、胡麻、豆类、山药、糜谷</td></tr>
<tr><td>主要工矿企业及国民经济总产值</td><td colspan="5"></td></tr>
</table>

续表 3-15

	规划长度（km）			已治理长度（km）		5.98	已建堤防单线长（km）	5.98

	堤防位置	左岸(km)	右岸(km)	型式	级别	标准（年一遇）设防	标准（年一遇）现状	河宽（m）	保护人口（万人）	保护村庄（个）	保护耕地（万亩）
河道堤防工程	岢岚县大涧乡小涧村		0.2	砌石堤	四		20				
	岢岚县大涧乡大涧村		0.63	砌石堤	四		20				
	岢岚温泉乡前温泉村		0.32	砌石堤	四		20				
	岢岚阳坪乡阳坪村		0.56	砌石堤	四		20				
	岢岚岚漪镇石家会村	0.6		砌石堤	四		20				
	岢岚县岚漪镇西街村	1.5	1.5	砌石堤	三		30				
	岢岚岚漪镇乔家湾村	0.2		砌石堤	四		20				
	岢岚宋家沟乡口子上村	0.3		砌石堤	四		20				
	岢岚县宋家沟乡高家湾村		0.17	砌石堤	四		20				

	水库名称	位置	总库容（万m³）	控制面积（km²）	防洪标准（年一遇）设计	防洪标准（年一遇）校核	最大泄量（m³/s）	最大坝高（m）	大坝型式
水库	高家湾水库	岢岚县宋家沟乡高家湾村	650	274	30	200	470.9	24.04	均质土坝

	闸坝名称	位置	拦河大坝型式	坝长（m）	坝高（m）	坝顶宽（m）	闸孔数量	闸净宽（m）	最大泄量（m³/s）
闸坝	—	—	—	—	—	—	—	—	—
	人字闸（处）	4	淤地坝（座）		84		其中骨干坝（座）		24

	灌区名称		灌溉面积（万亩）	河道取水口处数
灌区	高家湾灌区		1.2199	高家湾水库取水

	桥梁名	位置	过流量（m³/s）	长度（m）	宽度（m）	孔数	孔高（m）	结构型式
桥梁	忻州公路桥	共30座						钢筋混凝土
	忻州铁路桥	共9座						钢筋混凝土

续表 3-15

其他涉河工程	名称	位置、型式、规模、作用、流量、水质、建成时间等
	小型自流灌溉渠道	现有 8 个固定取水口（3 座人字闸 6 座滚水坝），有效灌溉面积约 0.9 万亩。
河道砂石资源及采砂情况		岢岚县段过去河道采砂管理力度不大，河道采砂比较混乱，涉砂事件时有发生。2009 年春季岢岚县河道管理站全力以赴进行整顿，现河道采砂基本是有序地进行开采，乱采乱挖现象越来越少。
主要险工段及设障河段简述		岢岚县内主要险工河段有三处：北川河北道坡段、西会河段、温泉河段，长度达 3km。县城内设障主要表现在，两岸建筑紧密，导致河宽不达 30m，再加上蜿蜒曲折，水流不能畅通。西会河设障表现在原西会砂厂没有统一规划、统一管理、统一开采，胡乱挖掘，河道内弃渣到处堆积，导致河道障碍重重。温泉河道设障主要表现在由于岢瓦铁路的新建紧靠河道边沿，施工将弃渣倾倒于河道内，加上正在施工，现未作任何处理，导致河道内也是障碍重重，流水不畅。
规划工程情况		2008 年 12 月，山西省岚漪河岢岚县段治理建设规划已列入水利部储备项目。治理范围从宋家沟乡黄道川村到温泉乡党家崖村岚漪河出境处（含北川河和南川河两大支流），河道整治长度 131.81km。工程主要建设内容为：浆砌石重力坝 134 处 151.02km，河道疏浚清淤 125.13 km，小型水库 2 座，滚水坝 5 座。（其中：岚漪河主河道规划浆砌石重力坝 61 处 47.49 km，河道疏浚清淤 59.09 km。北川河支流主河道规划浆砌石重力坝 45 处 63.34 km，河道疏浚清淤 38.26 km，小型水库 1 座。南川河支流主河道规划浆砌石重力坝 28 处 40.19 km，河道疏浚清淤 27.78 km，小型水库 1 座，滚水坝 5 座。）工程估算总投资 54452.2 万元。

情况说明：

一、河流基本情况

岚漪河为黄河中游支流，位于东经 110°52′～111°53′，北纬 38°12′～38°55′，地处吕梁山西麓，属黄土高原东部；东邻芦芽山与宁武、静乐接壤，北接五寨、保德，西隔黄河与陕西相望，南与蔚汾河毗连。此河发源于岚县芦芽山区的荷叶坪、鹿计岭西之饮马池山，海拔 2222m。流经岚县河口乡、岢岚宋家沟高家湾水库、岢岚县城、温泉乡、兴县青草沟、天古崖水库、魏家滩、瓦塘，于裴家川口汇入黄河，汇入处海拔 769m。总流域面积 2166.6 km²，其中：岢岚县 1567.5 km²，五寨县 26km²，保德 29.7km²。干流平均比降 9.6‰，河床糙率 0.04，河道呈宽浅式复式断面，深度 1～1.5m，宽 70～140m，河流左右摆动很不稳定。

二、流域地形地貌

岚漪河流域属高原丘陵地貌，地势从北到南由东向西倾斜，东北矗立着荷叶坪，西南横卧着万松岭，东南有乏马岭，中部以岚漪河为轴，东西川为干流，南北川为一级支流，在地理上形成"十"字形的沟谷地带，最高为荷叶坪主峰海拔 2783.8m，最低在岚漪河出境处，海拔 1021.5m，相对高程 1762.3m。沟壑切割密度 2.98km/km²，切割深度 53.4m。流域东南部为土石山区，山势魏峨，沟壑纵横，植被好，为天然森林区；北部为宽谷梁状黄土丘陵缓坡风沙区，沟蚀严重；西部为黄土丘陵沟壑区，向源性侵蚀十分发育，地形被河谷切割破碎形成长条形梁状地形，流域山多川少，岢岚境内各类型区面积为：土石山区 930.2km²，黄土丘陵缓坡风沙区 432km²，黄土丘陵沟壑区 205.3km²。

三、气象

岚漪河属中温带大陆性季风气候，境内寒冷干燥温差较大，冬季漫长，秋季短暂，夏无酷暑，岢岚县 1972 年至 2006 年 35 年气象观测资料，年平均气温 6.3℃，最高值 2005 年 6 月 22 日 37.3℃，最低值 2002 年 12 月 25 日 -30.7℃。年平均 6 月份降水量 63.8mm，占全年降水量的 14.7%；年平均 7 月份降水量 106.9 mm，占全年降水量的 24.6%；年平均 8 月份降水量 98.7mm，占全年降水量的 22.7%；一日最大降水量 79.6mm（1997 年 7 月 18 日）。年平均无霜期 139 天，最长 175 天（2002 年 10 月 4 日至 2003 年 4 月 14 日），最短 112 天（1980 年 9 月 16 日至 1981 年 5 月 26 日）年平均日照 2772.9 小时。年平均风速 3.5m，最大发生在 1979 年 2 月 21 日，全年风向多东南。

四、水文

根据岢岚水文站 30 年水文资料，岚漪河正常年地面径流量为 6484.5 万 m³，丰水年 7410 万 m³，中水年 3970 万 m³，枯水年 2100 万 m³。最大年径流量 11367 万 m³（发生在 1967 年），最小年径流量仅 237 万 m³。岚漪河正常年清水流量干流 0.2～0.8 m³/s，北川河 0.147 m³/s，南川河 0.2 m³/s。有小泉水 65 处，流量为 0.615m³/s，其中大于 30L/s 的泉水有牛家庄、深山岩、水门、刘家岔四泉。较大的泉水有：牛家庄一带泉水，出流量 80L/s；北川河上游深山焉、大营、黑峪等三泉流量为 110L/s。岚漪河一般在 10 月底 11 月初初冰，次年的 4 月初至 4 月中旬终冰，平均最大冰厚 1.1m，封冻期一般发生在 11 月底 12 月初到次年的 3 月上旬，年平均封冻期 95 天，最长 112 天（即 1967 年 11 月 20 日至 1968 年 3 月 20 日），最短为 51 天（即 1960 年 12 月 20 日至 1961 年 2 月 8 日），封冻及解冰前各 15 天为流凌期。

五、旱涝灾害与水土流失

该流域属西北黄土高原，地处偏远的山区，一是十年九旱，春季干旱无雨，夏伏到初秋雨量集中，冬季干旱无雪。二是基础设施差，交通不便，山多川少，地广人稀，气候失调。三是农业生产粗放，耕作水平较低。据统计，流域内尚未出现大的洪灾，旱灾年年有，温饱基本平衡，无盐碱地。由于偏僻，工矿企业少，境内水质较好。

该流域洪水主要由大雨或暴雨形成，其暴雨特征历时短、雨量强、来势凶猛、过程陡涨陡落，洪水过程线与暴雨过程线相似。由于该流域范围大，局部突发性暴雨经常发生，给沿河两岸村庄和滩地造成洪水威胁。

北川河基本情况表

表 3-16

<table>
<tr><td rowspan="13">河道基本情况</td><td>河流名称</td><td colspan="2">北川河</td><td>河流别名</td><td colspan="2">干河</td><td colspan="2">河流代码</td><td colspan="3"></td></tr>
<tr><td>所属流域</td><td>黄河</td><td>水系</td><td>—</td><td colspan="2">汇入河流</td><td colspan="2">岚漪河</td><td>河流总长（km）</td><td colspan="2">44.94</td></tr>
<tr><td>支流名称</td><td colspan="6"></td><td colspan="2">流域平均宽
（km）</td><td colspan="2">11.9</td></tr>
<tr><td rowspan="2">流域面积
（km²）</td><td colspan="2">石山区</td><td colspan="2">土石山区</td><td colspan="2">土山区</td><td>丘陵区</td><td>平原区</td><td colspan="2">流域总面积（km²）</td></tr>
<tr><td colspan="2"></td><td colspan="2"></td><td colspan="2"></td><td>572.8</td><td></td><td colspan="2">572.8</td></tr>
<tr><td>纵坡(‰)</td><td colspan="6"></td><td colspan="4">8.08</td></tr>
<tr><td>糙率</td><td colspan="6"></td><td colspan="4">0.025</td></tr>
<tr><td rowspan="2">设计洪水
流量
（m³/s）</td><td colspan="3">断面位置</td><td colspan="2">100 年</td><td>50 年</td><td colspan="2">20 年</td><td colspan="2">10 年</td></tr>
<tr><td colspan="3">与岚漪河主流汇流处（岚漪镇坪
后沟村）</td><td colspan="2"></td><td>832.41</td><td colspan="2">564.54</td><td colspan="2"></td></tr>
<tr><td>发源地</td><td colspan="3">荷叶坪山（岢岚县神堂坪乡）</td><td colspan="2">水质情况</td><td colspan="5">Ⅰ类</td></tr>
<tr><td>流经县市
名及长度</td><td colspan="9">岢岚县 44.94km。</td></tr>
<tr><td rowspan="4">水文情况</td><td>年径流量
（万 m³）</td><td colspan="2">2692</td><td>清水流量（m³/s）</td><td colspan="3">0.14</td><td>最大洪峰流
量（m³/s）</td><td colspan="2">820</td></tr>
<tr><td>年均降雨
量（mm）</td><td colspan="2">434</td><td>蒸发量
（mm）</td><td colspan="2">2107.6</td><td>植被率（%）</td><td></td><td colspan="2">年输沙量
（万 t/年）</td></tr>
<tr><td rowspan="2">水文站</td><td colspan="2">名称</td><td colspan="3">位置</td><td colspan="2">建站时间</td><td colspan="2">控制面积（km²）</td></tr>
<tr><td colspan="2">—</td><td colspan="3">—</td><td colspan="2">—</td><td colspan="2">—</td></tr>
<tr><td></td><td>来水来沙
情况</td><td colspan="9">降水集中在夏末秋初。</td></tr>
<tr><td rowspan="3">社会经济情况</td><td>流经城市
（个）</td><td colspan="2">1</td><td>流经乡镇
（个）</td><td colspan="3">4</td><td>流经村庄
（个）</td><td colspan="2">38</td></tr>
<tr><td>人口
（万人）</td><td colspan="2">1.9</td><td>耕地
（万亩）</td><td colspan="2">14.7</td><td>主要农作物</td><td colspan="3">以玉米、莜麦、葵花、豆类、胡麻为
主，山药、糜谷、蔬菜次之</td></tr>
<tr><td>主要工矿企业及
国民经济总产值</td><td colspan="9">西会河区域内砂子沉积较厚，深度最深的可达 10m 左右，长度达 5km。还有煤、铝矾
土、铁等。无工矿企业。</td></tr>
</table>

<table>
<tr><td rowspan="14">河道堤防工程</td><td>规划长度（km）</td><td colspan="2">63.34</td><td colspan="2">已治理长度
（km）</td><td colspan="2">1.35</td><td colspan="2">已建堤防单线长
（km）</td><td colspan="2">1.35</td></tr>
<tr><td rowspan="2">堤防位置</td><td rowspan="2">左岸
（km）</td><td rowspan="2">右岸
（km）</td><td rowspan="2">型式</td><td rowspan="2">级别</td><td colspan="2">标准
（年一遇）</td><td rowspan="2">河宽
（m）</td><td>保护
人口
（万人）</td><td>保护
村庄
（个）</td><td>保护
耕地
（万亩）</td></tr>
<tr><td>设防</td><td>现状</td><td></td><td></td><td></td></tr>
<tr><td>岢岚县岚漪
镇北道坡村</td><td></td><td>0.48</td><td>砌石堤</td><td>三</td><td></td><td>30</td><td></td><td></td><td></td><td></td></tr>
<tr><td>岢岚县高家
会乡草城村</td><td>0.2</td><td></td><td>砌石堤</td><td>四</td><td></td><td>20</td><td></td><td></td><td></td><td></td></tr>
<tr><td>岢岚县三井
镇宋家寨村</td><td></td><td>0.26</td><td>砌石堤</td><td>四</td><td></td><td>20</td><td></td><td></td><td></td><td></td></tr>
<tr><td>岢岚县三井
镇三井村</td><td></td><td>0.41</td><td>砌石堤</td><td>三</td><td></td><td>30</td><td></td><td></td><td></td><td></td></tr>
</table>

续表 3-16

<table>
<tr><td rowspan="2">水库</td><td rowspan="2">水库名称</td><td rowspan="2">位置</td><td rowspan="2">总库容
（万 m³）</td><td rowspan="2">控制面积
（km²）</td><td colspan="2">防洪标准
（年一遇）</td><td rowspan="2">最大泄量
（m³/s）</td><td rowspan="2">最大坝高
（m）</td><td rowspan="2">大坝型式</td></tr>
<tr><td>设计</td><td>校核</td></tr>
<tr><td>—</td><td>—</td><td>—</td><td>—</td><td>—</td><td>—</td><td>—</td><td>—</td><td>—</td></tr>
<tr><td rowspan="4">闸坝</td><td>闸坝名称</td><td>位置</td><td>拦河大坝
型式</td><td>坝长
（m）</td><td>坝高
（m）</td><td>坝顶宽
（m）</td><td>闸孔
数量</td><td>闸净宽
（m）</td><td>最大泄量
（m³/s）</td></tr>
<tr><td>北川引水
工程</td><td>神堂坪乡
岔上村</td><td>浆砌石坝体，
钢筋砼护面</td><td>25</td><td>2.5</td><td>1</td><td>1</td><td>2</td><td>0.34</td></tr>
<tr><td>人字闸
（处）</td><td colspan="2"></td><td colspan="2">淤地坝（座）</td><td colspan="2"></td><td colspan="2">其中骨干坝
（座）</td></tr>
<tr><td></td><td colspan="2"></td><td colspan="2"></td><td colspan="2"></td><td colspan="2"></td></tr>
<tr><td rowspan="2">灌区</td><td colspan="3">灌区名称</td><td colspan="3">灌溉面积（万亩）</td><td colspan="3">河道取水口处数</td></tr>
<tr><td colspan="3">北川灌区（拟建）</td><td colspan="3">1.68</td><td colspan="3">1</td></tr>
<tr><td rowspan="3">桥梁</td><td>桥梁名</td><td>位置</td><td>过流量（m³/s）</td><td>长度
（m）</td><td>宽度
（m）</td><td>孔数</td><td>孔高
（m）</td><td colspan="2">结构型式</td></tr>
<tr><td>公路桥</td><td>共8
座</td><td></td><td></td><td></td><td></td><td></td><td colspan="2">钢筋混凝土</td></tr>
<tr><td>铁路桥</td><td>共2
座</td><td></td><td></td><td></td><td></td><td></td><td colspan="2">钢筋混凝土</td></tr>
<tr><td rowspan="2">其他涉
河工程</td><td>名称</td><td colspan="8">位置、型式、规模、作用、流量、水质、建成时间等</td></tr>
<tr><td>—</td><td colspan="8">—</td></tr>
<tr><td>河道砂
石资源
及采砂
情况</td><td colspan="9">　　北川河三井村西至五里水村东为岢岚县的唯一建筑用砂产地，该段河道总长 16.52km，区域内砂子沉积厚薄不均匀，一般厚度 3m 左右，最厚可达 10m 以上。砂子表层土覆盖差异也较大，浅则 1m 左右，深则 10m 以上。
　　过去河道砂料采集管理力度不大，河砂采区比较混乱，涉砂事件时有发生。2009 年春季县河道管理站全力以赴进行整顿，现河砂采集基本是有序地进行开采，乱采乱挖现象越来越少。</td></tr>
<tr><td>主要险
工段及
设障河
段简述</td><td colspan="9">主要险工段是三井镇三井村。缺乏堤防工程。</td></tr>
<tr><td>规划工
程情况</td><td colspan="9">　　2008 年 12 月，北川河主河道规划浆砌石重力坝 45 处 63.34km，河道疏浚清淤 38.26km，小型水库 1 座。北川河规划设想：
　　1. 努力争取岢岚县北川灌区项目的早日立项上马（《岢岚县新建北川灌区工程可行性研究报告》已上报省发展和改革委员会和省水利厅待批），使总库容 353.51 万 m³ 的深沟水库早日发挥其调蓄、灌溉、水面养殖等效益。
　　2. 北川河支流主河道中段（三井村西至五里水村东）为岢岚县的唯一建筑用砂产地，该段现河道总长 16.52km，其砂质满足于工民建筑用砂指标，但是由于管理措施长期跟不上，任其采砂者全河段乱采乱挖，将河道采得弯弯曲曲坑坑洼洼，形成了无数的小水库，给下游城镇村居民和大面积良田造成了威胁。在工民建筑高速发展的今天，太原卫星发射中心在扩建中、岢瓦铁路在建设中、岢保高速公路岢岚境内段已开工、岢岚县内基本建设项目也逐年增多，工民建筑用砂量呈逐年剧增的趋势，因此对该河段进行长远的规划和有序的管理尤为重要。本次规划总的思路是将原河道进行截弯取直，将原来的弯道坑洼进行平整，将取直段的表土层覆土造田，该河段取直后可缩短河道 3.58km，可新增基本农田 220 余亩，对取直段的下部河砂由县人民政府组织进行统一挖运、统一指定地点堆存、统一组织销售管理，取直段下部河砂要一次性挖净，超设计深挖部用上、下段河道清淤的卵石回填，取直段两岸进行浆砌石重力坝防护。新的采砂场规划在西会村至宋家寨村中部，采取集中一处多户采砂的管理办法，采用边采砂边复垦的方法，采砂场的面积保持在 1 万 m² 以内。
　　3. 对河道两岸无防护段进行浆砌石重力坝防护，以保证城镇、村庄、农田和人民生命财产安全。</td></tr>
</table>

续表 3-16

情况说明：

一、河流基本情况

北川河流经岢岚县福堂坪乡、三井镇、高家会乡、岚漪镇的 17 个行政村，21 个自然村，至岢岚县城汇入岚漪河。北川河俗称"干河"，源头清泉水出露，但由于新民断层的存在，形成洪汛性河流，使面积为 3.7 万亩的北川盆地成为干盆，由于严重缺水，农作物产量低而不稳。

二、流域地形地貌

神堂坪以上为上游，河谷狭窄，坡陡流急，多为石山森林灌木区；神堂坪—高家会区间为中游，河谷开阔，阶地平坦，边坡多为平缓的黄土丘陵，往后则为土石山，其河谷平川区形成岢岚县面积最大的成片平川耕地，称为北川盆地；北川河至五里水村以下河谷逐渐变窄。

三、气象与水文

流域属中温带东部大陆性季风区。具有四季分明、光照充足、气温低、降雨少、蒸发量大、无霜期短等特点。年平均气温为 6.2℃，极端最高温度为 33.5℃，极端最低气温为 -28.7℃，无霜期全年平均 120d 左右。降水年际变化在 246.6mm ~ 816mm 之间，降水量集中在夏末秋初，7 ~ 9 月降水量占全年降水量的 57%。常发生春旱、伏旱和秋旱。

北川河岔上断面年清水径流量为 670 万 m^3。

四、社会经济情况

北川河流域内有县市：岢岚县；有乡镇：福堂坪乡、高家会乡、三井镇、岚漪镇。

五、涉河工程

在北川河下游的三井、神堂坪、高家会乡 3 个乡镇境内，拟建北川灌区工程。工程总灌溉面积为 1.68 万亩。灌区建成后，使三井、神堂坪、高家会 3 个乡镇的 14 个行政村受益。

马跑泉河基本情况表

表 3-17

<table>
<tr><td rowspan="11">河道基本情况</td><td>河流名称</td><td colspan="2">马跑泉河</td><td>河流别名</td><td colspan="2">东川河</td><td colspan="2">河流代码</td><td colspan="3"></td></tr>
<tr><td>所属流域</td><td>黄河</td><td>水系</td><td colspan="2">—</td><td>汇入河流</td><td colspan="2">岚漪河</td><td>河流总长（km）</td><td colspan="2">15.48</td></tr>
<tr><td>支流名称</td><td colspan="6"></td><td>流域平均宽（km）</td><td colspan="2">12.7</td></tr>
<tr><td rowspan="2">流域面积（km²）</td><td>石山区</td><td colspan="2">土石山区</td><td colspan="2">土山区</td><td>丘陵区</td><td>平原区</td><td colspan="2">流域总面积（km²）</td></tr>
<tr><td></td><td colspan="4">104.8</td><td></td><td></td><td colspan="2">104.8</td></tr>
<tr><td>纵坡（‰）</td><td colspan="5">31.6</td><td colspan="2"></td><td colspan="2">31.6</td></tr>
<tr><td>糙率</td><td colspan="5">0.025</td><td colspan="2"></td><td colspan="2">0.025</td></tr>
<tr><td rowspan="2">设计洪水流量（m³/s）</td><td colspan="3">断面位置</td><td colspan="2">100 年</td><td>50 年</td><td colspan="2">20 年</td><td>10 年</td></tr>
<tr><td colspan="3">与岚漪河主流汇流处（宋家沟乡黄道川村）</td><td colspan="2"></td><td>351.67</td><td colspan="2">274.30</td><td></td></tr>
<tr><td>发源地</td><td colspan="4">岢岚县宋家沟乡甘沟</td><td colspan="2">水质情况</td><td colspan="3">Ⅰ类</td></tr>
<tr><td>流经县市名及长度</td><td colspan="9">岢岚县 15.48km。</td></tr>

<tr><td rowspan="5">水文情况</td><td>年径流量（万 m³）</td><td colspan="2">3060</td><td>清水流量（m³/s）</td><td colspan="2">0.12</td><td colspan="2">最大洪峰流量（m³/s）</td><td colspan="2">580</td></tr>
<tr><td>年均降雨量（mm）</td><td colspan="2">434</td><td>蒸发量（mm）</td><td colspan="2">2107.6</td><td colspan="2">植被率（%）</td><td>年输沙量（万 t/年）</td><td>38.82</td></tr>
<tr><td rowspan="2">水文站</td><td colspan="3">名称</td><td colspan="3">位置</td><td colspan="2">建站时间</td><td>控制面积（km²）</td></tr>
<tr><td colspan="3"></td><td colspan="3">—</td><td colspan="2"></td><td></td></tr>
<tr><td>来水来沙情况</td><td colspan="10">降雨多集中于 7～9 月，又多以暴雨形式出现。泥沙属悬移质泥沙，多年平均土壤侵蚀模数为 1417t/（km²·a），悬移质多年平均输沙量为 38.82 万 t，全部来自汛期。</td></tr>

<tr><td rowspan="3">社会经济情况</td><td>流经城市（个）</td><td colspan="2">—</td><td>流经乡镇（个）</td><td colspan="2">1</td><td colspan="2">流经村庄（个）</td><td colspan="2">23</td></tr>
<tr><td>人口（万人）</td><td colspan="2">0.3</td><td>耕地（万亩）</td><td colspan="2">4.82</td><td>主要农作物</td><td colspan="4">以玉米、莜麦、葵花、豆类、胡麻为主，山药、糜谷、蔬菜次之。</td></tr>
<tr><td>主要工矿企业及国民经济总产值</td><td colspan="10">无工矿企业。</td></tr>

<tr><td rowspan="4">河道堤防工程</td><td>规划长度（km）</td><td colspan="2">13.9</td><td>已治理长度（km）</td><td colspan="4"></td><td>已建堤防单线长（km）</td><td>1.5</td></tr>
<tr><td rowspan="2">堤防位置</td><td rowspan="2">左岸（km）</td><td rowspan="2">右岸（km）</td><td rowspan="2">型式</td><td rowspan="2">级别</td><td colspan="2">标准（年一遇）</td><td rowspan="2">河宽（m）</td><td>保护人口（万人）</td><td>保护村庄（个）</td><td>保护耕地（万亩）</td></tr>
<tr><td>设防</td><td>现状</td><td></td><td></td><td></td></tr>
<tr><td>马跑泉河主河道</td><td>0.2</td><td>1.3</td><td>浆砌石</td><td></td><td>10～20</td><td>10</td><td>20</td><td>0.05</td><td>3</td><td>0.01</td></tr>

<tr><td rowspan="3">水库</td><td></td><td colspan="10"></td></tr>
<tr><td rowspan="2">水库名称</td><td rowspan="2">位置</td><td rowspan="2">总库容（万 m³）</td><td rowspan="2">控制面积（km²）</td><td colspan="2">防洪标准（年一遇）</td><td rowspan="2">最大泄量（m³/s）</td><td rowspan="2">最大坝高（m）</td><td colspan="2" rowspan="2">大坝型式</td></tr>
<tr><td>设计</td><td>校核</td></tr>
<tr><td></td><td>—</td><td>—</td><td>—</td><td>—</td><td>—</td><td>—</td><td>—</td><td>—</td><td colspan="2">—</td></tr>
</table>

续表 3-17

闸坝	闸坝名称	位置	拦河大坝型式	坝长（m）	坝高（m）	坝顶宽（m）	闸孔数量	闸净宽（m）	最大泄量（m³/s）
	—	—	—	—	—	—	—	—	—
	人字闸（处）			淤地坝（座）		—		其中骨干坝（座）	—

灌区	灌区名称			灌溉面积（万亩）			河道取水口处数		
	—			—			—		

桥梁	桥梁名	位置	过流量（m³/s）	长度（m）	宽度（m）	孔数	孔高（m）	结构型式
	公路桥							钢筋混凝土

其他涉河工程	名称	位置、型式、规模、作用、流量、水质、建成时间等
	—	—

河道砂石资源及采砂情况	无砂石资源。

主要险工段及设障河段简述	马跑泉河耕地较少，所以现有滩地是眼珠子，但没有堤防防护。

规划工程情况	规划筑浆砌石护村护地坝 13.9km，疏浚河道 15.48km。

情况说明：

一、河流基本情况

马跑泉河位于岢岚县东川宋家沟乡境内，是岚漪河上游东川河的支流，在高家湾村汇入岚漪河上源东川河，干流由东向西流经岢岚县宋家沟乡之长崖子、和尚泉、沙坡子、马跑泉、南沟、北方沟等村，于黄道川村汇入岚漪河。河床为砂卵石，坡度较大，不稳定，属山区蜿蜒型河流。主槽宽 l0m ～ 20m，漫滩宽 20m，阶地宽 30m 左右，高于河床 3m ～ 5m。

二、流域地形地貌

马跑泉河属黄河中游黄土丘陵土石山区，为高原丘陵地貌，地势东北高西南低，区域沟壑纵横，山岭连绵。

三、气象与水文

流域气候特征为中温带东部大陆性季风气候。多年平均降水年际变化在 250mm ～ 816mm 之间，水量集中在夏季末秋季初，7 ～ 9 月的降水量占全年降水量的 67％。年平均气温 6.1℃，1 月份平均为 -10.4℃，7 月份平均为 20.13℃，极端最高温度为 33.513℃，极端最低气温为 -28.713℃。

马跑泉河多年平均径流量 3060 万 m³。马跑泉河泥沙属悬移质泥沙，多年平均土壤侵蚀模数 1417t／（km²·a），悬移质多年平均输沙量 38.82 万 t，全部来自汛期。

四、旱、涝灾害与水土流失

马跑泉河基本上以旱年为主，自古十年九旱，特别是春旱、伏旱更为频繁，干旱、霜冻、冰雹是主要灾害性天气。在一年之内冬春寒冷少雨雪，而夏秋炎热多雨，降雨多集中于 7 ～ 9 月，又多以暴雨形式出现，因此局部洪涝灾害常有发生。区域内有林场的林区，植被较好。水土流失不十分严重。

五、社会经济情况

马跑泉河流域内有县市：岢岚县；有乡镇：宋家沟乡；有村庄：甘沟、长崖子、和尚泉、沙坡子、马跑泉、南沟、北方沟、黄道川村等。人均耕地 16.2 亩。

六、涉河工程

在河流出口的高家湾村建有小型水库高家湾水库一座，有效灌溉面积 8000 亩。近几年来，因退耕还林项目的实施，使流域内的水土保持与生态建设得到长足发展，水土流失得到一定控制。

南川河基本情况表

表 3-18

河道基本情况	河流名称	南川河		河流别名		—		河流代码		
	所属流域	黄河	水系		—	汇入河流	岚漪河	河流总长（km）		27.78
	支流名称							流域平均宽（km）		10.03
	流域面积（km²）	石山区	土石山区	土山区		丘陵区	平原区	流域总面积（km²）		
		—	206.99	—		—	—	206.99		
	纵坡（‰）	—	—	—		—	14.87			
	糙率	—	—	—		—	0.025			
	设计洪水流量（m³/s）	断面位置				100 年	50 年	20 年		10 年
		与岚漪河主流汇流处（岚漪镇胡家滩）					668.49	457.52		
	发源地	岚县野鸡山		水质情况		I				
	流经县市名及长度	岢岚县 27.78km。								
水文情况	年径流量（万m³）	533.9		清水流量（m³/s）	0.054	最大洪峰流量（m³/s）		410		
	年均降雨量（mm）	434	蒸发量（mm）	2107.6	植被率（%）			年输沙量（万t/年）		65.71
	水文站	名称		位置			建站时间		控制面积（km²）	
		—		—			—		—	
	来水来沙情况	水量集中在夏末秋初。泥沙级配以土和沙料为主，属悬移质泥沙，泥沙含量18.3%，悬移质多年平均土壤侵蚀模数4427t/（km².a），全部来自汛期。								
社会经济情况	流经城市（个）	—		流经乡镇（个）		2		流经村庄（个）		44
	人口（万人）	0.57	耕地（万亩）	4.13	主要农作物		以玉米、莜麦、葵花、豆类、胡麻为主，山药、糜谷、蔬菜次之			
	主要工矿企业及国民经济总产值	无工矿企业。								

河道堤防工程	规划长度（km）	27.78		已治理长度（km）			已建堤防单线长（km）			3.74
	堤防位置	左岸（km）	右岸（km）	型式	级别	标准（年一遇）		河宽（m）	保护人口（万人）	保护村庄（个）	保护耕地（万亩）
						设防	现状				
	南川河主河道	1.02	2.72	浆砌石		10～20	10	20～35	0.57	22	0.48

水库	水库名称	位置	总库容（万m³）	控制面积（km²）	防洪标准（年一遇）		最大泄量（m³/s）	最大坝高（m）	大坝型式
					设计	校核			
	—	—	—	—	—	—	—	—	—

续表 3-18

闸坝	闸坝名称	位置	拦河大坝型式	坝长（m）	坝高（m）	坝顶宽（m）	闸孔数量	闸净宽（m）	最大泄量（m³/s）
	—	—	—	—	—	—	—	—	—
	人字闸（处）	1	淤地坝（座）	1		其中骨干坝（座）			1

灌区	灌区名称		灌溉面积（万亩）		河道取水口处数	
	—		—		—	

桥梁	桥梁名	位置	过流量（m³/s）	长度（m）	宽度（m）	孔数	孔高（m）	结构型式
	公路桥							
	铁路桥							

其他涉河工程	名称	位置、型式、规模、作用、流量、水质、建成时间等
	小型自流灌溉渠道	12 条，现有 3 个固定取水口（1 座人字闸 2 座滚水坝），有效灌溉面积约 0.3 万亩。

河道砂石资源及采砂情况	无砂石资源。

主要险工段及设障河段简述	主要是 2008 年忻保高速补充耕地（新垫滩地）均没有浆砌石防护措施，遇高标准洪水有被冲毁的可能。

规划工程情况	2008 年 12 月，南川河主河道规划浆砌石重力坝 28 处 40.19km，河道疏浚清淤 27.78km，小型水库 1 座，滚水坝 5 座。 　　南川河规划设想： 　　1. 南川河源于岚县野鸡山的森林区，基岩裂隙发育，沿途清泉水出露，长年不断，水量丰富。经实地查证：河道 26+627km 处（大涧村）丰水期清水流量可达 0.78m³/s，枯水期约 0.14m³/s，多年平均清水流量为 0.2m³/s，年清水总量为 631 万 m³。经实地勘察在河道 35+360km 处（黑石圪台村）有建中型水库的条件，左岸为石质山坡，右岸基岩出露，基本符合建筑浆砌石拱坝的条件，坝控面积 268km²，初估坝高 27m，总库容 1060 万 m³，养殖水面 1230 亩，可发展水浇地万余亩。拟建黑石圪台水库下游为岢岚的工业园区石家会、胡家滩，水库的建成可为岢岚的招商引资办企业创造良好硬件环境，并有望带动当地人民群众早日脱贫致富达小康。 　　2. 发挥清泉长流水和大面积滩地的优势，大力建设滚水坝使之形成坝系，浇灌南川近万亩河滩地，规划新建滚水坝 4 座，使之达到 7 座，以控制整个南川河两岸。 　　3. 对河道两岸无防护段进行浆砌石重力坝防护，以保证城镇、村庄、大片农田及人民生命财产安全。

续表 3-18

情况说明：

一、河流基本情况

南川河流域总面积 278.52km²，河流总长 38.04km，流经大涧乡、岚漪镇的 22 个行政村。南川河由南向北从岢岚县大涧乡管庄村入境，流经大涧乡全境及岚漪镇马坊等村，从梁家会村前入岚漪河。河两岸多山石，山高坡陡，平均宽度 3.5km，河床为砂卵石，基本稳定，属山区蜿蜒型河流。主槽宽 10m ~ 30m，漫滩宽 20m ~ 50m，阶地宽 200m。

二、流域地形地貌

南川河属黄河中游黄土丘陵土石山区，为高原丘陵地貌，地势南高北低，东高西低，区域沟壑纵横，山岭连绵，植被稀少。

三、气象与水文

流域气候特征为中温带东部大陆性季风气候，其特点：四季分明，冬季漫长寒冷少雪，春季温暖干燥多风，夏季炎热雨量集中，秋季短促气候凉爽。根据岢岚气象站资料，降水量年际变化在 200mm ~ 800mm 之间，水量集中在夏季末秋季初，7 ~ 9 月的降水量占全年降水量的 67%。年平均气温 6.1℃，1 月份平均为 -10.4℃，7 月份平均为 20℃，极端最高温度为 33.5℃，极端最低气温为 -28.7℃。南川河清水长流，清水产生径流主要由降水形成。

四、旱、涝灾害与水土流失

南川河基本上以旱年为主，自古十年九旱，特别是春旱、伏旱更为频繁，干旱、霜冻、冰雹是主要灾害性天气。在一年之内冬春寒冷少雨雪，而夏秋炎热多雨，降雨多集中于 7 ~ 9 月，又多以暴雨形式出现，因此局部洪涝灾害经常发生。因区域内植被稀少，水土流失比较严重。

五、社会经济情况

南川河流域内有乡镇：大涧乡；有村庄：官庄村、张家村、兴旺庄、吴家庄、阎家庄、赵家村、寺沟会、何家湾、上五井、马坊村、梁家店村、刘家湾、阳蒿塔等。

农业人口 4400 人，人均耕地面积 9.18 亩。

六、水资源开发利用

南川河沿河两岸有小型自流灌溉渠道 12 条，有效灌溉面积约 3000 亩，地面水资源得到有效利用，区域内已建成水保治沟骨干坝一座，坝控面积 3.3km²。近几年来，因退耕还林项目的实施，使流域内的水土保持与生态建设得到长足发展，水土流失得到一定的控制。

中寨河基本情况表

表 3-19

河道基本情况	河流名称	中寨河	河流别名	—	河流代码		
	所属流域	黄河	水系	—	汇入河流	岚漪河	河流总长（km）16.51
	支流名称					流域平均宽（km）	6.2
	流域面积（km^2）	石山区	土石山区	土山区	丘陵区	平原区	流域总面积（km^2）
		—	101.6	—	—	—	101.6
	纵坡（‰）	—	30.6	—	—	—	30.6
	糙率	—	0.025	—	—	—	0.025
	设计洪水流量（m^3/s）	断面位置		100 年	50 年	20 年	10 年
		与岚漪河主流汇流处（阳坪乡王八崖）			348.02	254.49	
	发源地	岢岚县阳坪乡寺胜庄		水质情况	Ⅰ类		
	流经县市名及长度	岢岚县 16.51km。					

水文情况	年径流量（万 m^3）	215	清水流量（m^3/s）		最大洪峰流量（m^3/s）		
	年均降雨量（mm）	434	蒸发量（mm）	2107.6	植被率（%）		年输沙量（万 t/ 年）31.31
	水文站	名称	位置		建站时间	控制面积（km^2）	
		—	—		—	—	
	来水来沙情况	水量集中在夏末秋初，7 ~ 9 月的降水量占全年降水量的 67%。泥沙级配以土和沙料为主，属悬移质泥沙，泥沙含量 15%，全部来自汛期。					

社会经济情况	流经城市（个）	—	流经乡镇（个）	1	流经村庄（个）	13
	人口（万人）	0.13	耕地（万亩）	1.96	主要农作物	以玉米、莜麦、葵花、豆类、胡麻为主，山药、糜谷、蔬菜次之。
	主要工矿企业及国民经济总产值	无工矿企业。				

河道堤防工程	规划长度（km）	9.4	已治理长度（km）			已建堤防单线长（km）	1.9				
	堤防位置	左岸（km）	右岸（km）	型式	级别	标准（年一遇）设防	标准（年一遇）现状	河宽（m）	保护人口（万人）	保护村庄（个）	保护耕地（万亩）
	中寨河主河道	1.5	0.4	浆砌石		10 ~ 20	10	20	0.02	2	0.03

水库	水库名称	位置	总库容（万 m^3）	控制面积（km^2）	防洪标准（年一遇）设计	防洪标准（年一遇）校核	最大泄量（m^3/s）	最大坝高（m）	大坝型式
	—	—	—	—	—	—	—	—	—

续表 3-19

闸坝	闸坝名称	位置	拦河大坝型式	坝长（m）	坝高(m)	坝顶宽（m）	闸孔数量	闸净宽（m）	最大泄量（m³/s）
	—	—	—	—	—	—	—	—	—
	人字闸（处）	—	淤地坝（座）	—	其中骨干坝（座）		—		

灌区	灌区名称	灌溉面积（万亩）	河道取水口处数
	—	—	—

桥梁	桥梁名	位置	过流量（m³/s）	长度（m）	宽度(m)	孔数	孔高（m）	结构型式
	铁路桥							钢筋混凝土

其他涉河工程	名称	位置、型式、规模、作用、流量、水质、建成时间等
	—	—

河道砂石资源及采砂情况	无砂石资源。

主要险工段及设障河段简述	中寨河耕地较少，所以现有滩地是眼珠子，但没有堤防防护。

规划工程情况	规划筑浆砌石护村护地坝 9.4km，疏浚河道 10km。

情况说明：

一、河流基本情况

中寨河由东向北经岢岚县中寨乡全境至新舍窠村前入岚漪河，河源海拔高程 1974m，为季节性河流，河床为砂卵石，石灰岩，基本稳定，属蜿蜒型河流。主槽宽 5m～20m，漫滩宽 10m～20m 左右，阶地宽 20m～50m。

二、流域地形地貌

中寨河属黄河中游土石山区，为高原丘陵地貌，地势东南高西北低，区域内丘陵起伏，沟壑纵横，山岭连绵，植被较好。

三、气象与水文

该流域气候特征为中温带东部大陆性季风气候，其特点：四季分明，冬季漫长寒冷少雪，春季温暖干燥多风，夏季炎热雨量集中，秋季短促气候凉爽。年平均气温 6.113℃，1 月份平均气温为 -10.4℃，7 月份平均为 20℃，极端最高温度为 33.5℃，极端最低气温为 -28.7℃。

中寨河径流主要由降水产生，多年平均径流模数为 2.06 万 m³/s·km²。

四、旱、涝灾害与水土流失

中寨河流域基本上以旱年为主，自古十年九旱，特别是春旱、伏旱更为频繁，干旱、霜冻、冰雹是主要灾害性天气。局部洪涝灾害经常发生。区域内有林场的大片林区，故水土流失不严重。

五、社会经济情况

中寨河流域内有乡镇：阳坪乡；有村庄：井儿上村、神岭沟、中寨村、下寨村、新舍窠村等 13 个。人均耕地面积 20.8 亩。

第三章 海河流域

第一节 桑干河流域

恢河基本情况表

表1-1

<table>
<tr><td rowspan="12">河道基本情况</td><td>河流名称</td><td colspan="2">恢河</td><td colspan="2">河流别名</td><td colspan="2">—</td><td colspan="2">河流代码</td><td colspan="2"></td></tr>
<tr><td>所属流域</td><td rowspan="2">海河</td><td colspan="2">水系</td><td colspan="2">永定河</td><td>汇入河流</td><td colspan="2">桑干河</td><td>河流总长（km）</td><td>81.56</td></tr>
<tr><td>支流名称</td><td colspan="6">西栈沟、硫黄沟、马连沟、杜庄沟、岭沟、麻峪沟、阳方沟、石湖沟、三岔沟。</td><td>流域平均宽（km）</td><td>14.85</td></tr>
<tr><td rowspan="2">流域面积（km²）</td><td>石山区</td><td colspan="2">土石山区</td><td colspan="2">土山区</td><td>丘陵区</td><td colspan="2">平原区</td><td>流域总面积（km²）</td></tr>
<tr><td>293</td><td colspan="2">239</td><td colspan="2">189</td><td>352</td><td colspan="2">138</td><td>1211</td></tr>
<tr><td>纵坡（‰）</td><td>50</td><td colspan="2">30</td><td colspan="2">15</td><td>10</td><td colspan="2">1.25</td><td>7</td></tr>
<tr><td>糙率</td><td>0.030-0.050</td><td colspan="2">0.045</td><td colspan="2">0.025～0.045</td><td>0.025～0.045</td><td colspan="2">0.025～0.040</td><td>0.025～0.050</td></tr>
<tr><td rowspan="2">设计洪水流量（m³/s）</td><td colspan="2">断面位置</td><td colspan="2">100年</td><td colspan="2">50年</td><td colspan="2">20年</td><td>10年</td></tr>
<tr><td colspan="2">朔州段</td><td colspan="2">1325</td><td colspan="2">1050</td><td colspan="2">600</td><td>380</td></tr>
<tr><td>发源地</td><td colspan="4">忻州市宁武县管涔山庙儿沟村</td><td colspan="5">水质情况　朔城区泥河村上游Ⅲ类；下游Ⅴ类</td></tr>
<tr><td>流经县市名及长度</td><td colspan="9">忻州宁武县33.56km。</td></tr>
<tr><td colspan="10"></td></tr>
<tr><td rowspan="5">水文情况</td><td>年径流量（万m³）</td><td colspan="3">清水流量（m³/s）</td><td colspan="4">最大洪峰流量（m³/s）</td><td></td></tr>
<tr><td>年均降雨量（mm）</td><td colspan="2">蒸发量（mm）</td><td colspan="3">植被率（%）</td><td colspan="3">年输沙量（万t/年）</td></tr>
<tr><td rowspan="2">水文站</td><td colspan="2">名称</td><td colspan="3">位置</td><td colspan="2">建站时间</td><td colspan="2">控制面积（km²）</td></tr>
<tr><td colspan="2">—</td><td colspan="3">—</td><td colspan="2">—</td><td colspan="2">—</td></tr>
<tr><td>来水来沙情况</td><td colspan="8">土壤侵蚀模数一般为3000～5000t/(km²·a),输沙模数为760t/(km²·a)。</td></tr>
<tr><td rowspan="3">社会经济情况</td><td>流经城市（个）</td><td colspan="2">1</td><td>流经乡镇（个）</td><td colspan="2">3</td><td colspan="2">流经村庄（个）</td><td>20</td></tr>
<tr><td>人口（万人）</td><td colspan="2">1.2</td><td>耕地（万亩）</td><td colspan="2">1.1</td><td>主要农作物</td><td colspan="3">莜麦、玉米、土豆、杂粮、蔬菜</td></tr>
<tr><td>主要工矿企业及国民经济总产值</td><td colspan="8">宁武县段有栖凤煤矿、大运华盛煤矿、同煤集团阳方口矿业公司、阳半沟煤矿、阳方口集运站、阳方口运输公司等。</td></tr>
<tr><td rowspan="8">河道堤防工程</td><td>规划长度（km）</td><td colspan="2">33.56</td><td>已治理长度（km）</td><td colspan="2">11</td><td colspan="2">已建堤防单线长（km）</td><td>17</td></tr>
<tr><td rowspan="2">堤防位置</td><td>左岸（km）</td><td>右岸（km）</td><td rowspan="2">型式</td><td rowspan="2">级别</td><td colspan="2">标准（年一遇）</td><td rowspan="2">河宽（m）</td><td rowspan="2">保护人口（万人）</td><td rowspan="2">保护村庄（个）</td><td rowspan="2">保护耕地（万亩）</td></tr>
<tr><td></td><td></td><td>设防</td><td>现状</td></tr>
<tr><td>宁武县余庄乡</td><td>5</td><td>3</td><td>浆砌石</td><td></td><td>10</td><td>不足5年</td><td></td><td>0.1796</td><td>8</td><td>1.33</td></tr>
<tr><td>宁武县凤凰镇</td><td>3</td><td>1</td><td>浆砌石</td><td></td><td>10</td><td>不足5年</td><td></td><td>0.1914</td><td>6</td><td>1.53</td></tr>
<tr><td>宁武阳方口镇</td><td>3</td><td>2</td><td>浆砌石</td><td></td><td>10</td><td>不足5年</td><td></td><td>0.252</td><td>6</td><td>0.22</td></tr>
</table>

续表 1-1

水库	水库名称	位置	总库容（万m³）	控制面积（km²）	防洪标准（年一遇）		最大泄量（m³/s）	最大坝高（m）	大坝型式
					设计	校核			

闸坝	闸坝名称	位置	拦河大坝型式	坝长(m)	坝高(m)	坝顶宽(m)	闸孔数量	闸净宽(m)	最大泄量(m³/s)
	人字闸（处）	—	淤地坝（座）	—		其中骨干坝（座）			—

灌区	灌区名称		灌溉面积（万亩）		河道取水口处数
	恢河灌区		18.5		1

桥梁	桥梁名	位置	过流量（m³/s）	长度（m）	宽度（m）	孔数	孔高（m）	结构型式
	石湖大桥	宁武县阳方口镇石湖河村西南	500	12	6	8		砼拱桥
	恢河大桥 1#	宁武县阳方口镇	600	12	13	8		砼拱桥
	恢河大桥 2#	宁武县城洪堡西南	620	12	22	8		砼拱桥

其他涉河工程	名称	位置、型式、规模、作用、流量、水质、建成时间等

河道砂石资源及采砂情况	恢河宁武县段河床内固有河卵石，无采砂现象。

主要险工段及设障河段简述	宁武县段由于多年洪水冲刷，造成险工险段 29km。

规划工程情况	2008 年 12 月，山西省恢河宁武县段治理建设规划已列入水利部储备项目。治理范围为恢河源头分水岭—阳方口镇与朔州交界处，全长 33.56 km。治理项目为：新建河道护坝 33.496km，河道清淤疏浚 33.56km，共动土石方 43.47 万 m³。工程估算总投资 7686.3 万元。

情况说明：

一、河流基本情况

恢河为桑干河上游，发源于宁武县管涔山，从宁武县城中穿过，由阳方口出谷，流入朔城区梵王寺乡沙河村北成为潜流，一直到窑子头村南又钻出地面，恢复原流，故名恢河。恢河流域总面积 1210km²，河道全长 81.56km。恢河在宁武段总落差 600m，上游段比降大，床面窄，均宽约 30m，宁武县城至阳方口段一般宽度在 100m～200m 左右，平均河宽 130m。

二、流域地形地貌

恢河上游是石山区、土石山区、土山区、丘陵区，下游是平川区，海拔最高点是宁武县的管涔山 2603m，最低点是马邑出口海拔 1040m。恢河在阳方口上游河型属分叉蜿蜒型，河道纵坡为 35‰，河床糙率 0.030～0.050；下游河型为顺直型，河道纵坡 1.25‰，河床糙率 0.025～0.040。

恢河上游沿河群山环绕，中间形成一条狭长的山间条形地带，是地势起伏变化较大的黄土丘陵山区。该流域从分水岭至阳方口长城为一二叠三叠系地层，恢河流域山峰起伏缓慢，林木只在上游段和禅房山一带分布，大部分呈土石混合型地貌，相对高程 100m～300m 左右，地表破碎，沟谷发育，山梁呈馒头状隆起，鞍部和山腰耕地连片。

三、气象与水文

恢河流域属温带大陆性气候，按山西省气象局气候区划，属高山严寒区和寒冷干燥区。其特点是：气候寒冷，

续表 1-1

多大风，冬季漫长，无霜期短，山区雨多，其他地区雨量偏少，且高度集中于 7 月和 8 月。最大日降水量为 100mm，降水随季节、地理位置不同而呈不同分布，夏季占 65%，且山区降水较多，在 600mm 以上。温度差别大，降水和气温有明显的垂直分布。根据宁武县气象局多年气候资料统计：年平均气温为 6.2℃，极端最高气温为 34.8℃，极端最低气温为 -27.2℃，最热月为 7 月，平均气温为 20.1℃；最冷月为 1 月，平均气温为 -9.9℃。年平均无霜期为 129 天，一般初霜冻在 9 月中旬，终霜冻在 5 月中旬。年平均冻结日数约为 110 天 (冻土深度在 10cm 以下)，最大冻结深度为 137cm，封冻期最大冰厚 0.3m，每年 11 月份上旬开始封口，次年 3 月中旬开销。多年平均封冻期为 130 天。最大积雪厚度在 15cm。年平均风速为 3.m/s，大风日较多，年平均大风日数为 34 天，历年平均风向频率以 NW 方位最高。历年平均日照总时数为 2835 小时，年平均太阳总辐射能为 142.3kCal/cm^2。

恢河由于糙率大，河道纵坡陡，每到洪水季节，山洪暴发，而且近年来上游植被减少，山洪洪量大，历时短。河床极不稳定，常有农田被冲。造床流量一般在 100m^3/s 左右。恢河最大洪峰流量 1750 m^3/s(调查值：1892 年)。据太平窑水库记载，该河一年发洪水 13 ~ 15 次，每次 5 ~ 6 小时，洪水总量 400 ~ 800 万 m^3。该河历史最大洪水调查值 1750m^3/s（1892 年），太平窑水库最大记录值 700 m^3/s（1967 年）。

年径流量 4430 万 m^3，清水流量 0.1m^3/s，最大洪峰流量 500m^3/s，年均降雨量 409.1mm，蒸发量 1901.2mm，年输沙量 70 万 t/ 年。

恢河上游煤矿较多，基本无其他类型工厂，水污染较轻，特别是十里钻沙后，流出来的基本是自然水体。

黄水河基本情况表

表 1-2

<table>
<tr><td rowspan="12">河道基本情况</td><td>河流名称</td><td>黄水河</td><td colspan="2">河流别名</td><td colspan="3">—</td><td colspan="2">河流代码</td><td colspan="2"></td></tr>
<tr><td>所属流域</td><td>海河</td><td>水系</td><td>永定河</td><td colspan="2">汇入河流</td><td colspan="2">桑干河</td><td colspan="2">河流总长
（km）</td><td>104</td></tr>
<tr><td>支流名称</td><td colspan="3">福善庄河</td><td colspan="5">流域平均宽（km）</td><td colspan="2">23.9</td></tr>
<tr><td rowspan="2">流域面积
（km²）</td><td colspan="2">石山区</td><td colspan="2">土石山区</td><td colspan="2">土山区</td><td>丘陵区</td><td>平原区</td><td colspan="2">流域总面积（km²）</td></tr>
<tr><td colspan="2">—</td><td colspan="2">607</td><td colspan="2">40</td><td>330</td><td>1512</td><td colspan="2">2489</td></tr>
<tr><td>纵坡（‰）</td><td colspan="2">—</td><td colspan="2">30</td><td colspan="2">25</td><td>10</td><td>1.2</td><td colspan="2">3.7</td></tr>
<tr><td>糙率</td><td colspan="2">—</td><td colspan="2">0.04 ~ 0.06</td><td colspan="2">0.045</td><td>0.04</td><td>0.03 ~ 0.06</td><td colspan="2">0.03 ~ 0.06</td></tr>
<tr><td rowspan="2">设计洪水
流量
（m³/s）</td><td colspan="4">断面位置</td><td colspan="2">100 年</td><td>50 年</td><td colspan="2">20 年</td><td>10 年</td></tr>
<tr><td colspan="4"></td><td colspan="2"></td><td></td><td colspan="2"></td><td></td></tr>
<tr><td>发源地</td><td colspan="4">忻州市宁武县薛家窊村一带</td><td colspan="2">水质情况</td><td colspan="4"></td></tr>
<tr><td>流经县市
名及长度</td><td colspan="10">宁武县 7km。</td></tr>
<tr><td></td><td colspan="10"></td></tr>
</table>

<table>
<tr><td rowspan="6">水文情况</td><td>年径流量
（万 m³）</td><td>4139</td><td colspan="2">清水流量
（m³/s）</td><td colspan="2">0.1</td><td colspan="2">最大洪峰流
量（m³/s）</td><td colspan="2">150(1992 年 8 月)</td></tr>
<tr><td>年均降雨
量（mm）</td><td>409.1</td><td colspan="2">蒸发量
（mm）</td><td colspan="2">1981.6</td><td colspan="2">植被率
（%）</td><td colspan="2">年输沙量
（万 t/ 年）</td></tr>
<tr><td rowspan="2">水文站</td><td colspan="2">名称</td><td colspan="3">位置</td><td colspan="3">建站时间</td><td>控制面积（km²）</td></tr>
<tr><td colspan="2">—</td><td colspan="3">—</td><td colspan="3">—</td><td>—</td></tr>
<tr><td colspan="10">来水来沙
情况</td></tr>
<tr><td colspan="10">7 ~ 9 月 3 个月的降雨量占全年降水量的 70% 以上。上游以洪水为主，植被稀疏，易产生径流，下游多为黄土地带，因此洪水泥沙含量较大，土壤侵蚀模数一般为 3000 ~ 5000t/(km²·a)，特别是每年 7 ~ 9 月，山洪暴发时，洪水挟带大量块石、泥沙。</td></tr>
</table>

<table>
<tr><td rowspan="3">社会经济情况</td><td>流经城市
（个）</td><td>—</td><td colspan="2">流经乡镇
（个）</td><td colspan="3">流经村庄（个）</td><td colspan="3"></td></tr>
<tr><td>人口
（万人）</td><td></td><td colspan="2">耕地
（万亩）</td><td colspan="3">主要农作物</td><td colspan="3">莜麦、山药、胡麻等</td></tr>
<tr><td>主要工矿企业及国
民经济总产值</td><td colspan="9">沿河主要以农业为主，无较大工矿企业。</td></tr>
</table>

<table>
<tr><td rowspan="6">河道堤防工程</td><td>规划长度（km）</td><td colspan="2"></td><td>已治理长度（km）</td><td colspan="2">1.0</td><td colspan="2">已建堤防单线长（km）</td><td colspan="2">1.31</td></tr>
<tr><td rowspan="3">堤防位置</td><td rowspan="3">左岸
（km）</td><td rowspan="3">右岸
（km）</td><td rowspan="3">型式</td><td rowspan="2">级别</td><td colspan="2">标准（年一遇）</td><td rowspan="3">河宽
（m）</td><td rowspan="3">保护
人口
（万人）</td><td rowspan="3">保护
村庄
（个）</td><td rowspan="3">保护
耕地
（万亩）</td></tr>
<tr><td colspan="2"></td></tr>
<tr><td>设防</td><td>现状</td></tr>
<tr><td>宁武县宋家沟段</td><td>0.3</td><td>0.36</td><td>浆砌石</td><td>10</td><td>不足 5 年</td><td></td><td>25</td><td>0.0071</td><td>1</td><td>0.039</td></tr>
<tr><td>宁武县郭庄段</td><td>0.2</td><td>0.45</td><td>浆砌石</td><td>10</td><td>不足 5 年</td><td></td><td>25</td><td></td><td>1</td><td></td></tr>
</table>

<table>
<tr><td rowspan="4">水库</td><td rowspan="2">水库名称</td><td rowspan="2">位置</td><td rowspan="2">总库容
（万m³）</td><td rowspan="2">控制
面积
（km²）</td><td colspan="2">防洪标准（年一遇）</td><td>最大
泄量
（m³/s）</td><td>最大
坝高
（m）</td><td>大坝
型式</td></tr>
<tr><td>设计</td><td>校核</td><td></td><td></td><td></td></tr>
<tr><td>—</td><td>—</td><td>—</td><td>—</td><td>—</td><td></td><td>—</td><td>—</td><td>—</td></tr>
<tr><td></td><td></td><td></td><td></td><td></td><td></td><td></td><td></td><td></td></tr>
</table>

续表 1-2

闸坝	闸坝名称	位置	拦河大坝型式	坝长（m）	坝高（m）	坝顶宽（m）	闸孔数量	闸净宽（m）	最大泄量（m³/s）
	—	—	—	—	—	—	—	—	—
	人字闸（处）		淤地坝（座）			其中骨干坝（座）			
	—		—			—			—

灌区	灌区名称	灌溉面积（万亩）	河道取水口处数
	—	—	—

桥梁	桥梁名	位置	过流量（m³/s）	长度（m）	宽度（m）	孔数	孔高（m）	结构型式

其他涉河工程	名称	位置、型式、规模、作用、流量、水质、建成时间等

河道砂石资源及采砂情况	黄水河宁武县段河床内有河卵石，无采砂现象。

主要险工段及设障河段简述	宁武县段河道冲刷严重，险段 10km。

规划工程情况	

情况说明：

黄水河是桑干河的一级支流，发源于忻州市宁武县薛家窊一带，自西南向东北依次流经朔州市朔城区、山阴县和应县，在应县西朱庄附近汇入桑干河。主干流长 104km，流域面积 2489km²，宁武县境内流域面积 112.40km²，主干流长 7km；原平市境内支流流域面积 35.63km²，代县境内支流流域面积 259.25km²，海拔多在 1000m～1650m 间，河道平均纵坡 3.7‰。流域内土石山区 607.38km²，土山区 40km²，丘陵区 330.1km²，平原区 1512.15km²。

黄水河上游宁武县境内群山环绕，中间一条狭长河谷，地势起伏变化较大，河型为分汊型；进入朔城区后，地势逐渐平坦，地貌属盆地，河型属蜿蜒型。河床宽在 40m～90m 间，河床糙率 0.030～0.060。多年平均降水量 409mm，年内分配极不均匀，7～9 三个月约占全年降水量的 70% 以上。多年平均蒸发量 1981.6mm。多年平均径流量 4139 万 m³，但各支流地表径流几乎全被拦蓄。主干中游清水流量 0.1m³/s，也大多流入灌区，下中游多段常处于干涸状态，出境流量很少。来水主要集中在汛期。径流模数 1.66 万 m³/s·km²，径流深 16.6mm，但因径流几乎全部拦蓄于各支流域，黄水河主干流常年处于干涸状态。该流域上游为土石山区，下游为黄土平川区，中间有少量丘陵区。黄水河流域植被稀疏，覆盖率很低，水土流失严重。年输沙量约 320 万 t，土壤侵蚀模数 1290t/（km²·a）。

黄水河流域属半干旱气候，旱灾是当地农业最重的自然灾害。春旱、伏旱、秋旱发生的概率分别为 72.2%、45%、31.5%。其次，中下游河道淤积严重，行洪能力极低，若遇洪水，极易成灾。该流域平川区受桑干河地下水顶托，地下水埋深很浅，大部分是盐碱地，近 57 万亩。河道出了山区后，流域内无较大工矿业，地表水仅受微度污染；流域内多数地方有地下浅层水，含氟砷较高，不符合饮用标准。

福善庄河基本情况表

表1-3

河道基本情况	河流名称	福善庄河		河流别名		—	河流代码	
	所属流域	海河	水系	永定河	汇入河流	黄水河	河流总长（km）	37
	支流名称	—					流域平均宽（km）	11
	流域面积（km²）	石山区	土石山区	土山区		丘陵区	平原区	流域总面积（km²）
		—	114	—		86	201	401
	纵坡（‰）	—	15.2～25.5	—		7.6	4.8	10
	糙率	—	0.035～0.050	—		0.045	0.030～0.035	0.030～0.050
	设计洪水流量（m³/s）	断面位置			100年	50年	20年	10年
	发源地	忻州宁武同家沟			水质情况		地表水Ⅲ类	
	流经县市名及长度	忻州市宁武县8km。						

水文情况	年径流量（万m³）	280	清水流量（m³/s）		最大洪峰流量（m³/s）		
	年均降雨量（mm）	409.1	蒸发量（mm）	1984	植被率（%）	8	年输沙量（万t/年）26
	水文站	名称	位置		建站时间	控制面积（km²）	
		—	—		—	—	
	来水来沙情况	福善庄河径流主要为洪水，无清水流量，多年没有较大洪水。上游主要为土石山区，下游为黄土平原区，上游夹带的泥沙大都淤积在中下游河床中。					

社会经济情况	流经城市（个）	—	流经乡镇（个）	—	流经村庄（个） 8
	人口（万人）		耕地（万亩）	主要农作物	玉米、土豆、蔬菜
	主要工矿企业及国民经济总产值	流域内主要以农业为主。			

河道堤防工程	规划长度（km）	—	已治理长度（km）		1.7		已建堤防单线长（km）		1.9	
	堤防位置	左岸（km）	右岸（km）	型式	级别	标准（年一遇）		河宽（m）	保护人口（万人）	保护村庄（个）	保护耕地（万亩）
						设防	现状				
	宁武县薛家洼乡上白泉村	—	0.3	浆砌石		10	5	5	0.0449	1	0.23
	宁武县薛家洼乡中白泉村	0.7	—	浆砌石		10	5	4	0.0182	1	0.10
	宁武县薛家洼乡高崖上村	0.5	0.2	浆砌石		10	5	6	0.0446	1	
	宁武县薛家洼乡仝家沟村	0.2		浆砌石		10	5	5	0.0221	1	0.073

水库	水库名称	位置	总库容（万m³）	控制面积（km²）	防洪标准（年一遇）		最大泄量（m³/s）	最大坝高(m)	大坝型式
					设计	校核			

续表 1-3

闸坝	闸坝名称	位置	拦河大坝型式	坝长（m）	坝高(m)	坝顶宽（m）	闸孔数量	闸净宽（m）	最大泄量（m³/s）
	—	—	—	—	—	—	—	—	—

	人字闸（处）	—	淤地坝（座）	—	其中骨干坝（座）		—

灌区	灌区名称		灌溉面积（万亩）		河道取水口处数	
	—		—		—	

桥梁	桥梁名	位置	过流量（m³/s）	长度（m）	宽度（m）	孔数	孔高（m）	结构型式

其他涉河工程	名称	位置、型式、规模、作用、流量、水质、建成时间等
	—	—

河道砂石资源及采砂情况	

主要险工段及设障河段简述	

规划工程情况	

情况说明：

福善庄河为黄水河的一级支流，发源于忻州市宁武县同家沟一带，该河自西南向东北，从宁武县下白泉乡的高崖上村，经银洞沟进入朔州市朔城区贾庄乡，流经大涂皋、小涂皋、南曹、小岱堡、福善庄等村后，在福善庄乡的安子村东汇入黄水河。该河主干流长 37km，流域面积 401km²，其中忻州市的宁武县 82km²、原平市 5km²。福善庄河床宽 60m～130m，河床糙率在 0.030～0.050。流域内海拔一般在 1100m～1600m 间，呈西南高、东北低走向，平均纵坡 10‰。

福善庄流域上游拦蓄工程较多，产流很少，多年平均径流深仅 5.2mm。流域内降雨多集中在汛期，流域属半干旱大陆性气候，多年平均降水量 409mm，最大年降水量 643.3mm（1959 年），最小年降水量 217.2mm（1972 年），且时空分布不均，流域内干旱频繁，十年九旱。旱灾是当地农业生产最严重的自然灾害。

第二节　滹沱河流域

滹沱河干流基本情况表

表 2-1

<table>
<tr><td rowspan="11">河道基本情况</td><td>河流名称</td><td colspan="2">滹沱河</td><td>河流别名</td><td colspan="3">—</td><td>河流代码</td><td></td></tr>
<tr><td>所属流域</td><td>海河</td><td>水系</td><td>子牙河</td><td colspan="2">汇入河流</td><td>子牙河</td><td>河流总长（km）</td><td>605</td></tr>
<tr><td>支流名称</td><td colspan="6">孤山河（井沟河）、涧头河、洪水河（虎山河）、小柏峪河、沿口河（龙山河）、羊眼河、双井河、下寨河、赵庄河、马峪河、峨河、峪口河（峪河）、中解河、长乐河（苏龙口河）、阳武河、永兴河、北云中河、南云中河、牧马河、同河、小银河、清水河。</td><td>流域平均宽（km）</td><td>41.6</td></tr>
<tr><td rowspan="2">流域面积（km²）</td><td>石山区</td><td colspan="2">土石山区</td><td>土山区</td><td colspan="2">丘陵区</td><td>平原区</td><td>流域总面积（km²）</td></tr>
<tr><td>15352.48</td><td colspan="2">4681.248</td><td>—</td><td colspan="2">5134.272</td><td>—</td><td>25168</td></tr>
<tr><td>纵坡（‰）</td><td colspan="7"></td><td>3.2</td></tr>
<tr><td>糙率</td><td colspan="7"></td><td>0.025</td></tr>
<tr><td rowspan="2">设计洪水流量 (m³/s)</td><td colspan="4">断面位置</td><td colspan="2">100 年</td><td>50 年</td><td>20 年</td><td>10 年</td></tr>
<tr><td colspan="4">忻州段</td><td colspan="2">3500</td><td>2800</td><td>1975</td><td>1350</td></tr>
<tr><td>发源地</td><td colspan="3">繁峙县泰戏山西麓泉、桥儿沟村的青龙泉</td><td colspan="2">水质情况</td><td colspan="4"></td></tr>
<tr><td>流经县市名及长度</td><td colspan="9">繁峙县 80.1km、代县 39km、原平市 44.6km、忻府区 21km、定襄县 59km、五台县 15km。</td></tr>
<tr><td rowspan="11">水文情况</td><td>年径流量（万 m³）</td><td colspan="2">139000</td><td>清水流量(m³/s)</td><td colspan="3"></td><td>最大洪峰流量（m³/s）</td><td>1720</td></tr>
<tr><td>年均降雨量（mm）</td><td colspan="2">495.4</td><td>蒸发量（mm）</td><td colspan="2">939.3</td><td>植被率（%）</td><td>年输沙量（万 t/ 年）</td><td>1460</td></tr>
<tr><td rowspan="5">水文站</td><td colspan="3">名称</td><td colspan="3">位置</td><td>建站时间</td><td>控制面积（km²）</td></tr>
<tr><td colspan="3">下茹越水文站</td><td colspan="3">繁峙县下茹越村</td><td>1956 年</td><td>1356</td></tr>
<tr><td colspan="3">界河铺水文站</td><td colspan="3">原平市界河铺</td><td>1956 年</td><td>6031</td></tr>
<tr><td colspan="3">济胜桥水文站</td><td colspan="3">忻府区济胜桥</td><td>1956 年</td><td>8939</td></tr>
<tr><td colspan="3">南庄水文站</td><td colspan="3">定襄县南庄村</td><td>1956 年</td><td>11936</td></tr>
<tr><td>来水来沙情况</td><td colspan="9">全流域多年平均输沙量 1460 万 t，平均输沙模数 774t/（km²·a）。</td></tr>
<tr><td rowspan="5">社会经济情况</td><td>流经城市（个）</td><td colspan="2">6</td><td>流经乡镇（个）</td><td colspan="3">18</td><td>流经村庄（个）</td><td>76</td></tr>
<tr><td>人口（万人）</td><td colspan="2">200</td><td>耕地（万亩）</td><td colspan="2">153.9</td><td>主要农作物</td><td colspan="2">玉米、高粱、豆类、水稻等</td></tr>
<tr><td>主要工矿企业及国民经济总产值</td><td colspan="9">山西鲁能晋北铝业有限公司，2005 年国内生产总值为 100.54 亿元。流域内矿产资源丰富，目前已查明的矿藏有 60 多种，其中探明储量有 30 多种，以煤炭、铁矿、铝土矿、金红石、金矿等矿种储量大，分布集中，品位高，易开采。煤炭资源保有储量 242 亿 t，铁矿保有储量 15.45 亿 t，铝土矿保有储量 1.38 亿 t，金红石保有储量 35 万 t，金矿保有储量 18508kg。</td></tr>
</table>

续表 2-1

规划长度(km)			已治理长度（km）		196.49		已建堤防单线长（km）			196.49
堤防位置	左岸 (km)	右岸 (km)	型式	级别	标准（年一遇）		河宽 (m)	保护人口 （万人）	保护村庄 （个）	保护耕地 （万亩）
					设防	现状				
繁峙县杏园乡南关村—古家庄村	3.3		土石混合堤	三		30				
繁峙县繁城镇北城街村—西义村		3.3	土石混合堤	三		30				
繁峙县繁城镇赵家庄村—圣水头村		0.8	砌石堤	三		30				
繁峙县繁城镇赵家庄村—北城街村	0.8		砌石堤	三		30				
繁峙县沙河镇西沙河村—西沿口村	0.4		砌石堤	五		10				
繁峙县沙河镇西沙河村		0.4	砌石堤	五		10				
代县上馆镇下瓦窑头村—东关村	1.06	1.6	砌石堤	四		20				
代县枣林乡西留属村—阳明堡乡小寨村		20.23	土堤	四		20				
代县峨口乡南留属旧村—新高乡沿村	21.8		土堤	四		20				
代县峨口乡南留属新村	0.7		土堤	五		10				
代县上馆镇苏村—东关村	0.92	0.95	砌石堤	五		10				
代县枣林乡东留属村		0.64	土堤	五		10				
原平市中阳乡辛章村—于干乡南郭下村（滹沱河段）	25.1		土堤	五		10				
原平市西镇乡下社村—王家庄乡界河铺村（滹沱河段）		19.5	土堤	五		10				
忻府区高城乡忻口村—曹张乡南曹张村		19.16	土堤	四		20				
定襄县河边乡闫家庄村		1.3	砌石堤	五		15				
定襄县河边乡陈家营村—河四村		4.5	土堤	五		15				
定襄县河边乡河南坪村		1	砌石堤	五		15				
定襄县河边乡河南坪村（左一）	1.95		砌石堤	五		15				
定襄县河边乡河南坪村（左二）	0.65		砌石堤	五		15				
定襄县河边乡岭子底村（岭子底—夫城口段）	2.7		砌石堤	五		15				
定襄县河边乡岭子底村（岭子底段）	0.85		砌石堤	五		15				
定襄河边乡南庄村		2.7	砌石堤	五		15				
定襄县河边乡阎家庄村（坪上—阎家庄段）		3	砌石堤	五		15				

（河道堤防工程）

续表 2-1

	堤防位置	左岸(km)	右岸(km)	型式	级别	标准（年一遇）设防	标准（年一遇）现状	河宽(m)	保护人口（万人）	保护村庄（个）	保护耕地（万亩）
河道堤防工程	定襄县宏道乡平东社村	1.97		土堤	五		15				
	定襄县河边乡戎家庄村（戎家庄段）	0.3		砌石堤	五		15				
	定襄县河边乡戎家庄村（戎家庄段）	1.8		砌石堤	五		15				
	定襄县河边乡戎家庄村（戎家庄一段）	1	1	砌石堤	五		15				
	定襄县河边乡戎家庄村（戎家庄二段）	0.65	0.7	砌石堤	五		15				
	定襄县受录乡三家村—寺家庄村	4.3		土堤	五		15				
	定襄县神山乡卫村—管家营村		3	土堤	五		15				
	定襄县晋昌乡西河头村—卫村		10.7	土堤	五		15				
	定襄季庄乡阎徐庄村—宏道乡咀子村（下汤头—阎徐庄段）	21		土堤	五		15				
	定襄季庄乡阎徐庄村—宏道乡咀子村（阎徐庄—咀子段）	3.2		土堤	五		15				
	五台县建安乡瑶池村—东建安村		4.55	砌石堤	五		15				
	五台东冶乡槐荫村	2.5		土石混合堤	五		10				
	五台神西乡神西村	0.51		砌石堤	五		10				

	水库名称	位置	总库容（万m³）	控制面积（km²）	防洪标准（年一遇）设计	防洪标准（年一遇）校核	最大泄量（m³/s）	最大坝高(m)	大坝型式
水库	下茹越水库	繁峙县城东下茹越村	2869	1356	100	1000	1616.9	19.0	碾压式均质土坝
	孤山水库	繁峙县东庄村孤山下	1227.4	108	100	1000	373	13.3	均质土坝
	泉子沟水库	代县磨坊乡神涧村东	114	4.2	100			19	均质土坝
	柳沟水库	代县枣林镇鹿蹄涧村北	120	1.7	100			18	均质土坝
	正沟水库	代县枣林镇西马村北	146	1.8	50			20	均质土坝
	水沟水库	代县枣林镇蒙家庄村西	150	1.9	100			14	均质土坝
	寨沟水库	代县枣林镇西马村北	225	1.6	100			23	均质土坝
	泊沟水库	代县磨坊乡赤土沟村南	61	3.2	50			21	均质土坝

续表 2-1

	闸坝名称	位 置	拦河大坝型式	坝长（m）	坝高（m）	坝顶宽（m）	闸孔数量	闸净宽（m）	最大泄量（m³/s）
闸坝	中解渠首冲砂闸	代县新高乡口子村	混凝土滚水坝	25	3	1.5	2	1.5	255
	峨河西岸西干渠进水闸	代县峨口镇	浆砌石进水闸	10			2	1.5	—
	峨河东岸东干渠进水闸	代县峨口镇	浆砌石进水闸	10			2	1.5	—
	孤山灌区排洪闸	繁峙县横涧乡东庄村	—	—	—	—	1	1.5	40
	孤山灌区节制闸	繁峙县大营镇河南村	—	—	—	—	1	1.5	40
	滹沱河灌区界河铺冲砂闸	原平市王家庄乡	—	—	—	—			
	滹沱河灌区界河铺进水闸	原平市王家庄乡	—	—	—	—			

人字闸（处）		淤地坝（座）		其中骨干坝（座）	

	灌区名称	灌溉面积（万亩）	河道取水口处数
灌区	云北灌区		
	孤山灌区	设计 7.5，有效 3.34	—
	红卫灌区	设计 2，有效 1.68	

	桥梁名	位 置	过流量（m³/s）	长度（m）	宽度（m）	孔数	孔高（m）	结构型式
桥梁	大营桥	繁峙县大营镇		110	6		4	砼桥
	沙河大桥	繁峙县沙河镇		73	20		3.1	砼桥
	小沙河大桥	繁峙县沙河镇小沙河村		80	10		3.1	砼桥
	上永兴桥	繁峙县集义庄乡上永兴村南		156	10		2.5	砼桥
	繁峙滹沱河大桥	繁峙县城与杏园乡之间		160	18	12	4.5	钢筋砼桥
	笔峰村桥	繁峙县繁城镇笔峰村						
	峨口公路桥	代县枣林镇西留属村面	—	200	12	—	4	砼桥
	聂营铁路桥	代县聂营镇						
	代县滹沱河大桥	代县峪口乡胡家沟村	—	200	12	—	4.5	砼桥
	雁靖大桥	代县南门院村北	—	250	20	—	5	砼桥
	匙村大桥	原平市苏龙口镇匙村						
	郑家营桥	原平市崞阳镇郑家营						
	崞阳大桥	原平市崞阳镇						砼桥
	鲁能铝厂桥	原平市中阳乡鲁能铝厂						砼桥
	红旗大桥	原平市子干乡						砼桥
	原太高速公路大桥	忻府区高城乡西北						
	咀子大桥	定襄县宏道镇咀子村东南		400				

续表 2-1

	桥梁名	位　置	过流量（m³/s）	长度（m）	宽度（m）	孔数	孔高（m）	结构型式
桥梁	戎家庄大桥	定襄县河边镇戎家庄村西		150	5	3	5	砼桥
	闫家庄大桥	定襄县河边镇闫家庄村南		200	5	4	5	砼桥
	赵家庄大桥	定襄县河边镇赵家庄		210	6	3	10	砌石桥
	水电站大桥	定襄县		210	6	3	10	砌石桥
	岭子底大桥	定襄县河边镇岭子底		200	6	4	10	砼桥
	定襄滹沱河大桥	定襄县城北		390	6	13	7	砼桥
	济胜桥 1#	五台县						
	济胜桥 2#	五台县						
	建安桥	五台县建安乡						
	苏家庄桥	五台县神西乡苏家庄						
	刘家庄桥	五台县神西乡刘家寨						
	南湾桥	五台县建安乡南湾						
	甲子湾桥	五台县建安乡甲子湾						
	水泉湾桥	五台县神西乡水泉湾						
	段家庄桥	五台县神西乡段家庄						
	朔黄铁路桥	五台县						
	洪山崖桥	五台县神西乡红山崖						
	坪上桥 1#	五台县神西乡坪上						
	坪上桥 2#	五台县神西乡坪上						
	边家庄桥	五台县神西乡边家庄						

	名称	位置、型式、规模、作用、流量、水质、建成时间等
其他涉河工程	五台县滹沱河水电站	位于五台县神西乡段家庄附近，径流引水式电站，装机 4×320kw，设计水头 21m，设计流量 8m³/s。开工时间 1974 年，建成时间 1976 年。
	五台县滹沱河第二水电站	位于五台县神西乡坪上村附近，径流引水式电站，装机 1×320kw、1×500kw、2×400kw，总装机容量 1620kw，设计水头 22m，设计流量 9m³/s。开工时间 1977 年，建成时间 1980 年。
	定襄县戎家庄水电站	位于定襄县河边镇戎家庄，引水式电站，装机 4×1250kw，设计水头 28m，设计流量 24m³/s。开工时间 1977 年，建成时间 1992 年。
	定襄县戎家庄水电站南庄生态一水电站	位于定襄县河边镇南庄村，引水式电站，装机 4×250kw，设计水头 6.5m，设计流量 21m³/s。2008 年改建，2009 年建成。
	定襄县戎家庄水电站南庄生态二水电站	位于定襄县河边镇闫家庄村，引水式电站，装机 2×250+1×125kw，总装机容量 625kw，设计水头 7.3m，设计流量 9m³/s。2011 年改建，2012 年建成。
	定襄县戎家庄水电站南庄生态三水电站	位于定襄县河边镇河南坪村，引水式电站，装机 2×125kw，设计水头 6m，设计流量 3m³/s。1983 年建成。
	定襄县戎家庄水电站南庄生态四水电站	位于定襄县河边镇岭子底村，引水式电站，装机 2×100kw，设计水头 5m，设计流量 3m³/s。1995 年建成。

续表2-1

河道砂石资源及采砂情况	繁峙县段采砂行为主要集中在笔峰村段；代县段砂石资源丰富；原平市和定襄县段砂石资源很少。
主要险工段及设障河段简述	原平市中阳段上游无堤防，子干乡西荣华段左岸堤防水流冲刷严重；新原乡库狭段有2处30m的缺口，威胁堤防工程的安全，需采取有效措施，防止河道主流改道。
规划工程情况	

情况说明：

　　滹沱河属海河流域子牙河水系，是子牙河的两大支流之一。发源于山西省繁峙县泰戏山西麓马跑泉、桥儿沟一带，向西流经我省的代县、原平市至忻府区，在忻口受金山所阻急转东流，流经定襄县、五台县，由定襄县的岭子底流入阳泉市盂县境内。滹沱河干流全长605km，流域总面积25168km²，其中忻州境内河长260km，流域面积11936km²。

　　河流年径流量：1956年~2000年系列全流域多年平均径流量为13.9亿m³，保证率P=20%、50%、75%、95%的河川径流量分别为17.65亿m³、12.49亿m³、9.85亿m³、7.81亿m³。界河铺水文站多年平均年径流量3.69亿m³，P=20%、50%、75%、95%的河川径流量分别为4.96亿m³、3.28亿m³、2.41亿m³、1.94亿m³。南庄水文站多年平均年径流量7.36亿m³，P=20%、50%、75%、95%的河川径流量分别为9.96亿m³、6.23亿m³、4.66亿m³、3.56亿m³。

　　水质情况：滹沱河山西开发利用区、滹沱河山西河北缓冲区、清水河山西保护区、清水河山西保留区、牧马河山西开发利用区水质均为超Ⅴ类。下茹越水库以上河段水质达到Ⅲ类水标准。从2000年~2001年水质监测资料来看，滹沱河干流评价河长303km，符合Ⅲ类水河长占35.6%，超过Ⅲ类水标准的污染河长占64.6%，其中严重污染的超Ⅴ类水河长占26.7%。主要污染物有氨氮、挥发酚、大肠菌群、氟化物。

　　下茹越水文站控制面积1356km²，1956年建站，1975年上迁上永兴站，因其代表性不好，仍用下茹越站；界河铺水文站控制面积6031km²，1956年建站；济胜桥水文站控制面积8939km²，1956年建站；南庄水文站控制面积11936km²，1956年建站；（下、王、芦、观）~界区间控制面积3446km²；（济、耿）~南区间控制面积618km²。

　　滹沱河流经繁峙县、代县、原平市、忻府区、定襄县、五台县；有乡镇：繁峙县的横涧乡、大营镇、金山铺乡、砂河镇、集义庄乡、下茹越乡、繁城镇、代县的聂营镇、枣林镇、上磨坊乡、上馆镇、代县县城、阳明堡镇、原平的苏龙口镇、沿沟乡、崞阳镇、中阳乡、忻府区的高城乡、曹张乡、定襄县的受禄乡、晋昌镇、神山乡、蒋村乡、河边镇、五台县的建安乡、东冶镇、神西乡。

　　孤山水库泄洪洞设计最大泄量为98.4m³/s，溢洪道设计泄量为212.9m³/s（P=1%），校核泄量为373m³/s（P=0.1%）。

　　注：1.（下、玉、芦、观）—界区间，下—下茹越，王—王家会，芦—芦庄，观—观上，界—界河铺。

　　2.（济、耿）—南区间，济—济胜桥，耿—耿镇，南—南庄。

井沟河基本情况表

表 2-2

<table>
<tr><td rowspan="10">河道基本情况</td><td>河流名称</td><td colspan="2">井沟河</td><td>河流别名</td><td colspan="3">孤山河</td><td colspan="2">河流代码</td><td></td></tr>
<tr><td>所属流域</td><td>海河</td><td>水系</td><td>子牙河</td><td>汇入河流</td><td colspan="2">滹沱河</td><td colspan="2">河流总长（km）</td><td>14.4</td></tr>
<tr><td>支流名称</td><td colspan="5">狼窝沟、磨峪沟、四道沟、小西沟，共4条。</td><td colspan="2">流域平均宽（km）</td><td>12.3</td></tr>
<tr><td rowspan="2">流域面积（km²）</td><td>石山区</td><td colspan="2">土石山区</td><td colspan="2">土山区</td><td>丘陵区</td><td>平原区</td><td colspan="2">流域总面积（km²）</td></tr>
<tr><td>35.5</td><td colspan="2">—</td><td colspan="2">—</td><td>71</td><td>71</td><td colspan="2">177.5</td></tr>
<tr><td>纵坡（‰）</td><td></td><td colspan="2">—</td><td colspan="2">—</td><td></td><td colspan="3">16.7</td></tr>
<tr><td>糙率</td><td></td><td colspan="2">—</td><td colspan="2">—</td><td></td><td colspan="3">—</td></tr>
<tr><td rowspan="2">设计洪水流量（m³/s）</td><td colspan="3">断面位置</td><td colspan="2">100年</td><td>50年</td><td>20年</td><td colspan="2">10年</td></tr>
<tr><td colspan="3"></td><td colspan="2"></td><td></td><td></td><td colspan="2"></td></tr>
<tr><td>发源地</td><td colspan="4">繁峙县东部横涧乡西跑池村</td><td colspan="2">水质情况</td><td colspan="3">Ⅱ类</td></tr>
<tr><td colspan="2">流经县市名及长度</td><td colspan="9">繁峙县14.4km。</td></tr>
<tr><td rowspan="5">水文情况</td><td>年径流量（万m³）</td><td colspan="2">518.8</td><td>清水流量（m³/s）</td><td colspan="3">0.04</td><td colspan="2">最大洪峰流量（m³/s）</td><td></td></tr>
<tr><td>年均降雨量（mm）</td><td colspan="2">400</td><td>蒸发量（mm）</td><td colspan="2">1400</td><td>植被率（%）</td><td>较差</td><td colspan="2">年输沙量（万t/年）</td><td>17.2</td></tr>
<tr><td rowspan="2">水文站</td><td colspan="2">名称</td><td colspan="2">位置</td><td colspan="3">建站时间</td><td colspan="2">控制面积（km²）</td></tr>
<tr><td colspan="2">—</td><td colspan="2">—</td><td colspan="3">—</td><td colspan="2">—</td></tr>
<tr><td>来水来沙情况</td><td colspan="10">泥沙主要以石英沙为主，兼有少量砾石，土壤侵蚀模数在2000t/(km².a)以上。</td></tr>
<tr><td rowspan="3">社会经济情况</td><td>流经城市（个）</td><td colspan="3">—</td><td colspan="2">流经乡镇（个）</td><td>1</td><td colspan="2">流经村庄（个）</td><td>7</td></tr>
<tr><td>人口（万人）</td><td colspan="2">0.54</td><td>耕地（万亩）</td><td colspan="3">2.21</td><td colspan="2">主要农作物</td><td>玉米、土豆、莜麦</td></tr>
<tr><td>主要工矿企业及国民经济总产值</td><td colspan="10">井沟河流域内有铁矿，有龙湾选厂、福利选厂、鑫盛选厂等。</td></tr>
<tr><td rowspan="4">河道堤防工程</td><td>规划长度（km）</td><td colspan="3"></td><td colspan="2">已治理长度（km）</td><td>2</td><td colspan="2">已建堤防单线长（km）</td><td>2</td></tr>
<tr><td rowspan="2">堤防位置</td><td>左岸（km）</td><td>右岸（km）</td><td rowspan="2">型式</td><td rowspan="2">级别</td><td colspan="2">标准（年一遇）</td><td>河宽（m）</td><td>保护人口（万人）</td><td>保护村庄（个）</td><td>保护耕地（万亩）</td></tr>
<tr><td></td><td></td><td>设防</td><td>现状</td><td></td><td></td><td></td><td></td></tr>
<tr><td>横涧村西</td><td>—</td><td>2</td><td>土坝</td><td></td><td colspan="2">20</td><td>50</td><td>0.25</td><td>1</td><td>0.73</td></tr>
<tr><td rowspan="2">水库</td><td>水库名称</td><td>位置</td><td colspan="2">总库容（万m³）</td><td>控制面积（km²）</td><td colspan="2">防洪标准（年一遇）</td><td>最大泄量（m³/s）</td><td>最大坝高（m）</td><td>大坝型式</td></tr>
<tr><td></td><td></td><td colspan="2"></td><td></td><td>设计</td><td>校核</td><td></td><td></td><td></td></tr>
<tr><td rowspan="4">闸坝</td><td>闸坝名称</td><td>位置</td><td colspan="2">拦河大坝型式</td><td>坝长（m）</td><td>坝高（m）</td><td>坝顶宽（m）</td><td>闸孔数量</td><td>闸净宽（m）</td><td>最大泄量（m³/s）</td></tr>
<tr><td>—</td><td>—</td><td colspan="2">—</td><td>—</td><td>—</td><td>—</td><td>—</td><td>—</td><td>—</td></tr>
<tr><td>人字闸（处）</td><td colspan="2">—</td><td colspan="2">淤地坝（座）</td><td colspan="2">—</td><td colspan="2">其中骨干坝（座）</td><td>—</td></tr>
<tr><td>—</td><td colspan="2"></td><td colspan="2"></td><td colspan="2"></td><td colspan="2"></td><td></td></tr>
</table>

续表 2-2

灌区	灌区名称	灌溉面积（万亩）				河道取水口处数		
	孤山灌区	设计灌溉面积 7.5 万亩，有效灌溉面积 2.67 万亩				—		
桥梁	桥梁名	位置	过流量(m³/s)	长度（m）	宽度（m）	孔数	孔高（m）	结构型式
	井沟河桥	繁峙县横涧乡横涧村西		30	6	1	2	砼桥
其他涉河工程	名称	位置、型式、规模、作用、流量、水质、建成时间等						
	—	—						
河道砂石资源及采砂情况	井沟河流域砂石资源丰富，主要集中在横涧村段，目前未发现大型砂厂在此河修建，只有小部分村民小规模的开采。							
主要险工段及设障河段简述	井沟河主要险工河段位于横涧村段，主要设障河段位于小西沟及平型关段。							
规划工程情况								

情况说明：

一、河流基本情况

井沟河为子牙河水系滹沱河的上源。

二、流域自然地理

井沟河流域地形崎岖不平，沟壑纵横，平均海拔 1200m，流域地貌包括三种：平原区占 40%，黄土丘陵区占 40%，变质岩山区占 20%。流域内植被较差，多为光山秃岭。

三、气象与水文

井沟河流域地处繁峙县东部，属大陆性季风气候区，受极地大陆气团和副热带海洋气团影响，四季分明。温差大，风沙大，常年盛行西北风，平均风速达 3.4m／s；降水集中，夏季 6～8 月 3 个月占到全年降水量的 60%～70%。无霜期短，初霜期为 9 月下旬至 10 月上旬，终霜期早到 3 月下旬，最迟可推在 5 月。

四、水力资源

井沟河流域水力资源总量约为 1000kw。

五、旱、涝、碱灾害与水土流失

井沟河流域十年九旱，尤其是春旱较为严重。盐碱下湿地主要位于河流下游的滩地，面积不小，土壤侵蚀模数在 2000t／(km²·a) 以上。

六、河道整治

井沟河流域河堤两旁绿化标准不高，交通条件差，河床淤积快，导致下游孤山水库库区淤积严重，影响灌溉效益的正常发挥。

七、社会经济情况

井沟河流域内有乡镇：横涧乡；有村庄：西跑池村、平型关村、小西沟村、磨峪沟村、四道沟村、前所村、横涧村，共 7 个。流域内自然条件较好，有丰富的水利资源，人均耕地 5 亩以上，经济以农业为主。

洪水河基本情况表

续表 2-3

<table>
<tr><td rowspan="19">河道基本情况</td><td colspan="2">河流名称</td><td colspan="2">洪水河</td><td colspan="2">河流别名</td><td colspan="3">虎山河</td><td colspan="2">河流代码</td><td></td></tr>
<tr><td colspan="2">所属流域</td><td>海河</td><td>水系</td><td colspan="2">子牙河</td><td>汇入河流</td><td colspan="2">滹沱河</td><td colspan="2">河流总长（km）</td><td>20.9</td></tr>
<tr><td colspan="2">支流名称</td><td colspan="7">红花沟、北正沟、黑妹沟，共3条。</td><td colspan="2">流域平均宽（km）</td><td>5.3</td></tr>
<tr><td colspan="2" rowspan="2">流域面积（km²）</td><td>石山区</td><td colspan="2">土石山区</td><td colspan="2">土山区</td><td colspan="2">丘陵区</td><td colspan="2">平原区</td><td>流域总面积（km²）</td></tr>
<tr><td>22.2</td><td colspan="2"></td><td colspan="2"></td><td colspan="2"></td><td colspan="2">88.8</td><td>111</td></tr>
<tr><td colspan="2">纵坡（‰）</td><td colspan="9"></td><td>18.5</td></tr>
<tr><td colspan="2">糙率</td><td colspan="9"></td><td>0.035</td></tr>
<tr><td colspan="2" rowspan="2">设计洪水流量（m³/s）</td><td colspan="4">断面位置</td><td colspan="2">100年</td><td colspan="2">50年</td><td>20年</td><td>10年</td></tr>
<tr><td colspan="4"></td><td colspan="2"></td><td colspan="2">527</td><td>426</td><td>386</td></tr>
<tr><td colspan="2">发源地</td><td colspan="4">繁峙县柏家庄乡红花沟村</td><td colspan="2">水质情况</td><td colspan="4">Ⅱ类</td></tr>
<tr><td colspan="2">流经县市名及长度</td><td colspan="10">繁峙县 20.9km。</td></tr>
<tr><td rowspan="8">水文情况</td><td colspan="2">年径流量（万m³）</td><td colspan="2">480</td><td colspan="2">清水流量（m³/s）</td><td colspan="2">0.01</td><td colspan="2">最大洪峰流量（m³/s）</td><td></td></tr>
<tr><td colspan="2">年均降雨量（mm）</td><td colspan="2">450</td><td>蒸发量（mm）</td><td colspan="2">1400</td><td>植被率（%）</td><td></td><td colspan="2">年输沙量（万t/年）</td><td>2.7</td></tr>
<tr><td rowspan="2">水文站</td><td colspan="3">名称</td><td colspan="3">位置</td><td colspan="2">建站时间</td><td colspan="3">控制面积（km²）</td></tr>
<tr><td colspan="3">—</td><td colspan="3">—</td><td colspan="2">—</td><td colspan="3">—</td></tr>
<tr><td colspan="2">来水来沙情况</td><td colspan="11">洪水河流域泥沙主要以石英砂为主，兼有少量砾石，其级配为2mm～60mm、2mm～0.1mm、0.1mm～0.01mm，比例为20:75:5。河流泥沙以悬移质为主，年输沙量约为2.7万t。</td></tr>
<tr><td rowspan="3">社会经济情况</td><td colspan="2">流经城市（个）</td><td colspan="3">—</td><td colspan="2">流经乡镇（个）</td><td>2</td><td colspan="2">流经村庄（个）</td><td>16</td></tr>
<tr><td colspan="2">人口（万人）</td><td colspan="2">0.5</td><td>耕地（万亩）</td><td colspan="3">0.6</td><td colspan="2">主要农作物</td><td colspan="2">玉米、土豆、莜麦</td></tr>
<tr><td colspan="2">主要工矿企业及国民经济总产值</td><td colspan="11">人均纯收入480元/年。柏家庄村有三家无名铁选厂。</td></tr>
</table>

<table>
<tr><td rowspan="3">河道堤防工程</td><td colspan="2">规划长度（km）</td><td colspan="3"></td><td colspan="2">已治理长度（km）</td><td colspan="2"></td><td colspan="2">已建堤防单线长（km）</td><td>0.3</td></tr>
<tr><td rowspan="2">堤防位置</td><td>左岸（km）</td><td>右岸（km）</td><td rowspan="2">型式</td><td rowspan="2">级别</td><td colspan="2">标准（年一遇）</td><td rowspan="2">河宽（m）</td><td>保护人口（万人）</td><td>保护村庄（个）</td><td>保护耕地（万亩）</td></tr>
<tr><td></td><td></td><td>设防</td><td>现状</td><td></td><td></td><td></td></tr>
<tr><td>北河会村东入滹沱河口</td><td>—</td><td>0.3</td><td>浆砌石</td><td></td><td>20</td><td>10</td><td>60</td><td>0.06</td><td>1</td><td>0.12</td></tr>
<tr><td></td><td></td><td></td><td></td><td></td><td></td><td></td><td></td><td></td><td></td><td></td></tr>
</table>

<table>
<tr><td rowspan="3">水库</td><td rowspan="3">水库名称</td><td rowspan="3">位置</td><td rowspan="3">总库容（万m³）</td><td rowspan="3">控制面积（km²）</td><td colspan="2">防洪标准（年一遇）</td><td rowspan="3">最大泄量（m³/s）</td><td rowspan="3">最大坝高（m）</td><td rowspan="3">大坝型式</td></tr>
<tr><td>设计</td><td>校核</td></tr>
<tr><td>虎山水库</td><td>繁峙县大营镇南洪水村</td><td>461</td><td>11</td><td>50</td><td>500</td><td></td><td>19.8</td><td>水中填土坝</td></tr>
</table>

续表 2-3

闸坝	闸坝名称	位置	拦河大坝型式	坝长（m）	坝高（m）	坝顶宽（m）	闸孔数量	闸净宽（m）	最大泄量（m³/s）
	虎山灌区排洪闸	繁峙县大营镇南洪水村	—	—	—	—	2	2	60
	虎山灌区引水闸	繁峙县大营镇南洪水村	—	—	—	—	4	1.2	1

	人字闸（处）	—	淤地坝（座）	—	其中骨干坝（座）	—

灌区	灌区名称		灌溉面积（万亩）	河道取水口处数	
	虎山灌区		1.13	—	

桥梁	桥梁名	位置	过流量（m³/s）	长度（m）	宽度（m）	孔数	孔高（m）	结构型式
	—	—	—	—	—	—	—	—

其他涉河工程	名称	位置、型式、规模、作用、流量、水质、建成时间等
	—	—

河道砂石资源及采砂情况	砂石资源主要集中在虎山水库下游。

主要险工段及设障河段简述	洪水河主要险工河段在繁峙县南洪水至北洪水村段，主要设障河段在繁峙县柏家庄上游段。

规划工程情况	

情况说明：

洪水河流域内有乡镇：柏家庄乡、金山铺乡；有村庄：柏家庄村、北洪水村、南洪水村新乐庄村、东涧岔村、西涧岔村、北辛庄村、安乐庄村、红沟村、羊圈村、岳眼庄村、北正沟村、元树村、西沟村、万民庄村、罗家坪村，共16个。

沿口河基本情况表

表 2-4

河道基本情况	河流名称	沿口河		河流别名		龙山河		河流代码	
	所属流域	海河	水系	子牙河	汇入河流		滹沱河	河流总长（km）	30
	支流名称	仲沟、杏树沟、同路沟，共 3 条。						流域平均宽（km）	5.3
	流域面积（km²）	石山区	土石山区		土山区	丘陵区	平原区	流域总面积（km²）	
		64	16		—	—	80	160	
	纵坡（‰）				—	—		18.5	
	糙率				—	—		0.035	
	设计洪水流量（m³/s）	断面位置			100 年	50 年	20 年	10 年	
						546	440	400	
	发源地	应县乱翅沟			水质情况		Ⅱ类		
	流经县市名及长度	繁峙县 30km。							

水文情况	年径流量（万 m³）	850	清水流量（m³/s）		0.07	最大洪峰流量（m³/s）		
	年均降雨量（mm）	400	蒸发量（mm）	1500	植被率（%）		年输沙量（万 t/年）	5
	水文站	名称		位置		建站时间	控制面积（km²）	
		—		—		—	—	
	来水来沙情况	沿口河流域泥沙主要以石英沙为主，兼有少量砾石、卵石，其级配分别为 2 mm ~ 60mm、2 mm ~ 0.1mm、0.1 mm ~ 0.01mm，比例为 20:75:5。河流泥沙以推移质为主，年侵蚀模数在 1600t/(km² · a)，推移质输沙量约为 5 万 t。						

社会经济情况	流经城市（个）	—	流经乡镇（个）	1	流经村庄（个）	24
	人口（万人）	1.24	耕地（万亩）	0.92	主要农作物	玉米、土豆、莜麦
	主要工矿企业及国民经济总产值	角峪、松涧一带矿产资源丰富。人均纯收入 500 元 / 年。				

河道堤防工程	规划长度（km）			已治理长度（km）		5.32		已建堤防单线长（km）		5.32
	堤防位置	左岸（km）	右岸（km）	型式	级别	标准（年一遇）		河宽（m）	保护人口（万人）	保护村庄（个） 保护耕地（万亩）
						设防	现状			
	繁峙县沙河镇义兴寨村 1 号	1.83		砌石堤	五		10			
	繁峙县沙河镇义兴寨村 2 号		0.15	砌石堤	五		10			
	繁峙县沙河镇下角峪村		0.59	砌石堤	五		10			
	繁峙县沙河镇孙庄村		1.27	砌石堤	五		10			
	繁峙县沙河镇同路村 1 号	0.29		砌石堤	五		10			
	繁峙县沙河镇同路村 2 号	0.71		砌石堤	五		10			
	繁峙县沙河镇同路村 3 号		0.48	砌石堤	五		10			

续表 2-4

水库	水库名称	位置	总库容（万m³）	控制面积（km²）	防洪标准（年一遇）		最大泄量（m³/s）	最大坝高（m）	大坝型式
					设计	校核			
	龙山水库	繁峙县砂河镇后庄村	990	135	50	500	1287.98	31.8	均质土坝

闸坝	闸坝名称	位置	拦河大坝型式	坝长（m）	坝高（m）	坝顶宽（m）	闸孔数量	闸净宽（m）	最大泄量（m³/s）
	龙山灌区进水闸	繁峙县砂河镇后庄村	—	—	—	—	1	1.2	1.5
	人字闸（处）	—	淤地坝（座）		—		其中骨干坝（座）		—

灌区	灌区名称		灌溉面积（万亩）		河道取水口处数
	龙山灌区		3.31		—

桥梁	桥梁名	位置	过流量（m³/s）	长度（m）	宽度（m）	孔数	孔高（m）	结构型式
	代堡桥	繁峙县沙河镇代堡村西		70	5		3.5	砼桥

其他涉河工程	名称	位置、型式、规模、作用、流量、水质、建成时间等
	—	—

河道砂石资源及采砂情况	沿口河流域砂石资源丰富，集中在沿口村段。南沙地村西有魏计伟砂厂、西沿村东有一大型砂厂，长度为 200m，宽 50m，深 10m。

主要险工段及设障河段简述	沿口河的险工河段主要在繁峙县沿口村与代堡村。沿口河的企业主要是西沿口砂厂，位于龙山水库下游 2.5km 处，砂厂砂石料比附近的耕地高 5m 左右，且直接堆放在河中央；还有龙山水库下游麻全寿选厂、段源源选厂及麻二选厂，这些企业都不同程度在河道内设障。

规划工程情况	

情况说明：

一、基本基本情况

沿口河由北向南流经义兴寨等 23 个行政村后，于代堡村入滹沱河。河口高程 1100m，总落差 1042m。

二、流域地形地貌

沿口河流域地形北高南低，境内山沟密布，高低悬殊，平均海拔在 1300m 左右，流域地貌为土石山区，植被差，多为光山秃岭，水土流失严重。

三、水文气象

沿口河流域地处繁峙县东北部，属大陆性季风气候，总的气候特点是冬长夏短，冬季寒冷干燥，夏季炎热多雨，气候垂直变化明显，温差大，平均气温 5℃，雨热同步，降水集中，夏季 6～8 月占到全年降水的 60%～70%，降水年际变化大，年内分配也不均衡。无霜期 120 天左右。

四、社会经济情况

沿口河流域内有乡镇：沙河镇；有村庄：代堡村、桃园、西沿口、东沿口、后庄、孙庄、柳泉沟、北红崖、同路、杏树沟、店门、牛家川、西石槽、朱家坊、柴窳、致胜、仲沟、安民、上角峪、下角峪、小南川、松涧、义兴寨、小辛庄，共 24 个。

羊眼河基本情况表

表 2-5

<table>
<tr><td rowspan="9">河道基本情况</td><td>河流名称</td><td>羊眼河</td><td>河流别名</td><td colspan="3">—</td><td>河流代码</td><td></td></tr>
<tr><td>所属流域</td><td>海河</td><td>水系</td><td>子牙河</td><td>汇入河流</td><td>滹沱河</td><td>河流总长（km）</td><td>36</td></tr>
<tr><td>支流名称</td><td colspan="5">砂尧沟、暖沟、大黄沟、宫黄沟、张先沟、太平沟、坊城沟，共7条。</td><td>流域平均宽（km）</td><td>6.25</td></tr>
<tr><td rowspan="2">流域面积（km²）</td><td>石山区</td><td colspan="2">土石山区</td><td>土山区</td><td>丘陵区</td><td>平原区</td><td rowspan="2">流域总面积（km²）</td></tr>
<tr><td>—</td><td colspan="2">214.45</td><td>—</td><td>—</td><td>—</td><td>214.45</td></tr>
<tr><td>纵坡（‰）</td><td>—</td><td colspan="2">—</td><td>—</td><td>—</td><td>—</td><td>32.9</td></tr>
<tr><td>糙率</td><td>—</td><td colspan="2">—</td><td>—</td><td>—</td><td>—</td><td>0.03</td></tr>
<tr><td rowspan="2">设计洪水流量（m³/s）</td><td colspan="3">断面位置</td><td>100年</td><td>50年</td><td>20年</td><td>10年</td></tr>
<tr><td colspan="3"></td><td></td><td>1230</td><td>992</td><td>898</td></tr>
</table>

<table>
<tr><td>发源地</td><td colspan="3">五台山东台顶东侧的古花岩村</td><td>水质情况</td><td colspan="3">Ⅱ类</td></tr>
<tr><td>流经县市名及长度</td><td colspan="7">繁峙县36km。</td></tr>
</table>

<table>
<tr><td rowspan="8">水文情况</td><td>年径流量（万m³）</td><td>1659</td><td>清水流量（m³/s）</td><td colspan="2">0.3</td><td>最大洪峰流量（m³/s）</td><td colspan="2"></td></tr>
<tr><td>年均降雨量（mm）</td><td>450</td><td>蒸发量（mm）</td><td colspan="2">1500</td><td>植被率（%）</td><td>20</td><td>年输沙量（万t/年）</td><td>1</td></tr>
<tr><td rowspan="2">水文站</td><td>名称</td><td colspan="2">位置</td><td colspan="2">建站时间</td><td colspan="2">控制面积（km²）</td></tr>
<tr><td>—</td><td colspan="2">—</td><td colspan="2">—</td><td colspan="2">—</td></tr>
<tr><td>来水来沙情况</td><td colspan="7">泥沙主要以石英砂为主，兼有大量砾石、卵石，其级配为2mm～6mm、2mm～0.1mm、0.1mm～0.001mm，比例为30:60:10，河流泥沙以悬移质为主。推移质输砂量为2.5万t，平均年侵蚀模数达1000t/(km²·a)。</td></tr>
</table>

<table>
<tr><td rowspan="3">社会经济情况</td><td>流经城市（个）</td><td colspan="2">—</td><td>流经乡镇（个）</td><td colspan="2">1</td><td>流经村庄（个）</td><td>35</td></tr>
<tr><td>人口（万人）</td><td>1.04</td><td>耕地（万亩）</td><td>5</td><td colspan="2">主要农作物</td><td colspan="2">玉米、土豆、莜麦</td></tr>
<tr><td>主要工矿企业及国民经济总产值</td><td colspan="7">羊眼河流域内有铁矿，有兴盛选厂、中兴矿业有限公司等。人均年收入在1000元左右。</td></tr>
</table>

<table>
<tr><td rowspan="3">河道堤防工程</td><td>规划长度（km）</td><td>8.1</td><td colspan="2">已治理长度（km）</td><td colspan="2"></td><td>已建堤防单线长（km）</td><td>4</td></tr>
<tr><td rowspan="2">堤防位置</td><td rowspan="2">左岸（km）</td><td rowspan="2">右岸（km）</td><td rowspan="2">型式</td><td rowspan="2">级别</td><td colspan="2">标准（年一遇）</td><td rowspan="2">河宽（m）</td><td rowspan="2">保护人口（万人）</td><td rowspan="2">保护村庄（个）</td><td rowspan="2">保护耕地（万亩）</td></tr>
<tr><td>设防</td><td>现状</td></tr>
</table>

<table>
<tr><td>东山底村</td><td>1</td><td>3</td><td>石坝</td><td>五</td><td>20</td><td>10</td><td>80</td><td>0.16</td><td>1</td><td>0.15</td></tr>
</table>

<table>
<tr><td rowspan="3">水库</td><td rowspan="2">水库名称</td><td rowspan="2">位置</td><td rowspan="2">总库容（万m³）</td><td rowspan="2">控制面积（km²）</td><td colspan="2">防洪标准（年一遇）</td><td rowspan="2">最大泄量（m³/s）</td><td rowspan="2">最大坝高（m）</td><td rowspan="2">大坝型式</td></tr>
<tr><td>设计</td><td>校核</td></tr>
<tr><td>—</td><td>—</td><td>—</td><td>—</td><td>—</td><td>—</td><td>—</td><td>—</td><td>—</td></tr>
</table>

续表2-5

	闸坝名称	位置	拦河大坝型式	坝长（m）	坝高（m）	坝顶宽（m）	闸孔数量	闸净宽（m）	最大泄量（m³/s）
闸坝	羊眼河渠首引水闸	繁峙县东山乡东山底村	—	—	—	—	4	2.5	50
	羊眼河进水闸	繁峙县东山乡东山底村					1	2.3	4
	人字闸（处）	—	淤地坝（座）		—		其中骨干坝（座）		—

	灌区名称	灌溉面积（万亩）	河道取水口处数
灌区	羊眼河灌区	3.89	—

	桥梁名	位置	过流量（m³/s）	长度（m）	宽度（m）	孔数	孔高（m）	结构型式
桥梁	新万元地桥	新万元地村西南		100	10	4	4	

	名称	位置、型式、规模、作用、流量、水质、建成时间等
其他涉河工程	—	—

河道砂石资源及采砂情况	羊眼河流域砂石资源丰富，集中在入滹沱河段。2004年108国道扩建时八标二工区在新万元地村西建过一处大型砂厂，长300m，宽30m，深3m。

主要险工段及设障河段简述	羊眼河主要险工河段位于繁峙县水磨下游段，主要设障河段有三段，分别是伯强村西南富达选厂，水磨村东南水磨选厂与新盛选厂，南峪口村北富民铁矿。这三家企业均不同程度在河道内设障。

规划工程情况	2008年12月，山西省繁峙县羊眼河治理建设规划已列入水利部储备项目。治理的范围是伯强至入滹沱河河口，河道整治长度24.5km。主要建设内容是：新建浆砌石坝24.5km，砂坝24.5km；河道疏浚13.8km。工程估算总投资5541.17万元。

情况说明：

一、基本基本情况

羊眼河由南向北流经伯强、东山等35个行政村后于集义庄乡万元地村入滹沱河。河口高程1025m，总落差为1042m。

二、流域地形地貌

羊眼河流域总的地形特点南高北低，山高谷深，沟壑纵横，地形复杂，海拔在1025m～2771m之间，高低悬殊。流域地貌为土石山区，流域内植被较好，尤其是河流上游段森林覆盖率较高，林区面积达5.5万亩。

三、水文气象

羊眼河流域地处繁峙县中南部，属大陆性季风气候区，气候特点是冬长夏短，冬季寒冷干燥，夏季炎热多雨，温差大，雨热同步，降水集中在夏季6～8月，占到全年降水的2/3，全年降水量450mm左右，随海拔的增高而增加，降水年际变化大，年内分配不均衡，季节变化明显，影响农业生产的稳定增长。年平均气温7～9℃，无霜期130天左右，随海拔的增高而减少。

四、社会经济情况

羊眼河流域内有乡镇：东山乡；有村庄：岭底、张先沟、太平沟、狮子坪、马家查、北台峰、宫黄沟、化塔、沟南、耿庄、南庄、野子场、香坪、后峪、塘后、山羊会、上庄、中庄、下庄、茶坊、坊城沟、北进沟、兴胜、蛟坨、天岩、东山底、南峪口、李庄、中庄寨、西魏、东魏、山会、杨林、苏家口、联兴，共35个。

双井河基本情况表

表2-6

<table>
<tr><td rowspan="14">河道基本情况</td><td>河流名称</td><td>双井河</td><td>河流别名</td><td colspan="2">—</td><td colspan="2">河流代码</td><td></td></tr>
<tr><td>所属流域</td><td>海河</td><td>水系</td><td>子牙河</td><td colspan="2">汇入河流</td><td>滹沱河</td><td>河流总长（km）</td><td>20</td></tr>
<tr><td>支流名称</td><td colspan="4">山羊沟、海子沟、秃兰河、界河，共4条。</td><td colspan="2">流域平均宽（km）</td><td colspan="2">4.9</td></tr>
<tr><td rowspan="2">流域面积（km²）</td><td>石山区</td><td>土石山区</td><td colspan="2">土山区</td><td colspan="2">丘陵区</td><td>平原区</td><td>流域总面积（km²）</td></tr>
<tr><td>—</td><td>15.2</td><td colspan="2">—</td><td colspan="2">—</td><td>82.8</td><td>98</td></tr>
<tr><td>纵坡(‰)</td><td>—</td><td colspan="3">—</td><td colspan="2">—</td><td colspan="2">27</td></tr>
<tr><td>糙率</td><td>—</td><td colspan="3">—</td><td colspan="2">—</td><td colspan="2">0.3</td></tr>
<tr><td rowspan="4">设计洪水流量（m³/s）</td><td>断面位置</td><td colspan="2">100年</td><td colspan="2">50年</td><td colspan="2">20年</td><td>10年</td></tr>
<tr><td></td><td colspan="2"></td><td colspan="2">483</td><td colspan="2">389</td><td>354</td></tr>
<tr><td></td><td colspan="2"></td><td colspan="2"></td><td colspan="2"></td><td></td></tr>
<tr><td>发源地</td><td colspan="2">应县界河村</td><td>水质情况</td><td colspan="4">Ⅱ类</td></tr>
<tr><td>流经县市名及长度</td><td colspan="7">繁峙县20km。</td></tr>
<tr><td colspan="8"></td></tr>
<tr><td colspan="8"></td></tr>
<tr><td rowspan="3">水文情况</td><td>年径流量（万m³）</td><td>441</td><td colspan="2">清水流量（m³/s）</td><td>—</td><td colspan="2">最大洪峰流量（m³/s）</td><td></td></tr>
<tr><td>年均降雨量（mm）</td><td>450</td><td>蒸发量（mm）</td><td colspan="2">1400</td><td>植被率（%）</td><td colspan="2">年输沙量（万t/年）</td><td>3</td></tr>
<tr><td rowspan="3">水文站</td><td>名称</td><td colspan="2">位置</td><td colspan="3">建站时间</td><td colspan="2">控制面积（km²）</td></tr>
<tr><td>—</td><td colspan="2">—</td><td colspan="3">—</td><td colspan="2">—</td></tr>
<tr><td>来水来沙情况</td><td colspan="8">双井河流域泥沙主要以石英砂为主，兼有少量砾石，其级配为2mm~60mm、2mm~0.1mm、0.1mm~0.01mm，比例为20:75:5。河流泥沙以悬移质为主，年侵蚀模数1650t/(km²·a)左右，输沙量3万t左右。</td></tr>
<tr><td rowspan="3">社会经济情况</td><td>流经城市（个）</td><td>1</td><td colspan="3">流经乡镇（个）</td><td>1</td><td colspan="2">流经村庄（个）</td><td>14</td></tr>
<tr><td>人口（万人）</td><td>1.5</td><td>耕地（万亩）</td><td colspan="2">0.8</td><td colspan="2">主要农作物</td><td colspan="2">玉米、土豆、莜麦</td></tr>
<tr><td>主要工矿企业及国民经济总产值</td><td colspan="9">双井河流域内有铁矿。人均纯收入480元/年。</td></tr>
<tr><td rowspan="7">河道堤防工程</td><td>规划长度（km）</td><td>—</td><td colspan="2">已治理长度（km）</td><td colspan="2">0.86</td><td colspan="2">已建堤防单线长（km）</td><td>0.86</td></tr>
<tr><td rowspan="2">堤防位置</td><td>左岸（km）</td><td>右岸（km）</td><td>型式</td><td>级别</td><td>标准（年一遇）</td><td>河宽（m）</td><td>保护人口（万人）</td><td>保护村庄（个）</td><td>保护耕地（万亩）</td></tr>
<tr><td></td><td></td><td></td><td>设防</td><td>现状</td><td></td><td></td><td></td><td></td></tr>
<tr><td>繁峙县集义庄乡常胜村1号</td><td></td><td>0.13</td><td>砌石堤</td><td>五</td><td></td><td>10</td><td></td><td></td><td></td></tr>
<tr><td>繁峙县集义庄乡常胜村2号</td><td></td><td>0.43</td><td>砌石堤</td><td>五</td><td></td><td>10</td><td></td><td></td><td></td></tr>
<tr><td>繁峙县集义庄乡常胜村3号</td><td></td><td>0.18</td><td>砌石堤</td><td>五</td><td></td><td>10</td><td></td><td></td><td></td></tr>
<tr><td>繁峙县集义庄乡常胜村4号</td><td>0.12</td><td></td><td>砌石堤</td><td>五</td><td></td><td>10</td><td></td><td></td><td></td></tr>
</table>

续表 2-6

水库	水库名称	位置	总库容（万m³）	控制面积（km²）	防洪标准（年一遇）		最大泄量（m³/s）	最大坝高（m）	大坝型式
					设计	校核			
	—	—	—	—	—	—	—	—	—

| 闸坝 | 闸坝名称 | 位置 | 拦河大坝型式 | 坝长（m） | 坝高（m） | 坝顶宽（m） | 闸孔数量 | 闸净宽（m） | 最大泄量（m³/s） |
| | — | — | — | — | — | — | — | — | — |

	人字闸（处）	—	淤地坝（座）	—	其中骨干坝（座）	—
灌区	灌区名称		灌溉面积（万亩）		河道取水口处数	
	—		—		—	

| 桥梁 | 桥梁名 | 位置 | 过流量（m³/s） | 长度（m） | 宽度（m） | 孔数 | 孔高（m） | 结构型式 |
| | — | — | — | — | — | — | — | — |

| 其他涉河工程 | 名称 | 位置、型式、规模、作用、流量、水质、建成时间等 |
| | — | — |

| 河道砂石资源及采砂情况 | 双井河流域内没有砂石资源。 |

| 主要险工段及设障河段简述 | 双井河主要险工河段主要是繁峙县上双井村至上永兴段，主要设障河段位于繁峙县下双井村段。 |

| 规划工程情况 | 无规划工程。 |

情况说明：
　　一、河流基本情况
　　双井河由北向南流经上双井、下双井等 23 个行政村，于集义庄乡西坡头村汇入滹沱河。河道下游及滹沱河干流淤积严重，河床逐年被抬高。
　　二、流域自然地理
　　双井河流域地形北高南低，境内山沟密布，沟壑纵横，海拔在 1060 m ~ 1700m 之间，流域地貌为土石山区，植被差，森林覆盖率低，多为光山秃岭，土壤侵蚀模数为 1650t／（km²·a）左右。
　　三、气候
　　双井河流域地处繁峙县中北部，属大陆性季风气候区。平均气温 6℃，降水集中在夏季 3 个月，降水年际变化大，年内分配不均衡，影响到径流的年内分配极不均匀，平水年份汛期径流量占全年水量 2／3，而枯季特别是 5 月份常有断流现象。径流的年季变化也很大，一般枯水年径流量只有丰水年径流量的 1／10。无霜期 130d 左右。
　　四、水力资源
　　双井河流域水力资源总量约 100kw。
　　五、水旱灾害
　　流域内对农业生产影响最大的是旱灾，一般春旱每 3 年左右出现一次，夏旱秋旱每 6 年左右出现一次，全年较严重的干旱 10 年左右出现一次。
　　六、社会经济情况
　　双井河流域内有乡镇：集义庄乡；有村庄：上双井村、下双井村、晋王殿、侍倚堡、净林、印子坪、安耳、山羊沟、马槽峪、川草坪、常胜、上永兴、三胜地，共 14 个。农业人口 1. 5 万人，由于农业上单一经营，林牧业跟不上去，土地相对比较贫瘠，农民广种薄收，粮食产量不高，农民生活比较困难。

峨河基本情况表

表 2-7

<table>
<tr><td rowspan="13">河道基本情况</td><td>河流名称</td><td colspan="2">峨河</td><td>河流别名</td><td colspan="2">—</td><td>河流代码</td><td></td></tr>
<tr><td>所属流域</td><td>海河</td><td>水系</td><td>子牙河</td><td>汇入河流</td><td>滹沱河</td><td>河流总长（km）</td><td>47.2</td></tr>
<tr><td>支流名称</td><td colspan="5">大东沟、宽滩沟、茶铺沟、婆婆沟、羊蹄沟、云雾沟、西西窑沟，共7条。</td><td>流域平均宽（km）</td><td>8.8</td></tr>
<tr><td rowspan="2">流域面积（km²）</td><td>石山区</td><td>土石山区</td><td>土山区</td><td colspan="2">丘陵区</td><td>平原区</td><td>流域总面积（km²）</td></tr>
<tr><td>356.9</td><td>58.1</td><td>—</td><td colspan="2">—</td><td>8</td><td>415</td></tr>
<tr><td>纵坡（‰）</td><td></td><td></td><td>—</td><td colspan="2">—</td><td colspan="2">28.68</td></tr>
<tr><td>糙率</td><td></td><td></td><td>—</td><td colspan="2">—</td><td colspan="2">0.035</td></tr>
<tr><td rowspan="2">设计洪水流量（m³/s）</td><td colspan="2">断面位置</td><td>100年</td><td>50年</td><td>20年</td><td colspan="2">10年</td></tr>
<tr><td colspan="2">峨河河口</td><td></td><td colspan="2">665</td><td></td><td></td></tr>
<tr><td>发源地</td><td colspan="3">五台山北台顶西侧的大东沟</td><td>水质情况</td><td colspan="3">繁峙县段Ⅱ类，代县段Ⅲ类</td></tr>
<tr><td>流经县市名及长度</td><td colspan="7">繁峙县41.7km，代县5.5km。</td></tr>
</table>

<table>
<tr><td rowspan="7">水文情况</td><td>年径流量（万m³）</td><td>6342</td><td>清水流量（m³/s）</td><td>0.6</td><td colspan="2">最大洪峰流量（m³/s）</td><td colspan="2">无实测资料</td></tr>
<tr><td>年均降雨量（mm）</td><td>450</td><td>蒸发量（mm）</td><td>1400</td><td>植被率（%）</td><td>12</td><td>年输沙量（万t/年）</td><td>1</td></tr>
<tr><td rowspan="2">水文站</td><td>名称</td><td colspan="3">位置</td><td colspan="2">建站时间</td><td>控制面积（km²）</td></tr>
<tr><td>—</td><td colspan="3">—</td><td colspan="2">—</td><td>—</td></tr>
<tr><td>来水来沙情况</td><td colspan="8">泥沙主要以石英砂为主，有大量砾石，其级配为2mm～6mm、2mm～0.1mm、0.1mm～0.001mm，比例为20:70:10，河流泥沙以悬移质为主。多年平均输砂量为1万t，平均年侵蚀模数达1000t/(km²·a)。</td></tr>
</table>

<table>
<tr><td rowspan="3">社会经济情况</td><td>流经城市（个）</td><td>—</td><td>流经乡镇（个）</td><td colspan="2">3</td><td>流经村庄（个）</td><td colspan="2">78</td></tr>
<tr><td>人口（万人）</td><td>4.27</td><td>耕地（万亩）</td><td>3.7</td><td colspan="2">主要农作物</td><td colspan="2">玉米、土豆、莜麦</td></tr>
<tr><td>主要工矿企业及国民经济总产值</td><td colspan="8">峨河流域内铁矿丰富，有峨口铁矿、鑫源选厂、隆泉选厂、泰鑫选厂、鑫秀选厂、宝山选厂、繁峙县矿产品有限公司、宏岩选厂、宏伟选厂、通达选厂等。</td></tr>
</table>

<table>
<tr><td rowspan="7">河道堤防工程</td><td>规划长度（km）</td><td></td><td>已治理长度（km）</td><td colspan="3">19.59</td><td colspan="2">已建堤防单线长（km）</td><td>19.59</td></tr>
<tr><td rowspan="2">堤防位置</td><td rowspan="2">左岸（km）</td><td rowspan="2">右岸（km）</td><td rowspan="2">型式</td><td rowspan="2">级别</td><td colspan="2">标准（年一遇）</td><td rowspan="2">河宽（m）</td><td>保护人口（万人）</td><td>保护村庄（个）</td><td>保护耕地（万亩）</td></tr>
<tr><td>设防</td><td>现状</td><td></td><td></td><td></td></tr>
<tr><td>繁峙岩头乡岩头村1号</td><td></td><td>0.36</td><td>砌石堤</td><td>五</td><td></td><td>10</td><td></td><td></td><td></td><td></td></tr>
<tr><td>繁峙岩头乡岩头村2号</td><td>0.24</td><td></td><td>砌石堤</td><td>五</td><td></td><td>10</td><td></td><td></td><td></td><td></td></tr>
<tr><td>繁峙县岩头乡元山村</td><td></td><td>0.56</td><td>砌石堤</td><td>五</td><td></td><td>10</td><td></td><td></td><td></td><td></td></tr>
<tr><td>繁峙县岩头乡南磨村</td><td>0.84</td><td></td><td>砌石堤</td><td>五</td><td></td><td>10</td><td></td><td></td><td></td><td></td></tr>
</table>

续表 2-7

	堤防位置	左岸（km）	右岸（km）	型式	级别	标准（年一遇）设防	标准（年一遇）现状	河宽（m）	保护人口（万人）	保护村庄（个）	保护耕地（万亩）
河道堤防工程	繁峙县岩头乡甘泉村	0.26		砌石堤	五		10				
	繁峙县岩头乡大保村1号	1.62		砌石堤	五		10				
	繁峙县岩头乡大保村2号		0.15	砌石堤	五		10				
	繁峙县岩头乡水峪村	1.77		砌石堤	五		10				
	繁峙县岩头乡安头村	0.75		砌石堤	五		10				
	繁峙岩头乡高儿坡村		0.17	砌石堤	五		10				
	繁峙县岩头乡郎庄村1号		0.3	砌石堤	五		10				
	繁峙县岩头乡郎庄村2号	0.21		砌石堤	五		10				
	繁峙县岩头乡郎庄村3号		0.37	砌石堤	五		10				
	繁峙县岩头乡郎庄村4号	0.7		砌石堤	五		10				
	繁峙县岩头乡郎庄村5号	0.2		砌石堤	五		10				
	繁峙县岩头乡郎庄村6号	0.43		砌石堤	五		10				
	繁峙县岩头乡郎庄村7号	1.66		砌石堤	五		10				
	代县峨口镇沟子村—南留属旧村	4.8	4.2	砌石堤	五		10				

	水库名称	位置	总库容（万m³）	控制面积(km²)	防洪标准（年一遇）设计	防洪标准（年一遇）校核	最大泄量（m³/s）	最大坝高（m）	大坝型式
水库	—	—	—	—	—	—	—	—	—

	闸坝名称	位置	拦河大坝型式	坝长（m）	坝高（m）	坝顶宽（m）	闸孔数量	闸净宽（m）	最大泄量（m³/s）
闸坝	峨河灌区渠首滚水坝	代县峨口东村	混凝土坝	35	2.6	1.5	3	1.6	
	人字闸（处）	—	淤地坝（座）	—		其中骨干坝（座）		—	

	灌区名称	灌溉面积（万亩）	河道取水口处数
灌区	峨河管理处	3.5	—

	桥梁名	位置	过流量（m³/s）	长度（m）	宽度（m）	孔数	孔高（m）	结构型式
桥梁	岩头桥	繁峙县岩头乡岩头村		25	6		2	砼桥
	宝山桥	繁峙县宝山村		200	6		3	砼桥
	元山桥	繁峙县岩头乡元山村		50	6		3	砼桥
	峨口铁矿铁路桥	代县岩头乡岩头村	—	200	6	10	4	砼桥

续表 2-7

	桥梁名	位置	过流量（m³/s）	长度（m）	宽度（m）	孔数	孔高（m）	结构型式
桥梁	东村桥	代县峨口镇峨口东村	—	60	6	5	3	砼桥
	佛光庄新桥	代县峨口镇佛光庄村	—	60	6	4	3	砼桥
	佛光庄旧桥	代县峨口镇佛光庄村	—	50	6	4	2.5	砼桥
	京原铁路桥	代县段	—	200	6	10	4.5	砼桥
	南留属桥	代县南留属村	—	60	6	4	3	砼桥

	名称	位置、型式、规模、作用、流量、水质、建成时间等
其他涉河工程	代县大红才矿山专线	10KV，2005 年建成。
	代县兴旺矿山专线	10KV，2004 年建成。
	代县金诚矿山专线	10KV，2005 年建成。

河道砂石资源及采砂情况	峨河流域砂子相对较少，石子多。由于运输条件差，未建有大型砂厂。

主要险工段及设障河段简述	峨河主要险工河段位于繁峙县高儿坡至甘泉段，主要设障河段是繁峙县水峪村东的东鑫选厂，南磨滩村北的宗山选厂，元山村南的宝山选厂，甘泉村的隆泉选厂，甘泉村东的泰鑫选厂，圪料沟的宏山选厂，岩头村东南的鑫秀选厂，康家沟的繁峙县矿产品有限公司，高儿坡的宏岩选厂，辉峪村西的兴岳与吉新源选厂。这 11 家企业均不同程度地在河道内设障。

规划工程情况	2008 年 12 月，山西省峨河代县段和繁峙县段治理建设规划已列入水利部储备项目。峨河代县段治理的范围是干流从木格桥（桩号 41+800m）至滹沱河入河口（桩号 47+300m），全长 5.5km。建设内容为：两岸新筑浆砌石堤防 5.5km，河道疏浚 5.5km，清淤方量 27.33 万 m³，新建穿堤建筑物 1 座，新建护岸 6km。工程估算总投资为 2697 万元。 峨河繁峙县段河理的范围是宽滩乡堂子沟至出境处木格村。河道整治长度 30km。主要建设内容是：浆砌石防洪堤 47.84km，砂坝 41.27km。工程估算总投资为 5360.69 万元。

情况说明：

一、河流基本情况

峨河流经繁峙县宽滩、岩头两乡镇 56 个行政村，于代县南留属旧村注入滹沱河。

二、流域地形地貌

峨河上游的山区段为山区稳定性河段，出峪后为山前区变迁性河段。河道山区段河床为卵石块石组成，岸壁均为石质，河床相对稳定，下游山前段河床为砂卵石，河段比较顺直，岸壁为砌石护坝和砂土堤防，限制着洪水的折冲塌岸和河道变迁，使河床保持稳定。峨河流域山区为变质岩石山区，变质岩构造土石山区，占总面积的 86%，岩性为五台系花岗岩林岩，海拔 960m ~ 2500m，植被较好，有天然森林，面积为 49.8km²，峨口以下洪积扇海拔 890m ~ 960m，岩性为第四纪全新统砂卵石亚砂土。最下游扇区缘为冲积平原，地形平坦，多为盐碱下湿地。流域内有较大面积的五台山森林宽滩林场。另有分布不均，面积大小不等的零星成片乔木林，其余除裸岩部分外，灌木及杂草丛生。

续表 2-7

三、气象

峨河上游山区多年平均降水量为 552.8mm，山前区为 500.9mm，历史最大年降雨达 900mm。流域年内降水量分布极不均匀，主汛期的 6～9 月降水占全年的 75% 以上。据代县气象站资料，多年平均水面蒸发量为 1096.9mm（E601型），年最大水面蒸发量为 1339.5mm（1972 年），最小为 948.5mm（1985 年）。年平均气温山区为 6.4℃，平原区为 7.8℃，日均温稳定通过 10℃的积温山区为 2840.4℃，山前区为 3225.9℃。峨河上游植被尚好，森林面积 49.8 km^2。

四、社会经济情况

峨河流域内有乡镇：岩头乡、聂营镇、峨口镇；有村庄：繁峙县的木格村、安头村、水峪村、南磨村、元山村、大保村、甘泉村、薛家坡村、西天井村、次里洼村、板铺村、岩头村、深沟村、铁关村、辛庄村、塔坪村、高儿坡村、榆树湾村、东林沟村、香台村、花字村、郎庄村、旋风口村、刘家坪村、尖山村、明盛庄村、东沟村、大西沟村、土岭村、照山村、茶铺村、西峪村、大明烟村、复兴村、胜兴村、庄子村、化桥村、大草坪村、龙宿沟村、辉峪村、宽滩村、前天井村、后天井村、娘娘会村、马家峪村、油房村、禅堂村、二茄兰村、尧子沟村、白家查村、蒿儿梁村、堂子沟村、麻黄沟村、大东沟村、鹿骨崖村、上峨河村、下峨河村、碓臼坪村、寺沟村、王家屋村、曹辛庄村、代县的口子村、东村、佛光庄村、上木角村、下木角村、上高陵村、下高陵村、南桥村、南旧村、峨西村、郝街村、楼街村、富村、东滩上村、东下社村、正下社村、西下社村等。

峪河基本情况表

表 2-8

<table>
<tr><td rowspan="12">河道基本情况</td><td>河流名称</td><td colspan="2">峪河</td><td>河流别名</td><td colspan="2">峪口河</td><td colspan="2">河流代码</td><td></td></tr>
<tr><td>所属流域</td><td>海河</td><td>水系</td><td>子牙河</td><td>汇入河流</td><td colspan="2">滹沱河</td><td>河流总长（km）</td><td>39.7</td></tr>
<tr><td>支流名称</td><td colspan="6">北岸沟、南岸沟、上苑沟、龙王堂沟、武强沟，共5条。</td><td>流域平均宽（km）</td><td>8.92</td></tr>
<tr><td rowspan="2">流域面积（km²）</td><td>石山区</td><td colspan="2">土石山区</td><td>土山区</td><td>丘陵区</td><td>平原区</td><td colspan="2" rowspan="2">流域总面积（km²）</td></tr>
<tr><td>46.7</td><td colspan="2">279.7</td><td>18.4</td><td>—</td><td>9.2</td><td>375</td></tr>
<tr><td>纵坡(‰)</td><td colspan="6"></td><td colspan="2">18.7</td></tr>
<tr><td>糙率</td><td colspan="6">—</td><td colspan="2">0.03～0.32</td></tr>
<tr><td rowspan="2">设计洪水流量（m³/s）</td><td colspan="3">断面位置</td><td>100年</td><td>50年</td><td>20年</td><td colspan="2">10年</td></tr>
<tr><td colspan="3">王家会水文站</td><td>598</td><td>470</td><td>312</td><td colspan="2">204</td></tr>
<tr><td>发源地</td><td colspan="3">代县滩上镇马桥沟</td><td>水质情况</td><td colspan="4">Ⅱ类</td></tr>
<tr><td>流经县市名及长度</td><td colspan="8">代县 39.7km。</td></tr>
<tr></tr>

</table>

<table>
<tr><td rowspan="6">水文情况</td><td>年径流量（万m³）</td><td colspan="2">3594</td><td>清水流量（m³/s）</td><td colspan="2">0.3</td><td>最大洪峰流量（m³/s）</td><td colspan="2">317 王家会水文站</td></tr>
<tr><td>年均降雨量（mm）</td><td colspan="2">425.5</td><td>蒸发量（mm）</td><td>1846</td><td>植被率（%）</td><td>12</td><td>年输沙量（万t/年）</td><td>20</td></tr>
<tr><td rowspan="2">水文站</td><td colspan="2">名称</td><td colspan="3">位置</td><td colspan="2">建站时间</td><td>控制面积（km²）</td></tr>
<tr><td colspan="2">王家会水文站</td><td colspan="3">王家会村</td><td colspan="2">1956年</td><td>333</td></tr>
<tr><td>来水来沙情况</td><td colspan="8">泥沙主要以石英砂为主，有大量砾石，其级配为2mm～6mm、2mm～0.1mm、0.1mm～0.001mm，比例为20:70:10，河流泥沙以悬移质为主。多年平均输砂量为1万t，平均年侵蚀模数达1000t/(km²·a)。</td></tr>
<tr></tr>
</table>

<table>
<tr><td rowspan="3">社会经济情况</td><td>流经城市（个）</td><td colspan="2">—</td><td colspan="2">流经乡镇（个）</td><td colspan="2">3</td><td>流经村庄（个）</td><td>23</td></tr>
<tr><td>人口（万人）</td><td colspan="2">2.3</td><td>耕地（万亩）</td><td>6</td><td colspan="2">主要农作物</td><td colspan="2">玉米、土豆、莜麦</td></tr>
<tr><td>主要工矿企业及国民经济总产值</td><td colspan="8">铁矿丰富，有众多铁矿企业。</td></tr>
</table>

<table>
<tr><td rowspan="4">河道堤防工程</td><td>规划长度（km）</td><td colspan="2">9.97</td><td colspan="2">已治理长度（km）</td><td colspan="2">20.29</td><td>已建堤防单线长（km）</td><td>20.29</td></tr>
<tr><td rowspan="2">堤防位置</td><td>左岸（km）</td><td>右岸（km）</td><td rowspan="2">型式</td><td rowspan="2">级别</td><td colspan="2">标准（年一遇）</td><td>河宽（m）</td><td>保护人口（万人）</td><td>保护村庄（个）</td><td>保护耕地（万亩）</td></tr>
<tr><td></td><td></td><td>设防</td><td>现状</td><td></td><td></td><td></td><td></td></tr>
<tr><td>代县峪口乡岗上村—贾村</td><td>12.6</td><td>7.69</td><td>土堤/砌石堤</td><td>五</td><td></td><td>10</td><td></td><td></td><td></td><td></td></tr>
</table>

<table>
<tr><td rowspan="2">水库</td><td>水库名称</td><td>位置</td><td>总库容（万m³）</td><td>控制面积（km²）</td><td colspan="2">防洪标准（年一遇）</td><td>最大泄量（m³/s）</td><td>最大坝高（m）</td><td>大坝型式</td></tr>
<tr><td></td><td></td><td></td><td></td><td>设计</td><td>校核</td><td></td><td></td><td></td></tr>
<tr><td></td><td colspan="9">—</td></tr>
</table>

<table>
<tr><td rowspan="3">闸坝</td><td>闸坝名称</td><td>位置</td><td>河拦大坝型式</td><td>坝长（m）</td><td>坝高（m）</td><td>坝顶宽（m）</td><td>闸孔数量</td><td>闸净宽（m）</td><td>最大泄量(m³/s)</td></tr>
<tr><td>峪河灌区渠首节制闸</td><td>代县峪口村</td><td>浆砌石</td><td>38</td><td>3</td><td>1.5</td><td>4</td><td>1.5</td><td>12</td></tr>
<tr><td>人字闸（处）</td><td>—</td><td>淤地坝（座）</td><td colspan="2">—</td><td colspan="2">其中骨干坝（座）</td><td colspan="2">—</td></tr>
</table>

续表 2-8

灌区	灌区名称		灌溉面积（万亩）			河道取水口处数		
	峪河灌区		1.8			—		
桥梁	桥梁名	位置	过流量（m³/s）	长度（m）	宽度（m）	孔数	孔高（m）	结构型式
	高凡桥	代县滩上镇高凡村	—	15	3	5	3	砼梁板桥
	殷家会桥	代县滩上镇殷家会村	—	20	3	5	3	砼梁板桥
	王家会桥	代县峪口乡王家会村	—	20	5	5	3	砼梁板桥
	峪口村桥 1#	代县峪口乡峪口村南	—	25	5	5	3.8	砼梁板桥
	峪口村桥 2#	代县峪口乡峪口村北	—	20	3	5	3	砼梁板桥
	贾村桥	代县峪口乡贾村	—	35	12	5	2	砼双曲拱

其他涉河工程	名称	位置、型式、规模、作用、流量、水质、建成时间等

河道砂石资源及采砂情况	峪河砂子相对较少，石子、毛石较多，未建有大型砂石厂。

主要险工段及设障河段简述	代县苏木线贾村桥下游河道缩窄，不能满足 20 年一遇行洪需求。

规划工程情况	2008 年 12 月，山西省代县峪河治理建设规划已列入水利部储备项目。治理范围为上游滩上镇和下游贾村桥段，整治河道长 9.97km。工程主要建设内容为：左右岸新建浆砌石防洪坝 15.61 公里，穿堤建筑物 1 座。工程估算总投资 2697.84 万元。

情况说明：

一、基本基本情况

峪河位于代县县城南部，于峪口乡进入山前洪积扇，由南向北到贾村注入滹沱河。

该河在峪口村以上山区为稳定性河段，以下为变迁性河段。上游山区段以卵石、块石为主，床面不平整，河谷时宽时窄，但基本稳定，下游为沙卵石河基，河段顺直，岸壁为沙砾堤，筑有部分干砌石坝，基本上控制了河道的变迁、冲刷。

二、流域地形地貌

峪河流域南高北低，山区多峻岭陡坡，海拔 1000 m ～ 2200m，为变质岩和其构造的土石山区，岩石为五台系花岗片麻岩，峪口以下上陡下缓，海拔 860 m ～ 1000m，最下游缘区地形平坦低洼，地下水位高，多盐碱下湿地。流域内有分布不均、面积大小不等的零星成片乔木林，其余除裸岩部分外，灌木及杂草丛生，植被较好。

三、气象与水文

上游山区多年平均降水量 550mm，山上游 470mm ～ 500mm，上游南正沟平均雨量达 770 mm，年内降水期大多集中于 6 ～ 9 月，占全年降水量的 75%。据气象站资料，多年水面蒸发量为 1096.9 mm，年最大蒸发量 1339.5 mm（1972 年），最小为 948.5 mm（1985 年）。山区平均气温为 6.4℃，平原区 7.8℃，日均温稳定通过 10℃的积温山区为 2840.4℃，山前区 3225.9℃。每年在 11 月结冰，次年 5 月冰融，最大厚度 0.8m。

峪河实测最大径流量为 1.01 亿 m³（1959 年），最小为 982 万 m³（1972 年）。P=50% 年径流量 7018 万 m³，P=75% 年径流量 1940 万 m³。清水流量正常年 0.3m³/s，基流 0.1 m³/s 左右。历史统计最小流量 0.031 m³/s（1966 年）。

四、社会经济情况

峪河流域内有乡镇：滩上镇、峪口乡、上馆镇。

中解河基本情况表

表2-9

河道基本情况	河流名称	中解河		河流别名			—		河流代码		
	所属流域	海河		水系	子牙河	汇入河流	滹沱河		河流总长（km）		29.3
	支流名称	龙巴沟、高太乙沟，共2条。							流域平均宽（km）		4.7
	流域面积（km²）	石山区		土石山区		土山区	丘陵区		平原区		流域总面积（km²）
		89.6		32.19		—			6.21		137.5
	纵坡（‰）										24.7
	糙率										
	设计洪水流量（m³/s）	断面位置				100年	50年		20年		10年
		中解河口				—	—		255		
	发源地	代县与五台县交界处的峨岭山			水质情况			Ⅲ类				
	流经县市名及长度	代县29.3km。										
水文情况	年径流量（万m³）	1176		清水流量（m³/s）		0.15	最大洪峰流量（m³/s）				
	年均降雨量（mm）	530~550		蒸发量（mm）	1096.9	植被率（%）	较好		年输沙量（万t/年）		6.3
	水文站	名称		位置			建站时间		控制面积（km²）		
		—									
	来水来沙情况	泥沙主要以石英砂为主，有大量砾石，其级配为2mm~6mm、2mm~0.1mm、0.1mm~0.001mm，比例为20:70:10，河流泥沙以悬移质为主。多年平均输沙量为6.7万t。										
社会经济情况	流经城市（个）	—		流经乡镇（个）		1	流经村庄（个）				42
	人口（万人）	1.58		耕地（万亩）		5.3	主要农作物		玉米、葵花、马铃薯、大豆、高粱		
	主要工矿企业及国民经济总产值	中解河流域有白峪里铁矿、张仙堡铁矿，2001年粮食产量为3948吨，总收入2800万元。										

河道堤防工程	规划长度（km）	6.2	已治理长度（km）		2.53		已建堤防单线长（km）			2.53
	堤防位置		左岸（km）	右岸（km）	型式	级别	标准（年一遇）		河宽（m）	保护人口（万人）	保护村庄（个）	保护耕地（万亩）

河道堤防工程	堤防位置	左岸（km）	右岸（km）	型式	级别	设防	现状	河宽（m）	保护人口（万人）	保护村庄（个）	保护耕地（万亩）
	代县新高乡刘家圪洞村—大梨园村	1.3	1.23	砌石堤	五		10				

水库	水库名称	位置	总库容（万m³）	控制面积（km²）	防洪标准（年一遇）		最大泄量（m³/s）	最大坝高（m）	大坝型式
					设计	校核			
	中解水库	代县新高乡青社村北的中解河上	400	107.3	50	500	423.53	34.78	钢纤维砼面板堆石坝

闸坝	闸坝名称	位置	拦河大坝型式	坝长（m）	坝高（m）	坝顶宽（m）	闸孔数量	闸净宽（m）	最大泄量（m³/s）
	中解灌区渠首工程	代县新高乡口子村	混凝土滚水坝	25	3	1.5	2	1.5	255
	人字闸（处）	—	淤地坝（座）	—			其中骨干坝（座）		—

续表2-9

灌区	灌区名称		灌溉面积（万亩）				河道取水口处数
	中解灌区		1.67				—

桥梁	桥梁名	位置	过流量（m³/s）	长度（m）	宽度（m）	孔数	孔高（m）	结构型式
	公路桥	代县新高乡刘家圪洞村	160	10	8	1	2.8	砼桥

其他涉河工程	名称	位置、型式、规模、作用、流量、水质、建成时间等
	尾矿管道	2009年建成，代县白峪里铁矿，位于代县白峪里村。

河道砂石资源及采砂情况	中解河沙子较少，石子、毛石多。由于运输条件差，未建有大型砂厂。

主要险工段及设障河段简述	代县白峪里生产区下游至河头入河口处，沿河八家铁矿侵占部分河道、私排尾矿入河，导致河床淤积严重。

规划工程情况	2008年完成了河道治理规划。治理范围从口子村到入河口，综合治理长度6.213km，主要建设内容为6.213km的河道疏浚、堤防工程、护堤工程，估算总投资2870.4723万元。

情况说明：

一、河流基本情况

中解河流域上游相对较为开阔，由两大主要支沟流域组成：东支龙巴沟，沟长12km，积水面积36km²，平均坡降33%；西支高太乙沟，沟长10km，积水面积25km²，平均坡降25%。两支沟在探马石村北汇合，向北支流至青社村北部，河道缩窄进入长5km的高山峡谷段，到口子村出谷，河床变浅变阔，至河头村西往滹沱河。在河道峡谷段首部，建有中解水库，水库为年调节小（一）型水库，防洪库容176万m³。河道峡谷段出口是中解灌区灌溉引水渠首，渠首以下近10km是尚未整治的蜿蜒型河道。中解河在上游中解水库以上河道开阔，糙率0.03～0.04，水库以下进入狭谷区，糙率0.04～0.10，口子村以下洪积扇区糙率约为0.03。铁矿尾矿排污水排放每年238.5万m³。

二、流域地形地貌

流域地形东南高西北低，流域内崇山峻岭，杂草丛生，乔灌木颇多，植被较好。地貌单元属中低山、黄土丘陵及河谷地貌，河谷形态属"V"字型谷。河谷覆盖层厚度4m～6m，由全新统冲洪积砂卵石组成；两岸岸坡不对称，该区地域地处五台山区，从老到新出露的地层有：（1）太古界五台群花岗片麻岩系（Arw）：主要展布于水库坝肩两侧、坝基及库区。岩性可分为两类，一类为五台群铺上组文溪段黑云角闪变粒岩；另一类为五台群铺上组嘴段石榴黑方石英片岩。属高级动力变质岩，其粒状—块状构造、变余—变晶结构。主要矿物成分为石英、长石、黑云母、角闪石、石榴石等。表层中等—强风化，节理、裂隙发育，岩石较破碎。（2）新生界第四系全新统（Q4）：主要展布于中解河谷底及谷坡底部，包括中解河现河床，河漫滩及部分谷坡，岩性为粗砂、砂卵。

三、气象与水文

中解河流域在五台山系西麓，海拔1400m～1900m，属大陆性高山气候，昼夜温差较大，平均气温7℃～8℃．无霜期较短，约120天左右。河道冰期90天，冰厚0.75m～1.0m。因地势抬升，山区降雨年均500mm以上，多集中在大汛的7、8、9三月，占全年降雨的70%～80%，区内天然水体多年平均水面蒸发量950mm～969mm（依据中解水库除险加固工程初步设计）。封冻期约90天，最大冻土深度80cm，一般出现在2～3月份。多年平均风速2.8m/s，实测最大风速18m/s。

中解河流域无水文测站，据《忻州地区水文计算手册》正常年径流系数达0.25，清水洪水各占一半，常年清水流量0.2m³/s，枯水流量0.13m³/s。

四、社会经济情况

中解河流域内有乡镇：新高乡；有村庄：口子村、小峪口前、张家寨、金街、刘街、下街、刘家圪洞、新高村、大梨园、小梨院、河头等村庄。

长乐河基本情况表

表 2-10

<table>
<tr><td rowspan="11">河道基本情况</td><td>河流名称</td><td colspan="2">长乐河</td><td>河流别名</td><td colspan="3">苏龙口河</td><td colspan="2">河流代码</td><td></td></tr>
<tr><td>所属流域</td><td>海河</td><td>水系</td><td>子牙河</td><td colspan="2">汇入河流</td><td colspan="2">滹沱河</td><td>河流总长（km）</td><td>22</td></tr>
<tr><td>支流名称</td><td colspan="5">贾庄河、令狐河、上长乐河、下长乐河、狼儿岭河，共5条。</td><td colspan="2">流域平均宽（km）</td><td>8.1</td></tr>
<tr><td rowspan="2">流域面积
（km²）</td><td colspan="2">石山区</td><td>土石山区</td><td>土山区</td><td>丘陵区</td><td colspan="2">平原区</td><td colspan="2">流域总面积（km²）</td></tr>
<tr><td colspan="2">178.63</td><td>—</td><td>—</td><td>—</td><td colspan="2">—</td><td colspan="2">178.63</td></tr>
<tr><td>纵坡（‰）</td><td colspan="2">—</td><td>—</td><td>—</td><td>—</td><td colspan="2">—</td><td colspan="2">2.4</td></tr>
<tr><td>糙率</td><td colspan="2">—</td><td>—</td><td>—</td><td>—</td><td colspan="2">—</td><td colspan="2">0.04</td></tr>
<tr><td rowspan="2">设计洪水流量
（m³/s）</td><td colspan="2">断面位置</td><td>100年</td><td colspan="2">50年</td><td colspan="2">20年</td><td colspan="2">10年</td></tr>
<tr><td colspan="2">苏龙口村</td><td></td><td colspan="2">678</td><td colspan="2">515</td><td colspan="2">357</td></tr>
<tr><td>发源地</td><td colspan="2">原平市苏龙口镇木图村</td><td>水质情况</td><td colspan="5">Ⅱ类</td></tr>
<tr><td>流经县市名及长度</td><td colspan="9">原平市22.7km。</td></tr>
<tr><td rowspan="7">水文情况</td><td>年径流量
（万m³）</td><td colspan="2">25.2</td><td>清水流量
（m³/s）</td><td colspan="2">0.08</td><td colspan="2">最大洪峰流量（m³/s）</td><td colspan="2">515
苏龙口村</td></tr>
<tr><td>年均降雨量（mm）</td><td colspan="2">500</td><td>蒸发量(mm)</td><td colspan="2">1880.4</td><td>植被率（%）</td><td>10</td><td>年输沙量
（万t/年）</td><td></td></tr>
<tr><td rowspan="2">水文站</td><td colspan="2">名称</td><td colspan="2">位置</td><td colspan="3">建站时间</td><td colspan="2">控制面积（km²）</td></tr>
<tr><td colspan="2">—</td><td colspan="2">—</td><td colspan="3">—</td><td colspan="2">—</td></tr>
<tr><td>来水来沙情况</td><td colspan="9">长乐河为季节性河流，雨季洪水中夹有大量泥沙，河流输沙以推移质为主。</td></tr>
<tr><td>流经城市
（个）</td><td colspan="2">—</td><td colspan="2">流经乡镇
（个）</td><td>1</td><td colspan="2">流经村庄
（个）</td><td colspan="2">14</td></tr>
<tr><td>人口
（万人）</td><td colspan="2">1.59</td><td>耕地
（万亩）</td><td colspan="2">2</td><td colspan="2">主要农作物</td><td colspan="2">玉米、高粱、谷物</td></tr>
<tr><td rowspan="1">社会经济情况</td><td colspan="0"></td></tr>
</table>

<table>
<tr><td rowspan="2">社会经济情况</td><td>流经城市
（个）</td><td>—</td><td colspan="2">流经乡镇
（个）</td><td colspan="2">1</td><td colspan="2">流经村庄
（个）</td><td>14</td></tr>
<tr><td>主要工矿企业及国民经济总产值</td><td colspan="9">长乐河流域内有铁矿。人均纯收入1798元。</td></tr>
</table>

<table>
<tr><td rowspan="5">河道堤防工程</td><td>规划长度（km）</td><td colspan="2"></td><td colspan="2">已治理长度（km）</td><td colspan="2">14.3</td><td>已建堤防单线长（km）</td><td>14.3</td></tr>
<tr><td rowspan="2">堤防位置</td><td rowspan="2">左岸（km）</td><td rowspan="2">右岸（km）</td><td rowspan="2">型式</td><td rowspan="2">级别</td><td colspan="2">标准（年一遇）</td><td rowspan="2">河宽（m）</td><td rowspan="2">保护人口（万人）</td><td rowspan="2">保护村庄（个）</td><td rowspan="2">保护耕地（万亩）</td></tr>
<tr><td>设防</td><td>现状</td></tr>
<tr><td>原平市苏龙口镇百石村—匙村</td><td>12</td><td></td><td>土石混合堤</td><td>五</td><td></td><td>10</td><td></td><td></td><td></td></tr>
<tr><td>原平市苏龙口镇苏龙口村—匙村</td><td></td><td>2.3</td><td>砌石堤/土石混合堤</td><td>五</td><td></td><td>10</td><td></td><td></td><td></td></tr>
</table>

<table>
<tr><td rowspan="3">水库</td><td rowspan="2">水库名称</td><td rowspan="2">位置</td><td rowspan="2">总库容
（万m³）</td><td rowspan="2">控制面积（km²）</td><td colspan="2">防洪标准（年一遇）</td><td rowspan="2">最大泄量
（m³/s）</td><td rowspan="2">最大坝高
(m)</td><td rowspan="2">大坝型式</td></tr>
<tr><td>设计</td><td>校核</td></tr>
<tr><td>—</td><td></td><td></td><td></td><td></td><td></td><td></td><td></td><td></td></tr>
</table>

续表2-10

闸坝	闸坝名称	位置	拦河大坝型式	坝长（m）	坝高（m）	坝顶宽（m）	闸孔数量	闸净宽（m）	最大泄量（m³/s）
	苏龙口拱水坝	苏龙型式口	—	—	—	—	—	—	—
	人字闸（处）	—	淤地坝（座）	—	其中骨干坝（座）			—	

灌区	灌区名称		灌溉面积（万亩）		河道取水口处数
	长乐河灌区		1.71		1

桥梁	桥梁名	位置	过流量（m³/s）	长度（m）	宽度（m）	孔数	孔高（m）	结构型式
	贾庄桥	原平市苏龙口镇白石—贾庄	200	30	7	2	2.5	石拱桥
	刘家庄桥	原平市苏龙口镇刘家庄—白石	400	50	7	3	2.5	石拱桥
	匙村桥	原平市苏龙口镇匙村	700	80	7.5	3	3	砼桥

其他涉河工程	名称	位置、型式、规模、作用、流量、水质、建成时间等
	高压线路	位于苏龙口、上长乐两处，均为3.5万伏。
	高压线路	位于苏龙口、土沟、贾庄、辛庄四处，均为10千伏。

河道砂石资源及采砂情况	流域内大部分属丘陵土石山区，卵石层不均匀分布，无采砂场。

主要险工段及设障河段简述	原平市下长乐河段砂石堆积严重，郭家庄至苏龙口段河道淤积严重。险工河段和设障河段主要有四处：原平市西峪村南0.3km，贾庄村东0.3km，刘家庄村西0.3km，上长乐村西0.3km。以上1.2km河坝年久失修，急需修复堤防工程加以保护。近期完成砂坝工程的有原平市刘家庄0.3km、下长乐1km、郭家庄1.5km、苏龙口1km、匙村0.3km，但还未经洪水考验，且无植被，也存在不同程度险情。

规划工程情况	

情况说明：
　　一、河流基本情况
　　长乐河位于原平市东北部，呈东南—西北走向，至原平市苏龙口镇匙村注入滹沱河，为过渡型河流。
　　二、流域自然地理
　　长乐河流域为丘陵土石山区，海拔高度多在1500m以下，东南部老师山最高，海拔1589m，长乐河注入滹沱河的河口处最低，海拔875m。流域内山脉呈东北—西南走向排列。山谷上游为"V"形，谷坡为基岩，下游呈"U"形状，谷坡为阶地黄土或黄土状岩石，且多直立陡峭，进入滹沱河冲积平原区后，沿滹沱河方向地面以2%的坡度向南倾斜。
　　三、气象
　　长乐河流域日均温稳定通过0℃积温3748℃，初终间日数250天，日均稳定通过10℃积温3246.9℃，初终间日数170天。
　　四、水文及泥沙
　　长乐河流域无实测水文资料，泉水流量为0.008m³/s。
　　五、社会经济情况
　　长乐河流域内有乡镇：苏龙口镇；有村庄：野庄、辛庄、拴马坡、老师、西峪、贾庄、白石、土沟、刘家庄、上长乐、下长乐、郭家庄、苏龙口、匙村。

阳武河基本情况表

表 2-11

<table>
<tr><td rowspan="12">河道基本情况</td><td>河流名称</td><td colspan="2">阳武河</td><td>河流别名</td><td colspan="3">—</td><td colspan="2">河流代码</td><td colspan="3"></td></tr>
<tr><td>所属流域</td><td>海河</td><td>水系</td><td>子牙河</td><td colspan="2">汇入河流</td><td colspan="2">滹沱河</td><td colspan="2">河流总长
（km）</td><td colspan="2">72.6</td></tr>
<tr><td>支流名称</td><td colspan="5">龙宫河、长梁沟河，共 2 条。</td><td colspan="4">流域平均宽（km）</td><td colspan="2">13.4</td></tr>
<tr><td rowspan="2">流域面积
（km²）</td><td colspan="2">石山区</td><td colspan="2">土石山区</td><td>土山区</td><td colspan="2">丘陵区</td><td colspan="2">平原区</td><td>流域总面积（km²）</td></tr>
<tr><td colspan="2"></td><td colspan="2"></td><td></td><td colspan="2"></td><td colspan="2"></td><td>972</td></tr>
<tr><td>纵坡（‰）</td><td colspan="10">11.8</td></tr>
<tr><td>糙率</td><td colspan="10">0.04</td></tr>
<tr><td rowspan="2">设计洪水
流量
（m³/s）</td><td colspan="5">断面位置</td><td colspan="2">100 年</td><td>50 年</td><td>20 年</td><td colspan="2">10 年</td></tr>
<tr><td colspan="5"></td><td colspan="2">2690</td><td>2170</td><td>1480</td><td colspan="2"></td></tr>
<tr><td>发源地</td><td colspan="5">原平市西部</td><td colspan="2">水质情况</td><td colspan="3"></td></tr>
<tr><td>流经县市
名及长度</td><td colspan="10">原平市 72.6km。</td></tr>
<tr><td colspan="11"></td></tr>
</table>

<table>
<tr><td rowspan="5">水文情况</td><td>年径流量
（万 m³）</td><td colspan="2">7108</td><td>清水流量
（m³/s）</td><td colspan="2">1.3</td><td colspan="2">最大洪峰流量
（m³/s）</td><td colspan="2"></td></tr>
<tr><td>年均降雨
量（mm）</td><td colspan="2">477.8</td><td>蒸发量
（mm）</td><td colspan="2">1855.5</td><td>植被率（%）</td><td></td><td colspan="2">年输沙量
（万 t/ 年）</td></tr>
<tr><td rowspan="2">水文站</td><td colspan="3">名称</td><td colspan="3">位置</td><td>建站时间</td><td colspan="3">控制面积（km²）</td></tr>
<tr><td colspan="3">芦庄水文站</td><td colspan="3">原平市芦庄</td><td>1956 年</td><td colspan="3">746</td></tr>
<tr><td>来水来沙
情况</td><td colspan="10">雨季洪水中输沙以推移质为主。</td></tr>
</table>

<table>
<tr><td rowspan="3">社会经济情况</td><td>流经城市
（个）</td><td colspan="2">1</td><td>流经乡镇
（个）</td><td colspan="2">4</td><td>流经村庄
（个）</td><td colspan="3">23</td></tr>
<tr><td>人口
（万人）</td><td colspan="2">9.3</td><td>耕地
（万亩）</td><td colspan="2">23.57</td><td colspan="2">主要农作物</td><td colspan="2">玉米、小麦、高粱、谷子</td></tr>
<tr><td>主要工矿企业及国民
经济总产值</td><td colspan="9">有丰富的煤炭资源和铝矾土，轩岗煤矿、石豹沟煤矿。</td></tr>
</table>

<table>
<tr><td rowspan="10">河道堤防工程</td><td>规划长度（km）</td><td colspan="3"></td><td colspan="2">已治理长度（km）</td><td colspan="2">42.25</td><td>已建堤防单线长（km）</td><td>32.94</td></tr>
<tr><td rowspan="2">堤防位置</td><td rowspan="2">左岸
（km）</td><td rowspan="2">右岸
（km）</td><td rowspan="2">型式</td><td rowspan="2">级别</td><td colspan="2">标准
（年一遇）</td><td rowspan="2">河宽
（m）</td><td rowspan="2">保护
人口
（万人）</td><td rowspan="2">保护
村庄
（个）</td><td rowspan="2">保护
耕地
（万亩）</td></tr>
<tr><td>设防</td><td>现状</td></tr>
<tr><td>原平市长梁沟镇羊
圈村（上东沟段）</td><td>0.6</td><td></td><td>砌石堤</td><td>五</td><td></td><td>10</td><td></td><td></td><td></td></tr>
<tr><td>原平市长梁沟镇龙
眼村（红水沟段）</td><td>2</td><td></td><td>砌石堤</td><td>五</td><td></td><td>10</td><td></td><td></td><td></td></tr>
<tr><td>原平市长梁沟乡奇
村（东石滩段）</td><td>1.9</td><td></td><td>砌石堤</td><td>五</td><td></td><td>10</td><td></td><td></td><td></td></tr>
<tr><td>原平市长梁沟镇奇
村（西沟段）</td><td></td><td>0.5</td><td>砌石堤</td><td>五</td><td></td><td>10</td><td></td><td></td><td></td></tr>
<tr><td>原平市长梁沟镇奇
村（河家沟段）</td><td>0.8</td><td></td><td>砌石堤</td><td>五</td><td></td><td>10</td><td></td><td></td><td></td></tr>
<tr><td>原平市长梁沟镇北
峪村（北峪段护村
坝）</td><td>0.79</td><td></td><td>砌石堤</td><td>五</td><td></td><td>10</td><td></td><td></td><td></td></tr>
</table>

续表 2-11

	堤防位置	左岸（km）	右岸（km）	型式	级别	标准（年一遇）设防	标准（年一遇）现状	河宽（m）	保护人口（万人）	保护村庄（个）	保护耕地（万亩）
河道堤防工程	原平市长梁沟镇北峪村（圪柳地段）		1.9	砌石堤	五		10				
	原平市长梁沟镇炭庄村（炭庄护村坝）	0.42		砌石堤	五		10				
	原平市长梁沟镇炭庄村（炭庄上河坝）	1.5		砌石堤	五		10				
	原平市长梁沟镇炭庄村（炭庄神党沟）	0.3		砌石堤	五		10				
	原平市长梁沟镇孤山村（孤山村段木桥河）	1.9		砌石堤	五		10				
	原平市长梁沟镇孤山村（孤山村段河春河）	0.5		砌石堤	五		10				
	原平市长梁沟镇长梁沟村（长梁沟村黑色地）	0.62		砌石堤	五		10				
	原平市长梁沟镇长梁沟村（长梁沟村河春河）		1.6	砌石堤	五		10				
	原平市长梁沟镇黄草坡村（松林底村段）		0.43	砌石堤	五		10				
	原平市长梁沟镇黄草坡村（黄草坡村谷石段）		0.72	砌石堤	五		10				
	原平市长梁沟镇黄草坡村（黄草坡村护村段）		0.23	砌石堤	五		10				
	原平市长梁沟镇化滩村（化滩村石门里段）		0.3	砌石堤	五		10				
	原平市长梁沟镇化滩村（化滩村村前段）	0.4		砌石堤	五		10				
	原平市长梁沟镇前岔口村（前岔口村护村段）		0.32	砌石堤	五		10				
	原平市长梁沟镇前岔口村（前岔口村前段）	0.3		砌石堤	五		10				
	原平市长梁沟镇里岔口村（里岔口村麻叉段）	0.26		砌石堤	五		10				
	原平市长梁沟镇里岔口村（里岔口村三寸崖段）	0.07		砌石堤	五		10				
	原平市长梁沟镇里岔口村（里岔口村护村段）		0.28	砌石堤	五		10				
	原平市长梁沟镇牙渠村（牙渠村元头崖段）	0.13		砌石堤	五		10				

续表 2-11

堤防位置	左岸（km）	右岸（km）	型式	级别	标准（年一遇）		河宽（m）	保护人口（万人）	保护村庄（个）	保护耕地（万亩）
					设防	现状				
原平市长梁沟镇牙渠村(牙渠村村前段)	0.55		砌石堤	五		10				
原平市长梁沟镇黄松洞村（黄松洞村护村段）		0.3	砌石堤	五		10				
原平市长梁沟镇黄松洞村（黄松洞村前崖嘴段）	0.26		砌石堤	五		10				
原平市长梁沟镇贾庄村（贾庄村护村段）		1.6	砌石堤	五		10				
原平市长梁沟镇贾庄村（贾庄村东湾段）	2.1		砌石堤	五		10				
原平市轩岗镇后口村(后口村箭道段)	0.1		砌石堤	五		10				
原平市轩岗镇后口村（后口村黑沟门口段）	0.05		砌石堤	五		10				
原平市轩岗镇后口村(后口村护村段)		0.6	砌石堤	五		10				
原平市轩岗镇后口村（后口村段）	0.1		砌石堤	五		10				
原平市轩岗镇长畛村（长畛村段）	0.22		砌石堤	五		10				
原平市长梁沟镇羊圈村（羊圈村护村段）		0.8	砌石堤	五		10				
原平市长梁沟镇南蚕食村（蚕食村鱼鳞段）		0.5	砌石堤	五		10				
原平市长梁沟镇神山堡村（神山堡桦坡段）		0.8	砌石堤	五		10				
原平市长梁沟镇神山堡村（神山堡金圪洞段）		0.86	砌石堤	五		10				
原平市长梁沟镇神山堡村（神山堡护村段）	0.3		砌石堤	五		10				
原平市长梁沟镇宽滩村(宽滩护村段)	0.3		砌石堤	五		10				
原平市长梁沟镇宽滩村（宽滩护路段）		0.8	砌石堤	五		10				
原平市长梁沟镇二沟村(二沟护村段)	0.24		砌石堤	五		10				
原平市长梁沟镇二沟村(二沟护路段)	0.9		砌石堤	五		10				
原平市轩岗镇焦家寨村(焦家寨村段)		2.5	砌石堤	五		10				
原平市轩岗镇轩岗村（轩岗村段）	2.92	3.15	砌石堤	五		10				

（河道堤防工程）

续表 2-11

堤防位置	左岸（km）	右岸（km）	型式	级别	标准（年一遇）设防	标准（年一遇）现状	河宽（m）	保护人口（万人）	保护村庄（个）	保护耕地（万亩）
河道堤防工程	原平市轩岗镇南高阜村（南高阜段）		0.04	砌石堤	五		10				
	原平市轩岗镇马圈村（马圈村护地段）	1.5		砌石堤	五		10				
	原平市轩岗镇马圈村（马圈村护村段）			砌石堤	五		10				
	原平市轩岗镇炭窑沟村（炭窑沟村护村段）	0.47		砌石堤	五		10				
	原平市轩岗镇黄甲堡村（黄甲堡村段）	1.3	1.35	砌石堤	五		10				
	原平市轩岗镇姬家山村（姬家山村太阳路段）	3.5		砌石堤	五		10				
	原平市轩岗镇小立石村（小立石村段）	0.64		砌石堤	五		10				
	原平市轩岗镇车道沟村（车道沟村段）	0.7		砌石堤	五		10				
	原平市轩岗镇东沟村（东沟村村前段）		0.3	砌石堤	五		10				
	原平市轩岗镇河家水村（河家水村段）	2.91	2.38	砌石堤	五		10				
	原平市轩岗镇冯家彦村（冯家彦村护地段）		0.2	砌石堤	五		10				
	原平市轩岗镇段家岭村（段家岭村护村段）	0.37		砌石堤	五		10				
	原平市大林乡上申村—西镇乡南阳店村（阳武河段）	10.33	10.48	土石混合堤	五		10				

	水库名称	位置	总库容（万m³）	控制面积（km²）	防洪标准（年一遇）设计	防洪标准（年一遇）校核	最大泄量（m³/s）	最大坝高（m）	大坝型式
水库	神山水库	原平市大牛店神山村西涧场沟	1070	5			50.35	34.3	碾压均质土坝
	槽化沟水库	原平市阳武河西南一支沟的沟口处	196	5	50	500		23.89	水中倒土坝
	石匣口水库	原平市阳武河上游红池村北	280	240	50	200		23.7	浆砌石重力坝

	闸坝名称	位置	拦河大坝型式	坝长（m）	坝高（m）	坝顶宽（m）	闸孔数量	闸净宽（m）	最大泄量（m³/s）
闸坝	四干引洪冲砂闸	原平市西镇乡李家村							
	二支干引洪闸	原平市官河口							
	渠首进水闸	原平市上阳武村							
	渠首冲砂闸	原平市上阳武村							
	人字闸（处）		淤地坝（座）			其中骨干坝（座）			

续表2-11

灌区	灌区名称		灌溉面积（万亩）			河道取水口处数	
	阳武河灌区		12.13				

	桥梁名	位置	过流量（m³/s）	长度（m）	宽度（m）	孔数	孔高（m）	结构型式
桥梁	北同蒲铁路桥	原平市轩岗镇梨井	50	15	3	10	砼桥	
	朔黄桥	原平市上阳武乡浮图寺	1000	26	11	20	砼桥	
	108国道桥	原平市西镇乡南阳店	80	20	8	10	砼桥	

其他涉河工程	名称	位置、型式、规模、作用、流量、水质、建成时间等
	原平槽化沟水电站	位于原平市大牛店镇阳武二村西南槽化沟水库下游，属坝后式水电站，设计水头21.3m~26.8m，设计流量1.5m³/s，装机容量2×kw。开工时间1980年，建成时间1987年。

河道砂石资源及采砂情况	阳武河下游河宽坡缓，为砂石资源集中区域，砂场多分布在下游大林乡沿河地段。

主要险工段及设障河段简述	原平市芦庄、沿长会、梨井段堤防损毁严重，西会、向阳、魏家庄、定丰庄堤防水毁较多。位于阳武河流域的中下游原平市大牛店镇，堤防工程16km，年久失修，不少地段被洪水侵吞，主要集中在芦庄、沿长会、沙峪、犁井、上阳武等村庄。阳武河东岸的大林乡敬家庄，2002年由于修建高速路，乱采超采河床严重，致使河床中央出现了长200m、宽30m、深7m的"小水库"两座。给河道安全度汛和附近村庄居民的安全造成极大隐患。

规划工程情况	2008年12月，山西省原平市阳武河治理建设规划已列入水利部储备项目。治理的范围是芦庄—滹沱河段，河道整治长度72.6km。工程主要建设内容是：建防洪堤102km，河道疏浚34.6km，控导工程12600m，沿土堤在迎水坡设防冲干砌石护坡工程总长9300m，新建穿堤建筑物26处。估算总投资19373.6万元。

情况说明：
　　一、河流基本情况
　　阳武河上游分南北两大支流，北支以原平市境内之白人岩为分水岭，北邻桑干河，南支以宁武县境内之龙王脑为界，南临汾河流域，东与永兴河分水。南北两支于马圈村东口处汇为阳武河干流，东入阳武峪，至上申村东河道又一分为二，北河为阳武河故道，南河称中河，两河流经南阳村北，再次相汇后注入滹沱河。
　　二、流域地形地貌
　　阳武河山势险峻，雨季易形成暴雨洪水，水流湍急，极易造成灾害。阳武河西靠崞山，东临滹水，在马圈村汇流后，下流15km至阳武地，出峡谷进入平原。平原由阳武河冲积扇和滹沱河冲积带两部分组成，土质以沙壤土居多。
　　三、气象
　　阳武河流域0℃以上积温3748℃，初终间日数250天，10℃以上积温3246℃，初终间日数170天。
　　四、社会经济情况
　　阳武河流域内有县市：宁武县、原平市；有乡镇：轩岗镇、大牛店镇、西镇乡、大林乡。

龙宫河基本情况表

表 2-12

<table>
<tr><td rowspan="12">河道基本情况</td><td>河流名称</td><td colspan="2">龙宫河</td><td>河流别名</td><td colspan="3">羊膀河</td><td colspan="2">河流代码</td><td colspan="2"></td></tr>
<tr><td>所属流域</td><td colspan="2">海河</td><td>水系</td><td colspan="2">子牙河</td><td>汇入河流</td><td>阳武河</td><td>河流总长（km）</td><td colspan="2">33.63</td></tr>
<tr><td>支流名称</td><td colspan="6">官地河，共 1 条。</td><td colspan="2">流域平均宽（km）</td><td colspan="2">9.6</td></tr>
<tr><td rowspan="2">流域面积
（km²）</td><td colspan="2">石山区</td><td>土石山区</td><td colspan="2">土山区</td><td colspan="2">丘陵区</td><td>平原区</td><td colspan="2">流域总面积（km²）</td></tr>
<tr><td colspan="2"></td><td></td><td colspan="2"></td><td colspan="2"></td><td></td><td colspan="2">322.2</td></tr>
<tr><td>纵坡（‰）</td><td colspan="11"></td></tr>
<tr><td>糙率</td><td colspan="11">0.04</td></tr>
<tr><td rowspan="2">设计洪水流量
（m³/s）</td><td colspan="4">断面位置</td><td colspan="2">100 年</td><td>50 年</td><td colspan="2">20 年</td><td>10 年</td></tr>
<tr><td colspan="4"></td><td colspan="2">1740</td><td>1370</td><td colspan="2">817</td><td>640</td></tr>
<tr><td>发源地</td><td colspan="5">原平市牛食尧乡白人岩</td><td colspan="2">水质情况</td><td colspan="3">季节性河流</td></tr>
<tr><td>流经县市名及长度</td><td colspan="11">原平市 33.63km。</td></tr>
<tr><td colspan="12"></td></tr>
</table>

<table>
<tr><td rowspan="5">水文情况</td><td>年径流量
（万 m³）</td><td colspan="3"></td><td colspan="2">清水流量
（m³/s）</td><td colspan="2"></td><td colspan="2">最大洪峰流量
（m³/s）</td><td></td></tr>
<tr><td>年均降雨量（mm）</td><td colspan="2">450</td><td>蒸发量
（mm）</td><td colspan="2">1900</td><td>植被率（%）</td><td colspan="2"></td><td colspan="2">年输沙量
（万 t/年）</td></tr>
<tr><td rowspan="2">水文站</td><td colspan="3">名称</td><td colspan="4">位置</td><td colspan="2">建站时间</td><td colspan="2">控制面积
（km²）</td></tr>
<tr><td colspan="3">—</td><td colspan="4">—</td><td colspan="2">—</td><td colspan="2">—</td></tr>
<tr><td>来水来沙情况</td><td colspan="11"></td></tr>
</table>

<table>
<tr><td rowspan="3">社会经济情况</td><td>流经城市（个）</td><td colspan="3">—</td><td colspan="3">流经乡镇（个）</td><td>2</td><td colspan="2">流经村庄（个）</td><td>11</td></tr>
<tr><td>人口（万人）</td><td colspan="2">2.26</td><td>耕地（万亩）</td><td colspan="3">7.82</td><td>主要农作物</td><td colspan="3">马铃薯、莜麦</td></tr>
<tr><td>主要工矿企业及国民经济总产值</td><td colspan="11">龙宫河流域内有煤矿。</td></tr>
</table>

<table>
<tr><td rowspan="9">河道堤防工程</td><td>规划长度（km）</td><td colspan="3">—</td><td colspan="3">已治理长度（km）</td><td>8.76</td><td colspan="2">已建堤防单线长（km）</td><td>8.76</td></tr>
<tr><td rowspan="2">堤防位置</td><td rowspan="2">左岸（km）</td><td rowspan="2">右岸（km）</td><td rowspan="2">型式</td><td rowspan="2">级别</td><td colspan="2">标准（年一遇）</td><td rowspan="2">河宽（m）</td><td rowspan="2">保护人口（万人）</td><td rowspan="2">保护村庄（个）</td><td rowspan="2">保护耕地（万亩）</td></tr>
<tr><td>设防</td><td>现状</td></tr>
<tr><td>原平市轩岗镇陡沟村（陡沟村段）</td><td>0.52</td><td></td><td>砌石堤</td><td>五</td><td></td><td>10</td><td></td><td></td><td></td><td></td></tr>
<tr><td>原平市轩岗镇梁家沟村(梁家沟村护村段)</td><td>0.72</td><td>0.07</td><td>砌石堤</td><td>五</td><td></td><td>10</td><td></td><td></td><td></td><td></td></tr>
<tr><td>原平市轩岗镇龙宫村（龙宫村上虎坪段）</td><td>1.58</td><td></td><td>砌石堤</td><td>五</td><td></td><td>10</td><td></td><td></td><td></td><td></td></tr>
<tr><td>原平市轩岗镇龙宫村（龙宫村施家地段）</td><td></td><td>0.86</td><td>砌石堤</td><td>五</td><td></td><td>10</td><td></td><td></td><td></td><td></td></tr>
<tr><td>原平市轩岗镇龙宫村（龙宫村坦子道段）</td><td></td><td>0.5</td><td>砌石堤</td><td>五</td><td></td><td>10</td><td></td><td></td><td></td><td></td></tr>
<tr><td>原平市轩岗镇龙宫村（龙宫村后沟段）</td><td>0.5</td><td></td><td>砌石堤</td><td>五</td><td></td><td>10</td><td></td><td></td><td></td><td></td></tr>
</table>

续表 2-12

堤防位置	左岸（km）	右岸（km）	型式	级别	标准（年一遇）设防	标准（年一遇）现状	河宽（m）	保护人口（万人）	保护村庄（个）	保护耕地（万亩）
原平市轩岗镇龙宫村（同华电厂段）		2.7	砌石堤/钢筋混凝土	三		30				
原平市轩岗镇芦沟村（芦沟村段）	0.1	0.1	砌石堤	五		10				
原平市轩岗镇芦沟村（芦沟护村段）	0.29		砌石堤	五		10				
原平市轩岗镇芦沟村（芦沟护地段）		0.12	砌石堤	五		10				
原平市轩岗镇东蚕食村（东蚕食村护村段）	0.05	0.65	砌石堤	五		10				

水库	水库名称	位置	总库容（万m³）	控制面积（km²）	防洪标准（年一遇）设计	防洪标准（年一遇）校核	最大泄量（m³/s）	最大坝高（m）	大坝型式

闸坝	闸坝名称	位置	拦河大坝型式	坝长（m）	坝高（m）	坝顶宽（m）	闸孔数量	闸净宽（m）	最大泄量（m³/s）
	—								
	人字闸（处）	—	淤地坝（座）		—		其中骨干坝（座）		—

灌区	灌区名称	灌溉面积（万亩）	河道取水口处数
	—	—	—

桥梁	桥梁名	位置	过流量（m³/s）	长度（m）	宽度（m）	孔数	孔高（m）	结构型式
	龙宫矿桥	龙宫村	200	20	8	2	6	石拱桥
	龙宫村桥	原平市轩岗镇龙宫村	200	10	7	3	6	砼桥
	轩岗桥	原平市轩岗镇	300	9	7	3	5	石拱桥

其他涉河工程	名称	位置、型式、规模、作用、流量、水质、建成时间等
	—	—

河道砂石资源及采砂情况	该河道无砂石资源。

主要险工段及设障河段简述	马圈村、龙宫村河坝被冲毁；轩岗村堤防标准过低。

规划工程情况	无规划工程。

续表 2-12

情况说明：

　　龙宫河为阳武河北支，起于原平市段家堡乡牛食尧白人岩，止于段家堡乡马圈村，呈东北—西南走向，属蜿蜒型河流。

　　该区海拔在 1200m 以上，大部分为山地，地形复杂，河系呈树枝状，河谷为"V"形，谷坡多为基岩，山势陡峭，龙宫河为季节性河流，无实测水文资料，河道输沙以推移质为主。

　　该区无霜期短，耕地少，农作物产量低。

　　龙宫河流域内有乡镇：轩岗镇、段家堡乡。

　　龙宫河上建有石匣口水库，为浆砌石重力坝，主要作用为防洪。

官地河基本情况表

表2-13

河道基本情况	河流名称	官地河	河流别名		—	河流代码	
	所属流域	海河	水系	子牙河	汇入河流	龙宫河	河流总长（km）| 20
	支流名称	红河、暖套河，共2条。				流域平均宽（km）	12.2
	流域面积（km²）	石山区	土石山区	土山区	丘陵区	平原区	流域总面积（km²）
							243.09
	纵坡（‰）						
	糙率						
	设计洪水流量(m³/s)	断面位置		100年	50年	20年	10年
					1070	810	670	530
	发源地	原平市段家堡乡道佐村		水质情况		季节性河流	
	流经县市名及长度	原平市20km。					

水文情况	年径流量（万m³）		清水流量（m³/s）		最大洪峰流量（m³/s）	
	年均降雨量（mm）		蒸发量（mm）		植被率（%）		年输沙量（万t/年）
	水文站	名称	位置	建站时间		控制面积（km²）
		—	—	—		—
	来水来沙情况					

社会经济情况	流经城市（个）	—	流经乡镇（个）	1	流经村庄（个）	13
	人口（万人）	0.07	耕地（万亩）	0.08	主要农作物	马铃薯、莜麦
	主要工矿企业及国民经济总产值					

河道堤防工程	规划长度(km)	—	已治理长度（km）		22	已建堤防单线长（km）		37
	堤防位置	左岸(km)	右岸(km)	型式	级别	标准（年一遇）设防	标准（年一遇）现状	河宽（m）	保护人口（万人）	保护村庄（个）	保护耕地（万亩）
	原平市段家堡乡道佐村	—	5	石坝		20	5	25	0.1	6	0.03
	原平市段家堡乡官地村	17	15	石坝		20	5	30	0.3	7	0.06

水库	水库名称	位置	总库容（万m³）	控制面积（km²）	防洪标准（年一遇）设计	防洪标准（年一遇）校核	最大泄量（m³/s）	最大坝高（m）	大坝型式
	—	—	—	—	—	—	—	—	—

续表 2-13

闸坝	闸坝名称	位置	拦河大坝型式	坝长（m）	坝高（m）	坝顶宽（m）	闸孔数量	闸净宽（m）	最大泄量（m³/s）
	—	—	—	—	—	—	—	—	—

	人字闸（处）	—	淤地坝（座）	—	其中骨干坝（座）	—

灌区	灌区名称	灌溉面积（万亩）	河道取水口处数
	—	—	—

桥梁	桥梁名	位置	过流量（m³/s）	长度（m）	宽度（m）	孔数	孔高（m）	结构型式
	朔黄桥	石匣口南	450	100	20	10	20	砼桥

其他涉河工程	名称	位置、型式、规模、作用、流量、水质、建成时间等
	—	—

河道砂石资源及采砂情况	该河道无砂石资源。
主要险工段及设障河段简述	道佐、中食尧段护村坝毁坏严重。
规划工程情况	该河道无规划工程。

情况说明：
　　官地河流域内有乡镇：段家堡乡。

长梁沟河基本情况表

表 2-14

<table>
<tr><td rowspan="9">河道基本情况</td><td>河流名称</td><td colspan="2">长梁沟河</td><td>河流别名</td><td colspan="2">—</td><td colspan="2">河流代码</td><td></td></tr>
<tr><td>所属流域</td><td>海河</td><td>水系</td><td>子牙河</td><td>汇入河流</td><td colspan="2">阳武河</td><td>河流总长（km）</td><td>37.5</td></tr>
<tr><td>支流名称</td><td colspan="6">炭庄河、贾庄河、二沟、后口河、小立石河，共5条。</td><td>流域平均宽（km）</td><td>11.3</td></tr>
<tr><td rowspan="3">流域面积（km²）</td><td>石山区</td><td colspan="2">土石山区</td><td>土山区</td><td>丘陵区</td><td colspan="2">平原区</td><td>流域总面积（km²）</td></tr>
<tr><td>423.8</td><td colspan="2">—</td><td>—</td><td>—</td><td colspan="2">—</td><td>423.8</td></tr>
<tr><td colspan="9"></td></tr>
</table>

河道基本情况	纵坡（‰）	0.3	—	—	—	—	0.3
	糙率	0.04	—	—	—	—	0.04

<table>
<tr><td rowspan="2">设计洪水流量（m³/s）</td><td>断面位置</td><td>100年</td><td>50年</td><td>20年</td><td>10年</td></tr>
<tr><td></td><td></td><td></td><td></td><td></td></tr>
</table>

	发源地	宁武县龙王脑	水质情况	Ⅱ类
	流经县市名及长度	宁武县、原平市。		

<table>
<tr><td rowspan="5">水文情况</td><td>年径流量（万m³）</td><td></td><td>清水流量（m³/s）</td><td>0.1</td><td colspan="2">最大洪峰流量（m³/s）</td><td></td></tr>
<tr><td>年均降雨量（mm）</td><td>450</td><td>蒸发量（mm）</td><td>1900</td><td>植被率（%）</td><td colspan="2">年输沙量（万t/年）</td></tr>
<tr><td rowspan="2">水文站</td><td>名称</td><td>位置</td><td colspan="2">建站时间</td><td colspan="2">控制面积（km²）</td></tr>
<tr><td>—</td><td>—</td><td colspan="2">—</td><td colspan="2">—</td></tr>
<tr><td>来水来沙情况</td><td colspan="6">河道输沙以推移质为主。</td></tr>
</table>

<table>
<tr><td rowspan="3">社会经济情况</td><td>流经城市（个）</td><td>—</td><td>流经乡镇（个）</td><td>2</td><td>流经村庄（个）</td><td>11</td></tr>
<tr><td>人口（万人）</td><td>2.3</td><td>耕地（万亩）</td><td>5.9</td><td>主要农作物</td><td>马铃薯、莜麦</td></tr>
<tr><td>主要工矿企业及国民经济总产值</td><td colspan="5">有煤碳资源，有铁矿2个。</td></tr>
</table>

<table>
<tr><td rowspan="3">河道堤防工程</td><td>规划长度（km）</td><td colspan="2">30</td><td colspan="2">已治理长度（km）</td><td colspan="2">0.3</td><td colspan="2">已建堤防单线长（km）</td><td></td></tr>
<tr><td rowspan="2">堤防位置</td><td rowspan="2">左岸(km)</td><td rowspan="2">右岸(km)</td><td rowspan="2">型式</td><td rowspan="2">级别</td><td colspan="2">标准（年一遇）</td><td rowspan="2">河宽(m)</td><td rowspan="2">保护人口（万人）</td><td rowspan="2">保护村庄个（）</td><td rowspan="2">保护耕地（万亩）</td></tr>
<tr><td>设防</td><td>现状</td></tr>
<tr><td></td><td></td><td></td><td></td><td></td><td></td><td></td><td></td><td></td><td></td><td></td></tr>
</table>

<table>
<tr><td rowspan="3">水库</td><td rowspan="2">水库名称</td><td rowspan="2">位置</td><td rowspan="2">总库容（万m³）</td><td rowspan="2">控制面积（km²）</td><td colspan="2">防洪标准（年一遇）</td><td rowspan="2">最大泄量（m³/s）</td><td rowspan="2">最大坝高(m)</td><td rowspan="2">大坝型式</td></tr>
<tr><td>设计</td><td>校核</td></tr>
<tr><td>—</td><td>—</td><td>—</td><td>—</td><td>—</td><td>—</td><td>—</td><td>—</td><td>—</td></tr>
</table>

续表 2-14

	闸坝名称	位置	拦河大坝型式	坝长（m）	坝高(m)	坝顶宽（m）	闸孔数量	闸净宽（m）	最大泄量（m³/s）
闸坝	—	—	—	—	—	—	—	—	—
	人字闸(处)		淤地坝（座）		—		其中骨干坝（座）		—

	灌区名称			灌溉面积（万亩）		河道取水口处数		
灌区	—			—		—		

	桥梁名	位置	过流量（m³/s）	长度(m)	宽度（m）	孔数	孔高（m）	结构型式
桥梁	—	—	—	—	—	—	—	—

其他涉河工程	名称	位置、型式、规模、作用、流量、水质、建成时间等
	引水工程	位于原平市长梁沟镇，全长 15km，初建于 1958 年，为浆砌石明渠引水工程，引水量为 160t/h。用于黄松洞、鸦渠、里岔口、前岔口、化滩村人畜吃水，输水量 15t／h。

河道砂石资源及采砂情况	宁武县段有河卵石，无采砂现象。

主要险工段及设障河段简述	河道冲刷严重，险段 15km。

规划工程情况	

情况说明：

一、河流基本情况

长梁沟河为阳武河上游南支，在轩岗镇有长畛河汇入，止于轩岗镇马圈村，轩岗以上为南—北走向，属蜿蜒型河流。

二、流域地形地貌

该区海拔在 1200m 以上，流域内沟壑纵横，为石山区，植被少。河谷呈"V"形，长梁沟河为季节性河流，无实测水文资料。

三、气象与水文

该区无霜期短，耕地少而薄。

四、社会经济情况

长梁沟河流域内有乡镇：轩岗镇、长梁沟镇。

五、水资源开发利用

盘山渠位于原平市长梁沟镇，起于长梁沟镇黄松洞村，止于长梁沟村，沿山腰布置，引水量为 160t／h。夏季引水，冬季封冻，沿线各村建蓄水池以备用，受益村有黄松洞、鸦渠、里岔口、前岔口、双梁地、黄草坡、长梁沟。2002 年原平市水利局对原有工程进行了改造，在原渠内铺设直径 50mm 的聚乙烯塑料管 10.6km。

北云中河基本情况表

表2-15

	项目							
河道基本情况	河流名称	北云中河		河流别名	—		河流代码	
	所属流域	海河	水系	子牙河	汇入河流	滹沱河	河流总长（km）	49.6
	支流名称	宽滩河、花果沟、横河、南陌沟、白马河、刘庄河，共6条。					流域平均宽（km）	9.23
	流域面积（km²）	石山区	土石山区	土山区	丘陵区	平原区	流域总面积（km²）	
		—	305	—	40	113	458	
	纵坡（‰）	—	21	—	10.5	10	9.56	
	糙率	—	0.1		0.03	0.06	0.027	
	设计洪水流量（m³/s）	断面位置		100年	50年	20年	10年	
		忻府区阳坡乡寺坪村、关子村		1270	950	862	749	
	发源地	忻州市忻府区扬胡乡		水质情况	忻府区段Ⅰ类，原平市段Ⅱ类			
	流经县市名及长度	忻府区42.37km、原平市14km。						

	项目						
水文情况	年径流量（万m³）	5145	清水流量（m³/s）	0.5	最大洪峰流量（m³/s）		500 关子村
	年均降雨量（mm）	500	蒸发量（mm）	1970	植被率（%）		年输沙量（万t/年）	24
	水文站	名称	位置		建站时间	控制面积（km²）	
		寺坪水文站	忻府区寺坪村（1978年6月前为米家寨水文站）		1956年	原：305km²　现：192km²	
	来水来沙情况	降雨80%集中在夏季，7～9月份雨量约占全年的64%。泥沙多为细小颗粒，$d_{50}=$ 4mm，含云母质较多，多年平均输沙量24万t，年平均含沙量5.14kg/m³。					

	项目						
社会经济情况	流经城市（个）	—	流经乡镇（个）	5	流经村庄（个）	17	
	人口（万人）	3.9	耕地（万亩）	12.8	主要农作物	玉米、高粱等	
	主要工矿企业及国民经济总产值	有奇村工业区。总产值0.8亿元。					

	规划长度（km）		已治理长度(km)		已建堤防单线长（km）			5.3	
河道堤防工程	堤防位置	左岸（km）	右岸（km）	型式	级别	标准（年一遇）		河宽（m）	保护人口（万人）	保护村庄（个）	保护耕地（万亩）
						设防	现状				
	原平市阎庄镇西常村	0.17	0.18	砂坝		20	5	50～120	0.18	1	0.3
	原平市阎庄镇东常村	0.08	0.07	砂坝		20	5	50～120	0.05	1	0.25
	原平市新村	0.05	0.05	砂坝		20	5	50～120	0.06	1	0.2
	忻府区阳坡乡安社村—奇村镇秦家庄村	34.71	23.28	土堤	四	20					

续表 2-15

水库	水库名称	位置	总库容（万 m³）	控制面积（km²）	防洪标准（年一遇）设计	校核	最大泄量（m³/s）	最大坝高（m）	大坝型式
	米家寨水库	忻府区阳坡乡米家寨村	1199	305	100	1000	578.58	21.62	壤土斜墙碾压混合坝
	金山湖水库	忻府区奇村镇蔚野村西	50	10	旁引			—	均质土坝

闸坝	闸坝名称	位置	拦河大坝型式	坝长（m）	坝高（m）	坝顶宽（m）	闸孔数量	闸净宽（m）	最大泄量（m³/s）
	南北云中河分洪闸	忻府区奇村镇	I 型滚水坝	71.80	4.5	—	9	2	459

人字闸（处）	—	淤地坝（座）	—	其中骨干坝（座）	—

灌区	灌区名称	灌溉面积（万亩）	河道取水口处数
	云中河灌区	16.6	—

桥梁	桥梁名	位置	过流量（m³/s）	长度（m）	宽度（m）	孔数	孔高（m）	结构型式
	杨胡大桥	忻府区奇村镇杨胡村	500	110	12	8	6	平板
	忻保高速公路桥	忻府区奇村镇石家庄—杨胡（在建）						
	刘家庄桥	忻府区奇村镇刘家村	100	25	3	4	1.5	平板
	界河铺铁路大桥	原平市王家庄乡界河铺村						
	大运公路大桥	原平市王家庄乡界河铺村						

其他涉河工程	名称	位置、型式、规模、作用、流量、水质、建成时间等
	跨河高压线路	位于原平市阎庄镇西常村村西南，220kv。
	天然气管道工程	位于忻府区
	通讯光缆	位于忻府区
	过水路面	位于忻府区奇村镇西高村西，砼浆砌石，下辛线公路过河工程，长 60m，宽 4m。

河道砂石资源及采砂情况　北云中河砂石资源丰富，目前在原平市西常村、河南村河段有采砂行为发生。忻府区现有砂石 30 万 m³，每年开采 5 万 m³，有杨胡、唐林、西高、刘家庄段等砂场。

主要险工地段及设障河段简述　险工地段主要分布在北云中河上游段，特别是杨胡段、石家庄段、唐林段尤为严重，这些地段由于相关村无视河道管理法规，肆意对外承包砂场，导致无序混乱开采，造成采砂深度过深，堤防损毁严重，尽管水利局和云中河管理处多次交涉管理，但终因权限有限，效果不理想，形成险工地段。忻府区唐林段曾被洪水冲毁，最为危险，应修复加固。原平西常村、关子村、河南村堤防标准过低。

规划工程情况　2008 年 12 月，山西省北云中河忻府区段和原平市段治理建设规划已列入水利部储备项目。忻府区段河道疏浚 24km，工程量 28.18 万 m³，新筑堤防长 40km，加固南北云中河分洪工程。投资估算总投资为 5189.79 万元。原平市段河道整治 14km，河道清淤 41 万 m³，堤防护岸加固工程 5.6km，新建堤防 22.4km。工程估算总投资为 2924.23 万元。

续表 2-15

情况说明：

一、河流基本情况

北云中河是云中河北支，由奇村宽谷流入原平市，在原平市境内长 14km，于原平市王家庄乡下王庄有永兴河汇入，在界河铺进入滹沱河。进入原平市后，河道地势平坦，两岸多为耕地。河道宽为 100m～200m，总落差 1130m。

米家寨水库上游河道土石山区纵坡 21‰，黄土丘陵区 10.5‰，米家寨水库下游河道纵坡平原区 10‰。

二、流域地形地貌

北云中河流域地形为西高东低，地貌可分为前黄土丘陵和河谷冲积平原区两部分。边山地带主要由五台群片麻岩组成，丘陵区为第四纪黄土覆盖，该区植被不良，沟壑发育，水土流失严重。平原区为第四纪冲积物，地下水较为丰富。

三、气象

北云中河流域位于华北气候区黄土多高原付区，为典型的半干旱大陆性气候，年内季风环流随季节交替明显，冬季寒冷少雪，春季干燥多风。降雨多集中于夏秋两季，7～9 月份雨量约占全年的 64%。多年平均气温 8.6℃，1、2、12 月气温最低，多年平均冬季气温低于 -5℃，而 6、7、8 月气温最高，多年平均夏季气温高于 20℃。

四、水文

北云中河上曾设立有米家寨水文站，保存有 1953 年—1977 年的水文资料。由于修建米家寨水库，于 1978 年上迁为寺坪水文站。以 1953 年—1986 年共 34 年的资料作为水文分析依据。河床基流相对稳定。

五、社会经济情况

北云中河流域内有乡镇：忻府区的阳坡乡、奇村镇、合索乡、原平市的闫庄镇、王家庄乡；有村庄：米家寨、杨胡、沙洼、石家庄、唐林、西高、后东高、刘家庄、秦家庄、小白水、西常村、东常村、新村、旧村、池上、河南、关子、下王庄、界河铺等。

永兴河基本情况表

表 2-16

<table>
<tr><td rowspan="11">河道
基本
情况</td><td colspan="2">河流名称</td><td colspan="3">永兴河</td><td colspan="2">河流别名</td><td colspan="4">—</td><td colspan="2">河流代码</td><td></td></tr>
<tr><td colspan="2">所属流域</td><td colspan="2">海河</td><td>水系</td><td colspan="2">子牙河</td><td colspan="2">汇入河流</td><td colspan="2">北云中河</td><td>河流总长（km）</td><td>37.5</td></tr>
<tr><td colspan="2">支流名称</td><td colspan="6"></td><td colspan="4">流域平均宽（km）</td><td>5.2</td></tr>
<tr><td colspan="2" rowspan="2">流域面积
（km²）</td><td colspan="2">石山区</td><td colspan="2">土石山区</td><td colspan="2">土山区</td><td colspan="2">丘陵区</td><td colspan="2">平原区</td><td colspan="2" rowspan="2">流域总面积（km²）</td></tr>
<tr><td colspan="2"></td><td colspan="2"></td><td colspan="2"></td><td colspan="2"></td><td colspan="2"></td></tr>
<tr><td colspan="2">纵坡（‰）</td><td colspan="10"></td><td>3.47</td></tr>
<tr><td colspan="2">糙率</td><td colspan="10"></td><td>0.04</td></tr>
<tr><td colspan="2" rowspan="2">设计洪水流
量(m³/s)</td><td colspan="2">断面位置</td><td colspan="3">100 年</td><td colspan="2">50 年</td><td colspan="2">20 年</td><td colspan="2">10 年</td></tr>
<tr><td colspan="2"></td><td colspan="3">930</td><td colspan="2">744</td><td colspan="2">613</td><td colspan="2">395</td></tr>
<tr><td colspan="2">发源地</td><td colspan="3">原平市云中山东麓</td><td colspan="2">水质情况</td><td colspan="5"></td></tr>
<tr><td colspan="2">流经县市名
及长度</td><td colspan="11">原平市 37.5km。</td></tr>
<tr><td rowspan="5">水文
情况</td><td colspan="2">年径流量
（万 m³）</td><td colspan="2">1527</td><td colspan="2">清水流量（m³/s）</td><td colspan="2">0.1～0.2</td><td colspan="2">最大洪峰流量（m³/s）</td><td colspan="2"></td></tr>
<tr><td colspan="2">年均降雨量
（mm）</td><td colspan="2">500</td><td>蒸发量（mm）</td><td>970</td><td>植被率(%)</td><td></td><td colspan="2">年输沙量（万 t/ 年）</td><td colspan="2"></td></tr>
<tr><td colspan="2" rowspan="2">水文站</td><td colspan="3">名称</td><td colspan="2">位置</td><td colspan="3">建站时间</td><td colspan="2">控制面积（km²）</td></tr>
<tr><td colspan="3">观上水库水文站</td><td colspan="2">原平市观上村</td><td colspan="3">1956 年</td><td colspan="2">150</td></tr>
<tr><td colspan="2">来水来沙
情况</td><td colspan="11"></td></tr>
<tr><td rowspan="3">社会
经济
情况</td><td colspan="2">流经城市
（个）</td><td colspan="2">—</td><td colspan="2">流经乡镇（个）</td><td colspan="2">2</td><td colspan="2">流经村庄（个）</td><td colspan="2">7</td></tr>
<tr><td colspan="2">人口（万人）</td><td colspan="2">5.1</td><td>耕地（万亩）</td><td colspan="3">13.52</td><td colspan="2">主要农作物</td><td colspan="2">玉米、高粱</td></tr>
<tr><td colspan="2">主要工矿企业及
国民经济总产值</td><td colspan="11">永兴河流域有煤炭、铁、铝矾土，现有昌兴采矿公司（铁矿）。</td></tr>
<tr><td rowspan="7">河道
堤防
工程</td><td colspan="2">规划长度（km）</td><td colspan="3"></td><td colspan="2">已治理长度（km）</td><td>5.7</td><td colspan="2">已建堤防单线长（km）</td><td colspan="2">5.7</td></tr>
<tr><td colspan="2" rowspan="2">堤防位置</td><td>左岸
(km)</td><td>右岸
(km)</td><td rowspan="2">型式</td><td rowspan="2">级
别</td><td colspan="2">标准（年一遇）</td><td rowspan="2">河宽
(m)</td><td rowspan="2">保护
人口
（万人）</td><td rowspan="2">保护
村庄
（个）</td><td rowspan="2">保护
耕地
（万亩）</td></tr>
<tr><td></td><td></td><td>设防</td><td>现状</td></tr>
<tr><td colspan="2">原平市闫庄镇崖底村
—王家庄乡永兴村
（永兴护地段）</td><td></td><td>5.3</td><td>土堤</td><td>五</td><td></td><td>10</td><td></td><td></td><td></td><td></td></tr>
<tr><td colspan="2">原平市楼板寨乡楼板
寨村（楼板寨村东河
护地段）</td><td>0.4</td><td></td><td>砌石
堤</td><td>五</td><td></td><td>10</td><td></td><td></td><td></td><td></td></tr>
<tr><td colspan="2" rowspan="2">水库名称</td><td colspan="2" rowspan="2">位置</td><td rowspan="2">总库容
（万 m³）</td><td rowspan="2">控制面积
（km²）</td><td colspan="2">防洪标准（年一遇）</td><td rowspan="2">最大
泄量
（m³/s）</td><td rowspan="2">最大
坝高
(m)</td><td colspan="2" rowspan="2">大坝
型式</td></tr>
<tr><td>设计</td><td>校核</td></tr>
<tr><td rowspan="3">水库</td><td colspan="2">山水水库</td><td colspan="2">原平市楼
板寨乡山
水村西北
桥子沟</td><td>20</td><td>5</td><td></td><td></td><td>57.11</td><td>17</td><td colspan="2">均质土坝</td></tr>
<tr><td colspan="2">屯瓦水库</td><td colspan="2">原平市楼
板寨乡屯
瓦村</td><td>13</td><td>5</td><td></td><td>100</td><td></td><td></td><td colspan="2">均质
土坝</td></tr>
<tr><td colspan="2">观上水库</td><td colspan="2">原平市永
兴河上游</td><td>1560</td><td>150</td><td>100</td><td>1000</td><td>1071.78</td><td>33</td><td colspan="2">均质 土坝</td></tr>
</table>

续表 2-16

闸坝	闸坝名称	位置	拦河大坝型式	坝长（m）	坝高（m）	坝顶宽（m）	闸孔数量	闸净宽（m）	最大泄量(m³/s)
	西庄塘坝	永兴河上游							
	人字闸（处）	1	淤地坝（座）			其中骨干坝（座）			

灌区	灌区名称	灌溉面积（万亩）		河道取水口处数	
	永兴河灌区	3.58			

桥梁	桥梁名	位置	过流量（m³/s）	长度（m）	宽度（m）	孔数	孔高（m）	结构型式
	永兴桥1#	永兴河	160	40	5	5	3	
	永兴桥2#	永兴河	160	30	5	4	3	
	王家庄桥	王家庄乡	180	20	7	1	4	

其他涉河工程	名称	位置、型式、规模、作用、流量、水质、建成时间等
	高架高压线	位于永兴河与崖底村的交界处有三趟高架高压线，呈东北—西南走向。电缆分布在安家庄与永兴交界处，安家庄村西河床下。

河道砂石资源及采砂情况	永兴河砂石资源丰富，但由于采砂不规范作业，造成乱采、超采，河道内随意堆弃砂石现象，对行洪极其不利，急需规范作业。目前在永兴村河段有三处采砂点断续作业。

主要险工段及设障河段简述	原平市王家庄、北街、弓家庄、下王庄段、楼板寨乡屯瓦、北岸、闫家庄、楼板寨、北庄、西庄沿河两岸均无堤防护坝，需修筑堤防，汛期直接威胁村庄、耕地安全。王家庄乡弓家庄、下王庄村河床地貌植被破坏严重，且河道均宽不足50m，沿河两岸堤防部分水毁，对汛期安全度汛，确保人民生命财产非常不利。设障河段在原平市楼板寨乡屯瓦村滴水崖沟口，昌兴铁矿公司的尾矿输水管道横穿河道，对通畅行洪造成隐患。

规划工程情况	2008年12月，山西省原平市永兴河治理建设规划已列入水利部储备项目。治理范围为楼板寨荆芥村至云中河入口及河道较大支流险工地段，河道整治长度26.2km。工程主要建设内容是：河道疏浚21.5km；新建堤防43.1km（其中石堤7.3km，控导工程2.47km，防冲护坡2km）。工程估算总投资6112.62万元。

情况说明：
一、河流基本情况
永兴河位于原平市西南，呈西北—东南走向，在王家庄与北云中河汇合后，在界河铺汇入滹沱河，为过渡形河流，河床稳定。
二、流域自然地理
永兴河西靠云中河山脉，最高海拔2100m，东至滹沱河，上游多为石山区，兼有土石山区和黄土丘陵区，山脉呈东西走向，谷岭相间，形成羽毛形河系，植被较好，下游为永兴河洪积扇、黄土丘陵区。
三、气象与水文
永兴河流域属温带季风大陆性气候，年平均气温8.3℃，1℃以上积温3748℃，初终间日数250天，10℃以上积温3246℃，初终间日数170天，无霜期平均191天。80%的降雨集中在夏季，永兴河建库前无实测水文资料，建库后有1958年至今不连续实测径流资料。
四、社会经济情况
永兴河流域内有乡镇：楼板寨乡、王家庄乡；有村庄：崖底、永兴、安家庄、北街、弓家庄、关子村等7个。

南云中河基本情况表

表 2-17

<table>
<tr><td rowspan="13">河道基本情况</td><td>河流名称</td><td colspan="2">南云中河</td><td>河流别名</td><td colspan="2">—</td><td colspan="2">河流代码</td><td colspan="3"></td></tr>
<tr><td>所属流域</td><td colspan="2">海河</td><td>水系</td><td colspan="2">子牙河</td><td>汇入河流</td><td>漳沱河</td><td>河流总长（km）</td><td colspan="2">48.9</td></tr>
<tr><td>支流名称</td><td colspan="6">陀罗河、合索河、淘金河，共3条。</td><td colspan="2">流域平均宽（km）</td><td colspan="2">8.5</td></tr>
<tr><td rowspan="4">流域面积（km²）</td><td>石山区</td><td>土石山区</td><td colspan="2">土山区</td><td colspan="2">丘陵区</td><td>平原区</td><td colspan="3">流域总面积（km²）</td></tr>
<tr><td>—</td><td>305</td><td colspan="2">—</td><td colspan="2">30</td><td>80.3</td><td colspan="3">415.3</td></tr>
<tr><td>纵坡（‰）</td><td>—</td><td>25</td><td colspan="2">—</td><td colspan="2">23</td><td>15</td><td colspan="3">2.7</td></tr>
<tr><td>糙率</td><td>—</td><td>0.1</td><td colspan="2">—</td><td colspan="2">0.03</td><td>0.06</td><td colspan="3"></td></tr>
<tr><td rowspan="2">设计洪水流量（m³/s）</td><td colspan="3">断面位置</td><td colspan="2">100年</td><td>50年</td><td>20年</td><td colspan="2">10年</td></tr>
<tr><td colspan="3">五、六干滚水坝</td><td colspan="2">204</td><td>184</td><td>175.9</td><td colspan="2"></td></tr>
<tr><td>发源地</td><td colspan="3">忻州市忻府区米家寨</td><td colspan="2">水质情况</td><td colspan="5">良好</td></tr>
<tr><td>流经县市名及长度</td><td colspan="10">忻府区36.5km、定襄县12.4km。</td></tr>
<tr><td rowspan="14">水文情况</td><td>年径流量（万m³）</td><td colspan="2">5145</td><td>清水流量（m³/s）</td><td colspan="2">0.15～0.9</td><td>最大洪峰流量（m³/s）</td><td colspan="4">1388</td></tr>
</table>

<table>
<tr><td rowspan="4">水文情况</td><td>年均降雨量（mm）</td><td>400</td><td>蒸发量（mm）</td><td>950～1448</td><td>植被率、（%）</td><td></td><td>年输沙量（万t/年）</td><td>23</td></tr>
<tr><td rowspan="2">水文站</td><td>名称</td><td colspan="2">位置</td><td colspan="2">建站时间</td><td colspan="2">控制面积（km²）</td></tr>
<tr><td>寺坪水文站（1978年6月前为米家寨水文站）</td><td colspan="2">忻府区寺坪村</td><td colspan="2">1978年1月</td><td colspan="2">305</td></tr>
<tr><td>来水来沙情况</td><td colspan="8">　　南云中河泥沙多为细小颗粒，d50 = 4mm，含云母质较多，多年平均输沙量23万t，年平均含沙量5.14kg/m³。其中定襄段河流泥沙大部分为细沙。忻州米家寨1954年～1972年多年平均悬移质输沙量为23万t。</td></tr>
<tr><td rowspan="3">社会经济情况</td><td>流经城市（个）</td><td colspan="2">1</td><td colspan="2">流经乡镇（个）</td><td>7</td><td>流经村庄（个）</td><td>24</td></tr>
<tr><td>人口（万人）</td><td>31.5</td><td>耕地（万亩）</td><td colspan="2">18.7</td><td colspan="2">主要农作物</td><td colspan="2">玉米、高粱、谷子、糜子、豆类、蔬菜、薯类等</td></tr>
<tr><td>主要工矿企业及国民经济总产值</td><td colspan="8">忻州经济开发区、顿村度假村。总产值2亿元。</td></tr>
</table>

<table>
<tr><td rowspan="3">河道堤防工程</td><td>规划长度（km）</td><td colspan="2">20</td><td colspan="2">已治理长度（km）</td><td colspan="2">66.53</td><td colspan="2">已建堤防单线长（km）</td><td>66.53</td></tr>
<tr><td rowspan="2">堤防位置</td><td>左岸（km）</td><td>右岸（km）</td><td rowspan="2">型式</td><td rowspan="2">级别</td><td colspan="2">标准（年一遇）</td><td rowspan="2">河宽（m）</td><td>保护人口（万人）</td><td>保护村庄（个）</td><td>保护耕地（万亩）</td></tr>
<tr><td></td><td></td><td>设防</td><td>现状</td><td></td><td></td><td></td></tr>
<tr><td>忻府区奇村镇米家寨村—曹张乡北兰台村</td><td>34.1</td><td>32.43</td><td>土堤</td><td>四</td><td colspan="2">20</td><td></td><td></td><td></td><td></td></tr>
</table>

<table>
<tr><td rowspan="3">水库</td><td rowspan="2">水库名称</td><td rowspan="2">位置</td><td rowspan="2">总库容（万m³）</td><td rowspan="2">控制面积（km²）</td><td colspan="2">防洪标准（年一遇）</td><td rowspan="2">最大泄量（m³/s）</td><td rowspan="2">最大坝高（m）</td><td rowspan="2">大坝型式</td></tr>
<tr><td>设计</td><td>校核</td></tr>
<tr><td>双乳山水库</td><td>忻府区合索乡王家庄</td><td>1448</td><td>330</td><td>20</td><td>100</td><td>249.62</td><td>11</td><td>均质土坝</td></tr>
</table>

续表 2-17

闸坝	闸坝名称	位置	拦河大坝型式	坝长（m）	坝高（m）	坝顶宽（m）	闸孔数量	闸净宽（m）	最大泄量（m³/s）
	一、二干分水闸	忻府区合索乡沙洼村	滚水坝	26.4	1.5	—	14	2	80
	三、四干滚水坝	忻府区解原乡东冯城村	滚水坝	80	1.8	—	8	3	150
	五、六干滚水坝	忻府区解原乡北赵村	滚水坝	80	1.8	—	9	3	204
	忻定干渠云中河十字闸拦河闸	忻府区播明镇							
	忻定干渠云中河十字闸节制闸	忻府区播明镇							
	人字闸（处）	—	淤地坝（座）		—		其中骨干坝（座）		—

灌区	灌区名称	灌溉面积（万亩）	河道取水口处数
	云中河灌区	16.66	3

桥梁	桥梁名	位置	过流量（m³/s）	长度（m）	宽度（m）	孔数	孔高（m）	结构型式
	岩口大桥	忻府区秦城乡岩口村	200	155	12	8	5	梁板式
	河拱大桥	忻府区秦城乡河拱村	200	160	40	5	6	支架式
	忻顿桥	忻府区顿村镇	200	180	25	8	5	梁板式
	同蒲路桥	忻府区播明镇	200	150	8	6	5	梁板式

其他涉河工程	名称	位置、型式、规模、作用、流量、水质、建成时间等
	天然气管道	河以南 3.5km，位于忻府区北赵村—廿里铺。
	引洪工程	位于定襄县南兰台村，可改善水地千余亩。
	引洪工程	位于定襄县西关村，可改善水地近千亩。
	通讯光缆	16 条，忻顿大桥附近。
	供水管道	自来水管道，位于忻顿大桥附近，供顿村。集中供水管道，沿河北岸顿村—播明。
	高压线路	位于忻府区前播明村，符村电厂。

河道砂石资源及采砂情况	忻府区段砂场从上至下有沙洼、石家庄、枣涧、金村、奇村、双乳湖、加禾、东冯城、六石、尹村、北赵等大小砂场 13 家。现有砂石 70 万 m³，每年开采 6 万 m³。定襄县段无砂石资源。

主要险工段及设障河段简述	险工地段主要分布在南云中河上游段，这些地段由于相关村无视河道管理法规，肆意对外承包砂场，导致无序混乱开采，造成采砂深度过深，堤防损毁严重，尽管水利局和云中河管理处多次交涉管理，但终因权限有限、效果不理想形成险工地段。 设障河段主要分布于南云中河下游地段，特别是六石段至播明段尤为严重，这些地段河道中心垃圾成堆，砂土石子成山，以及村民多处耕河滩地，形成人为河障。

规划工程情况	2008 年 12 月，山西省南云中河忻府区段治理建设可行性研究报告已列入水利部储备项目。治理范围为北赵村至播明镇段，治理长度为 6.5km。主要建设项目为：新建、加固堤防 13km，河道清淤疏浚 6.5km。工程估算总投资为 1.6 亿元。

续表 2-17

情况说明：

一、河流基本情况

南云中河流经杨芳乡城关镇，在定襄县城西北汇入滹沱河。山坡坡度为 15°，河道总落差为 130m，流域高差 360m。

南云中河河型属蜿蜒型。水小时河宽为 10m～20m，水大时河宽为 100m～200m，水更大时，向左右两岸到处漫溢。如 1954 年米家寨洪峰流量达 426m³／s。定襄县杨芳乡西营村被水淹，忻定农牧场河滩地被河水淹没。主河床变化不大，基本稳定。两岸滩地平坦，常受水淹。

二、流域自然地理

南云中河流域西高东低、南高北低。定襄南云中段，全部在冲积平原区。沿河两岸有宽度不等的护岸林带。流域范围内有农田林网。

三、气象

流域正常年降水为 400mm 左右。年均气温 8.7℃。

四、泥沙

忻州米家寨 1954 年—1972 年多年平均输沙量为 23 万 t（悬移质）。

五、旱、涝、碱灾害与水土流失

达到全年干旱标准的年份有 1965 年、1968 年、1972 年、1974 年、1980 年。

1954 年，忻州米家寨洪峰流量达 426m³／s，定襄南云中河两岸 12 000 亩耕地被洪水淹没，河右岸的西营村也被淹没在洪水中。

定襄南云中河流域处于平川地带，多数土地用于耕地，共有 2 万亩耕地。水土流失面积约 3km²。

六、社会经济情况

南云中河流域内有县市：忻府区定襄县；有乡镇：奇村镇、合索乡、解原乡、秦城乡、播明镇、曹张乡、杨芳乡；有村庄：米家寨、杨胡、石家庄、沙洼、金村、枣涧村、王家庄、加禾、土陵桥村、东冯城、西冯城、尹村、河拱、六石、北赵、顿村、廿里铺、西播明、前播明、后播明、永茂庄、吕令、北太平等。

七、河道整治

1974 年治河以来，先后共筑沙坝 1500m，共筑干砌石坝 300m。1974 年治河时，挖引河疏浚河道 1500m。定襄南云中河有一座通往忻定农牧场的桥。先后在南云中河两岸，搞护岸林带，单岸长 8km，宽度 10m～20m。

八、水资源开发利用

地下水从 1965 年大旱大打井以来，先后用浅井、深井提取，主要用于农作物旱时灌溉使用。

牧马河基本情况表

表2-18

<table>
<tr><td rowspan="11">河道基本情况</td><td>河流名称</td><td colspan="2">牧马河</td><td>河流别名</td><td colspan="2">箭杆河、七岭河</td><td colspan="2">河流代码</td><td></td></tr>
<tr><td>所属流域</td><td>海河</td><td>水系</td><td>子牙河</td><td colspan="2">汇入河流</td><td colspan="2">滹沱河</td><td>河流总长（km）</td><td>123.1</td></tr>
<tr><td>支流名称</td><td colspan="6">平社河、七岭河、水马川、大沟河、葫芦河、双海河、班庄河、田村河</td><td colspan="2">流域平均宽（km）</td><td>12.7</td></tr>
<tr><td rowspan="2">流域面积（km²）</td><td>石山区</td><td colspan="2">土石山区</td><td>土山区</td><td colspan="2">丘陵区</td><td>平原区</td><td colspan="2">流域总面积（km²）</td></tr>
<tr><td></td><td colspan="2"></td><td></td><td colspan="2"></td><td></td><td colspan="2">1498</td></tr>
<tr><td>纵坡（‰）</td><td colspan="9" style="text-align:right">3.06</td></tr>
<tr><td>糙率</td><td colspan="9"></td></tr>
<tr><td rowspan="2">设计洪水流量(m³/s)</td><td colspan="2">断面位置</td><td colspan="2">100年</td><td colspan="2">50年</td><td>20年</td><td colspan="2">10年</td></tr>
<tr><td colspan="2"></td><td colspan="2"></td><td colspan="2"></td><td></td><td colspan="2"></td></tr>
<tr><td>发源地</td><td colspan="4">太原市阳曲县白马山南部</td><td colspan="2">水质情况</td><td colspan="3"></td></tr>
<tr><td>流经县市名及长度</td><td colspan="9">忻府区65km、定襄县40.3km。</td></tr>
<tr><td rowspan="5">水文情况</td><td>年径流量（万m³）</td><td colspan="3">清水流量（m³/s）</td><td colspan="3">最大洪峰流量（m³/s）</td><td colspan="2"></td></tr>
<tr><td>年均降雨量（mm）</td><td colspan="3">蒸发量（mm）</td><td colspan="2">植被率（%）</td><td colspan="2">年输沙量（万t/年）</td><td></td></tr>
<tr><td rowspan="2">水文站</td><td colspan="2">名称</td><td colspan="2">位置</td><td colspan="2">建站时间</td><td colspan="3">控制面积（km²）</td></tr>
<tr><td colspan="2">豆罗桥水文站</td><td colspan="2">忻府区豆罗镇</td><td colspan="2">1956年</td><td colspan="3">751</td></tr>
<tr><td>来水来沙情况</td><td colspan="9"></td></tr>
<tr><td rowspan="3">社会经济情况</td><td>流经城市（个）</td><td colspan="2">2</td><td>流经乡镇（个）</td><td colspan="2">11</td><td>流经村庄（个）</td><td colspan="2">229</td></tr>
<tr><td>人口（万人）</td><td colspan="2">34.86</td><td>耕地（万亩）</td><td colspan="2">44.37</td><td>主要农作物</td><td colspan="2">谷子、玉米、高粱、土豆</td></tr>
<tr><td>主要工矿企业及国民经济总产值</td><td colspan="9">国民经济总产值100亿。经济收入主要在平川区，基础条件较好，大面积适宜种植玉米、高粱、杂粮及经济作物，粮食产量年均52664t，农业年均收入19470万元。丘陵山区，相对自然条件较差，主要依靠坡耕地和沟坝地种植，收入不及平川，年均产粮24086t，农业年均收入6629万元。西部山区，气温较低、山高坡陡，农村相对贫困，地广人稀、广种薄收，主要以林业为主，年均产粮6558t，农业年均收入1881万元。</td></tr>
<tr><td rowspan="6">河道堤防工程</td><td>规划长度（km）</td><td colspan="2"></td><td colspan="2">已治理长度（km）</td><td>165.99</td><td>已建堤防单线长（km）</td><td colspan="2">165.99</td></tr>
<tr><td rowspan="2">堤防位置</td><td rowspan="2">左岸（km）</td><td rowspan="2">右岸（km）</td><td rowspan="2">型式</td><td rowspan="2">级别</td><td colspan="2">标准（年一遇）</td><td rowspan="2">河宽（m）</td><td>保护人口（万人）</td><td>保护村庄（个）</td></tr>
<tr><td>设防</td><td>现状</td><td colspan="2" style="text-align:center">保护耕地（万亩）</td></tr>
<tr><td>忻府区三交镇牛尾村—北义井乡北胡村</td><td>58.57</td><td></td><td>土堤/砌石堤</td><td>四</td><td></td><td>20</td><td></td><td></td><td></td></tr>
<tr><td>忻府区三交镇牛尾村—苓村镇令归村</td><td></td><td>47.12</td><td>土堤/砌石堤/土石混合堤</td><td>四</td><td></td><td>20</td><td></td><td></td><td></td></tr>
<tr><td>定襄县段（规划）</td><td>32.2</td><td>28.1</td><td>沙土</td><td></td><td></td><td>20</td><td>50～100</td><td>2</td><td>15</td></tr>
</table>

续表2-18

	水库名称	位置	总库容（万 m³）	控制面积（km²）	防洪标准（年一遇）		最大泄量（m³/s）	最大坝高（m）	大坝型式
					设计	校核			
水库	北村水库	忻府区兰村乡北村	491	40	30	300	168.19	17	均质 土坝
	西岁兴水库	忻府区三交镇西岁兴村下游1.5km处	2902.7	496	100	1000	569.7	26.3	均质 土坝

	闸坝名称	位置	拦河大坝型式	坝长（m）	坝高（m）	坝顶宽（m）	闸孔数量	闸净宽（m）	最大泄量（m³/s）
闸坝	豆罗二坝冲砂闸	忻府区豆罗镇豆罗	浆砌石	137	2.4	0.6	6	19	70
	西曲大坝泄洪闸	忻府区兰村乡西曲	土坝	195	5.8	4	33	94	1280
	人字闸（处）	1	淤地坝（座）		3		其中骨干坝（座）		3

	灌区名称	灌溉面积（万亩）	河道取水口处数
灌区	牧马河灌区（河井双灌）	16	3
	七岭河灌区	0.3	1

	桥梁名	位置	过流量（m³/s）	长度（m）	宽度（m）	孔数	孔高（m）	结构型式
桥梁	南洞门大桥	忻府区三交镇	300	30	12	2	4	现浇砼
	庄磨大桥	忻府区庄磨镇	1100	100	8		4	现浇砼
	白石大桥	忻府区豆罗镇白石村	110	8.5	10		3.6	现浇砼
	大运公路大桥	忻府区豆罗镇	150	12	5		3	
	新东门大桥	忻州市东门外	160	12	8		5	砼板桥
	旧东门大桥	忻府区芝郡村	120	6	12		3.6	砼拱桥
	双湖桥	忻府区董村镇南胡村、北义井乡北胡村之间	110	8	10		4.5	现浇砼
	同蒲铁路桥	忻府区豆罗镇	180	30	6		6	砼桥
	忻台线牧马河大桥	定襄县蒋村乡西	120	12	12		4.5	现浇砼
	忻河铁路桥	定襄县河边镇西	150	30	6		6	砼桥
	南作桥	定襄县河边镇南作村西	60	4	3		3	砼桥
	砂村桥	定襄县蒋村乡砂村村西	60	4	3		3	砼桥
	卫村桥	定襄县神山乡卫村村南	60	6	3		5	砼桥
	张村桥	定襄县南王乡张村村北	100	6	2		1	砼桥
	待阳桥	定襄县晋昌镇待阳村南	120	10	10		3	砼桥
	南西力桥	定襄县晋昌镇南西力村北	120	6	10		3	砼桥
	铁路桥	定襄县蒋村镇南	150	3	10		3	砼桥
	蒋村桥	定襄县蒋村镇南	150	6	10		4	砼桥
	神山桥	定襄县神山乡东	100	4	4		2	砼桥

续表 2-18

	名称	位置、型式、规模、作用、流量、水质、建成时间等
其他涉河工程	陕京二线	位于牧马河牛尾—太河处，2006 年建成，全长 18km。
	自来水管线	位于忻府区班庄村。
	自来水管线	位于忻府区西曲村。
	大运高速公路	位于忻府区班庄村，大型砼板桥，过水流量 2000m³/s，1997 年建成。
	水井	737 眼。
河道砂石资源及采砂情况		忻州牧马河砂源极为丰富，是忻州、太原长期以来的建筑用砂基地。主要分布在忻府区豆罗至紫郡之间，经长期采挖，现存量仅有 260 万 m³ 左右，但在豆罗、庄磨、三交、北湖等地仍有采沙场 20 多家，不久就会采完。定襄县智村段有砂石资源，有智村砂场采砂。
主要险工段及设障河段简述		由于多年来，无序地大规模采砂，致使河道出现多处险工河段，忻府区庄磨镇大桥附近、豆罗白石段、豆罗桥至大运高速路之间、班庄河口、田村河口、三交段、城区段、芝郡段、北湖段等处，洗砂弃渣到处乱堆，加上群众在河道内乱种高秆作物，形成严重河障，影响行洪。定襄县卫村桥段、沙村与南作交界处、南作与芳兰交界处有便道堵塞河道。
规划工程情况		西岁兴水源续建工程：西岁兴水库（中型、库容 2903 万 m³），在建。 规划阴山橡胶坝，坝高 5m，库容 600 万 m³；西曲大坝除加固工程，在批。 2008 年 12 月，山西省牧马河忻府区段和定襄县段治理建设规划已列入水利部储备项目。忻府区段治理范围从西岁兴水库至牧马河忻府区出口，全长 43.5km。主要建设内容为：河道清淤 54.4 万 m³，堤防、护岸加固 34.55km，新建堤防 12.85km，新建穿堤建筑物 17 处。工程估算总投资 7914.01 万元。 定襄县段治理范围为定襄县境内全部河道，长度 32.2km。主要建设内容为：加固土坝堤防 56.8km，新建浆砌石坝 3.5km，铅丝笼挑坝 160 条，退水口建筑物 21 座。工程估算总投资 8453.72 万元。

情况说明：

牧马河是滹沱河的一级支流，地处山西省北中部，发源于太原市阳曲县白马山南部。流经太原市阳曲县、忻州市忻府区、定襄县，在定襄县蒋村汇入滹沱河。河道总长 123.1km，牧马河流域总面积 1498km²（其中：忻府区 1176km²，定襄 226km²），流域平均宽度 12.2km，总落差 967m，河道平均纵坡 3.06‰，整个流域地形呈西南高，东北低，由山区、丘陵逐渐过渡到忻定盆地的冲积平原区。该河上游的西岁兴水库正在续建，控制流域面积 496km²。西岁兴水库上游河道总长 36km（其中忻府区境内长 23km），水库下游忻府区境内长 42km，定襄县境内河长 40.3km。

牧马河流域地形为西南高，东北低。从地貌分类来看，西部高山区即忻府区三交镇以上及阳曲县境内，主要为石山区和土石山区，属变质岩构造侵蚀范围区，山体支离破碎，支流较多，大小冲沟发育，形如鸡爪状。是牧马河的主要产流及产砂源地。三交镇以下至阴山口，多为变质岩侵蚀低山丘陵区，有较薄的黄土覆盖，地形破碎，冲沟发育。阴山以下直至豆罗溢流坝为洪积扇与黄土丘陵的冲积平原区，全部为砂。豆罗溢流坝以下直至定襄蒋村滹沱河入口，地形开阔，河道平缓，为广阔的冲积平原区。

牧马河流域位于华北气候区，黄土高原副区，为典型的半干旱大陆性气候，年内受交替季风影响较大，其气候特征为：春季干燥多风，温差较大；夏季酷暑炎热，雨量集中；秋季天高气爽，历时短促；冬季寒冷异常。降雨多集中于夏秋两季，7 ~ 9 月份雨量约占全年的 65%。多年平均气温 8.6℃，极端最低气温 -27.8℃，最高 38.8℃，无霜期 160 天，最大冻土厚度为 110cm。

牧马河整个流域有豆罗水文站一处和上游六个雨量站，豆罗水文站有 1960 年—1989 年 30 年的实测资料；三交雨量站 1960 年—1989 年资料齐全，整个系统观测设施完善，可以对全河相互参证，准确率较高。河床基流相对稳定。

滹沱河流域保护的城市：忻府区、定襄县；保护的乡镇：三交、庄磨、豆罗、兰村、西张、城区、南城、新建路、东楼、紫岩、义井、董村等 11 个；保护的村庄：西社村、西曲村、安邑村、蒋村等。

平社河基本情况表

表 2-19

	河流名称	平社河		河流别名	葫芦河	河流代码	
	所属流域	海河	水系	子牙河	汇入河流	牧马河	河流总长（km） 11.2
	支流名称	\[span\]观沟、莲寺沟、麻虎沟、凤凰沟、寨沟、东沟、稻畦沟，共7条。					流域平均宽（km） 10.8
河道基本情况	流域面积（km²）	石山区	土石山区	土山区	丘陵区	平原区	流域总面积（km²）
		10.68	37.14	18.58	43.19	10.86	120.63
	纵坡（‰）	25～16.6	16.6～4	4～2.8	2.8～2.2	2	9.6
	糙率	0.1	0.08	0.06	0.04	0.03	0.03～0.1
	设计洪水流量（m³/s）	断面位置		100年	50年	20年	10年
		1932年忻府区下曹庄村		480.8	389	181	127
	发源地	阳曲县北部河庄村		水质情况	Ⅱ类		
	流经县市名及长度	忻府区11.2km。					
水文情况	年径流量（万m³）	1407	清水流量（m³/s）	0.05～0.1	最大洪峰流量（m³/s）	243	
	年均降雨量（mm）	462	蒸发量（mm）	1718.9	植被率（%）	3.8	年输沙量（万t/年） 8～10
	水文站	名称	位置		建站时间	控制面积（km²）	
		—	—		—	—	
	来水来沙情况						
社会经济情况	流经城市（个）	1	流经乡镇（个）	1	流经村庄（个）	14	
	人口（万人）	0.926	耕地（万亩）	2.8829	主要农作物	玉米、高粱、杂粮	
	主要工矿企业及国民经济总产值	年均粮食产量7000t，年均收入1300万元。					

河道堤防工程	规划长度（km）		已治理长度（km）			已建堤防单线长（km）		
	堤防位置	左岸（km）	右岸（km）	型式	级别	标准（年一遇）	河宽（m）	保护人口（万人）
						设防 | 现状		

	水库名称	位置	总库容（万m³）	控制面积（km²）	防洪标准（年一遇）		最大泄量（m³/s）	最大坝高（m）	大坝型式
水库					设计	校核			
	—								

	闸坝名称	位置	拦河大坝型式	坝长（m）	坝高（m）	坝顶宽（m）	闸孔数量	闸净宽（m）	最大泄量（m³/s）
闸坝	—								
	人字闸（处）	—	淤地坝（座）	—	—		其中骨干坝（座）	—	

续表 2-19

灌区	灌区名称		灌溉面积（万亩）			河道取水口处数		
	—		—			—		

桥梁	桥梁名	位置	过流量（m³/s）	长度（m）	宽度（m）	孔数	孔高（m）	结构型式

其他涉河工程	名称	位置、型式、规模、作用、流量、水质、建成时间等
	天然气管道	沿河全线。
	陕京二线	沿河全线，12km。
	陕京三线	沿河全线。

河道砂石资源及采砂情况	主要在忻府区下曹庄段采砂石料。

主要险工段及设障河段简述	平社河流域无险工险段和设障河段。

规划工程情况	平社河流域无规划工程。

情况说明：

一、河流基本情况

平社河地处山西省北中部，东经 112°30′～112°45′，北纬 38°10′～38°20′之间。该河向北流经忻州市南河、平社、路村、下曹庄汇入牧马河。平社河河型属季节性河流，属于蜿蜒型游荡性河道。

二、流域地形地貌

平社河为黄土丘陵区和土石山区，河床由砾石、粗砂、胶质泥土混合组成。流域为低中山宽谷区，区内主要为黄土丘陵阶地。

三、气象与水文

平社河流域属季风型大陆性气候，属季风雨区，河水主要由雨雪补给。年均降水量为 462mm，大部分集中在 6～9 月。6～9 月为主汛期，来洪流量随降雨变化确定。历史上最大洪水 243m³/s。气温平均在 18℃～26℃之间。冰情 10 月中旬开始冻结，于次年 4 月中旬解冻。

四、旱、涝灾害与水土流失

该流域内植被较少，大部分岩石裸露，属梯田坡地，水土流失严重，水土流失面积 64km²。由于水流作用逐年淤积，河坝又属砂土型坝，抗冲刷较弱，河床稳定性较差，防洪标准低。从 1992 年以来，治理面积 5.2 万亩，植被有所增加，生态有所改善。

五、社会经济情况

平社河流域内有县市：忻府区；有乡镇：庄磨乡；有村庄：地尾、南河、下社、路村、平社、下曹庄等。

平社河流向沿北同蒲铁路。主要依靠坡耕地和沟坝地种植。

六、涉河工程

因平社河与北同蒲铁路邻近，铁路险段筑有石坝，离村附近有砂坝及护岸林带，每年乡村都组织疏浚。大部分河道还没有形成较好的防洪体系，仅有少量引洪灌溉工程。

同河基本情况表

表 2-20

<table>
<tr><td rowspan="17">河道基本情况</td><td>河流名称</td><td colspan="2">同河</td><td>河流别名</td><td colspan="4">—</td><td colspan="2">河流代码</td><td></td></tr>
<tr><td>所属流域</td><td>海河</td><td>水系</td><td>子牙河</td><td>汇入河流</td><td colspan="3">滹沱河</td><td colspan="2">河流总长（km）</td><td>39.7</td></tr>
<tr><td>支流名称</td><td colspan="6"></td><td colspan="2">流域平均宽（km）</td><td>6.8</td></tr>
<tr><td rowspan="2">流域面积（km²）</td><td>石山区</td><td colspan="2">土石山区</td><td colspan="2">土山区</td><td>丘陵区</td><td>平原区</td><td colspan="2">流域总面积（km²）</td></tr>
<tr><td>70.2</td><td colspan="2">—</td><td colspan="2">—</td><td>200.43</td><td>—</td><td colspan="2">270.63</td></tr>
<tr><td>纵坡（‰）</td><td>—</td><td colspan="2">—</td><td colspan="2">—</td><td></td><td>—</td><td colspan="2">6.4</td></tr>
<tr><td>糙率</td><td>—</td><td colspan="2">—</td><td colspan="2">—</td><td></td><td>—</td><td colspan="2">0.035</td></tr>
<tr><td rowspan="2">设计洪水流量（m³/s）</td><td colspan="2">断面位置</td><td colspan="2">100 年</td><td>50 年</td><td>20 年</td><td colspan="3">10 年</td></tr>
<tr><td colspan="2"></td><td colspan="2">1160</td><td>892</td><td>704</td><td colspan="3">565</td></tr>
<tr><td>发源地</td><td colspan="4">原平市东社镇西岔村</td><td>水质情况</td><td colspan="4"></td></tr>
<tr><td>流经县市名及长度</td><td colspan="9">原平市 30.7km、定襄县 9km。</td></tr>
<tr><td rowspan="6">水文情况</td><td>年径流量（万 m³）</td><td colspan="2">1222.1</td><td>清水流量（m³/s）</td><td colspan="2">0.25</td><td>最大洪峰流量（m³/s）</td><td colspan="3">1144</td></tr>
<tr><td>年均降雨量（mm）</td><td colspan="2">400</td><td>蒸发量（mm）</td><td colspan="2">950 ~ 1448</td><td>植被率（%）</td><td colspan="3">年输沙量（万 t/年）</td></tr>
<tr><td rowspan="2">水文站</td><td>名称</td><td colspan="2">位置</td><td colspan="2">建站时间</td><td colspan="4">控制面积（km²）</td></tr>
<tr><td>—</td><td colspan="2">—</td><td colspan="2">—</td><td colspan="4">—</td></tr>
<tr><td>来水来沙情况</td><td colspan="9"></td></tr>
<tr><td rowspan="2">社会经济情况</td><td>流经城市（个）</td><td colspan="2">—</td><td>流经乡镇（个）</td><td colspan="2">3</td><td>流经村庄（个）</td><td colspan="3">70</td></tr>
<tr><td>人口（万人）</td><td colspan="2">4.5</td><td>耕地（万亩）</td><td colspan="2">8.6</td><td>主要农作物</td><td colspan="3">玉米、高粱、谷类</td></tr>
</table>

<table>
<tr><td rowspan="2">社会经济情况</td><td>主要工矿企业及国民经济总产值</td><td colspan="9">流域内奎光岭一带山脉分布少量金矿、石英矿。</td></tr>
</table>

<table>
<tr><td rowspan="7">河道堤防工程</td><td>规划长度（km）</td><td>19</td><td>已治理长度（km）</td><td colspan="2">16.6</td><td colspan="2">已建堤防单线长（km）</td><td>16.6</td></tr>
<tr><td rowspan="2">堤防位置</td><td>左岸（km）</td><td>右岸（km）</td><td rowspan="2">型式</td><td rowspan="2">级别</td><td colspan="2">标准（年一遇）</td><td rowspan="2">河宽（m）</td><td>保护人口（万人）</td><td>保护村庄（个）</td><td>保护耕地（万亩）</td></tr>
<tr><td></td><td></td><td>设防</td><td>现状</td><td></td><td></td><td></td></tr>
<tr><td>原平市东社镇拴马坡村—北河底二村</td><td>7</td><td></td><td>砌石堤</td><td>五</td><td></td><td>10</td><td></td><td></td><td></td><td></td></tr>
<tr><td>原平市东社镇拴马坡村—王东社村</td><td></td><td>7</td><td>砌石堤</td><td>五</td><td></td><td>10</td><td></td><td></td><td></td><td></td></tr>
<tr><td>原平市东社镇南河底村</td><td>1.3</td><td>1.3</td><td>石坝</td><td></td><td>20</td><td></td><td>30</td><td>1.6</td><td>42</td><td>2.7</td></tr>
</table>

续表 2-20

	水库名称	位置	总库容（万m³）	控制面积（km²）	防洪标准(年一遇) 设计	校核	最大泄量（m³/s）	最大坝高（m）	大坝型式
水库	石门沟水库	原平市东社镇峪里村同河上游石门沟	102	9.85	100		62.65	40	浆砌石重力坝
	寿山水库	原平市东社镇闫庄村寿山脚下	160	9.75	100		63.28	25	均质土坝
	王北尧水库	原平市东社镇朱东社沟口上游	103	4	100		8.34	18.87	均质土坝
	将军山水库	原平市东社镇南凿子沟将军山脚下	100	2	50		0.4	23.25	均质土坝

	闸坝名称	位置	拦河大坝型式	坝长（m）	坝高（m）	坝顶宽（m）	闸孔数量	闸净宽（m）	最大泄量（m³/s）
闸坝	西庄塘坝	原平市永兴河上游							
	定襄县同河拦水闸	定襄县宏道镇西社村	土坝	500	4.5	5			
	同河灌区闸	定襄县宏道镇西社村西北	钢闸门	53	2.4		14	3.3	600
	北社西闸	定襄县宏道镇北社西村东南	木闸门	32	1.5				200
	北社东闸	定襄县宏道镇北社东村南	砼闸	29	1.5				300
	人字闸（处）	—	淤地坝（座）		—		其中骨干坝（座）		1

	灌区名称		灌溉面积（万亩）		河道取水口处数
灌区	同河灌区		1.55		2

	桥梁名	位置	过流量（m³/s）	长度（m）	宽度（m）	孔数	孔高（m）	结构型式
桥梁	上庄桥	原平市东社镇上庄村	160	6	7	3	4	砼桥
	东社桥	原平市东社	210	7	7	3	3.5	砼桥
	刘河底桥	原平市东社镇刘河底村	180	6.5	7	3	4	砼桥
	朱东社桥	原平市东社镇朱东社村		30	8	3	2.7	
	朔黄铁路桥	原平市东社镇		200	6	5	5	砼桥
	峪里桥	原平市峪里						
	沟里桥	原平市沟里						
	赵村桥	原平市东社镇赵村						
	南河底桥	原平市东社镇南河底村						
	磨湾桥	原平市东社镇磨湾村						
	三瑶线桥	定襄县宏道镇北社西村		40	8	6	4	砼桥

续表 2-20

	名称	位置、型式、规模、作用、流量、水质、建成时间等
其他涉河工程	同河电灌站	提水灌溉宏道镇 6000 余亩耕地，在同河内新建了拦河、活动闸蓄水工程，每次可蓄水 8 万 m^3。
	沟里渡槽	单孔长 40m、宽 1m、槽深 0.4m 的现浇砼渡槽，担负沿岸村庄的耕地灌溉。
	寿山渡槽	单孔长 40m、宽 1m、槽深 0.4m 的现浇砼渡槽，担负沿岸村庄的耕地灌溉。
河道砂石资源及采砂情况		同河砂石资源贫乏，为卵石土层，目前尚无开发。
主要险工段及设障河段简述		枣坡、刘河底、东社、南河底段堤防标准过低，部分损坏严重；南河底段河床淤积严重。同河东社镇南河底段，河道淤积严重，全长 1.5km，河床与公路村庄基本齐平，一旦遇到洪峰，将会淹没土地 40 亩，农户 60 户，中断公路交通，危害十分严重，急需治理。同河支流北尧水库下游朱东社南 1000m 河坝，由于多年洪水侵吞，水毁十分严重。一旦遇到较大洪峰，将直接威胁下游温东社、王东社两村和镇政府的六个企事业单位，造成的损失难以估量，治理工作刻不容缓。
规划工程情况		

情况说明：
　一、河流基本情况
　同河位于原平市东南同川地区，至定襄县东社村汇入滹沱河，西北—东南走向，属过渡型河流。
　二、流域地形地貌
　同河流域西北高，东南低，山峦重叠，梁峁起伏，沟壑纵横，为丘陵沟壑区和部分变质岩山区，植被稀少。
　三、气象与水文
　同河流域多旱情，且带有春夏连旱情形，降雨少而集中。近年来，春夏连旱，降雨夹带冰雹的情形明显增多，给人民群众带来很大损失，自 20 世纪 70 年代修建各种防洪工程以来，洪灾减少危害不大。
　四、社会经济情况
　同河流域内有乡镇：东社镇、南白乡、宏道镇；有村庄：柳沟、南沟、南寨、沟里、中三村、都庄、枣坡、刘河底、城头、南庄、东社、赵村、北河底、磨湾、南河底、里城、永兴庄、贵儒、北社村等。

小银河基本情况表

表 2-21

<table>
<tr><td rowspan="13">河道基本情况</td><td>河流名称</td><td colspan="2">小银河</td><td>河流别名</td><td colspan="2">北沟河</td><td colspan="2">河流代码</td><td colspan="2"></td></tr>
<tr><td>所属流域</td><td>海河</td><td>水系</td><td>子牙河</td><td colspan="2">汇入河流</td><td colspan="2">滹沱河</td><td>河流总长（km）</td><td>32.5</td></tr>
<tr><td>支流名称</td><td colspan="4">龙代沟</td><td colspan="3">流域平均宽（km）</td><td colspan="2">6.9</td></tr>
<tr><td rowspan="2">流域面积（km²）</td><td>石山区</td><td>土石山区</td><td colspan="2">土山区</td><td>丘陵区</td><td colspan="2">平原区</td><td colspan="2">流域总面积（km²）</td></tr>
<tr><td>—</td><td>—</td><td colspan="2">—</td><td>224.6</td><td colspan="2"></td><td colspan="2">224.6</td></tr>
<tr><td>纵坡（‰）</td><td>—</td><td>—</td><td colspan="2">—</td><td>—</td><td colspan="2">—</td><td colspan="2">13.6</td></tr>
<tr><td>糙率</td><td>—</td><td>—</td><td colspan="2">—</td><td>—</td><td colspan="2">—</td><td colspan="2">0.035</td></tr>
<tr><td rowspan="2">设计洪水流量（m³/s）</td><td colspan="3">断面位置</td><td colspan="2">100 年</td><td colspan="2">50 年</td><td>20 年</td><td>10 年</td></tr>
<tr><td colspan="3">南大兴</td><td colspan="2"></td><td colspan="2"></td><td>185</td><td></td></tr>
<tr><td>发源地</td><td colspan="3">五台县红表乡殿头村</td><td colspan="2">水质情况</td><td colspan="4">Ⅱ类</td></tr>
<tr><td>流经县市名及长度</td><td colspan="9">五台县 32.5km。</td></tr>
<tr><td rowspan="6">水文情况</td><td>年径流量（万 m³）</td><td colspan="2">1600</td><td>清水流量（m³/s）</td><td colspan="2">0.2</td><td colspan="2">最大洪峰流量（m³/s）</td><td></td></tr>
<tr><td>年均降雨量（mm）</td><td colspan="2">468.5</td><td>蒸发量（mm）</td><td colspan="2">1100</td><td>植被率（%）</td><td></td><td>年输沙量（万 t/年）</td><td>60</td></tr>
<tr><td rowspan="2">水文站</td><td colspan="2">名称</td><td colspan="2">位置</td><td colspan="3">建站时间</td><td colspan="2">控制面积（km²）</td></tr>
<tr><td colspan="2">—</td><td colspan="2">—</td><td colspan="3">—</td><td colspan="2">—</td></tr>
<tr><td>来水来沙情况</td><td colspan="9">小银河输沙量主要以悬移质为主，多年平均输沙量为 60 万 t。</td></tr>
</table>

<table>
<tr><td rowspan="2">社会经济情况</td><td>流经城市（个）</td><td colspan="2">—</td><td colspan="2">流经乡镇（个）</td><td>2</td><td colspan="2">流经村庄（个）</td><td>29</td></tr>
<tr><td>人口（万人）</td><td colspan="2">2.45</td><td>耕地（万亩）</td><td></td><td colspan="2">主要农作物</td><td colspan="2">玉米、谷子、高粱等</td></tr>
<tr><td></td><td>主要工矿企业及国民经济总产值</td><td colspan="9"></td></tr>
</table>

<table>
<tr><td rowspan="4">河道堤防工程</td><td>规划长度（km）</td><td colspan="3">22</td><td colspan="2">已治理长度（km）</td><td colspan="2">8.02</td><td colspan="2">已建堤防单线长(km)</td><td colspan="2">8.02</td></tr>
<tr><td rowspan="2">堤防位置</td><td rowspan="2">左岸（km）</td><td rowspan="2">右岸（km）</td><td rowspan="2">型式</td><td rowspan="2">级别</td><td colspan="2">标准(年一遇)</td><td rowspan="2">河宽（m）</td><td rowspan="2">保护人口（万人）</td><td rowspan="2">保护村庄（个）</td><td rowspan="2">保护耕地（万亩）</td></tr>
<tr><td>设防</td><td>现状</td></tr>
<tr><td>五台县东冶乡北大兴一村</td><td>2.98</td><td>2.52</td><td>砌石堤</td><td>五</td><td></td><td>10/19</td><td></td><td></td><td></td><td></td></tr>
<tr><td>五台县东冶乡北大兴二村</td><td></td><td>2.52</td><td>砌石堤</td><td>五</td><td colspan="2">10</td><td></td><td></td><td></td><td></td></tr>
</table>

<table>
<tr><td rowspan="4">水库</td><td>水库名称</td><td>位置</td><td>总库容（万 m³）</td><td>控制面积（km²）</td><td colspan="2">防洪标准(年一遇)</td><td>最大泄量（m³/s）</td><td>最大坝高（m）</td><td>大坝型式</td></tr>
<tr><td></td><td></td><td></td><td></td><td>设计</td><td>校核</td><td></td><td></td><td></td></tr>
<tr><td>郭家寨水库</td><td>五台县阳白乡郭家寨村</td><td>182</td><td>182</td><td>100</td><td></td><td>749.74</td><td>13.5</td><td>均质土坝</td></tr>
<tr><td>田家岗一库</td><td>五台县小银河上游支沟的龙化沟</td><td>90</td><td>5.5</td><td>300</td><td></td><td>2.0</td><td>—</td><td>均质土坝</td></tr>
</table>

<table>
<tr><td></td><td>田家岗二库</td><td>小银河上游龙化沟支沟的乔家沟</td><td>20</td><td>0.25</td><td>300</td><td></td><td>4</td><td>—</td><td>均质土坝</td></tr>
</table>

续表 2-21

闸坝	闸坝名称	位置	拦河大坝型式	坝长（m）	坝高（m）	坝顶宽（m）	闸孔数量	闸净宽（m）	最大泄量（m³/s）
	两河堰冲砂闸	五台县东冶镇							
	两河堰堰首进水闸	五台县东冶镇							
	人字闸（处）			淤地坝（座）			其中骨干坝（座）		

灌区	灌区名称		灌溉面积（万亩）		河道取水口处数	
	小银河灌区		1		1	

桥梁	桥梁名	位置	过流量（m³/s）	长度（m）	宽度（m）	孔数	孔高（m）	结构型式
	阳白桥	阳白乡	150	24	4	2	1.4	钢筋砼

其他涉河工程	名称	位置、型式、规模、作用、流量、水质、建成时间等
	机电站	23 处。
	井	30 眼，其中深井 10 眼。
	自流灌溉渠道	10 处，长 8.6km。
	人畜吃水工程	20 处。

河道砂石资源及采砂情况	小银河河道内泥沙含量高，在中下游有采挖现象。

主要险工段及设障河段简述	该河道中下游防洪标准底。

规划工程情况	2008 年 12 月，山西省五台县小银河治理建设规划已列入水利部储备项目。治理范围为整体河道 32.5km。主要建设内容为：维修加固原浆砌石坝 5km，新建浆砌石坝 27.5km，防冲堆石坝 1.12km，支流延伸工程 9 处，穿堤建筑物 15 座。工程估算总投资 4520.32 万元。

情况说明：

一、河流基本情况

小银河流经阳白、东冶 2 个乡镇 29 个村庄，于槐荫村汇入滹沱河。河流呈蜿蜒形，河床较稳定，其东邻五台县城关镇，西至原平市，北与代县相依，南至滹沱河。

二、流域地形地貌

小银河北高南低，中间河谷，河谷两岸形成多级阶地，梯田层层，是黄土丘陵区，至东冶镇是积陷盆地的地貌类型，该地区四周环山，是典型的边山丘陵区。盆地土地平坦，人口密度较大。

三、气象与水文

小银河流域受大陆性气候控制，年平均气温 10℃左右，最高气温 41.8℃，最低气温 -18℃。冰冻期为 12 月至次年 3 月，冰厚 0.5m。主要自然灾害是干旱，尤其是春旱较多，重现期为 4～7 月。

四、社会经济情况

小银河流域内有乡镇：阳白乡、东冶镇；有村庄：殿头村、槐荫村等。

五、水资源开发利用

小银河流域在干流下游建有郭家寨水库，属小（二）型水库，坝高 14m，设计灌溉面积 2.2 万亩。一级支沟龙代沟建有田家岗一库，属小（二）型水库，坝高 18m，设计灌溉面积 350 亩。二级支沟乔家沟建有田家岗二库，属小（二）型水库，坝高 17m，设计灌溉面积 200 亩。共有水浇地 1.52 万亩，治理水土流失面积 5.35 万亩。公路比较畅通。

清水河基本情况表

表 2-22

河道基本情况	河流名称	清水河		河流别名		一		河流代码		
	所属流域	海河	水系	子牙河	汇入河流	滹沱河		河流总长（km）		113.2
	支流名称	铜钱沟、殊宫寺沟、泗阳河、湾子河、滤泗河、移城河，共6条。						流域平均宽（km）		21.2	
	流域面积（km²）	石山区	土石山区		土山区	丘陵区	平原区	流域总面积（km²）		
		一	1852		一	522	31	2405		
	纵坡（‰）	一			一			11.16		
	糙率	一			一			0.03		
	设计洪水流量（m³/s）	断面位置			100年	50年	20年		10年	
		坪上村				2400				
	发源地	五台县台怀镇的东台沟			水质情况		Ⅱ类			
	流经县市名及长度	五台县 113.2km。								
水文情况	年径流量（万m³）	20200	清水流量（m³/s）		2.78	最大洪峰流量（m³/s）		3800		
	年均降雨量（mm）	400～500	蒸发量（mm）		700～1000	植被率（%）		年输沙量（万t/年）		410
	水文站	名称		位置			建站时间	控制面积（km²）		
		耿家会水文站		五台县耿家会村（1977年迁南坡，因代表性不好，仍用耿家会水文站）			1956年	2379		
	来水来沙情况									
社会经济情况	流经城市（个）	1		流经乡镇（个）		22	流经村庄（个）		466	
	人口（万人）	19.75		耕地（万亩）		48.9	主要农作物		玉米、高粱、薯类、谷子、豆类、莜麦等	
	主要工矿企业及国民经济总产值	有煤矿、铁矿，还有少量的金、铜、铅、水晶、云母、铝土、石英、白云石、方解石、大理石、花岗岩、石灰石、磷矿、硼矿等。2000年农业总产量为66968t，总收入53029万元。								

河道堤防工程	规划长度（km）	48		已治理长度（km）		32.11		已建堤防单线长（km）		32.11
	堤防位置	左岸（km）	右岸（km）	型式	级别	标准（年一遇）		河宽（m）	保护人口（万人）	保护村庄（个）
						设防	现状			
	五台县石咀乡石咀村	1.12	0.8	砌石堤	五		18/16			
	五台县石咀乡上南坪村	0.48	0.9	砌石堤	五		15			
	五台县高洪口乡河口村	0.3		砌石堤	五		12			
	五台县金岗库乡大甘河村一蛤蟆石村	5.4	5.4	砌石堤	五		18			
	五台县耿镇乡松岩口村一高洪口乡瑶芝村	8.36	7.02	砌石堤	五		10			

续表 2-22

	堤防位置	左岸（km）	右岸（km）	型式	级别	标准（年一遇）设防	标准（年一遇）现状	河宽（m）	保护人口（万人）	保护村庄（个）	保护耕地（万亩）
河道堤防工程	五台县门限石乡闫家凹村	0.4		砌石堤	五		10				
	五台县门限石乡广银沟村		0.3	砌石堤	六		10				
	五台县茹村乡秋荷村		0.45	砌石堤	七		10				
	五台县门限石乡化桥村	0.4		砌石堤	五		10				
	五台县门限石乡下门限石村	0.24		砌石堤	五		10				
	五台县门限石乡上门限石村	0.54		砌石堤	五		10				

	水库名称	位置	总库容（万m³）	控制面积（km²）	防洪标准（年一遇）设计	防洪标准（年一遇）校核	最大泄量（m³/s）	最大坝高（m）	大坝型式
水库	—	—	—	—	—	—	—	—	—

	闸坝名称	位置	拦河大坝型式	坝长（m）	坝高（m）	坝顶宽（m）	闸孔数量	闸净宽（m）	最大泄量（m³/s）
闸坝	胡家庄滚水坝	五台县陈家庄乡胡家庄村上游	滚水坝	45	2.4	0.6	1	2.2	2.4
	南坡滚水坝	五台县陈家庄乡南坡村上游	滚水坝	60	2.6	0.6	1	2.4	2.8
	人字闸（处）	—		淤地坝（座）	—		其中骨干坝（座）		—

	灌区名称	灌溉面积（万亩）	河道取水口处数
灌区	—	—	—

	桥梁名	位置	过流量（m³/s）	长度（m）	宽度（m）	孔数	孔高（m）	结构型式
桥梁	耿镇大桥	耿镇	700	70	6	3	2.8	石拱桥
	高洪口大桥	高洪口乡	650	65	4	3	2.6	石拱桥
	闫家凹大桥	五台山门限石乡闫家凹	500	70	4	3	2.4	石拱桥

	名称	位置、型式、规模、作用、流量、水质、建成时间等
其他涉河工程	五台县第三电站	位于滹沱河与清水河汇合处的坪上村附近清水河左岸，为无调节径流式电站，设计水头17m，设计流量5.8 m³/s，装机容量720kw。建成时间1994年。
	小型机电灌站	63处。
	井	129眼，其中深井50眼。用于农田灌溉及人畜吃水。
	自流灌溉小型渠道	185处，长560km。
	节水灌溉工程	8处，其中喷灌三处，共有水浇地4.58万亩。
	人畜饮水工程	928处。

续表 2-22

河道砂石资源及采砂情况	该河道砂石资源丰富，质地良好，但私采乱挖现象严重。
主要险工段及设障河段简述	耿镇段、高洪口段、门限石段、石嘴段因私挖现象严重，深塘较多，存在安全隐患。另外，在这些部位防洪设施年久失修。
规划工程情况	2008 年 12 月，山西省五台县清水河治理建设规划已列入水利部储备项目。治理范围是从红崖村 – 清水河出口坪上段。主要工程内容为：河道清淤疏浚 57km；堤防护岸、加固加固 18.15km；新建浆砌石坝 51.1km，消力坝 20 组 53 个，支流延伸护岸工程 12 处，退水口建筑物 9 处。工程估算总投资 11663.30 万元。

情况说明：

一、河流基本情况

清水河由西北向东南流经金岗库、石嘴、门限石、耿镇、高洪口、天和、陈家庄，在神西乡的坪上村汇入滹沱河。总落差 1793m，河流成蜿蜒形，河床稳定。

二、流域地形地貌

清水河流域地形地貌受五台山脉控制，群山林立，沟壑纵横，10km 以上支沟 27 条，10km 以下支沟 2000 余条，按其成因和形态特点，分成三个类型区：土石山区、黄土丘陵沟壑区、冲积湖积平原区。

土石山区构造剥蚀断块高中山地，以五个台顶为主，从发源地往下游主要为石山区，面积 1852km^2，相对高程 1000m ~ 1500m 以上，峰峦重叠，山高坡陡，河谷呈 "V" 字形，植被相对较好，多属天然林或天然牧坡。黄土丘陵沟壑区分布于土石山区与冲积平原区之间的河谷两岸的半坡阶地上，面积 522km^2，地形切割较深，纵坡一般大于 25°，沟头切割，深度为 15m ~ 20m，主要呈 "U" 字形，支沟呈 "V" 字形，海拔高程在 1000m ~ 1500m 之间。冲积湖积平原区分布于茹村、豆村两个山间盆地，面积 31 km^2，海拔高程在 900m ~ 1200m 之间，地势平坦，土地肥沃，是主要农耕区。

三、气象

清水河降水受地形影响出现差异，海拔每升高 100m，降水量增多 40mm ~ 50mm。年降水量一般年份为 400mm ~ 500mm。按地区可分为少雨区、中雨区和多雨区。少雨区主要在海拔 1000m 以下的地区，年雨量为 400mm ~ 500mm，蒸发量 1000mm，年平均气温 10℃左右，≥ 0℃积温 4057.4℃，244 天，≥ 10℃积温 3429.1℃，165 天，温度高、蒸发快，一年四季多干旱。中雨区主要在海拔 1000m ~ 1400m 的地区，年降水量 500mm ~ 550mm，蒸发量 950mm，气候变化明显，四季分明，年平均气温 6.9℃，≥ 0℃积温 3450℃，223 天，≥ 10℃积温 2751.6℃，146 天。多雨区在海拔 1300m 以上的地区，正常年降水量 800mm，年平均蒸发量 700mm ~ 950mm，多年平均气温 4.2℃，≥ 0℃积温 3000℃，190 天，≥ 10℃积温 2400℃，105 天。

四、水文及泥沙

清水河结冰期为 12 月至次年 3 月，冰厚 0.7m。输沙模数为 1500t/(km^2·a)。

五、社会经济情况

清水河流域内有县市：五台县；有乡镇：金岗库、石嘴、门限石、耿镇、神西乡、高洪口、天和、陈家庄等 22 个乡镇；村庄：李家庄、坪上、胡家庄、马头口等 466 个。

铜钱沟基本情况表

表 2-23

<table>
<tr><td rowspan="10">河道基本情况</td><td>河流名称</td><td>铜钱沟</td><td colspan="2">河流别名</td><td colspan="2">—</td><td colspan="2">河流代码</td><td></td></tr>
<tr><td>所属流域</td><td>海河</td><td>水系</td><td>子牙河</td><td>汇入河流</td><td>清水河</td><td colspan="2">河流总长（km）</td><td>20.3</td></tr>
<tr><td>支流名称</td><td colspan="5">—</td><td colspan="2">流域平均宽（km）</td><td>8</td></tr>
<tr><td rowspan="2">流域面积（km²）</td><td>石山区</td><td>土石山区</td><td colspan="2">土山区</td><td>丘陵区</td><td>平原区</td><td colspan="2">流域总面积（km²）</td></tr>
<tr><td></td><td></td><td colspan="2"></td><td></td><td></td><td colspan="2">162</td></tr>
<tr><td>纵坡（‰）</td><td></td><td></td><td colspan="2"></td><td></td><td colspan="3">26.4</td></tr>
<tr><td>糙率</td><td></td><td></td><td colspan="2"></td><td></td><td colspan="3">0.03</td></tr>
<tr><td rowspan="2">设计洪水流量（m³/s）</td><td colspan="3">断面位置</td><td colspan="2">100 年</td><td>50 年</td><td>20 年</td><td>10 年</td></tr>
<tr><td colspan="3">芦家庄村</td><td colspan="4">140</td><td></td></tr>
<tr><td>发源地</td><td colspan="3">五台县铜钱沟乡红庵村</td><td colspan="2">水质情况</td><td colspan="3">Ⅲ类</td></tr>
<tr><td colspan="2">流经县市名及长度</td><td colspan="8">五台县 20.3km。</td></tr>
<tr><td rowspan="5">水文情况</td><td>年径流量（万 m³）</td><td colspan="2">2750</td><td>清水流量（m³/s）</td><td colspan="3">0.04</td><td colspan="2">最大洪峰流量（m³/s）</td></tr>
<tr><td>年均降雨量（mm）</td><td colspan="2">951.8</td><td>蒸发量（mm）</td><td colspan="2">800</td><td>植被率（%）</td><td colspan="2">年输沙量（万 t/年）</td><td>12.15</td></tr>
<tr><td rowspan="2">水文站</td><td colspan="2">名称</td><td colspan="2">位置</td><td colspan="2">建站时间</td><td colspan="3">控制面积（km²）</td></tr>
<tr><td colspan="2">—</td><td colspan="2">—</td><td colspan="2">—</td><td colspan="3">—</td></tr>
<tr><td>来水来沙情况</td><td colspan="9">年输沙量以悬移质为主，多年平均 12.15 万 t。输沙模数为 750t/（km²·a）。</td></tr>
<tr><td rowspan="3">社会经济情况</td><td>流经城市（个）</td><td colspan="2">—</td><td>流经乡镇（个）</td><td colspan="3">1</td><td>流经村庄（个）</td><td>20</td></tr>
<tr><td>人口（万人）</td><td colspan="2">0.398</td><td>耕地（万亩）</td><td colspan="2">0.432</td><td>主要农作物</td><td colspan="2">谷类、莜麦及薯类</td></tr>
<tr><td>主要工矿企业及国民经济总产值</td><td colspan="9">粮食总产量 457t，总收入 408 万元。</td></tr>
<tr><td rowspan="5">河道堤防工程</td><td>规划长度（km）</td><td colspan="2">11</td><td>已治理长度（km）</td><td colspan="3">3.45</td><td>已建堤防单线长（km）</td><td>3.45</td></tr>
<tr><td rowspan="2">堤防位置</td><td>左岸（km）</td><td>右岸（km）</td><td rowspan="2">型式</td><td rowspan="2">级别</td><td colspan="2">标准（年一遇）</td><td>河宽（m）</td><td>保护人口（万人）</td><td>保护村庄（个）</td><td>保护耕地（万亩）</td></tr>
<tr><td></td><td></td><td>设防</td><td>现状</td><td></td><td></td><td></td><td></td></tr>
<tr><td>五台县石嘴乡芦家庄村</td><td>1</td><td>0.5</td><td>砌石堤</td><td>五</td><td></td><td>17</td><td></td><td></td><td></td><td></td></tr>
<tr><td>五台县石嘴乡新路口村</td><td>0.95</td><td></td><td>砌石堤</td><td>五</td><td></td><td>14</td><td></td><td></td><td></td><td></td></tr>
<tr><td>五台县石嘴乡铁堡村</td><td>1</td><td></td><td>砌石堤</td><td>五</td><td></td><td>14</td><td></td><td></td><td></td><td></td></tr>
<tr><td rowspan="3">水库</td><td rowspan="2">水库名称</td><td rowspan="2" colspan="2">位置</td><td rowspan="2">总库容（万 m³）</td><td rowspan="2">控制面积（km²）</td><td colspan="2">防洪标准（年一遇）</td><td>最大泄量（m³/s）</td><td>最大坝高（m）</td><td>大坝型式</td></tr>
<tr><td>设计</td><td>校核</td><td></td><td></td><td></td></tr>
<tr><td colspan="2">—</td><td>—</td><td>—</td><td>—</td><td>—</td><td>—</td><td>—</td><td>—</td><td>—</td></tr>
</table>

续表 2-23

	闸坝名称	位置	拦河大坝型式	坝长（m）	坝高（m）	坝顶宽（m）	闸孔数量	闸净宽（m）	最大泄量（m³/s）
闸坝	—	—	—	—	—	—	—	—	—

	人字闸（处）	—	淤地坝（座）	—	其中骨干坝（座）	—

	灌区名称	灌溉面积（万亩）	河道取水口处数
灌区	—	—	—

	桥梁名	位置	过流量（m³/s）	长度（m）	宽度（m）	孔数	孔高（m）	结构型式
桥梁	—	—	—	—	—	—	—	—

	名称	位置、型式、规模、作用、流量、水质、建成时间等
其他涉河工程	人畜吃水工程	10 处。

河道砂石资源及采砂情况	铜钱沟河道内砂质良好，下游采挖现象较多。

主要险工段及设障河段简述	该河道中下游无防洪设施。

规划工程情况	规划治理长度 11km。

情况说明：

一、河流基本情况

铜钱沟流经里伏沟、大底、客子庵、铜钱沟、榆林村、芦家庄、铁堡、射虎川、新路口，于石嘴汇入清水河。河流呈蜿蜒形，河床稳定。

二、流域地形地貌

流域自然地理受五台山山脉控制为构造剥蚀高中山地，相对高程 1000m ~ 1500m 以上，峰峦重叠，苍山如海，植被较好，耕地甚少。

三、气象与水文

流域内多年平均气温 4.2℃，极端最高气温 20℃，极端最低气温 -44.8℃。结冰期 11 月下旬至次年 3 月中旬。冰厚 0.8m。

四、社会经济情况

铜钱沟流域内有有乡镇：石嘴乡；有村庄：红庵村、里伏沟、大底、客子庵、铜上庄、铜钱沟、东榆林村、口子村、芦家庄、铁堡、前坪村、后坪村、射虎川、新路口、新路沟、石庄子、石嘴等 20 个。

五、涉河工程

铜钱沟流域修筑河坝工程 8.5km，治理水土流失面积 7.72 万亩，解决人畜吃水工程 10 处。

殊宫寺沟基本情况表

表2-24

<table>
<tr><td rowspan="11">河道基本情况</td><td colspan="2">河流名称</td><td colspan="2">殊宫寺沟</td><td colspan="2">河流别名</td><td colspan="3">—</td><td colspan="2">河流代码</td><td colspan="2"></td></tr>
<tr><td colspan="2">所属流域</td><td>海河</td><td>水系</td><td colspan="2">子牙河</td><td colspan="2">汇入河流</td><td>清水河</td><td colspan="2">河流总长（km）</td><td colspan="2">31</td></tr>
<tr><td colspan="2">支流名称</td><td colspan="7">刘定寺沟、水沟、智家峪沟，共3条。</td><td colspan="2">流域平均宽（km）</td><td colspan="2">5.6</td></tr>
<tr><td colspan="2" rowspan="2">流域面积（km²）</td><td>石山区</td><td>土石山区</td><td colspan="2">土山区</td><td colspan="2">丘陵区</td><td>平原区</td><td colspan="2">流域总面积（km²）</td><td colspan="2"></td></tr>
<tr><td></td><td></td><td colspan="2"></td><td colspan="2"></td><td></td><td colspan="2"></td><td colspan="2">174.2</td></tr>
<tr><td colspan="2">纵坡(‰)</td><td colspan="11">26</td></tr>
<tr><td colspan="2">糙率</td><td colspan="11">0.03</td></tr>
<tr><td colspan="2" rowspan="2">设计洪水流量(m³/s)</td><td colspan="4">断面位置</td><td colspan="2">100年</td><td>50年</td><td colspan="2">20年</td><td colspan="2">10年</td></tr>
<tr><td colspan="4">河西村</td><td colspan="2"></td><td></td><td colspan="2">170</td><td colspan="2"></td></tr>
<tr><td colspan="2">发源地</td><td colspan="5">五台县灵境的春坪村</td><td colspan="2">水质情况</td><td colspan="4">Ⅱ类</td></tr>
<tr><td colspan="2">流经县市名及长度</td><td colspan="11">五台县31km。</td></tr>
<tr><td rowspan="5">水文情况</td><td colspan="2">年径流量（万m³）</td><td colspan="2">1535</td><td colspan="2">清水流量(m³/s)</td><td colspan="2">0.49</td><td colspan="2">最大洪峰流量（m³/s）</td><td colspan="2"></td></tr>
<tr><td colspan="2">年均降雨量(mm)</td><td colspan="2">580</td><td>蒸发量（mm）</td><td colspan="2">850</td><td>植被率（%）</td><td colspan="2"></td><td colspan="2">年输沙量（万t/年）</td></tr>
<tr><td colspan="2"></td><td colspan="2"></td><td></td><td colspan="2"></td><td></td><td colspan="2"></td><td colspan="2">16.5</td></tr>
<tr><td colspan="2" rowspan="2">水文站</td><td colspan="2">名称</td><td colspan="3">位置</td><td colspan="3">建站时间</td><td colspan="2">控制面积(km²)</td></tr>
<tr><td colspan="2">—</td><td colspan="3">—</td><td colspan="3">—</td><td colspan="2">—</td></tr>
<tr><td>水文情况</td><td colspan="2">来水来沙情况</td><td colspan="11">年输沙量以悬移质为主，多年平均输沙量16.5万t，输沙模数1000t/(km²·a)。</td></tr>
<tr><td rowspan="3">社会经济情况</td><td colspan="2">流经城市（个）</td><td colspan="3">—</td><td colspan="2">流经乡镇（个）</td><td>2</td><td colspan="2">流经村庄（个）</td><td colspan="2">37</td></tr>
<tr><td colspan="2">人口（万人）</td><td colspan="2">0.412</td><td>耕地（万亩）</td><td colspan="3">1.43</td><td colspan="2">主要农作物</td><td colspan="2">玉米、高粱、谷类、莜麦及豆类、山药等</td></tr>
<tr><td colspan="2">主要工矿企业及国民经济总产值</td><td colspan="11">粮食总产量1980t，总收入508万元。</td></tr>
<tr><td rowspan="5">河道堤防工程</td><td colspan="2">规划长度（km）</td><td colspan="2">25</td><td colspan="2">已治理长度（km）</td><td colspan="3">3.35</td><td colspan="2">已建堤防单线长（km）</td><td>3.35</td></tr>
<tr><td colspan="2" rowspan="2">堤防位置</td><td rowspan="2">左岸（km）</td><td rowspan="2">右岸（km）</td><td colspan="2" rowspan="2">型式</td><td rowspan="2">级别</td><td colspan="2">标准（年一遇）</td><td rowspan="2">河宽（m）</td><td rowspan="2">保护人口（万人）</td><td rowspan="2">保护村庄（个）</td><td rowspan="2">保护耕地（万亩）</td></tr>
<tr><td>设防</td><td>现状</td></tr>
<tr><td colspan="2">耿镇镇殊宫寺村</td><td>2</td><td>—</td><td colspan="2">干砌石</td><td>三</td><td>10</td><td>10</td><td>40</td><td>0.04</td><td>1</td><td>0.02</td></tr>
<tr><td colspan="2">五台耿镇乡三教神村</td><td>0.75</td><td>0.6</td><td colspan="2">砌石堤</td><td>五</td><td colspan="2">12</td><td></td><td></td><td></td><td></td></tr>
<tr><td rowspan="3">水库</td><td colspan="2" rowspan="2">水库名称</td><td rowspan="2">位置</td><td rowspan="2">总库容（万m³）</td><td colspan="2" rowspan="2">控制面积（km²）</td><td colspan="2">防洪标准（年一遇）</td><td rowspan="2">最大泄量（m³/s）</td><td rowspan="2">最大坝高（m）</td><td colspan="2" rowspan="2">大坝型式</td></tr>
<tr><td>设计</td><td>校核</td></tr>
<tr><td colspan="2">—</td><td></td><td></td><td colspan="2"></td><td></td><td></td><td></td><td></td><td colspan="2"></td></tr>
</table>

续表 2-24

闸坝	闸坝名称	位置	拦河大坝型式	坝长（m）	坝高（m）	坝顶宽（m）	闸孔数量	闸净宽（m）	最大泄量（m³/s）
	—	—	—	—	—	—	—	—	—

	人字闸（处）			淤地坝（座）			其中骨干坝（座）	

灌区	灌区名称		灌溉面积（万亩）		河道取水口处数	
	—		—		—	

桥梁	桥梁名	位置	过流量（m³/s）	长度（m）	宽度（m）	孔数	孔高（m）	结构型式
	殊宫寺桥	耿镇镇殊宫寺村	200	20	4	2	1.5	钢筋砼

其他涉河工程	名称	位置、型式、规模、作用、流量、水质、建成时间等
	人畜吃水工程	28 处。

河道砂石资源及采砂情况	殊宫寺河下游段砂质较好，有采挖现象。

主要险工段及设障河段简述	殊宫寺河下游河段无防洪设施。

规划工程情况	规划治理河道 25km。

情况说明：
一、河流基本情况
殊宫寺沟由西北至东南经五台县灵境乡、刘定寺、耿镇镇，于耿镇的河西村汇入清水河。
二、流域地形地貌
河流呈蜿蜒形，河床稳定。殊宫寺流域在五台山腹部，地形复杂，相对高程 1000m～1500m，峰峦重叠，河谷呈"U"形，支沟呈"V"形，沟谷两岸，形成多级阶地。
三、气象与水文
该流域多年平均气温 4.2℃，极端最高气温 37.8℃，最低气温 -44.8℃。
殊宫寺河多年平均径流量 1535 万 m³，结冰期 11 月下旬至次年 3 月中旬，冰厚 0.8m。
四、社会经济情况
殊宫寺沟流域内有乡镇：耿镇镇、灵境乡；有村庄：春坪村、河西村等。
五、涉河工程
该流域共筑河坝工程 12km，解决人畜吃水工程 28 处，治理水土流失面积 4.25 万亩，修筑公路 31km。

泗阳河基本情况表

表 2-25

<table>
<tr><td rowspan="16">河道基本情况</td><td>河流名称</td><td>泗阳河</td><td colspan="2">河流别名</td><td colspan="3">—</td><td colspan="2">河流代码</td><td colspan="2"></td></tr>
<tr><td>所属流域</td><td>海河</td><td>水系</td><td>子牙河</td><td colspan="2">汇入河流</td><td colspan="2">清水河</td><td colspan="2">河流总长（km）</td><td>45.3</td></tr>
<tr><td>支流名称</td><td colspan="6">柳院沟河、大石沟河、铺上沟河，共3条。</td><td colspan="3">流域平均宽（km）</td><td>10.7</td></tr>
<tr><td rowspan="2">流域面积（km²）</td><td>石山区</td><td colspan="2">土石山区</td><td colspan="2">土山区</td><td colspan="2">丘陵区</td><td>平原区</td><td colspan="2">流域总面积（km²）</td></tr>
<tr><td></td><td colspan="4">275</td><td colspan="2">162</td><td>20</td><td colspan="2">484.9</td></tr>
<tr><td>纵坡(‰)</td><td colspan="10">14.8</td></tr>
<tr><td>糙率</td><td colspan="10">0.03</td></tr>
<tr><td rowspan="2">设计洪水流量(m³/s)</td><td colspan="4">断面位置</td><td colspan="2">100 年</td><td>50 年</td><td colspan="2">20 年</td><td>10 年</td></tr>
<tr><td colspan="4">河口村</td><td colspan="5">440</td><td></td></tr>
<tr><td>发源地</td><td colspan="4">五台县豆村镇小柏村</td><td colspan="2">水质情况</td><td colspan="4">Ⅲ类</td></tr>
<tr><td>流经县市名及长度</td><td colspan="10">五台县 45.3km。</td></tr>
</table>

<table>
<tr><td rowspan="6">水文情况</td><td>年径流量（万 m³）</td><td>5607</td><td>清水流量（m³/s）</td><td colspan="2">0.73</td><td colspan="2">最大洪峰流量（m³/s）</td><td colspan="2"></td></tr>
<tr><td>年均降雨量（mm）</td><td>550</td><td>蒸发量（mm）</td><td colspan="2">900</td><td>植被率(%)</td><td>38</td><td colspan="2">年输沙量（万 t/年）</td><td>690</td></tr>
<tr><td rowspan="2">水文站</td><td>名称</td><td colspan="3">位置</td><td colspan="2">建站时间</td><td colspan="3">控制面积（km²）</td></tr>
<tr><td>—</td><td colspan="3">—</td><td colspan="2">—</td><td colspan="3">—</td></tr>
<tr><td>来水来沙情况</td><td colspan="9">泗阳河输沙量主要以悬移质为主，多年平均输沙量为690万t，输沙模数为1500t/(km²·a)。</td></tr>
</table>

<table>
<tr><td rowspan="4">社会经济情况</td><td>流经城市（个）</td><td>—</td><td colspan="2">流经乡镇（个）</td><td colspan="3">3</td><td colspan="2">流经村庄（个）</td><td>90</td></tr>
<tr><td>人口（万人）</td><td>3.6</td><td colspan="2">耕地（万亩）</td><td colspan="3">10.95</td><td>主要农作物</td><td colspan="3">玉米、谷子、高粱、薯类、大豆、莜麦</td></tr>
<tr><td>主要工矿企业及国民经济总产值</td><td colspan="11"></td></tr>
</table>

<table>
<tr><td rowspan="9">河道堤防工程</td><td>规划长度（km）</td><td colspan="2">19</td><td colspan="4">已治理长度（km）</td><td colspan="2">19.5</td><td colspan="2">已建堤防单线长(km)</td><td>19.5</td></tr>
<tr><td rowspan="2">堤防位置</td><td rowspan="2">左岸（km）</td><td rowspan="2">右岸（km）</td><td rowspan="2">型式</td><td rowspan="2">级别</td><td colspan="2">标准（年一遇）</td><td rowspan="2">河宽（m）</td><td rowspan="2">保护人口（万人）</td><td rowspan="2">保护村庄（个）</td><td rowspan="2">保护耕地（万亩）</td></tr>
<tr><td>设防</td><td>现状</td></tr>
<tr><td>五台豆村镇阎家寨</td><td>—</td><td>3</td><td>浆砌石</td><td>三</td><td>20</td><td>20</td><td>80</td><td>0.18</td><td>1</td><td>0.07</td></tr>
<tr><td>五台县蒋坊乡</td><td>3</td><td>2</td><td>浆砌石</td><td>三</td><td>20</td><td>20</td><td>80</td><td>0.25</td><td>1</td><td>0.04</td></tr>
<tr><td>五台蒋坊乡泗阳村</td><td>2</td><td>4</td><td>浆砌石</td><td>二</td><td>20</td><td>20</td><td>70</td><td>0.15</td><td>1</td><td>00.06</td></tr>
<tr><td>五台豆村镇西营村</td><td></td><td>1.5</td><td>砌石堤</td><td>五</td><td></td><td>10</td><td></td><td></td><td></td><td></td></tr>
<tr><td>五台豆村镇东营村</td><td>2</td><td></td><td>砌石堤</td><td>五</td><td></td><td>10</td><td></td><td></td><td></td><td></td></tr>
<tr><td>五台豆村镇豆村村</td><td></td><td>2</td><td>砌石堤</td><td>五</td><td></td><td>10</td><td></td><td></td><td></td><td></td></tr>
</table>

续表 2-25

水库	水库名称	位置	总库容（万 m³）	控制面积（km²）	防洪标准（年一遇）		最大泄量（m³/s）	最大坝高（m）	大坝型式
					设计	校核			
	—	—	—	—	—	—	—	—	—

闸坝	闸坝名称	位置	拦河大坝型式	坝长（m）	坝高（m）	坝顶宽（m）	闸孔数量	闸净宽（m）	最大泄量（m³/s）
	—	—	—	—	—	—	—	—	—
	人字闸（处）		淤地坝（座）			其中骨干坝（座）			

灌区	灌区名称	灌溉面积（万亩）	河道取水口处数
	—	—	—

桥梁	桥梁名	位置	过流量（m³/s）	长度（m）	宽度（m）	孔数	孔高（m）	结构型式
	西峡大桥	蒋坊乡西峡村	200	25	5	2	1.6	钢筋砼

其他涉河工程	名称	位置、型式、规模、作用、流量、水质、建成时间等
	人畜吃水工程	50 处。
	井	15 眼。

河道砂石资源及采砂情况	泗阳河河内含砂量大，砂石资源不丰富。

主要险工段及设障河段简述	沿河布置有铁矿企业，水污染严重，中下游缺乏防洪设施。

规划工程情况	规划治理 19km。

情况说明：

一、河流基本情况

泗阳河由西北至东南流经柳院、豆村镇、大石、李家寨、蒋坊乡、高洪口乡 1 镇 2 乡 90 个村庄，至高洪口的河口汇入清水河，在小豆村有一级支沟大石沟汇入，小南坡有一级支沟柳院沟汇入。河流呈蜿蜒形，河床稳定。

二、流域地形地貌

泗阳河流域地形受五台山脉控制，群山林立，沟壑纵横，故形成各种复杂地形，按其形态特点分成三个类型区：土石山区，剥蚀构造的断块高中山地，主要以南台顶山地为主延绵泗阳河流域及两条支沟流域，土地面积 275km²，相对高程 1000m ～ 1500m 以上，河谷呈 "V" 字形，部分地区植被较好，多属天然林或天然牧坡；黄土丘陵沟壑区，分布于土石山区与冲积平原区之间的深沟台地及河谷两岸的半坡阶地上，海拔高程在 1000m ～ 1500m 之间；冲积平原区，即豆村盆地区域，土地面积 20km²，海拔高程在 900m ～ 1000m 之间，地势平坦、土地肥沃、沟谷稀少、切割微弱、土壤无明显侵蚀。

续表 2-25

三、气象与水文

泗阳河正常年降水量豆村地区 550mm，下游河口 460mm。蒸发量豆村 950mm，河口 1000mm。。年平均气温 6.9℃，最高气温 35.5℃，最低气温 -30.4℃。结冰期为 12 月至次年 3 月，冰厚 0.7m。

四、旱、涝灾害与水土流失

由于地势较高，气候偏冷，无霜期短，霜冻危害频繁，冰雹也时有发生。据县志载：1928 年 6 月 24 日，豆村地区下暴雨，潘家峪、闫家寨沟、柳院沟、大峪口沟及松林沟均发大水，至龙湾的小门嘴汇成洪流，河水出岸，西淹龙王寺边、西峡村前，流经殿军村前的石崖处，水深三丈，东西两岸冲塌土地数百亩。

治理水土流失面积 18.77 万亩。

五、社会经济情况

泗阳河流域内有乡镇：豆村镇、蒋坊乡、高洪口乡。

铺上沟河基本情况表

表 2-26

<table>
<tr><td rowspan="11">河道基本情况</td><td>河流名称</td><td colspan="2">铺上沟河</td><td>河流别名</td><td colspan="2">豆村北沟</td><td colspan="2">河流代码</td><td colspan="2"></td></tr>
<tr><td>所属流域</td><td>海河</td><td>水系</td><td>子牙河</td><td colspan="2">汇入河流</td><td>泗阳河</td><td>河流总长
（km）</td><td colspan="2">19.5</td></tr>
<tr><td>支流名称</td><td colspan="6">下苇地沟、伏光沟、七庆沟、地矿沟，共4条。</td><td>流域平均宽
（km）</td><td colspan="2">12</td></tr>
<tr><td rowspan="2">流域面积
（km²）</td><td>石山区</td><td colspan="2">土石山区</td><td colspan="2">土山区</td><td>丘陵区</td><td>平原区</td><td colspan="2">流域总面积（km²）</td></tr>
<tr><td>109</td><td colspan="2">80.3</td><td colspan="2">—</td><td>45</td><td>—</td><td colspan="2">234.3</td></tr>
<tr><td>纵坡（‰）</td><td colspan="8"></td><td>25.7</td></tr>
<tr><td>糙率</td><td colspan="8"></td><td>0.03</td></tr>
<tr><td rowspan="2">设计洪水
流量
（m³/s）</td><td colspan="3">断面位置</td><td colspan="2">100年</td><td>50年</td><td>20年</td><td colspan="2">10年</td></tr>
<tr><td colspan="3">闫家寨</td><td colspan="2"></td><td></td><td colspan="3">258</td></tr>
<tr><td>发源地</td><td colspan="4">五台县豆村镇小柏村</td><td colspan="2">水质情况</td><td colspan="3">Ⅱ类</td></tr>
<tr><td>流经县市
名及长度</td><td colspan="9">五台县19.5km。</td></tr>
<tr><td rowspan="5">水文情况</td><td>年径流量
（万m³）</td><td colspan="2">1942</td><td>清水流量
（m³/s）</td><td colspan="3">0.05</td><td>最大洪峰流量
（m³/s）</td><td colspan="2"></td></tr>
<tr><td>年均降雨
量（mm）</td><td>550</td><td>蒸发量（mm）</td><td colspan="2">800</td><td>植被率（%）</td><td colspan="2">53</td><td>年输沙量
（万t/年）</td><td>12.54</td></tr>
<tr><td rowspan="2">水文站</td><td colspan="2">名称</td><td colspan="3">位置</td><td colspan="2">建站时间</td><td colspan="2">控制面积（km²）</td></tr>
<tr><td colspan="2">—</td><td colspan="3">—</td><td colspan="2">—</td><td colspan="2">—</td></tr>
<tr><td>来水来沙
情况</td><td colspan="9"></td></tr>
<tr><td rowspan="3">社会经济情况</td><td>流经城市
（个）</td><td colspan="2">—</td><td colspan="2">流经乡镇
（个）</td><td>1</td><td colspan="2">流经村庄
（个）</td><td>35</td></tr>
<tr><td>人口
（万人）</td><td colspan="2">0.7435</td><td>耕地
（万亩）</td><td colspan="2">1.38</td><td colspan="2">主要农作物</td><td>玉米、薯类、高粱、莜麦、豆类
等</td></tr>
<tr><td>主要工矿企业及
国民经济总产值</td><td colspan="9"></td></tr>
<tr><td rowspan="5">河道堤防工程</td><td>规划长度（km）</td><td colspan="2">31</td><td colspan="2">已治理长度（km）</td><td colspan="2">6</td><td>已建堤防单线长（km）</td><td>6</td></tr>
<tr><td rowspan="2">堤防位置</td><td>左岸
（km）</td><td>右岸
（km）</td><td rowspan="2">型式</td><td rowspan="2">级别</td><td colspan="2">标准
（年一遇）</td><td rowspan="2">河宽
（m）</td><td>保护
人口
（万人）</td><td>保护
村庄
（个）</td><td>保护
耕地
（万亩）</td></tr>
<tr><td></td><td></td><td>设防</td><td>现状</td></tr>
</table>

<table>
<tr><td>堤防位置</td><td>左岸（km）</td><td>右岸（km）</td><td>型式</td><td>级别</td><td>设防</td><td>现状</td><td>河宽（m）</td><td>保护人口（万人）</td><td>保护村庄（个）</td><td>保护耕地（万亩）</td></tr>
<tr><td>豆村镇闫家寨村</td><td>—</td><td>3</td><td>砂坝</td><td>三</td><td>20</td><td>20</td><td>80</td><td>0.18</td><td>1</td><td>0.07</td></tr>
<tr><td>豆村镇东营村</td><td>1</td><td>1</td><td>浆砌石</td><td>二</td><td>20</td><td>20</td><td>80</td><td>0.15</td><td>1</td><td>0.04</td></tr>
<tr><td>豆村镇西营村</td><td>0.5</td><td>0.5</td><td>浆砌石</td><td>二</td><td>20</td><td>20</td><td>80</td><td>0.14</td><td>1</td><td>0.06</td></tr>
</table>

<table>
<tr><td rowspan="3">水库</td><td rowspan="2">水库名称</td><td rowspan="2">位置</td><td rowspan="2">总库容
（万m³）</td><td rowspan="2">控制面积
（km²）</td><td colspan="2">防洪标准
（年一遇）</td><td rowspan="2">最大泄量
（m³/s）</td><td rowspan="2">最大坝高
（m）</td><td rowspan="2">大坝
型式</td></tr>
<tr><td>设计</td><td>校核</td></tr>
<tr><td>—</td><td>—</td><td>—</td><td>—</td><td></td><td></td><td></td><td></td><td></td></tr>
</table>

表 2-26

闸坝	闸坝名称	位置	拦河大坝型式	坝长（m）	坝高（m）	坝顶宽（m）	闸孔数量	闸净宽（m）	最大泄量（m³/s）
	—	—	—	—	—	—	—	—	—
	人字闸（处）		淤地坝（座）			其中骨干坝（座）			

灌区	灌区名称	灌溉面积（万亩）	河道取水口处数
	—		

桥梁	桥梁名	位置	过流量（m³/s）	长度（m）	宽度（m）	孔数	孔高（m）	结构型式
	—	—	—	—	—	—	—	—

其他涉河工程	名称	位置、型式、规模、作用、流量、水质、建成时间等
	井	45 眼，布置在北光内，主要用于铁矿企业，出水量 50 m³/s 左右，水质良好。
	人畜吃水工程	28 处，其中 20 处为提水工程，8 处为引水工程。

河道砂石资源及采砂情况	该河道由于坡降较陡，粗料径石含量多，采砂甚少。

主要险工段及设障河段简述	由于该段河道西岸布置 20 个工矿企业，沿河两岸尾矿库甚多，且设防标准低。

规划工程情况	沿河两岸规划 20 年一遇的浆砌石坝双线 31km。

情况说明：

一、河流基本情况

铺上沟河由北向南流经五台县大柏村、铺上村、芦嘴头村、席马口村、闫家寨村、西营村、豆村镇、新庄村汇入柳院沟后与泗阳河交汇。河道比较顺直，河床稳定。海拔高程 1096m ~ 2056m。

二、流域地形地貌

该流域由剥蚀构造的断块高山地和黄土阶地及河谷沟川组成，高山地峰峦重叠，耕地甚少，植被较好，黄土阶地沟壑纵横，形成多级阶地。河谷沟川为水蚀冲刷地貌，河川两岸，梯田层层，树木甚少。

三、气象与水文

铺上沟河多年平均气温 6.9℃，极端最高气温 32℃，极端最低气温 -33℃，无霜期 120d 左右，风向以西北和北风为主，年平均风速 9m／s，极端最大风速 20m／s。

四、社会经济情况

铺上沟河流域内有乡镇：豆村镇；有村庄：大柏村、铺上村、芦嘴头村、席马口村、闫家寨村、西营村、新庄村等 35 个。

治理水土流失面积 4.81 万亩。

柳院沟基本情况表

表 2-27

<table>
<tr><td rowspan="13">河道基本情况</td><td>河流名称</td><td colspan="2">柳院沟</td><td>河流别名</td><td colspan="2">—</td><td>河流代码</td><td colspan="2"></td></tr>
<tr><td>所属流域</td><td>海河</td><td>水系</td><td>子牙河</td><td>汇入河流</td><td>泗阳河</td><td>河流总长（km）</td><td colspan="2">23</td></tr>
<tr><td>支流名称</td><td colspan="5">西窑沟、堂明沟、西柳院沟、西会沟，共4条。</td><td>流域平均宽（km）</td><td colspan="2">5.5</td></tr>
<tr><td rowspan="2">流域面积（km²）</td><td>石山区</td><td>土石山区</td><td colspan="2">土山区</td><td>丘陵区</td><td>平原区</td><td colspan="2">流域总面积（km²）</td></tr>
<tr><td></td><td></td><td colspan="2"></td><td></td><td></td><td colspan="2">125.6</td></tr>
<tr><td>纵坡（‰）</td><td></td><td></td><td colspan="2"></td><td></td><td></td><td colspan="2">29.6</td></tr>
<tr><td>糙率</td><td></td><td></td><td colspan="2"></td><td></td><td></td><td colspan="2">0.03</td></tr>
<tr><td rowspan="2">设计洪水流量（m³/s）</td><td colspan="3">断面位置</td><td>100年</td><td>50年</td><td>20年</td><td colspan="2">10年</td></tr>
<tr><td colspan="3">西会村</td><td></td><td></td><td>132</td><td colspan="2"></td></tr>
<tr><td>发源地</td><td colspan="3">五台县灵境乡牛腰渠</td><td>水质情况</td><td colspan="4">Ⅰ类</td></tr>
<tr><td>流经县市名及长度</td><td colspan="8">五台县23km。</td></tr>
<tr><td rowspan="4">水文情况</td><td>年径流量（万m³）</td><td colspan="2">1905</td><td>清水流量（m³/s）</td><td colspan="2">0.06</td><td>最大洪峰流量（m³/s）</td><td colspan="2"></td></tr>
<tr><td>年均降雨量（mm）</td><td colspan="2">550</td><td>蒸发量（mm）</td><td colspan="2">800</td><td>植被率（%）</td><td>64</td><td>年输沙量（万t/年）</td><td>12.3</td></tr>
</table>

<table>
<tr><td rowspan="2">水文情况</td><td rowspan="2">水文站</td><td>名称</td><td>位置</td><td>建站时间</td><td>控制面积（km²）</td></tr>
<tr><td>—</td><td>—</td><td>—</td><td>—</td></tr>
<tr><td>来水来沙情况</td><td colspan="4">输沙量主要以悬移质为主，多年平均输沙量12.3万m³，输沙模数1000m³/(km²·a)。</td></tr>
</table>

<table>
<tr><td rowspan="3">社会经济情况</td><td>流经城市（个）</td><td>—</td><td>流经乡镇（个）</td><td>1</td><td>流经村庄（个）</td><td colspan="2">23</td></tr>
<tr><td>人口（万人）</td><td>0.75</td><td>耕地（万亩）</td><td>2.34</td><td>主要农作物</td><td colspan="2">玉米、高粱、薯类、莜麦、豆类</td></tr>
<tr><td>主要工矿企业及国民经济总产值</td><td colspan="6">农业总产4289吨，总收入2031.71万元。</td></tr>
</table>

<table>
<tr><td rowspan="7">河道堤防工程</td><td>规划长度（km）</td><td colspan="3">28</td><td colspan="3">已治理长度（km）</td><td colspan="2">9</td><td colspan="2">已建堤防单线长（km）</td><td>9</td></tr>
<tr><td rowspan="2">堤防位置</td><td rowspan="2">左岸（km）</td><td rowspan="2">右岸（km）</td><td rowspan="2">型式</td><td rowspan="2">级别</td><td colspan="2">标准（年一遇）</td><td rowspan="2">河宽（m）</td><td rowspan="2"></td><td>保护人口（万人）</td><td>保护村庄（个）</td><td>保护耕地（万亩）</td></tr>
<tr><td>设防</td><td>现状</td><td></td><td></td><td></td></tr>
<tr><td>五台县豆村镇东会村</td><td>3</td><td>3</td><td>浆砌石</td><td>—</td><td>20</td><td>20</td><td>50</td><td></td><td>0.08</td><td>1</td><td>0.03</td></tr>
<tr><td>五台县豆村镇伏胜村</td><td>1</td><td>—</td><td>浆砌石</td><td>—</td><td>20</td><td>20</td><td>50</td><td></td><td>0.05</td><td>1</td><td>0.02</td></tr>
<tr><td>五台县豆村镇柳院村</td><td>—</td><td>1</td><td>浆砌石</td><td>—</td><td>20</td><td>20</td><td>50</td><td></td><td>0.05</td><td>1</td><td>0.03</td></tr>
<tr><td>五台豆村镇西柳院村</td><td>1</td><td></td><td>砌石堤</td><td>五</td><td></td><td>10</td><td></td><td></td><td></td><td></td><td></td></tr>
</table>

<table>
<tr><td rowspan="3">水库</td><td rowspan="2">水库名称</td><td rowspan="2">位置</td><td rowspan="2">总库容（万m³）</td><td rowspan="2">控制面积（km²）</td><td colspan="2">防洪标准（年一遇）</td><td rowspan="2">最大泄量（m³/s）</td><td rowspan="2">最大坝高（m）</td><td rowspan="2">大坝型式</td></tr>
<tr><td>设计</td><td>校核</td></tr>
<tr><td>—</td><td>—</td><td>—</td><td>—</td><td></td><td></td><td>—</td><td>—</td><td>—</td></tr>
</table>

续表 2-27

闸坝	闸坝名称	位置	拦河大坝型式	坝长（m）	坝高（m）	坝顶宽（m）	闸孔数量	闸净宽（m）	最大泄量（m³/s）
	—	—	—	—	—	—	—	—	—

	人字闸（处）		淤地坝（座）				其中骨干坝（座）		

灌区	灌区名称		灌溉面积（万亩）			河道取水口处数		
	—		—			—		

桥梁	桥梁名	位置	过流量（m³/s）	长度（m）	宽度（m）	孔数	孔高（m）	结构型式
	伏胜桥	豆村镇伏胜村	98	21	4	2	2.4	钢筋砼

其他涉河工程	名称	位置、型式、规模、作用、流量、水质、建成时间等
	井	6 眼，用于人畜吃水，出水量为 20 m³/s 左右，水质良好，2000 年以来兴建。

河道砂石资源及采砂情况	该河道比较宽阔平缓，含土量大，采砂不多。

主要险工段及设障河段简述	该河段无险工段及设障河段。

规划工程情况	沿柳院沟规划兴建 20 年一遇设防标准的浆砌石坝 28km。

情况说明：

一、河流基本情况

柳院沟由北向南经五台县柳院、灵境、豆村、蒋坊，在蒋坊乡小南坡汇入泗阳河，河流呈蜿蜒形，河床稳定。

二、流域地形地貌

柳院沟受五台山山脉控制，按其成因和形态特点，分为剥蚀构造的高中山地，黄土丘陵区和河谷阶地区。断块高中山地为石山区，相对高程在 1000m～1500m 以上，峰峦重叠，耕地甚少。丘陵沟壑区分布在盆地边缘，海拔在 1100m 左右，河谷阶地区主要为豆村湖积盆地和现代河谷区，盆地平坦开阔，河谷区两岸形成多级阶地，梯田层层，是主要农耕区和产粮区。

三、气象与水文

柳院沟年平均气温 6.9℃，极端最高气温 33℃，极端最低气温 -30.4℃。

四、社会经济情况

柳院沟流域内有乡镇：豆村镇、蒋坊乡、灵境乡；有村庄：牛腰渠、西瓦厂、东瓦厂、西坡、上阳等。

流域共治理水土流失面积 6.65 万亩，绿色通道工程达到 32km。

滤泗河基本情况表

表2-28

<table>
<tr><td rowspan="11">河道基本情况</td><td>河流名称</td><td colspan="3">滤泗河</td><td colspan="2">河流别名</td><td colspan="2"></td><td colspan="2">河流代码</td><td></td></tr>
<tr><td>所属流域</td><td colspan="2">海河</td><td>水系</td><td colspan="2">子牙河</td><td>汇入河流</td><td colspan="2">清水河</td><td>河流总长（km）</td><td>43</td></tr>
<tr><td>支流名称</td><td colspan="6">神佐沟、代银掌沟、宝福村沟、城西沧桑、东山底，共5条。</td><td colspan="2">流域平均宽（km）</td><td>8.2</td></tr>
<tr><td>流域面积（km²）</td><td>石山区</td><td colspan="2">土石山区</td><td colspan="2">土山区</td><td colspan="2">丘陵区</td><td>平原区</td><td colspan="2">流域总面积（km²）</td></tr>
<tr><td></td><td colspan="4">83.34</td><td colspan="2">223.33</td><td>45.33</td><td colspan="2">352</td></tr>
<tr><td>纵坡（‰）</td><td colspan="9">11.9</td></tr>
<tr><td>糙率</td><td colspan="9">0.035</td></tr>
<tr><td rowspan="2">设计洪水流量（m³/s）</td><td colspan="2">断面位置</td><td colspan="2">100年</td><td colspan="2">50年</td><td colspan="2">20年</td><td>10年</td></tr>
<tr><td colspan="2">环椿坪</td><td colspan="2"></td><td colspan="2"></td><td colspan="2">364</td><td></td></tr>
<tr><td>发源地</td><td colspan="3">五台县东雷乡岭底村</td><td colspan="2">水质情况</td><td colspan="4">Ⅰ类</td></tr>
<tr><td>流经县市名及长度</td><td colspan="9">五台县43km。</td></tr>
<tr><td rowspan="5">水文情况</td><td>年径流量（万m³）</td><td colspan="2">2100</td><td colspan="2">清水流量（m³/s）</td><td colspan="2">0.37</td><td>最大洪峰流量（m³/s）</td><td colspan="2">无实测资料</td></tr>
<tr><td>年均降雨量（mm）</td><td colspan="2">500</td><td>蒸发量（mm）</td><td colspan="2">1000</td><td>植被率（%）</td><td>42</td><td>年输沙量（万t/年）</td><td>81</td></tr>
<tr><td rowspan="2">水文站</td><td colspan="3">名称</td><td colspan="2">位置</td><td colspan="2">建站时间</td><td colspan="2">控制面积（km²）</td></tr>
<tr><td colspan="3">—</td><td colspan="2">—</td><td colspan="2">—</td><td colspan="2">—</td></tr>
<tr><td>来水来沙情况</td><td colspan="9">滤泗河输沙量主要以悬移质为主，多年平均输沙量81万t，输沙模数为2300t/(km²·a)。</td></tr>
<tr><td rowspan="3">社会经济情况</td><td>流经城市（个）</td><td colspan="2">1</td><td colspan="2">流经乡镇（个）</td><td colspan="2">3</td><td>流经村庄（个）</td><td colspan="2">89</td></tr>
<tr><td>人口（万人）</td><td colspan="2">5.08</td><td>耕地（万亩）</td><td colspan="2">15.43</td><td colspan="2">主要农作物</td><td colspan="2">玉米、谷子、高粱、糜谷、山药等</td></tr>
<tr><td>主要工矿企业及国民经济总产值</td><td colspan="9">农业年产量为2.62万t，总收入15952.56万元。</td></tr>
<tr><td rowspan="6">河道堤防工程</td><td>规划长度（km）</td><td colspan="2">26</td><td colspan="2">已治理长度（km）</td><td colspan="2">21</td><td>已建堤防单线长（km）</td><td colspan="2">21</td></tr>
<tr><td rowspan="2">堤防位置</td><td>左岸（km）</td><td>右岸（km）</td><td rowspan="2">型式</td><td rowspan="2">级别</td><td colspan="2">标准（年一遇）</td><td>河宽（m）</td><td>保护人口（万人）</td><td>保护村庄（个）</td><td>保护耕地（万亩）</td></tr>
<tr><td></td><td></td><td>设防</td><td>现状</td><td></td><td></td><td></td><td></td></tr>
<tr><td>东雷乡神佑村</td><td>—</td><td>2</td><td>浆砌石</td><td>二</td><td>20</td><td>20</td><td>40</td><td>0.04</td><td>1</td><td>0.02</td></tr>
<tr><td>东雷乡下庄</td><td>—</td><td>4</td><td>浆砌石</td><td>二</td><td>20</td><td>20</td><td>60</td><td>0.04</td><td>1</td><td>0.03</td></tr>
<tr><td>东雷乡上庄</td><td>—</td><td>2</td><td>浆砌石</td><td>二</td><td>20</td><td>20</td><td>50</td><td>0.03</td><td>1</td><td>0.02</td></tr>
<tr><td>其他</td><td>—</td><td>13</td><td></td><td>二</td><td>20</td><td>20</td><td>50</td><td>0.26</td><td>6</td><td>0.16</td></tr>
<tr><td rowspan="3">水库</td><td rowspan="2">水库名称</td><td rowspan="2" colspan="2">位置</td><td rowspan="2">总库容（万m³）</td><td rowspan="2">控制面积（km²）</td><td colspan="2">防洪标准（年一遇）</td><td rowspan="2">最大泄量（m³/s）</td><td rowspan="2">最大坝高（m）</td><td rowspan="2">大坝型式</td></tr>
<tr><td>设计</td><td>校核</td></tr>
<tr><td>唐家湾水库</td><td colspan="2">五台滤泗河上游杨家嘴与唐家湾之间</td><td>1618</td><td>160</td><td>100</td><td>1000</td><td>314.43</td><td>23.6</td><td>均质土坝</td></tr>
<tr><td></td><td>圈马沟水库</td><td colspan="2">五台县滤泗河支流圈马沟下游</td><td>560</td><td>44.5</td><td></td><td>500</td><td></td><td></td><td>均质土坝</td></tr>
</table>

续表 2-28

闸坝	闸坝名称	位置	拦河大坝型式	坝长（m）	坝高（m）	坝顶宽（m）	闸孔数量	闸净宽（m）	最大泄量（m³/s）
	—	—	—	—	—	—	—	—	—

	人字闸（处）		淤地坝（座）			其中骨干坝（座）		

灌区	灌区名称		灌溉面积（万亩）			河道取水口处数		
	—		—			—		

桥梁	桥梁名	位置	过流量（m³/s）	长度（m）	宽度（m）	孔数	孔高（m）	结构型式
	—	—	—	—	—	—	—	—

其他涉河工程	名称	位置、型式、规模、作用、流量、水质、建成时间等
	井	34 眼，用于人畜吃水和灌溉及工矿用水，水质良好，水流量在 20 ~ 50 m³/s 左右。主要兴建于 2000 年以来。

河道砂石资源及采砂情况	该河段因上游基本为黄土丘陵区，含泥量大，采砂不多。

主要险工段及设障河段简述	唐家湾水库下游的河道无设防，下游村庄、农田缺乏防洪设施。

规划工程情况	2008 年 12 月，山西省五台县滹泗河治理建设规划已列入水利部储备项目。治理范围为岭底—虎汉段，整治河道长度 28km。主要建设内容为：维修加固原浆砌石坝 5.35km，新建浆砌石坝 50.36km，防冲堆石坝 1.12km，支流延伸工程 9 处，穿堤建筑物 15 座。工程估算总投资 7076.93 万元。

情况说明：

一、河流基本情况

滹泗河由西北向东南流经五台县东雷乡、城关镇、沟南乡、陈家庄乡，在陈家庄的环椿坪汇入清水河。河流呈蜿蜒形，河床稳定。

二、流域地形地貌

该流域大部分地区系黄土丘陵沟壑区，主要分布在土石山区与冲积平原区之间的深沟台地及河谷两岸的半坡阶地上，相对高程在 1000m ~ 1500m，山间盆地分布在海拔 1000m 左右的沟南、城关及刘家庄。

三、气象与水文

滹泗河年平均气温 6.9℃，最高可达 33℃，最低 -30℃。结冰期为 12 月至次年 3 月，冰厚 0.7m。

四、旱、涝灾害与水土流失

滹泗河流域十年九旱。1956 年城关地区遭受过严重冰雹，雹块大如鸡卵，积雹盈尺。公元 1594 年，滹泗河洪水暴发，冲击东岗村前的土崖，洪水直淹，淹没不少土地田禾，从此河床由台城至沟南移向东岗村下。

滹泗河主要污染物是五台县城排放污水和化肥厂的工业废水。

五、社会经济情况

滹泗河流域内有县市：五台县；有乡镇：东雷乡、台城镇、沟南乡；有村庄：环椿坪、台城、古城、走马岭、唐家湾、河东、刘家庄、马家庄、虎汉、东坪寨、后岗、寨王、西马村等。

六、涉河工程

滹泗河中游建有唐家湾水库，属中型水库，坝高 23.6m，设计灌溉面积 4.4 万亩。滹泗河一级支流圈马沟下游建有圈马沟水库，属小（二）型水库，坝高 30.6m，为碾压式均质土坝，是一座缓洪水库。

滹泗河流域共修筑河道整治工程 21km，治理水土流失面积 15.26 万亩。

移城河基本情况表

表 2-29

<table>
<tr><td rowspan="14">河道基本情况</td><td>河流名称</td><td colspan="2">移城河</td><td>河流别名</td><td colspan="3">—</td><td colspan="2">河流代码</td><td colspan="2"></td></tr>
<tr><td>所属流域</td><td colspan="2">海河</td><td>水系</td><td colspan="2">子牙河</td><td>汇入河流</td><td>清水河</td><td colspan="2">河流总长（km）</td><td colspan="2">25.7</td></tr>
<tr><td>支流名称</td><td colspan="6">东峪沟、广艮沟、四合沟，共 3 条。</td><td colspan="2">流域平均宽（km）</td><td colspan="2">6</td></tr>
<tr><td rowspan="2">流域面积（km²）</td><td>石山区</td><td colspan="2">土石山区</td><td colspan="2">土山区</td><td>丘陵区</td><td>平原区</td><td colspan="2">流域总面积（km²）</td></tr>
<tr><td></td><td colspan="2"></td><td colspan="2"></td><td></td><td></td><td colspan="3">153. 57</td></tr>
<tr><td>纵坡（‰）</td><td></td><td colspan="2"></td><td colspan="2"></td><td></td><td></td><td colspan="3">21.5</td></tr>
<tr><td>糙率</td><td></td><td colspan="2"></td><td colspan="2"></td><td></td><td></td><td colspan="3">0.03</td></tr>
<tr><td rowspan="2">设计洪水流量（m³/s）</td><td colspan="3">断面位置</td><td colspan="2">100 年</td><td colspan="2">50 年</td><td>20 年</td><td colspan="2">10 年</td></tr>
<tr><td colspan="3">南坡村</td><td colspan="2"></td><td colspan="2"></td><td>140</td><td colspan="2"></td></tr>
<tr><td>发源地</td><td colspan="4">五台县原东峪口乡鹞子沟村</td><td colspan="2">水质情况</td><td colspan="4"></td></tr>
<tr><td>流经县市名及长度</td><td colspan="10">五台县 25.7km。</td></tr>
<tr><td rowspan="6">水文情况</td></tr>
</table>

水文情况	年径流量（万 m³）	1940	清水流量（m³/s）	0.14	最大洪峰流量（m³/s）		无实测资料	
	年均降雨量（mm）	530	蒸发量（mm）	980	植被率（%）		年输沙量（万 t/年）	130.4
	水文站	名称		位置		建站时间	控制面积（km²）	
		—		—		—	—	
	来水来沙情况	移城河泥沙主要以悬移质为主，多年平均输沙量 130.4 万 t，输沙模数 800t/（km²·a）。						
社会经济情况	流经城市（个）	—		流经乡镇（个）	1		流经村庄（个）	27
	人口（万人）	1.64	耕地（万亩）	2.6	主要农作物		玉米、谷类、莜麦及薯类	
	主要工矿企业及国民经济总产值	农业总产量 5560 吨，农业收入 295.87 万元。						

河道堤防工程	规划长度（km）	18	已治理长度（km）	9		已建堤防单线长（km）		9

河道堤防工程	堤防位置	左岸（km）	右岸（km）	型式	级别	标准（年一遇）		河宽（m）	保护人口（万人）	保护村庄（个）	保护耕地（万亩）
						设防	现状				
	陈家庄段	8	1	干砌石	二/五	10	10	50	0.35	11	0.22

水库	水库名称	位置	总库容（万 m³）	控制面积（km²）	防洪标准（年一遇）		最大泄量（m³/s）	最大坝高（m）	大坝型式
					设计	校核			
	—	—	—	—	—	—	—	—	—

闸坝	闸坝名称	位置	拦河大坝型式	坝长（m）	坝高（m）	坝顶宽（m）	闸孔数量	闸净宽（m）	最大泄量（m³/s）
	—	—	—	—	—	—	—	—	—
	人字闸（处）	—	淤地坝（座）			其中骨干坝（座）		—	

续表 2-29

灌区	灌区名称		灌溉面积（万亩）			河道取水口处数		
	—		—			—		

桥梁	桥梁名	位置	过流量（m³/s）	长度（m）	宽度（m）	孔数	孔高（m）	结构型式
	柏兰桥	陈家庄乡柏兰村	120	22	4	2	1.4	钢筋砼

其他涉河工程	名称	位置、型式、规模、作用、流量、水质、建成时间等
	井	12 眼。
	人畜吃水工程	16 处。

河道砂石资源及采砂情况	该河道内砂石资源丰富，采挖现象严重。

主要险工段及设障河段简述	中下游防洪标准低下。

规划工程情况	规划治理河段 18km。

情况说明：
一、河流基本情况
移城河流经五台县东峪口村、陈家庄乡，于南坡村汇入清水河。河流成蜿蜒形，河床稳定。
二、流域地形地貌
移城河流域受五台山脉控制，形成了剥蚀构造的断块高中山地，相对高程在 1000m～1500m，峰峦重叠，苍山如海，盛产林木山珍，耕地甚少，河谷两岸形成多级阶地，梯田层层。
三、气象与水文
移城河年平均气温 10℃，年极端最高气温 37.8℃，极端最低气温 -26℃。结冰期为 12 月至次年 3 月，冰厚 0.6m。
四、旱、涝灾害与水土流失
移城河流域十年九旱。1972 年全县大旱，年降水量 239.6mm，不达正常年降水量 530mm 的一半，且降水时间集中在秋后，农产品几近绝收。
五、社会经济情况
移城河流域内有乡镇：陈家庄乡；有村庄：新鹳沟村、土垴村、狮子坪、砂涯村、吕家庄、兰家庄村、南黑山村、白羊村、尧沟村、东峪村、东峪口村、陡寺村、王城村、松家庄村、柏兰村、南坡村等。
六、涉河工程
该流域修筑河道整治工程 18 处，治理水土流失面积 5.82 万亩。

第三节　大青河流域

青羊河基本情况表

表 3-1

河道基本情况	河流名称	青羊河		河流别名		青羊口河	河流代码		
	所属流域	海河	水系	大清河	汇入河流	大沙河	河流总长（km）		36
	支流名称	庄旺沟、文溪沟、神堂堡河，共3条。					流域平均宽（km）		8.1
	流域面积（km²）	石山区	土石山区	土山区		丘陵区	平原区	流域总面积（km²）	
		291.25	—	—		—	—	291.25	
	纵坡（‰）	26.2						26.2	
	糙率	0.035						0.035	
	设计洪水流量 (m³/s)	断面位置			100年	50年		20年	10年
								1398	696
	发源地	五台山东台顶东侧的古花岩村				水质情况	Ⅱ类		
	流经县市名及长度	繁峙县36km。							
水文情况	年径流量（万m³）	4250	清水流量（m³/s）		0.75	最大洪峰流量（m³/s）			
	年均降雨量（mm）	500	蒸发量（mm）	1400	植被率（%）		年输沙量（万t/年）		
	水文站	名称	位置		建站时间		控制面积（km²）		
		—	—		—		—		
	来水来沙情况	泥沙主要以悬移质为主，年侵蚀模数在1000kg/(km²·a)左右，推移质输沙量约为1万吨。河流泥沙主要以石英砂为主，兼有大量砾石、卵石，其级配为2mm～60mm、2mm～0.1mm、0.1mm～0.01mm，比例为45:50:5。							
社会经济情况	流经城市（个）	—		流经乡镇（个）	1		流经村庄（个）	37	
	人口（万人）	0.46		耕地（万亩）	0.86	主要农作物	玉米、土豆、莜麦		
	主要工矿企业及国民经济总产值	有大洋、宏达、宏发、文溪等铁矿选厂。							

河道堤防工程	规划长度（km）			已治理长度（km）				已建堤防单线长（km）		
	堤防位置	左岸（km）	右岸（km）	型式	级别	标准（年一遇）		河宽（m）	保护人口（万人）	保护村庄（个）	保护耕地（万亩）
						设防	现状			
	—									

水库	水库名称	位置	总库容（万m³）	控制面积（km²）	防洪标准（年一遇）		最大泄量（m³/s）	最大坝高（m）	大坝型式
					设计	校核			
	—	—	—	—	—	—	—	—	—

续表 3-1

<table>
<tr><td rowspan="3">闸坝</td><td></td><td>闸坝名称</td><td>位置</td><td>拦河大坝型式</td><td>坝长（m）</td><td>坝高（m）</td><td>坝顶宽（m）</td><td>闸孔数量</td><td>闸净宽（m）</td><td>最大泄量（m³/s）</td></tr>
<tr><td></td><td>—</td><td>—</td><td>—</td><td>—</td><td>—</td><td>—</td><td>—</td><td>—</td><td>—</td></tr>
<tr><td colspan="2">人字闸（处）</td><td>—</td><td colspan="2">淤地坝（座）</td><td>—</td><td colspan="2">其中骨干坝（座）</td><td>—</td></tr>
<tr><td rowspan="2">灌区</td><td colspan="3">灌区名称</td><td colspan="4">灌溉面积（万亩）</td><td colspan="3">河道取水口处数</td></tr>
<tr><td colspan="3">—</td><td colspan="4">—</td><td colspan="3">—</td></tr>
<tr><td rowspan="3">桥梁</td><td></td><td>桥梁名</td><td>位置</td><td>过流量（m³/s）</td><td>长度（m）</td><td>宽度（m）</td><td>孔数</td><td>孔高（m）</td><td colspan="2">结构型式</td></tr>
<tr><td></td><td>神堂堡桥</td><td>神堂堡村</td><td></td><td>100</td><td>5</td><td>1</td><td>3</td><td colspan="2">砼桥</td></tr>
<tr><td></td><td></td><td></td><td></td><td></td><td></td><td></td><td></td><td colspan="2"></td></tr>
<tr><td rowspan="2">其他涉河工程</td><td></td><td>名称</td><td colspan="8">位置、型式、规模、作用、流量、水质、建成时间等</td></tr>
<tr><td></td><td>—</td><td colspan="8">—</td></tr>
<tr><td>河道砂石资源及采砂情况</td><td colspan="10">青羊河流域砂石资源丰富，主要集中在繁峙县楼房底村至黄台村段。由于运输条件差，开采量很小。</td></tr>
<tr><td>主要险工段及设障河段简述</td><td colspan="10">青羊河主要险工河段位于神堂堡下游；设障河段在口泉村至青羊口村，文溪村至安子村。</td></tr>
<tr><td>规划工程情况</td><td colspan="10">2008 年 12 月，山西省青羊河治理建设规划已列入水利部储备项目。治理范围为口泉村至出境段，治理河段长度为 26 km。主要工程内容是：新建浆砌石堤防 11.54km、砂坝 15km，河道疏浚 15km。工程估算总投资 2253.63 万元。</td></tr>
</table>

情况说明：

一、河流基本情况

青羊河属大清河水系，是大清河水系最上游的支流之一，由西向东流经神堂堡乡后流入河北省阜平县大沙河。流域总面积 437km²，总落差 792m，河口高程 750m。

二、流域地形地貌

青羊河流域地形复杂，山高谷深，高低悬殊。流域地貌为石山区，流域内植被较好，清水流量大，地表径流丰富，但耕地颇少，土层薄，又大部分为旱作。

三、水文气象

青羊河流域地处繁峙县东南部，基本上属河谷温暖半干旱型气候区，总的气候特点是冬冷夏热，气候垂直变化明显，温差大，平均气温 8℃，无霜期 120～160 天。

四、社会经济情况

青羊河流域内有乡镇：神堂堡乡；有村庄：庄旺滩、文溪、天桥、刘庄、王庄、洞沟门、吐兰台、安子、杨树湾、青羊口、常坪、口泉、黄台、庄旺、楼房底、宝石、吐楼、下西腰界、上西腰界、柳窳、麻子山、九枝树、三十亩地、山角、老汉坪、娘子城、碓臼、白塘、三十塘湾、古花岩、盘道、土川、莲花崖村、半石尧、白沙洞、中砚台、茨沟营，共 37 个。

神堂堡河基本情况表

表 3-2

<table>
<tr><td rowspan="13">河道基本情况</td><td>河流名称</td><td colspan="2">神堂堡河</td><td>河流别名</td><td colspan="3">大沙河</td><td colspan="2">河流代码</td><td></td></tr>
<tr><td>所属流域</td><td>海河</td><td>水系</td><td>大清河</td><td colspan="2">汇入河流</td><td colspan="2">青羊河</td><td>河流总长
（km）</td><td>17.2</td></tr>
<tr><td>支流名称</td><td colspan="6">成家沟、尧子沟、石窑沟、茨老沟，共4条。</td><td colspan="2">流域平均宽
（km）</td><td>7.3</td></tr>
<tr><td rowspan="2">流域面积
（km²）</td><td>石山区</td><td colspan="2">土石山区</td><td colspan="2">土山区</td><td>丘陵区</td><td>平原区</td><td colspan="2">流域总面积（km²）</td></tr>
<tr><td>118.75</td><td colspan="2">—</td><td colspan="2">—</td><td>6.25</td><td>—</td><td colspan="2">125</td></tr>
<tr><td>纵坡(‰)</td><td></td><td colspan="2">—</td><td colspan="2">—</td><td></td><td>—</td><td colspan="2">29</td></tr>
<tr><td>糙率</td><td></td><td colspan="2">—</td><td colspan="2">—</td><td></td><td>—</td><td colspan="2">0.03</td></tr>
<tr><td rowspan="3">设计洪水
流量
（m³/s）</td><td colspan="4">断面位置</td><td colspan="2">100年</td><td>50年</td><td>20年</td><td>10年</td></tr>
<tr><td colspan="4">与青羊河交汇处</td><td colspan="2"></td><td>976</td><td>594</td><td></td></tr>
<tr><td colspan="4"></td><td colspan="2"></td><td></td><td></td><td></td></tr>
<tr><td>发源地</td><td colspan="4">繁峙县东部白坡头村西南</td><td colspan="2">水质情况</td><td colspan="3">I类</td></tr>
<tr><td>流经县市
名及长度</td><td colspan="9">繁峙县 17.2km。</td></tr>
</table>

<table>
<tr><td rowspan="5">水文情况</td><td>年径流量
（万m³）</td><td>430</td><td>清水流量（m³/s）</td><td colspan="2">0.03～0.05</td><td colspan="2">最大洪峰流量
（m³/s）</td><td></td></tr>
<tr><td>年均降雨
量（mm）</td><td>500</td><td>蒸发量
（mm）</td><td>1400</td><td>植被率（%）</td><td>70</td><td colspan="2">年输沙量
（万 t/ 年）</td><td>—</td></tr>
<tr><td rowspan="2">水文站</td><td colspan="2">名称</td><td colspan="2">位置</td><td colspan="2">建站时间</td><td>控制面积
（km²）</td></tr>
<tr><td colspan="2">—</td><td colspan="2">—</td><td colspan="2">—</td><td>—</td></tr>
<tr><td>来水来沙
情况</td><td colspan="7"></td></tr>
</table>

<table>
<tr><td rowspan="3">社会经济情况</td><td>流经城市
（个）</td><td>—</td><td>流经乡镇
（个）</td><td>1</td><td colspan="2">流经村庄（个）</td><td>14</td></tr>
<tr><td>人口
（万人）</td><td>0.22</td><td>耕地
（万亩）</td><td>0.35</td><td colspan="2">主要农作物</td><td>玉米、土豆、莜麦</td></tr>
<tr><td>主要工矿企业及
国民经济总产值</td><td colspan="6">人均纯收入 500 元 / 年。</td></tr>
</table>

<table>
<tr><td rowspan="7">河道堤防工程</td><td>规划长度（km）</td><td colspan="3">已治理长度（km）</td><td colspan="3">已建堤防单线长（km）</td><td colspan="2">7</td></tr>
<tr><td rowspan="2">堤防位置</td><td rowspan="2">左岸
(km)</td><td rowspan="2">右岸
(km)</td><td rowspan="2">型式</td><td rowspan="2">级别</td><td colspan="2">标准
（年一遇）</td><td rowspan="2">河宽
（m）</td><td rowspan="2">保护
人口
（万人）</td><td rowspan="2">保护村
庄（个）</td><td rowspan="2">保护
耕地
（万亩）</td></tr>
<tr><td>设防</td><td>现状</td></tr>
<tr><td>神堂堡乡大寨
口村段</td><td>—</td><td>2</td><td>干砌
石坝</td><td></td><td>20</td><td>10</td><td>40</td><td>241</td><td>1</td><td>465</td></tr>
<tr><td>神堂堡乡钟耳
寺村段</td><td>2</td><td>—</td><td>干砌
石坝</td><td></td><td>20</td><td>10</td><td>42</td><td>522</td><td>1</td><td>345</td></tr>
<tr><td>神堂堡乡红崖
村段</td><td>—</td><td>1</td><td>干砌
石坝</td><td></td><td>20</td><td>10</td><td>45</td><td>425</td><td>1</td><td>114</td></tr>
<tr><td>神堂堡乡韩庄
村段</td><td>2</td><td>—</td><td>干砌
石坝</td><td></td><td>20</td><td>10</td><td>43</td><td>122</td><td>1</td><td>345</td></tr>
</table>

续表 3-2

水库	水库名称	位置	总库容（万m³）	控制面积（km²）	防洪标准（年一遇）		最大泄量（m³/s）	最大坝高（m）	大坝型式
					设计	校核			
	—	—	—	—	—	—	—	—	—

闸坝	闸坝名称	位置	拦河大坝型式	坝长（m）	坝高（m）	坝顶宽(m)	闸孔数量	闸净宽（m）	最大泄量（m³/s）
	—	—	—	—	—	—	—	—	—
	人字闸（处）	—	淤地坝（座）	—	其中骨干坝（座）				—

灌区	灌区名称		灌溉面积（万亩）		河道取水口处数		
	—		—		—		

桥梁	桥梁名	位置	过流量（m³/s）	长度（m）	宽度（m）	孔数	孔高（m）	结构型式
	大寨口桥	神堂堡乡大寨口村东南1km处		50	6	1	5	砼桥
	红崖桥	神堂堡乡红崖村		50	6	1	5	砼桥

其他涉河工程	名称	位置、型式、规模、作用、流量、水质、建成时间等
	—	—

河道砂石资源及采砂情况	神堂堡河支沟尧子沟、南禅房沟有砂石资源，因交通不便，过去开采的不多，现在有少量的开采。

主要险工段及设障河段简述	

规划工程情况	神堂堡河主要险工河段位于繁峙县神堂堡乡大寨口村到神堂堡乡韩庄村段，设障河段主要是2006年6月在大寨口到神堂堡段沿河逐段修筑的60条应急砂坝。

情况说明：

神堂堡河发源于繁峙县神堂堡乡白坡头村西南，于神堂堡乡注入青羊河。

流域内有乡镇：神堂堡乡；有村庄：白坡头、鹿骨台、王子、腰庄、大地坡、山辛庄、大寨口、垚子、韩庄、足坪、钟耳寺、红崖等。

附录一

河道管理法律法规及相关文件

中华人民共和国水法

颁布日期：2002 年 10 月 1 日

（2002 年 8 月 29 日第九届全国人民代表大会常务委员会第 二十九次会议通过）

（2002 年 10 月 1 日起施行）

第一章　总 则

第一条　为了合理开发、利用、节约和保护水资源，防治水害，实现水资源的可持续利用，适应国民经济和社会发展的需要，制定本法。

第二条　在中华人民共和国领域内开发、利用、节约、保护、管理水资源，防治水害，适用本法。本法所称水资源，包括地表水和地下水。

第三条　水资源属于国家所有。水资源的所有权由国务院代表国家行使。农村集体经济组织的水塘和由农村集体经济组织修建管理的水库中的水，归各该农村集体经济组织使用。

第四条　开发、利用、节约、保护水资源和防治水害，应当全面规划、统筹兼顾、标本兼治、综合利用、讲求效益，发挥水资源的多种功能，协调好生活、生产经营和生态环境用水。

第五条　县级以上人民政府应当加强水利基础设施建设，并将其纳入本级国民经济和社会发展计划。

第六条　国家鼓励单位和个人依法开发、利用水资源，并保护其合法权益。开发、利用水资源的单位和个人有依法保护水资源的义务。

第七条　国家对水资源依法实行取水许可制度和有偿使用制度。但是，农村集体经济组织及其成员使用本集体经济组织的水塘、水库中的水除外。国务院水行政主管部门负责全国取水许可制度和水资源有偿使用制度的组织实施。

第八条　国家厉行节约用水，大力推行节约用水措施，推广节约用水新技术、新工艺，发展节水型工业、农业和服务业，建立节水型社会。

各级人民政府应当采取措施，加强对节约用水的管理，建立节约用水技术开发推广体系，培育和发展节约用水产业。单位和个人有节约用水的义务。

第九条　国家保护水资源，采取有效措施，保护植被，植树种草，涵养水源，防治水土流失和水体污染，改善生态环境。

第十条　国家鼓励和支持开发、利用、节约、保护、管理水资源和防治水害的先进科学技术的研究、推广和应用。

第十一条 在开发、利用、节约、保护、管理水资源和防治水害等方面成绩显著的单位和个人，由人民政府给予奖励。

第十二条 国家对水资源实行流域管理与行政区域管理相结合的管理体制。

国务院水行政主管部门负责全国水资源的统一管理和监督工作。

国务院水行政主管部门在国家确定的重要江河、湖泊设立的流域管理机构(以下简称流域管理机构)，在所管辖的范围内行使法律、行政法规规定的和国务院水行政主管部门授予的水资源管理和监督职责。

县级以上地方人民政府水行政主管部门按照规定的权限，负责本行政区域内水资源的统一管理和监督工作。

第十三条 国务院有关部门按照职责分工，负责水资源开发、利用、节约和保护的有关工作。

县级以上地方人民政府有关部门按照职责分工,负责本行政区域内水资源开发、利用、节约和保护的有关工作。

第二章 水资源规划

第十四条 国家制定全国水资源战略规划。开发、利用、节约、保护水资源和防治水害,应当按照流域、区域统一制定规划。规划分为流域规划和区域规划。流域规划包括流域综合规划和流域专业规划；区域规划包括区域综合规划和区域专业规划。

前款所称综合规划,是指根据经济社会发展需要和水资源开发利用现状编制的开发、利用、节约、保护水资源和防治水害的总体部署。

前款所称专业规划,是指防洪、治涝、灌溉、航运、供水、水力发电、竹木流放、渔业、水资源保护、水土保持、防沙治沙、节约用水等规划。

第十五条 流域范围内的区域规划应当服从流域规划,专业规划应当服从综合规划。

流域综合规划和区域综合规划以及与土地利用关系密切的专业规划,应当与国民经济和社会发展规划以及土地利用总体规划、城市总体规划和环境保护规划相协调,兼顾各地区、各行业的需要。

第十六条 制定规划,必须进行水资源综合科学考察和调查评价。水资源综合科学考察和调查评价,由县级以上人民政府水行政主管部门会同同级有关部门组织进行。

县级以上人民政府应当加强水文、水资源信息系统建设。

县级以上人民政府水行政主管部门和流域管理机构应当加强对水资源的动态监测。基本水文资料应当按照国家有关规定予以公开。

第十七条 国家确定的重要江河、湖泊的流域综合规划,由国务院水行政主管部门会同国务院有关部门和有关省、自治区、直辖市人民政府编制,报国务院批准。跨省、自治区、直辖市的其他江河、湖泊的流域综合规划和区域综合规划,由有关流域管理机构会同江河、湖泊所在地的省、自治区、直辖市人民政府水行政主管部门和有关部门编制，分别经有关省、自治区、直辖市人民政府审查提出意见后，报国务院水行政主管部门审核；国务院水行政主管部门征求国务院有关部门意见后，报国务院或者其授权的部门批准。

前款规定以外的其他江河、湖泊的流域综合规划和区域综合规划，由县级以上地方人民政府水行政主管部门会同同级有关部门和有关地方人民政府编制，报本级人民政府或者其授权的部门批准，并报上一级水行政主管部门备案。

专业规划由县级以上人民政府有关部门编制，征求同级其他有关部门意见后，报本级人民政府批准。其中，防洪规划、水土保持规划的编制、批准，依照防洪法、水土保持法的有关规定执行。

第十八条 规划一经批准，必须严格执行。经批准的规划 需要修改时，必须按照规划编制程序经原批准机关批准。

第十九条 建设水工程，必须符合流域综合规划。在国家确定的重要江河、湖泊和跨省、自治区、直辖市的江河、湖泊上建设水工程，其工程可行性研究报告报请批准前，有关流域管理机构应当对水工程的建设是否符合流域综合规划进行审查并签署意见；在其他江河、湖泊上建设水工程，其工程可行性研究报告报请批准前，县级以上地方人民政府水行政主管部门应当按照管理权限对水工程的建设是否符合流域综合规划进行审查并签署意见。水工程建设涉及防洪的，依照防洪法的有关规定执行；涉及其他地区和行业的，建设单位应当事先征求有关地区和部门的意见。

第三章 水资源开发利用

第二十条 开发、利用水资源，应当坚持兴利与除害相结合，兼顾上下游、左右岸和有关地区之间的利益，充分发挥水资源的综合效益，并服从防洪的总体安排。

第二十一条 开发、利用水资源，应当首先满足城乡居民生活用水，并兼顾农业、工业、生态环境用水以及航运等需要。在干旱和半干旱地区开发、利用水资源，应当充分考虑生态环境用水需要。

第二十二条 跨流域调水，应当进行全面规划和科学论证，统筹兼顾调出和调入流域的用水需要，防止对生态环境造成破坏。

第二十三条 地方各级人民政府应当结合本地区水资源的实际情况，按照地表水与地下水统一调度开发、开源与节流相结合、节流优先和污水处理再利用的原则，合理组织开发、综合利用水资源。

国民经济和社会发展规划以及城市总体规划的编制、重大建设项目的布局，应当与当地水资源条件和防洪要求相适应，并进行科学论证；在水资源不足的地区，应当对城市规模和建设耗水量大的工业、农业和服务业项目加以限制。

第二十四条 在水资源短缺的地区，国家鼓励对雨水和微咸水的收集、开发、利用和对海水的利用、淡化。

第二十五条 地方各级人民政府应当加强对灌溉、排涝、水土保持工作的领导，促进农业生产发展；在容易发生盐碱化和渍害的地区，应当采取措施，控制和降低地下水的水位。

农村集体经济组织或者其成员依法在本集体经济组织所有的集体土地或者承包土地上投资兴建水工程设施的，按照谁投资建设谁管理和谁受益的原则，对水工程设施及其蓄水进行管理和合理使用。

农村集体经济组织修建水库应当经县级以上地方人民政府水行政主管部门批准。

第二十六条 国家鼓励开发、利用水能资源。在水能丰富的河流，应当有计划地进行多目标梯级开发。建设水力发电站，应当保护生态环境，兼顾防洪、供水、灌溉、航运、竹木流放和渔业等方面的需要。

第二十七条 国家鼓励开发、利用水运资源。在水生生物洄游通道、通航或者竹木流放的河流上修建永久性拦河闸坝，建设单位应当同时修建过鱼、过船、过木设施，或者经国务院授权的部门批准采取其他补救措施，并妥善安排施工和蓄水期间的水生生物保护、航运和竹木流放，所需费用由建设单位承担。

在不通航的河流或者人工水道上修建闸坝后可以通航的，闸坝建设单位应当同时修建过船设施或者预留过船设施位置。

第二十八条 任何单位和个人引水、截(蓄）水、排水，不得损害公共利益和他人的合法权益。

第二十九条 国家对水工程建设移民实行开发性移民的方针，按照前期补偿、补助与后期扶持相结合的原则，妥善安排移民的生产和生活，保护移民的合法权益。

移民安置应当与工程建设同步进行。建设单位应当根据安置地区的环境容量和可持续发展的原则，因地制宜，编制移民安置规划，经依法批准后，由有关地方人民政府组织实施。所需移民经费列入工程建设投资计划。

第四章 水资源、水域和水工程的保护

第三十条 县级以上人民政府水行政主管部门、流域管理机构以及其他有关部门在制定水资源开发、利用规划和调度水资源时，应当注意维持江河的合理流量和湖泊、水库以及地下水的合理水位，维护水体的自然净化能力。

第三十一条 从事水资源开发、利用、节约、保护和防治水害等水事活动，应当遵守经批准的规划；因违反规划造成江河和湖泊水域使用功能降低、地下水超采、地面沉降、水体污染的，应当承担治理责任。

开采矿藏或者建设地下工程，因疏干排水导致地下水水位下降、水源枯竭或者地面塌陷，采矿单位或者建设单位应当采取补救措施；对他人生活和生产造成损失的，依法

给予补偿。

第三十二条　国务院水行政主管部门会同国务院环境保护行政主管部门、有关部门和有关省、自治区、直辖市人民政府，按照流域综合规划、水资源保护规划和经济社会发展要求，拟定国家确定的重要江河、湖泊的水功能区划，报国务院批准。跨省、自治区、直辖市的其他江河、湖泊的水功能区划，由有关流域管理机构会同江河、湖泊所在地的省、自治区、直辖市人民政府水行政主管部门、环境保护行政主管部门和其他有关部门拟定，分别经有关省、自治区、直辖市人民政府审查提出意见后，由国务院水行政主管部门会同国务院环境保护行政主管部门审核，报国务院或者其授权的部门批准。

前款规定以外的其他江河、湖泊的水功能区划，由县级以上地方人民政府水行政主管部门会同同级人民政府环境保护行政主管部门和有关部门拟定，报同级人民政府或者其授权的部门批准，并报上一级水行政主管部门和环境保护行政主管部门备案。

县级以上人民政府水行政主管部门或者流域管理机构应当按照水功能区对水质的要求和水体的自然净化能力，核定该水域的纳污能力，向环境保护行政主管部门提出该水域的限制排污总量意见。

县级以上地方人民政府水行政主管部门和流域管理机构应当对水功能区的水质状况进行监测，发现重点污染物排放总量超过控制指标的，或者水功能区的水质未达到水域使用功能对水质的要求的，应当及时报告有关人民政府采取治理措施，并向环境保护行政主管部门通报。

第三十三条　国家建立饮用水水源保护区制度。省、自治区、直辖市人民政府应当划定饮用水水源保护区，并采取措施，防止水源枯竭和水体污染，保证城乡居民饮用水安全。

第三十四条　禁止在饮用水水源保护区内设置排污口。在江河、湖泊新建、改建或者扩大排污口，应当经过有管辖权的水行政主管部门或者流域管理机构同意，由环境保护行政主管部门负责对该建设项目的环境影响报告书进行审批。

第三十五条　从事工程建设，占用农业灌溉水源、灌排工程设施，或者对原有灌溉用水、供水水源有不利影响的，建设单位应当采取相应的补救措施；造成损失的，依法给予补偿。

第三十六条　在地下水超采地区，县级以上地方人民政府应当采取措施，严格控制开采地下水。在地下水严重超采地区，经省、自治区、直辖市人民政府批准，可以划定地下水禁止开采或者限制开采区。在沿海地区开采地下水，应当经过科学论证，并采取措施，防止地面沉降和海水入侵。

第三十七条　禁止在江河、湖泊、水库、运河、渠道内弃置、堆放阻碍行洪的物体和种植阻碍行洪的林木及高秆作物。

禁止在河道管理范围内建设妨碍行洪的建筑物、构筑物以及从事影响河势稳定、危害河岸堤防安全和其他妨碍河道行洪的活动。

第三十八条　在河道管理范围内建设桥梁、码头和其他拦河、跨河、临河建筑物、构筑物，铺设跨河管道、电缆，应当符合国家规定的防洪标准和其他有关的技术要求，工程建设方案应当依照防洪法的有关规定报经有关水行政主管部门审查同意。因建设前款工程设施，需要扩建、改建、拆除或者损坏原有水工程设施的，建设单位应当负担扩建、改建的费用和损失补偿。但是，原有工程设施属于违法工程的除外。

第三十九条　国家实行河道采砂许可制度。河道采砂许可制度实施办法，由国务院规定。

在河道管理范围内采砂，影响河势稳定或者危及堤防安全的，有关县级以上人民政府水行政主管部门应当划定禁采区和规定禁采期，并予以公告。

第四十条　禁止围湖造地。已经围垦的，应当按照国家规定的防洪标准有计划地退地还湖。

禁止围垦河道。确需围垦的，应当经过科学论证，经省、自治区、直辖市人民政府水行政主管部门或者国务院水行政主管部门同意后，报本级人民政府批准。

第四十一条　单位和个人有保护水工程的义务，不得侵占、毁坏堤防、护岸、防汛、水文监测、水文地质监测等工程设施。

第四十二条　县级以上地方人民政府应当采取措施，保障本行政区域内水工程，特别是水坝和堤防的安全，限期消除险情。水行政主管部门应当加强对水工程安全的监督管理。

第四十三条　国家对水工程实施保护。国家所有的水工程应当按照国务院的规定划定工程管理和保护范围。国务院水行政主管部门或者流域管理机构管理的水工程，由主管部门或者流域管理机构商有关省、自治区、直辖市人民政府划定工程管理和保护范围。

前款规定以外的其他水工程，应当按照省、自治区、直辖市人民政府的规定，划定工程保护范围和保护职责。

在水工程保护范围内，禁止从事影响水工程运行和危害水工程安全的爆破、打井、采石、取土等活动。

第五章　水资源配置和节约使用

第四十四条　国务院发展计划主管部门和国务院水行政主管部门负责全国水资源的宏观调配。全国的和跨省、自治区、直辖市的水中长期供求规划，由国务院水行政主管部门会同有关部门制订，经国务院发展计划主管部门审查批准后执行。地方的水中长期供求规划，由县级以上地方人民政府水行政主管部门会同同级有关部门依据上一级水中长期供求规划和本地区的实际情况制订，经本级人民政府发展计划主管部门审查批准后执行。

水中长期供求规划应当依据水的供求现状、国民经济和社会发展规划、流域规划、区域规划，按照水资源供需协调、综合平衡、保护生态、厉行节约、合理开源的原则制定。

第四十五条　调蓄径流和分配水量，应当依据流域规划和水中长期供求规划，以流域为单元制定水量分配方案。

跨省、自治区、直辖市的水量分配方案和旱情紧急情况下的水量调度预案，由流域管理机构商有关省、自治区、直辖市人民政府制订，报国务院或者其授权的部门批准后执行。其他跨行政区域的水量分配方案和旱情紧急情况下的水量调度预案，由共同的上一级人民政府水行政主管部门商有关地方人民政府制订，报本级人民政府批准后执行。

水量分配方案和旱情紧急情况下的水量调度预案经批准后，有关地方人民政府必须执行。

在不同行政区域之间的边界河流上建设水资源开发、利用项目，应当符合该流域经批准的水量分配方案，由有关县级以上地方人民政府报共同的上一级人民政府水行政主管部门或者有关流域管理机构批准。

第四十六条　县级以上地方人民政府水行政主管部门或者流域管理机构应当根据批准的水量分配方案和年度预测来水量，制订年度水量分配方案和调度计划，实施水量统一调度；有关地方人民政府必须服从。

国家确定的重要江河、湖泊的年度水量分配方案，应当纳入国家的国民经济和社会发展年度计划。

第四十七条　国家对用水实行总量控制和定额管理相结合的制度。

省、自治区、直辖市人民政府有关行业主管部门应当制订本行政区域内行业用水定额，报同级水行政主管部门和质量监督检验行政主管部门审核同意后，由省、自治区、直辖市人民政府公布，并报国务院水行政主管部门和国务院质量监督检验行政主管部门备案。县级以上地方人民政府发展计划主管部门会同同级水行政主管部门，根据用水定额、经济技术条件以及水量分配方案确定的可供本行政区域使用的水量，制订年度用水计划，对本行政区域内的年度用水实行总量控制。

第四十八条　直接从江河、湖泊或者地下取用水资源的单位和个人，应当按照国家取水许可制度和水资源有偿使用制度的规定，向水行政主管部门或者流域管理机构申请领取取水许可证，并缴纳水资源费，取得取水权。但是，家庭生活和零星散养、圈养畜禽饮用等少量取水的除外。实施取水许可制度和征收管理水资源费的具体办法，由国务院规定。

第四十九条　用水应当计量，并按照批准的用水计划用水。用水实行计量收费和超定额累进加价制度。

第五十条　各级人民政府应当推行节水灌溉方式和节水技术，对农业蓄水、输水工程采取必要的防渗漏措施，提高农业用水效率。

第五十一条　工业用水应当采用先进技术、工艺和设备，增加循环用水次数，提高水的重复利用率。

国家逐步淘汰落后的、耗水量高的工艺、设备和产品,具体名录由国务院经济综合主管部门会同国务院水行政主管部门和有关部门制定并公布。生产者、销售者或者生产经营中的使用者应当在规定的时间内停止生产、销售或者使用列入名录的工艺、设备和产品。

第五十二条　城市人民政府应当因地制宜采取有效措施,推广节水型生活用水器具,降低城市供水管网漏失率,提高生活用水效率;加强城市污水集中处理,鼓励使用再生水,提高污水再生利用率。

第五十三条　新建、扩建、改建建设项目,应当制订节水措施方案,配套建设节水设施。节水设施应当与主体工程同时设计、同时施工、同时投产。

供水企业和自建供水设施的单位应当加强供水设施的维护管理,减少水的漏失。

第五十四条　各级人民政府应当积极采取措施,改善城乡居民的饮用水条件。

第五十五条　使用水工程供应的水,应当按照国家规定向供水单位缴纳水费。供水价格应当按照补偿成本、合理收益、优质优价、公平负担的原则确定。具体办法由省级以上人民政府价格主管部门会同同级水行政主管部门或者其他供水行政主管部门依据职权制定。

第六章　水事纠纷处理与执法监督检查

第五十六条　不同行政区域之间发生水事纠纷的,应当协商处理;协商不成的,由上一级人民政府裁决,有关各方必须遵照执行。在水事纠纷解决前,未经各方达成协议或者共同的上一级人民政府批准,在行政区域交界线两侧一定范围内,任何一方不得修建排水、阻水、取水和截(蓄)水工程,不得单方面改变水的现状。

第五十七条　单位之间、个人之间、单位与个人之间发生的水事纠纷,应当协商解决;当事人不愿协商或者协商不成的,可以申请县级以上地方人民政府或者其授权的部门调解,也可以直接向人民法院提起民事诉讼。

县级以上地方人民政府或者其授权的部门调解不成的,当事人可以向人民法院提起民事诉讼。在水事纠纷解决前,当事人不得单方面改变现状。

第五十八条　县级以上人民政府或者其授权的部门在处理水事纠纷时,有权采取临时处置措施,有关各方或者当事人必须服从。

第五十九条　县级以上人民政府水行政主管部门和流域管理机构应当对违反本法的行为加强监督检查并依法进行查处。水政监督检查人员应当忠于职守,秉公执法。

第六十条　县级以上人民政府水行政主管部门、流域管理机构及其水政监督检查人员履行本法规定的监督检查职责时,有权采取下列措施:

(一)要求被检查单位提供有关文件、证照、资料;

(二)要求被检查单位就执行本法的有关问题做出说明;

（三）进入被检查单位的生产场所进行调查；

（四）责令被检查单位停止违反本法的行为，履行法定义务。

第六十一条　有关单位或者个人对水政监督检查人员的监督检查工作应当给予配合，不得拒绝或者阻碍水政监督检查人员依法执行职务。

第六十二条　水政监督检查人员在履行监督检查职责时，应当向被检查单位或者个人出示执法证件。

第六十三条　县级以上人民政府或者上级水行政主管部门发现本级或者下级水行政主管部门在监督检查工作中有违法或者失职行为的，应当责令其限期改正。

第七章　法律责任

第六十四条　水行政主管部门或者其他有关部门以及水工程管理单位及其工作人员，利用职务上的便利收取他人财物、其他好处或者玩忽职守，对不符合法定条件的单位或者个人核发许可证、签署审查同意意见，不按照水量分配方案分配水量，不按照国家有关规定收取水资源费，不履行监督职责，或者发现违法行为不予查处，造成严重后果，构成犯罪的，对负有责任的主管人员和其他直接责任人员依照刑法的有关规定追究刑事责任；尚不够刑事处罚的，依法给予行政处分。

第六十五条　在河道管理范围内建设妨碍行洪的建筑物、构筑物，或者从事影响河势稳定、危害河岸堤防安全和其他妨碍河道行洪的活动的，由县级以上人民政府水行政主管部门或者流域管理机构依据职权，责令停止违法行为，限期拆除违法建筑物、构筑物，恢复原状；逾期不拆除、不恢复原状的，强行拆除，所需费用由违法单位或者个人负担，并处一万元以上十万元以下的罚款。

未经水行政主管部门或者流域管理机构同意，擅自修建水工程，或者建设桥梁、码头和其他拦河、跨河、临河建筑物、构筑物，铺设跨河管道、电缆，且防洪法未作规定的，由县级以上人民政府水行政主管部门或者流域管理机构依据职权，责令停止违法行为，限期补办有关手续；逾期不补办或者补办未被批准的，责令限期拆除违法建筑物、构筑物；逾期不拆除的，强行拆除，所需费用由违法单位或者个人负担，并处一万元以上十万元以下的罚款。

虽经水行政主管部门或者流域管理机构同意，但未按照要求修建前款所列工程设施的，由县级以上人民政府水行政主管部门或者流域管理机构依据职权，责令限期改正，按照情节轻重，处一万元以上十万元以下的罚款。

第六十六条　有下列行为之一，且防洪法未作规定的，由县级以上人民政府水行政主管部门或者流域管理机构依据职权，责令停止违法行为，限期清除障碍或者采取其他补救措施，处一万元以上五万元以下的罚款：

（一）在江河、湖泊、水库、运河、渠道内弃置、堆放阻碍行洪的物体和种植阻碍行洪

的林木及高秆作物的;

(二)围湖造地或者未经批准围垦河道的。

第六十七条 在饮用水水源保护区内设置排污口的,由县级以上地方人民政府责令限期拆除、恢复原状;逾期不拆除、不恢复原状的,强行拆除、恢复原状,并处五万元以上十万元以下的罚款。

未经水行政主管部门或者流域管理机构审查同意,擅自在江河、湖泊新建、改建或者扩大排污口的,由县级以上人民政府水行政主管部门或者流域管理机构依据职权,责令停止违法行为,限期恢复原状,处五万元以上十万元以下的罚款。

第六十八条 生产、销售或者在生产经营中使用国家明令淘汰的落后的、耗水量高的工艺、设备和产品的,由县级以上地方人民政府经济综合主管部门责令停止生产、销售或者使用,处二万元以上十万元以下的罚款。

第六十九条 有下列行为之一的,由县级以上人民政府水行政主管部门或者流域管理机构依据职权,责令停止违法行为,限期采取补救措施,处二万元以上十万元以下的罚款;情节严重的,吊销其取水许可证:

(一)未经批准擅自取水的;

(二)未依照批准的取水许可规定条件取水的。

第七十条 拒不缴纳、拖延缴纳或者拖欠水资源费的,由县级以上人民政府水行政主管部门或者流域管理机构依据职权,责令限期缴纳;逾期不缴纳的,从滞纳之日起按日加收滞纳部分2‰的滞纳金,并处应缴或者补缴水资源费一倍以上五倍以下的罚款。

第七十一条 建设项目的节水设施没有建成或者没有达到国家规定的要求,擅自投入使用的,由县级以上人民政府有关部门或者流域管理机构依据职权,责令停止使用,限期改正,处五万元以上十万元以下的罚款。

第七十二条 有下列行为之一,构成犯罪的,依照刑法的有关规定追究刑事责任;尚不够刑事处罚,且防洪法未作规定的,由县级以上地方人民政府水行政主管部门或者流域管理机构依据职权,责令停止违法行为,采取补救措施,处一万元以上五万元以下的罚款;违反治安管理处罚条例的,由公安机关依法给予治安管理处罚;给他人造成损失的,依法承担赔偿责任:

(一)侵占、毁坏水工程及堤防、护岸等有关设施,毁坏防汛、水文监测、水文地质监测设施的;

(二)在水工程保护范围内,从事影响水工程运行和危害水工程安全的爆破、打井、采石、取土等活动的。

第七十三条 侵占、盗窃或者抢夺防汛物资,防洪排涝、农田水利、水文监测和测量以及其他水工程设备和器材,贪污或者挪用国家救灾、抢险、防汛、移民安置和补偿及其他水利建设款物,构成犯罪的,依照刑法的有关规定追究刑事责任。

第七十四条 在水事纠纷发生及其处理过程中煽动闹事、结伙斗殴、抢夺或者损坏公私财物、非法限制他人人身自由，构成犯罪的，依照刑法的有关规定追究刑事责任；尚不够刑事处罚的，由公安机关依法给予治安管理处罚。

第七十五条　不同行政区域之间发生水事纠纷，有下列行为之一的，对负有责任的主管人员和其他直接责任人员依法给予行政处分：

(一)拒不执行水量分配方案和水量调度预案的；

(二)拒不服从水量统一调度的；

(三)拒不执行上一级人民政府的裁决的；

(四)在水事纠纷解决前，未经各方达成协议或者上一级人民政府批准，单方面违反本法规定改变水的现状的。

第七十六条　引水、截(蓄）水、排水，损害公共利益或者他人合法权益的，依法承担民事责任。

第七十七条　对违反本法第三十九条有关河道采砂许可制度规定的行政处罚，由国务院规定。

第八章　附　则

第七十八条　中华人民共和国缔结或者参加的与国际或者国境边界河流、湖泊有关的国际条约、协定与中华人民共和国法律有不同规定的，适用国际条约、协定的规定。但是，中华人民共和国声明保留的条款除外。

第七十九条　本法所称水工程，是指在江河、湖泊和地下水源上开发、利用、控制、调配和保护水资源的各类工程。

第八十条　海水的开发、利用、保护和管理，依照有关法律的规定执行。

第八十一条　从事防洪活动，依照防洪法的规定执行。水污染防治，依照水污染防治法的规定执行。

第八十二条　本法自 2002 年 10 月 1 日起施行。

中华人民共和国防洪法

中华人民共和国主席令第八十八号

1998 年 1 月 1 日起施行

第一章 总则

第一条 为了防治洪水，防御、减轻洪涝灾害，维护人民的生命和财产安全，保障社会主义现代化建设顺利进行，制定本法。

第二条 防洪工作实行全面规划、统筹兼顾、预防为主、综合治理、局部利益服从全局利益的原则。

第三条 防洪工程设施建设，应当纳入国民经济和社会发展计划。防洪费用按照政府投入同受益者合理承担相结合的原则筹集。

第四条 开发利用和保护水资源，应当服从防洪总体安排，实行兴利与除害相结合的原则。江河、湖泊治理以及防洪工程设施建设，应当符合流域综合规划，与流域水资源的综合开发相结合。本法所称综合规划是指开发利用水资源和防治水害的综合规划。

第五条 防洪工作按照流域或者区域实行统一规划、分级实施和流域管理与行政区域管理相结合的制度。

第六条 任何单位和个人都有保护防洪工程设施和依法参加防汛抗洪的义务。

第七条 各级人民政府应当加强对防洪工作的统一领导，组织有关部门、单位，动员社会力量，依靠科技进步，有计划地进行江河、湖泊治理，采取措施加强防洪工程设施建设，巩固、提高防洪能力。各级人民政府应当组织有关部门、单位，动员社会力量，做好防汛抗洪和洪涝灾害后的恢复与救济工作。各级人民政府应当对蓄滞洪区予以扶持；蓄滞洪后，应当依照国家规定予以补偿或者救助。

第八条 国务院水行政主管部门在国务院的领导下，负责全国防洪的组织、协调、监督、指导等日常工作。国务院水行政主管部门在国家确定的重要江河、湖泊设立的流域管理机构，在所管辖的范围内行使法律、行政法规规定和国务院水行政主管部门授权的防洪协调和监督管理职责。国务院建设行政主管部门和其他有关部门在国务院的领导下，按照各自的职责，负责有关的防洪工作。县级以上地方人民政府水行政主管部门在本级人民政府的领导下，负责本行政区域内防洪的组织、协调、监督、指导等日常工作。县级以上地方人民政府建设行政主管部门和其他有关部门在本级人民政府的领导下，按照各自的职责，负责有关的防洪工作。

第二章 防洪规划

第九条 防洪规划是指为防治某一流域、河段或者区域的洪涝灾害而制定的总体部署，包括国家确定的重要江河、湖泊的流域防洪规划，其他江河、河段、湖泊的防洪规划以及区域防洪规划。防洪规划应当服从所在流域、区域的综合规划；区域防洪规划应当服从所在流域的流域防洪规划。防洪规划是江河、湖泊治理和防洪工程设施建设的基本依据。

第十条 国家确定的重要江河、湖泊的防洪规划，由国务院水行政主管部门依据该江河、湖泊的流域综合规划，会同有关部门和有关省、自治区、直辖市人民政府编制，报国务院批准。其他江河、河段、湖泊的防洪规划或者区域防洪规划，由县级以上地方人民政府水行政主管部门分别依据流域综合规划、区域综合规划，会同有关部门和有关地区编制，报本级人民政府批准，并报上一级人民政府水行政主管部门备案；跨省、自治区、直辖市的江河、河段、湖泊的防洪规划由有关流域管理机构会同江河、河段、湖泊所在地的省、自治区、直辖市人民政府水行政主管部门、有关主管部门拟定，分别经有关省、自治区、直辖市人民政府审查提出意见后，报国务院水行政主管部门批准。城市防洪规划，由城市人民政府组织水行政主管部门、建设行政主管部门和其他有关部门依据流域防洪规划、上一级人民政府区域防洪规划编制，按照国务院规定的审批程序批准后纳入城市总体规划。修改防洪规划，应当报经原批准机关批准。

第十一条 编制防洪规划，应当遵循确保重点、兼顾一般，以及防汛和抗旱相结合、工程措施和非工程措施相结合的原则，充分考虑洪涝规律和上下游、左右岸的关系以及国民经济对防洪的要求，并与国土规划和土地利用总体规划相协调。防洪规划应当确定防护对象、治理目标和任务、防洪措施和实施方案，划定洪泛区、蓄滞洪区和防洪保护区的范围，规定蓄滞洪区的使用原则。

第十二条 受风暴潮威胁的沿海地区的县级以上地方人民政府，应当把防御风暴潮纳入本地区的防洪规划，加强海堤（海塘）、挡潮闸和沿海防护林等防御风暴潮工程体系建设，监督建筑物、构筑物的设计和施工符合防御风暴潮的需要。

第十三条 山洪可能诱发山体滑坡、崩塌和泥石流的地区以及其他山洪多发地区的县级以上地方人民政府，应当组织负责地质矿产管理工作的部门、水行政主管部门和其他有关部门对山体滑坡、崩塌和泥石流隐患进行全面调查，划定重点防治区，采取防治措施。城市、村镇和其他居民点以及工厂、矿山、铁路和公路干线的布局，应当避开山洪威胁；已经建在受山洪威胁的地方的，应当采取防御措施。

第十四条 平原、洼地、水网圩区、山谷、盆地等易涝地区的有关地方人民政府，应当制定除涝治涝规划，组织有关部门、单位采取相应的治理措施，完善排水系统，发展耐涝农作物种类和品种，开展洪涝、干旱、盐碱综合治理。城市人民政府应当加强对城区排涝管网、泵站的建设和管理。

第十五条 国务院水行政主管部门应当会同有关部门和省、自治区、直辖市人民政府制定长江、黄河、珠江、辽河、淮河、海河入海河口的整治规划。在前款入海河口围海造地，应当符合河口整治规划。

第十六条 防洪规划确定的河道整治计划用地和规划建设的堤防用地范围内的土地，经土地管理部门和水行政主管部门会同有关地区核定，报经县级以上人民政府按照国务院规定的权限批准后，可以划定为规划保留区；该规划保留区范围内的土地涉及其他项目用地的，有关土地管理部门和水行政主管部门核定时，应当征求有关部门的意见。规划保留区依照前款规定划定后，应当公告。前款规划保留区内不得建设与防洪无关的工矿工程设施；在特殊情况下，国家工矿建设项目确需占用前款规划保留区内的土地的，应当按照国家规定的基本建设程序报请批准，并征求有关水行政主管部门的意见。防洪规划确定的扩大或者开辟的人工排洪道用地范围内的土地，经省级以上人民政府土地管理部门和水行政主管部门会同有关部门、有关地区核定，报省级以上人民政府按照国务院规定的权限批准后，可以划定为规划保留区，适用前款规定。

第十七条 在江河、湖泊上建设防洪工程和其他水工程、水电站等，应当符合防洪规划的要求；水库应当按照防洪规划的要求留足防洪库容。前款规定的防洪工程和其他水工程、水电站的可行性研究报告按照国家规定的基本建设程序报请批准时，应当附具有关水行政主管部门签署的符合防洪规划要求的规划同意书。

第三章 治理与防护

第十八条 防治江河洪水，应当蓄泄兼施，充分发挥河道行洪能力和水库、洼淀、湖泊调蓄洪水的功能，加强河道防护，因地制宜地采取定期清淤疏浚等措施，保持行洪畅通。防治江河洪水，应当保护、扩大流域林草植被，涵养水源，加强流域水土保持综合治理。

第十九条 整治河道和修建控制引导河水流向、保护堤岸等工程，应当兼顾上下游、左右岸的关系，按照规划治导线实施，不得任意改变河水流向。国家确定的重要江河的规划治导线由流域管理机构拟定，报国务院水行政主管部门批准。其他江河、河段的规划治导线由县级以上地方人民政府水行政主管部门拟定，报本级人民政府批准；跨省、自治区、直辖市的江河、河段和省、自治区、直辖市之间的省界河道的规划治导线由有关流域管理机构组织江河、河段所在地的省、自治区、直辖市人民政府水行政主管部门拟定，经有关省、自治区、直辖市人民政府审查提出意见后，报国务院水行政主管部门批准。

第二十条 整治河道、湖泊，涉及航道的，应当兼顾航运需要，并事先征求交通主管部门的意见。整治航道，应当符合江河、湖泊防洪安全要求，并事先征求水行政主管部门的意见。在竹木流放的河流和渔业水域整治河道的，应当兼顾竹木水运和渔业发展的需要，并事先征求林业、渔业行政主管部门的意见。在河道中流放竹木，不得影响行洪和防洪工程设施的安全。

第二十一条 河道、湖泊管理实行按水系统一管理和分级管理相结合的原则，加强防护，确保畅通。国家确定的重要江河、湖泊的主要河段，跨省、自治区、直辖市的重要河段、湖泊，省、自治区、直辖市之间的省界河道、湖泊以及国（边）界河道、湖泊，由流域管理机构和江河、湖泊所在地的省、自治区、直辖市人民政府水行政主管部门按照国务院水行政主管部门的划定依法实施管理。其他河道、湖泊，由县级以上地方人民政府水行政主管部门按照国务院水行政主管部门或者国务院水行政主管部门授权的机构的划定依法实施管理。有堤防的河道、湖泊，其管理范围为两岸堤防之间的水域、沙洲、滩地、行洪区和堤防及护堤地；无堤防的河道、湖泊，其管理范围为历史最高洪水位或者设计洪水位之间的水域、沙洲、滩地和行洪区。流域管理机构直接管理的河道、湖泊管理范围，由流域管理机构会同有关县级以上地方人民政府依照前款规定界定；其他河道、湖泊管理范围，由有关县级以上地方人民政府依照前款规定界定。

第二十二条 河道、湖泊管理范围内的土地和岸线的利用，应当符合行洪、输水的要求。禁止在河道、湖泊管理范围内建设妨碍行洪的建筑物、构筑物，倾倒垃圾、渣土，从事影响河势稳定、危害河岸堤防安全和其他妨碍河道行洪的活动。禁止在行洪河道内种植阻碍行洪的林木和高秆作物。在船舶航行可能危及堤岸安全的河段，应当限定航速。限定航速的标志，由交通主管部门与水行政主管部门商定后设置。

第二十三条 禁止围湖造地。已经围垦的，应当按照国家规定的防洪标准进行治理，有计划地退地还湖。禁止围垦河道。确需围垦的，应当进行科学论证，经水行政主管部门确认不妨碍行洪、输水后，报省级以上人民政府批准。

第二十四条 对居住在行洪河道内的居民，当地人民政府应当有计划地组织外迁。

第二十五条 护堤护岸的林木，由河道、湖泊管理机构组织营造和管理。护堤护岸林木，不得任意砍伐。采伐护堤护岸林木的，须经河道、湖泊管理机构同意后，依法办理采伐许可手续，并完成规定的更新补种任务。

第二十六条 对壅水、阻水严重的桥梁、引道、码头和其他跨河工程设施，根据防洪标准，有关水行政主管部门可以报请县级以上人民政府按照国务院规定的权限责令建设单位限期改建或者拆除。

第二十七条 建设跨河、穿河、穿堤、临河的桥梁、码头、道路、渡口、管道、缆线、取水、排水等工程设施，应当符合防洪标准、岸线规划、航运要求和其他技术要求，不得危害堤防安全，影响河势稳定、妨碍行洪畅通；其可行性研究报告按照国家规定的基本建设程序报请批准前，其中的工程建设方案应当经有关水行政主管部门根据前述防洪要求审查同意。前款工程设施需要占用河道、湖泊管理范围内土地，跨越河道、湖泊空间或者穿越河床的，建设单位应当经有关水行政主管部门对该工程设施建设的位置和界限审查批准后，方可依法办理开工手续；安排施工时，应当按照水行政主管部门审查批准的位置和界限进行。

第二十八条 对于河道、湖泊管理范围内依照本法规定建设的工程设施，水行政主管部门有权依法检查；水行政主管部门检查时，被检查者应当如实提供有关的情况和资料。前款规定的工程设施竣工验收时，应当有水行政主管部门参加。

第四章 防洪区和防洪工程设施的管理

第二十九条 防洪区是指洪水泛滥可能淹及的地区，分为洪泛区、蓄滞洪区和防洪保护区。洪泛区是指尚无工程设施保护的洪水泛滥所及的地区。蓄滞洪区是指包括分洪口在内的河堤背水面以外临时贮存洪水的低洼地区及湖泊等。防洪保护区是指在防洪标准内受防洪工程设施保护的地区。洪泛区、蓄滞洪区和防洪保护区的范围，在防洪规划或者防御洪水方案中划定，并报请省级以上人民政府按照国务院规定的权限批准后予以公告。

第三十条 各级人民政府应当按照防洪规划对防洪区内的土地利用实行分区管理。

第三十一条 地方各级人民政府应当加强对防洪区安全建设工作的领导，组织有关部门、单位对防洪区内的单位和居民进行防洪教育，普及防洪知识，提高水患意识；按照防洪规划和防御洪水方案建立并完善防洪体系和水文、气象、通信、预警以及洪涝灾害监测系统，提高防御洪水能力；组织防洪区内的单位和居民积极参加防洪工作，因地制宜地采取防洪避洪措施。

第三十二条 洪泛区、蓄滞洪区所在地的省、自治区、直辖市人民政府应当组织有关地区和部门，按照防洪规划的要求，制定洪泛区、蓄滞洪区安全建设计划，控制蓄滞洪区人口增长，对居住在经常使用的蓄滞洪区的居民，有计划地组织外迁，并采取其他必要的安全保护措施。因蓄滞洪区而直接受益的地区和单位，应当对蓄滞洪区承担国家规定的补偿、救助义务。国务院和有关的省、自治区、直辖市人民政府应当建立对蓄滞洪区的扶持和补偿、救助制度。国务院和有关的省、自治区、直辖市人民政府可以制定洪泛区、蓄滞洪区安全建设管理办法以及对蓄滞洪区的扶持和补偿、救助办法。

第三十三条 在洪泛区、蓄滞洪区内建设非防洪建设项目，应当就洪水对建设项目可能产生的影响和建设项目对防洪可能产生的影响做出评价，编制洪水影响评价报告，提出防御措施。建设项目可行性研究报告按照国家规定的基本建设程序报请批准时，应当附具有关水行政主管部门审查批准的洪水影响评价报告。在蓄滞洪区内建设的油田、铁路、公路、矿山、电厂、电信设施和管道，其洪水影响评价报告应当包括建设单位自行安排的防洪避洪方案。建设项目投入生产或者使用时，其工程设施应当经水行政主管部门验收。在蓄滞洪区内建造房屋应当采用平顶式结构。

第三十四条 大中城市，重要的铁路、公路干线，大型骨干企业，应当列为防洪重点，确保安全。受洪水威胁的城市、经济开发区、工矿区和国家重要的农业生产基地等，应当重点保护，建设必要的防洪工程设施。城市建设不得擅自填堵原有河道沟汊、贮水湖塘洼淀和废除原有防洪围堤；确需填堵或者废除的，应当经水行政主管部门审查同意，并报城市人民政府批准。

第三十五条　属于国家所有的防洪工程设施，应当按照经批准的设计，在竣工验收前由县级以上人民政府按照国家规定，划定管理和保护范围。属于集体所有的防洪工程设施，应当按照省、自治区、直辖市人民政府的规定，划定保护范围。在防洪工程设施保护范围内，禁止进行爆破、打井、采石、取土等危害防洪工程设施安全的活动。

第三十六条　各级人民政府应当组织有关部门加强对水库大坝的定期检查和监督管理。对未达到设计洪水标准、抗震设防要求或者有严重质量缺陷的险坝，大坝主管部门应当组织有关单位采取除险加固措施，限期消除危险或者重建，有关人民政府应当优先安排所需资金。对可能出现垮坝的水库，应当事先制定应急抢险和居民临时撤离方案。各级人民政府和有关主管部门应当加强对尾矿坝的监督管理，采取措施，避免因洪水导致垮坝。

第三十七条　任何单位和个人不得破坏、侵占、毁损水库大坝、堤防、水闸、护岸、抽水站、排水渠系等防洪工程和水文、通信设施以及防汛备用的器材、物料等。

第五章　防汛抗洪

第三十八条　防汛抗洪工作实行各级人民政府行政首长负责制，统一指挥、分级分部门负责。

第三十九条　国务院设立国家防汛指挥机构，负责领导、组织全国的防汛抗洪工作，其办事机构设在国务院水行政主管部门。在国家确定的重要江河、湖泊可以设立由有关省、自治区、直辖市人民政府和该江河、湖泊的流域管理机构负责人等组成的防汛指挥机构，指挥所管辖范围内的防汛抗洪工作，其办事机构设在流域管理机构。有防汛抗洪任务的县级以上地方人民政府设立由有关部门、当地驻军、人民武装部负责人等组成的防汛指挥机构，在上级防汛指挥机构和本级人民政府的领导下，指挥本地区的防汛抗洪工作，其办事机构设在同级水行政主管部门；必要时，经城市人民政府决定，防汛指挥机构也可以在建设行政主管部门设城市市区办事机构，在防汛指挥机构的统一领导下，负责城市市区的防汛抗洪日常工作。

第四十条　有防汛抗洪任务的县级以上地方人民政府根据流域综合规划、防洪工程实际状况和国家规定的防洪标准，制定防御洪水方案（包括对特大洪水的处置措施）。长江、黄河、淮河、海河的防御洪水方案，由国家防汛指挥机构制定，报国务院批准；跨省、自治区、直辖市的其他江河的防御洪水方案，由有关流域管理机构会同有关省、自治区、直辖市人民政府制定，报国务院或者国务院授权的有关部门批准。防御洪水方案经批准后，有关地方人民政府必须执行。各级防汛指挥机构和承担防汛抗洪任务的部门和单位，必须根据防御洪水方案做好防汛抗洪准备工作。

第四十一条 省、自治区、直辖市人民政府防汛指挥机构根据当地的洪水规律，规定汛期起止日期。当江河、湖泊的水情接近保证水位或者安全流量，水库水位接近设计洪水位，或者防洪工程设施发生重大险情时，有关县级以上人民政府防汛指挥机构可以宣布进入紧急防汛期。

第四十二条 对河道、湖泊范围内阻碍行洪的障碍物，按照谁设障、谁清除的原则，由防汛指挥机构责令限期清除；逾期不清除的，由防汛指挥机构组织强行清除，所需费用由设障者承担。在紧急防汛期，国家防汛指挥机构或者其授权的流域、省、自治区、直辖市防汛指挥机构有权对壅水、阻水严重的桥梁、引道、码头和其他跨河工程设施做出紧急处置。

第四十三条 在汛期，气象、水文、海洋等有关部门应当按照各自的职责，及时向有关防汛指挥机构提供天气、水文等实时信息和风暴潮预报；电信部门应当优先提供防汛抗洪通信的服务；运输、电力、物资材料供应等有关部门应当优先为防汛抗洪服务。中国人民解放军、中国人民武装警察部队和民兵应当执行国家赋予的抗洪抢险任务。

第四十四条 在汛期，水库、闸坝和其他水工程设施的运用，必须服从有关的防汛指挥机构的调度指挥和监督。在汛期，水库不得擅自在汛期限制水位以上蓄水，其汛期限制水位以上的防洪库容的运用，必须服从防汛指挥机构的调度指挥和监督。在凌汛期，有防凌汛任务的江河的上游水库的下泄水量必须征得有关的防汛指挥机构的同意，并接受其监督。

第四十五条 在紧急防汛期，防汛指挥机构根据防汛抗洪的需要，有权在其管辖范围内调用物资、设备、交通运输工具和人力，决定采取取土占地、砍伐林木、清除阻水障碍物和其他必要的紧急措施；必要时，公安、交通等有关部门按照防汛指挥机构的决定，依法实施陆地和水面交通管制。依照前款规定调用的物资、设备、交通运输工具等，在汛期结束后应当及时归还；造成损坏或者无法归还的，按照国务院有关规定给予适当补偿或者作其他处理。取土占地、砍伐林木的，在汛期结束后依法向有关部门补办手续；有关地方人民政府对取土后的土地组织复垦，对砍伐的林木组织补种。

第四十六条 江河、湖泊水位或者流量达到国家规定的分洪标准，需要启用蓄滞洪区时，国务院，国家防汛指挥机构，流域防汛指挥机构，省、自治区、直辖市人民政府，省、自治区、直辖市防汛指挥机构，按照依法经批准的防御洪水方案中规定的启用条件和批准程序，决定启用蓄滞洪区。依法启用蓄滞洪区，任何单位和个人不得阻拦、拖延；遇到阻拦、拖延时，由有关县级以上地方人民政府强制实施。

第四十七条 发生洪涝灾害后，有关人民政府应当组织有关部门、单位做好灾区的生活供给、卫生防疫、救灾物资供应、治安管理、学校复课、恢复生产和重建家园等救灾工作以及所管辖地区的各项水毁工程设施修复工作。水毁防洪工程设施的修复，应当优先列入有关部门的年度建设计划。国家鼓励、扶持开展洪水保险。

第六章　保障措施

第四十八条　各级人民政府应当采取措施，提高防洪投入的总体水平。

第四十九条　江河、湖泊的治理和防洪工程设施的建设和维护所需投资，按照事权和财权相统一的原则，分级负责，由中央和地方财政承担。城市防洪工程设施的建设和维护所需投资，由城市人民政府承担。受洪水威胁地区的油田、管道、铁路、公路、矿山、电力、电信等企业、事业单位应当自筹资金，兴建必要的防洪自保工程。

第五十条　中央财政应当安排资金，用于国家确定的重要江河、湖泊的堤坝遭受特大洪涝灾害时的抗洪抢险和水毁防洪工程修复。省、自治区、直辖市人民政府应当在本级财政预算中安排资金，用于本行政区域内遭受特大洪涝灾害地区的抗洪抢险和水毁防洪工程修复。

第五十一条　国家设立水利建设基金，用于防洪工程和水利工程的维护和建设。具体办法由国务院规定。受洪水威胁的省、自治区、直辖市为加强本行政区域内防洪工程设施建设，提高防御洪水能力，按照国务院的有关规定，可以规定在防洪保护区范围内征收河道工程修建维护管理费。

第五十二条　有防洪任务的地方各级人民政府应当根据国务院的有关规定，安排一定比例的农村义务工和劳动积累工，用于防洪工程设施的建设、维护。

第五十三条　任何单位和个人不得截留、挪用防洪、救灾资金和物资。各级人民政府审计机关应当加强对防洪、救灾资金使用情况的审计监督。

第七章　法律责任

第五十四条　违反本法第十七条规定，未经水行政主管部门签署规划同意书，擅自在江河、湖泊上建设防洪工程和其他水工程、水电站的，责令停止违法行为，补办规划同意书手续；违反规划同意书的要求，严重影响防洪的，责令限期拆除；违反规划同意书的要求，影响防洪但尚可采取补救措施的，责令限期采取补救措施，可以处一万元以上十万元以下的罚款。

第五十五条　违反本法第十九条规定，未按照规划治导线整治河道和修建控制引导河水流向、保护堤岸等工程，影响防洪的，责令停止违法行为，恢复原状或者采取其他补救措施，可以处一万元以上十万元以下的罚款。

第五十六条　违反本法第二十二条第二款、第三款规定，有下列行为之一的，责令停止违法行为，排除阻碍或者采取其他补救措施，可以处五万元以下的罚款：

（一）在河道、湖泊管理范围内建设妨碍行洪的建筑物、构筑物的；

（二）在河道、湖泊管理范围内倾倒垃圾、渣土，从事影响河势稳定、危害河岸堤防安全和其他妨碍河道行洪的活动的；

(三)在行洪河道内种植阻碍行洪的林木和高秆作物的。

第五十七条　违反本法第十五条第二款、第二十三条规定，围海造地、围湖造地、围垦河道的，责令停止违法行为，恢复原状或者采取其他补救措施，可以处五万元以下的罚款；既不恢复原状也不采取其他补救措施的，代为恢复原状或者采取其他补救措施，所需费用由违法者承担。

第五十八条　违反本法第二十七条规定，未经水行政主管部门对其工程建设方案审查同意或者未按照有关水行政主管部门审查批准的位置、界限，在河道、湖泊管理范围内从事工程设施建设活动的，责令停止违法行为，补办审查同意或者审查批准手续；工程设施建设严重影响防洪的，责令限期拆除，逾期不拆除的，强行拆除，所需费用由建设单位承担；影响行洪但尚可采取补救措施的，责令限期采取补救措施，可以处一万元以上十万元以下的罚款。

第五十九条　违反本法第三十三条第一款规定，在洪泛区、蓄滞洪区内建设非防洪建设项目，未编制洪水影响评价报告的，责令限期改正；逾期不改正的，处五万元以下的罚款。违反本法第三十三条第二款规定，防洪工程设施未经验收，即将建设项目投入生产或者使用的，责令停止生产或者使用，限期验收防洪工程设施，可以处五万元以下的罚款。

第六十条　违反本法第三十四条规定，因城市建设擅自填堵原有河道沟汊、贮水湖塘洼淀和废除原有防洪围堤的，城市人民政府应当责令停止违法行为，限期恢复原状或者采取其他补救措施。

第六十一条　违反本法规定，破坏、侵占、毁损堤防、水闸、护岸、抽水站、排水渠系等防洪工程和水文、通信设施以及防汛备用的器材、物料的，责令停止违法行为，采取补救措施，可以处五万元以下的罚款；造成损坏的，依法承担民事责任；应当给予治安管理处罚的，依照治安管理处罚条例的规定处罚；构成犯罪的，依法追究刑事责任。

第六十二条　阻碍、威胁防汛指挥机构、水行政主管部门或者流域管理机构的工作人员依法执行职务，构成犯罪的，依法追究刑事责任；尚不构成犯罪，应当给予治安管理处罚的，依照治安管理处罚条例的规定处罚。

第六十三条　截留、挪用防洪、救灾资金和物资，构成犯罪的，依法追究刑事责任；尚不构成犯罪的，给予行政处分。

第六十四条　除本法第六十条的规定外，本章规定的行政处罚和行政措施，由县级以上人民政府水行政主管部门决定，或者由流域管理机构按照国务院水行政主管部门规定的权限决定。但是，本法第六十一条、第六十二条规定的治安管理处罚的决定机关，按照治安管理处罚条例的规定执行。

第六十五条　国家工作人员，有下列行为之一，构成犯罪的，依法追究刑事责任；尚不构成犯罪的，给予行政处分：

(一)违反本法第十七条、第十九条、第二十二条第二款、第二十二条第三款、第二十七条或者第三十四条规定，严重影响防洪的；

（二）滥用职权，玩忽职守，徇私舞弊，致使防汛抗洪工作遭受重大损失的；

（三）拒不执行防御洪水方案、防汛抢险指令或者蓄滞洪方案、措施、汛期调度运用计划等防汛调度方案的；

（四）违反本法规定，导致或者加重毗邻地区或者其他单位洪灾损失的。

第八章　附　则

第六十六条　本法自 1998 年 1 月 1 日起施行。

中华人民共和国河道管理条例

颁布日期：1988 年 06 月 03 日

1988 年 6 月 3 日国务院第七次常务会议通过

1988 年 6 月 10 日发布施行

第一章 总 则

第一条 为加强河道管理，保障防洪安全，发挥江河湖泊的综合效益，根据《中华人民共和国水法》，制定本条例。

第二条 本条例适用于中华人民共和国领域内的河道（包括湖泊、人工水道、行洪区、蓄洪区、滞洪区）。河道内的航道，同时适用《中华人民共和国航道管理条例》。

第三条 开发利用江河湖泊水资源和防治水害，应当全面规划、统筹兼顾、综合利用、讲求效益，服从防洪的总体安排，促进各项事业的发展。

第四条 国务院水利行政主管部门是全国河道的主管机关。各省、自治区、直辖市的水利行政主管部门是该行政区域的河道主管机关。

第五条 国家对河道实行按水系统一管理和分级管理相结合的原则。长江、黄河、淮河、海河、珠江、松花江、辽河等大江大河的主要河段，跨省、自治区、直辖市的重要河段，省、自治区、直辖市之间的边界河道以及国境边界河道，由国家授权的江河流域管理机构实施管理，或者由上述江河所在省、自治区、直辖市的河道主管机关根据流域统一规划实施管理。其他河道由省、自治区、直辖市或者市、县的河道主管机关实施管理。

第六条 河道划分等级。河道等级标准由国务院水利行政主管部门制定。

第七条 河道防汛和清障工作实行地方人民政府行政首长负责制。

第八条 各级人民政府河道主管机关以及河道监理人员，必须按照国家法律、法规，加强河道管理，执行供水计划和防洪调度命令，维护水工程和人民生命财产安全。

第九条 一切单位和个人都有保护河道堤防安全和参加防汛抢险的义务。

第二章 河道整治与建设

第十条 河道的整治与建设，应当服从流域综合规划，符合国家规定的防洪标准、通航标准和其他有关技术要求，维护堤防安全，保持河势稳定和行洪、航运通畅。

第十一条 修建开发水利、防治水害、整治河道的各类工程和跨河、穿河、穿堤、临河的桥梁、码头、道路、渡口、管道、缆线等建筑物及设施，建设单位必须按照河道管理权限，将工程建设方案报送河道主管机关审查同意后，方可按照基本建设程序履行审批手续。建设项目经批准后，建设单位应当将施工安排告知河道主管机关。

第十二条 修建桥梁、码头和其他设施，必须按照国家规定的防洪标准所确定的河宽进行，不得缩窄行洪通道。桥梁和栈桥的梁底必须高于设计洪水位，并按照防洪和航运的要求，留有一定的超高。设计洪水位由河道主管机关根据防洪规划确定。跨越河道的管道、线路的净空高度必须符合防洪和航运的要求。

第十三条 交通部门进行航道整治，应当符合防洪安全要求，并事先征求河道主管机关对有关设计和计划的意见。水利部门进行河道整治，涉及航道的，应当兼顾航运的需要，并事先征求交通部门对有关设计和计划的意见。

在国家规定可以流放竹木的河流和重要的渔业水域进行河道、航道整治，建设单位应当兼顾竹木水运和渔业发展的需要，并事先将有关设计和计划送同级林业、渔业主管部门征求意见。

第十四条 堤防上已修建的涵闸、泵站和埋设的穿堤管道、缆线等建筑物及设施，河道主管机关应当定期检查，对不符合工程安全要求的，限期改建。在堤防上新建前款所指建筑物及设施，必须经河道主管机关验收合格后方可启用，并服从河道主管机关的安全管理。

第十五条 确需利用堤顶或者戗台兼做公路的，须经上级河道主管机关批准。堤身和堤顶公路的管理和维护办法，由河道主管机关商交通部门制定。

第十六条 城镇建设和发展不得占用河道滩地。城镇规划的临河界限，由河道主管机关会同城镇规划等有关部门确定。沿河城镇在编制和审查城镇规划时，应当事先征求河道主管机关的意见。

第十七条 河道岸线的利用和建设，应当服从河道整治规划和航道整治规划。计划部门在审批利用河道岸线的建设项目时，应当事先征求河道主管机关的意见。河道岸线的界限，由河道主管机关会同交通等有关部门报县级以上地方人民政府划定。

第十八条 河道清淤和加固堤防取土以及按照防洪规划进行河道整治需要占用的土地，由当地人民政府调剂解决。因修建水库、整治河道所增加的可利用土地，属于国家所有，可以由县级以上人民政府用于移民安置和河道整治工程。

第十九条 省、自治区、直辖市以河道为边界的，在河道两岸外侧各十公里之内，以及跨省、自治区、直辖市的河道，未经有关各方达成协议或者国务院水利行政主管部门批准，禁止单方面修建排水、阻水、引水、蓄水工程以及河道整治工程。

第三章 河道保护

第二十条 有堤防的河道，其管理范围为两岸堤防之间的水域、沙洲、滩地（包括可耕地）、行洪区，两岸堤防及护堤地。无堤防的河道，其管理范围根据历史最高洪水位或者设计洪水位确定。河道的具体管理范围,由县级以上地方人民政府负责划定。

第二十一条 在河道管理范围内,水域和土地的利用应当符合江河行洪、输水和航运的要求;滩地的利用,应当由河道主管机关会同土地管理等有关部门制定规划,报县级以上地方人民政府批准后实施。

第二十二条 禁止损毁堤防、护岸、闸坝等水工程建筑物和防汛设施、水文监测和测量设施、河岸地质监测设施以及通信照明等设施。在防汛抢险期间,无关人员和车辆不得上堤。

因降雨雪等造成堤顶泥泞期间,禁止车辆通行,但防汛抢险车辆除外。

第二十三条 禁止非管理人员操作河道上的涵闸闸门,禁止任何组织和个人干扰河道管理单位的正常工作。

第二十四条 在河道管理范围内,禁止修建围堤、阻水渠道、阻水道路;种植高秆农作物、芦苇、杞柳、荻柴和树木(堤防防护林除外);设置拦河渔具;弃置矿渣、石渣、煤灰、泥土、垃圾等。在堤防和护堤地,禁止建房、放牧、开渠、打井、挖窖、葬坟、晒粮、存放物料、开采地下资源、进行考古发掘以及开展集市贸易活动。

第二十五条 在河道管理范围内进行下列活动,必须报经河道主管机关批准;涉及其他部门的,由河道主管机关会同有关部门批准:

(一)采砂、取土、淘金、弃置砂石或者淤泥。

(二)爆破、钻探、挖筑鱼塘。

(三)在河道滩地存放物料、修建厂房或者其他建筑设施。

(四)在河道滩地开采地下资源及进行考古发掘。

第二十六条 根据堤防的重要程度、堤基土质条件等,河道主管机关报经县级以上人民政府批准,可以在河道管理范围的相连地域划定堤防安全保护区。在堤防安全保护区内,禁止进行打井、钻探、爆破、挖筑鱼塘、采石、取土等危害堤防安全的活动。

第二十七条 禁止围湖造田。已经围垦的,应当按照国家规定的防洪标准进行治理,逐步退田还湖。湖泊的开发利用规划必须经河道主管机关审查同意。禁止围垦河流,确需围垦的,必须经过科学论证,并经省级以上人民政府批准。

第二十八条 加强河道滩地、堤防和河岸的水土保持工作,防止水土流失、河道淤积。

第二十九条 江河的故道、旧堤、原有工程设施等,非经河道主管机关批准,不得填堵、占用或者拆毁。

第三十条 护堤护岸林木,由河道管理单位组织营造和管理,其他任何单位和个人不得侵占、砍伐或者破坏。河道管理单位对护堤护岸林木进行抚育和更新性质的采伐及用于防汛抢险的采伐,根据国家有关规定免交育林基金。

第三十一条 在为保证堤岸安全需要限制航速的河段,河道主管机关应当会同交通部门设立限制航速的标志,通行的船舶不得超速行驶。在汛期,船舶的行驶和停靠必须遵守防汛指挥部的规定。

第三十二条 山区河道有山体滑坡、崩岸、泥石流等自然灾害的河段，河道主管机关应当会同地质、交通等部门加强监测。在上述河段，禁止从事开山采石、采矿、开荒等危及山体稳定的活动。

第三十三条 在河道中流放竹木，不得影响行洪、航运和水工程安全，并服从当地河道主管机关的安全管理。在汛期，河道主管机关有权对河道上的竹木和其他漂流物进行紧急处置。

第三十四条 向河道、湖泊排污的排污口的设置和扩大，排污单位在向环境保护部门申报之前，应当征得河道主管机关的同意。

第三十五条 在河道管理范围内，禁止堆放、倾倒、掩埋、排放污染水体的物体。禁止在河道内清洗装贮过油类或者有毒污染物的车辆、容器。河道主管机关应当开展河道水质监测工作，协同环境保护部门对水污染防治实施监督管理。

第四章 河道清障

第三十六条 对河道管理范围内的阻水障碍物，按照"谁设障，谁清除"的原则，由河道主管机关提出清障计划的实施方案，由防汛指挥部责令设障者在规定的期限内清除。逾期不清除的，由防汛指挥部组织强行清除，并由设障者负担全部清障费用。

第三十七条 对壅水、阻水严重的桥梁、引道、码头和其他跨河工程设施，根据国家规定的防洪标准，由河道主管机关提出意见并报经人民政府批准，责成原建设单位在规定的期限内改建或者拆除。汛期影响防洪安全的，必须服从防汛指挥部的紧急处理决定。

第五章 经费

第三十八条 河道堤防的防汛岁修费，按照分级管理的原则，分别由中央财政和地方财政负担，列入中央和地方年度财政预算。

第三十九条 受益范围明确的堤防、护岸、水闸、圩垸、海塘和排涝工程设施，河道主管机关可以向受益的工商企业等单位和农户收取河道工程修建维护管理费，其标准应当根据工程修建和维护管理费用确定。收费的具体标准和计收办法由省、自治区、直辖市人民政府制定。

第四十条 在河道管理范围内采砂、取土、淘金，必须按照经批准的范围和作业方式进行，并向河道主管机关缴纳管理费。收费的标准和计收办法由国务院水利行政主管部门会同国务院财政主管部门制定。

第四十一条 任何单位和个人，凡对堤防、护岸和其他水工程设施造成损坏或者造成河道淤积的，由责任者负责修复、清淤或者承担维修费用。

第四十二条 河道主管机关收取的各项费用，用于河道堤防工程的建设、管理、维修和设施的更新改造。结余资金可以连年结转使用，任何部门不得截取或者挪用。

第四十三条 河道两岸的城镇和农村，当地县级以上人民政府可以在汛期组织堤防保护区域内的单位和个人义务出工，对河道堤防工程进行维修和加固。

第六章 罚则

第四十四条 违反本条例规定，有下列行为之一的，县级以上地方人民政府河道主管机关除责令其纠正违法行为、采取补救措施外，可以并处警告、罚款、没收非法所得；对有关责任人员，由其所在单位或者上级主管机关给予行政处分；构成犯罪的，依法追究刑事责任：

（一）在河道管理范围内弃置、堆放阻碍行洪物体的；种植阻碍行洪的林木或者高秆植物的；修建围堤、阻水渠道、阻水道路的。

（二）在堤防、护堤地建房、放牧、开渠、打井、挖窖、葬坟、晒粮、存放物料、开采地下资源、进行考古发掘以及开展集市贸易活动的。

（三）未经批准或者不按照国家规定的防洪标准、工程安全标准整治河道或者修建水工程建筑物和其他设施的。

（四）未经批准或者不按照河道主管机关的规定在河道管理范围内采砂、取土、淘金、弃置砂石或者淤泥、爆破、钻探、挖筑鱼塘的。

（五）未经批准在河道滩地存放物料、修建厂房或者其他建筑设施，以及开采地下资源或者进行考古发掘的。

（六）违反本条例第二十七条的规定，围垦湖泊、河流的。

（七）擅自砍伐护堤护岸林木的。

（八）汛期违反防汛指挥部的规定或者指令的。

第四十五条 违反本条例规定，有下列行为之一的，县级以上地方人民政府河道主管机关除责令其纠正违法行为、赔偿损失、采取补救措施外，可以并处警告、罚款；应当给予治安管理处罚的，按照《中华人民共和国治安管理处罚条例》的规定处罚；构成犯罪的，依法追究刑事责任：

（一）损毁堤防、护岸、闸坝、水工程建筑物，损毁防汛设施、水文监测和测量设施、河岸地质监测设施以及通信照明等设施。

（二）在堤防安全保护区内进行打井、钻探、爆破、挖筑鱼塘、采石、取土等危害堤防安全的活动的。

（三）非管理人员操作河道上的涵闸闸门或者干扰河道管理单位正常工作的。

第四十六条 当事人对行政处罚决定不服的，可以在接到处罚通知之日起十五日内，向做出处罚决定的机关的上一级机关申请复议，对复议决定不服的，可以在接到复议决定之日起十五日内，向人民法院起诉。当事人也可以在接到处罚通知之日起十五日内，直接向人民法院起诉。当事人逾期不申请复议或者不向人民法院起诉又不履行处罚决定的，由作出处罚决定的机关申请人民法院强制执行。对治安管理处罚不服的，按照《中华人民共和国治安管理处罚条例》的规定办理。

第四十七条 对违反本条例规定，造成国家、集体、个人经济损失的，受害方可以请求县级以上河道主管机关处理。受害方也可以直接向人民法院起诉。当事人对河道主管机关的处理决定不服的，可以在接到通知之日起，十五日内向人民法院起诉。

第四十八条 河道主管机关的工作人员以及河道监理人员玩忽职守、滥用职权、徇私舞弊的，由其所在单位或者上级主管机关给予行政处分；对公共财产、国家和人民利益造成重大损失的，依法追究刑事责任。

第七章 附则

第四十九条 各省、自治区、直辖市人民政府，可以根据本条例的规定，结合本地区的实际情况，制定实施办法。

第五十条 本条例由国务院水利行政主管部门负责解释。

第五十一条 本条例自发布之日起施行。

山西省河道管理条例

(1994 年 7 月 21 日山西省第八届人民代表大会常务委员会第十次会议通过
1994 年 7 月 21 日公布 1994 年 10 月 1 日起施行)

第一章 总 则

第一条 为加强河道管理,促进河道整治,保障防洪安全,发挥河道的综合效益,根据《中华人民共和国水法》和《中华人民共和国河道管理条例》,结合本省实际情况,制定本条例。

第二条 本条例适用于本省境内的河道(包括湖泊、人工水道、行洪区、蓄洪区、滞洪区)。一切单位和个人均应遵守本条例。对黄河的管理,依照国家有关规定执行。

第三条 省人民政府水行政主管部门是全省河道的主管机关,各地(市)、县(市、区)的水行政主管部门是该行政区域的河道主管机关(以下简称河道主管机关)。河道主管机关的职责是:

(一)宣传和组织实施有关河道管理的法律、法规。

(二)组织编制和实施河道整治、开发利用规划和建设计划。

(三)组织编制和实施河道清障和汛期调度运用计划。

(四)维护河道运行秩序,调处河道水事纠纷。

(五)维护管理河道工程。

(六)开展河道水质监测工作,协同环境保护部门对河道水污染防治实施监督管理。在主要河流或重点河段,根据需要设置河道管理机构或配备管理人员。河道管理机构在当地人民政府的领导下,组建河道堤防群众管理组织。

第四条 河道管理实行统一管理与分级管理、专业管理与群众管理相结合的原则,并建立区段管理责任制。

汾河、桑干河、滹沱河、漳河、沁河等省内大河或其主要河段,其他跨地(市)河流的重要河段,地(市)之间的边界河道,由省河道主管机关实施管理;跨县(市、区)河流的重要河段,县(市、区)之间的边界河道,由所在地(市)河道主管机关实施管理;其他河道由县(市、区)的河道主管机关实施管理。

第五条 一切单位和个人都有保护河道堤防安全和参加防汛抢险的义务。对在河道维护、整治和防汛抢险中做出显著成绩的单位和个人,由县级以上人民政府给予表彰奖励。

第二章 整治与建设

第六条 河道的整治与建设应当服从流域综合规划，坚持除害兴利的原则，兼顾上下游、左右岸和地区之间的利益，符合国家规定的防洪标准和其他有关技术要求，保证堤防安全、河势稳定和行洪通畅。对无堤防的河道、河床高于两岸的悬河，应根据行洪实际，逐步筑堤、疏浚和整治。

城市规划区内河道的整治与建设，由河道主管部门会同城建部门确定，并与城市建设总体规划相协调。

第七条 在河道管理范围内新建、改建、扩建的所有建设项目，包括开发水利、防治水害、整治河道的各类工程和跨河、穿河、穿堤、临河的桥梁、道路、渡口、管道、缆线、取水口等建筑物及设施，建设单位必须将工程建设方案和有关文件，按照管理权限，报送县级以上河道主管机关审查同意后，方可按照基本建设程序履行审批手续。

建设项目批准后，建设单位应当将施工安排告知河道主管机关或河道管理机构，并接受其监督。

第八条 在河道管理范围内已建的渡口、管道、缆线、取水口等工程设施，河道主管机关应当定期检查，对不符合工程安全要求的，责成建设单位或使用单位在限期内改建。

在河道管理范围内已建的厂房、仓库、工业和民用建筑以及其他公共设施，由河道主管机关提出限期搬迁、拆除方案，报县级以上人民政府批准后实施。

第九条 城镇和村庄的建设与发展不得任意占用河道滩地。城镇和村庄规划的临河界限，由河道主管机关会同城镇规划等有关部门共同确定。

第三章 管理与保护

第十条 有堤防的河道，其管理范围为两岸堤防之间的水域、沙洲、滩地（包括可耕地）、行洪区、两岸堤防及护堤地；无堤防的河道，其管理范围根据历史最高洪水位或设计防洪水位确定。

河道的具体管理范围，由县级以上人民政府划定。

河道管理范围内的土地属国家所有，由河道主管机关统一管理。

第十一条 汾河、桑干河、滹沱河、漳河、沁河等省内大河的护堤地宽度为：背水坡脚向外水平延伸十米至二十米；其他河流的护堤地宽度为：背水坡脚向外水平延伸五米至十米。

第十二条 在河道管理范围内，禁止从事下列活动：

(一)修建厂房、仓库、工业和民用建筑以及其他公共设施。

(二)修建阻水的围堤、道路、渠道。

(三)种植高秆作物、芦苇和树木（堤防防护林除外）。

(四)弃置矿渣、石渣、煤灰、泥土、垃圾等阻碍行洪的物体。

在堤防和护堤地，禁止打井、挖窑、葬坟和存放物料。

第十三条 在河道管理范围内进行下列活动，必须报经河道主管机关批准，涉及其他管理部门的，依据有关法律、法规规定办理：

(一)采砂、采石、取土、淘金等。

(二)爆破、钻探、挖筑鱼塘。

(三)修建挑坝或者其他工程设施。

(四)开采地下资源及进行考古发掘。

(五)截水、阻水、排水。

第十四条 禁止损毁堤防、护岸、闸坝等水工程建筑物和防汛设施、水文监测和测量设施、河岸地质监测设施以及通信照明等设施。

第十五条 河道主管机关应做好管理工作，任何单位和个人不得干扰河道主管机关的正常工作；非河道管理人员不得操作河道上的涵闸闸门。

第十六条 河道的故道、旧堤及原有工程设施，未经县级以上河道主管机关批准，不得填堵、占用、拆毁。河道管理范围内滩地的开发利用，由县级以上河道主管机关会同土地管理部门共同制定规划，报同级地方人民政府批准后实施。

第十七条 河道管理范围内营造护堤护岸林木，由河道主管机关统一规划、组织实施和管理。

本条例施行前营造的护堤护岸林木，所有权不变。需更新间伐护堤护岸林木的，应征得河道主管机关的同意，并按《中华人民共和国森林法》的有关规定办理审批手续。

第十八条 禁止围湖造田；禁止围垦河流。湖泊、河流的开发利用规划必须经县级以上河道主管机关审查批准。

第十九条 禁止向河道排放污染水体的物质，禁止在河道内清洗装贮过油类或者有毒污染物的车辆、容器。

污水经过处理达到国家规定标准的，方可向河道排放。排污口的设置和改建，排污单位向环境保护部门申报之前，必须征得河道主管机关的同意。

第四章 防汛与清障

第二十条 河道的防汛和清障工作，实行各级人民政府行政首长负责制。

第二十一条 河道管理范围内的阻水障碍物，按照"谁设障，谁清除"的原则，由河道主管机关提出清障计划和实施方案报同级防汛指挥部，由同级防汛指挥部责令设障者在规定的期限内清除。逾期不清除的，由防汛指挥部组织强行清除，并由设障者承担全部费用。

第二十二条 壅水、阻水严重的桥梁和其他跨河工程设施，根据国家规定的防洪标准，由河道主管机关提出处理意见并报经同级人民政府批准，责成建设单位在规定的期限内改建或拆除。影响汛期防洪安全的，必须服从防汛指挥部的紧急处理决定。

第五章 管理费用

第二十三条 河道堤防的防汛岁修费，按照分级管理的原则，由省财政列入年度财政预算；各地(市)、县(市、区)根据实际情况列入当地年度财政预算。

第二十四条 受河道工程和防洪排涝工程设施保护的生产经营性单位和个人，应按规定缴纳河道工程维护管理费，具体办法由省人民政府另行规定。

第二十五条 在河道管理范围内采砂、采石、取土、淘金等，必须持有许可证，并按《山西省河道采砂收费管理实施细则》的规定向河道主管机关缴纳管理费。

第二十六条 河道主管机关收取的各项费用，用于河道堤防工程的维护、管理和设施的更新改造，结余资金可以连年结转使用，任何部门不得截取和挪用。

第二十七条 县级以上地方人民政府可以在汛期组织河道两岸的城镇和村庄、堤防保护区域内的单位和个人义务出工，对河道堤防工程进行维护和加固。

第六章 罚 则

第二十八条 违反本条例第十二条、第十七条第二款和第十八条规定的，由县级以上河道主管机关责令其纠正违法行为和采取补救措施，可以并处警告、没收非法所得或者二千元以下罚款；对有关责任人员，由其所在单位或者上级主管机关给予行政处分；构成犯罪的，依法追究刑事责任。

第二十九条 违反本条例第十三条规定的，由县级以上河道主管机关责令其纠正违法行为和采取补救措施，可以并处警告、没收非法所得或者三千元以下罚款；对有关责任人员，由其所在单位或上级主管机关给予行政处分；构成犯罪的，依法追究刑事责任。

第三十条 违反本条例第十四条、第十五条规定的，由县级以上河道主管机关责令其纠正违法行为、采取补救措施和赔偿损失，可以并处警告或者五千元以下罚款；违反治安管理规定的，按照《中华人民共和国治安管理处罚条例》的规定处罚；构成犯罪的，依法追究刑事责任。

第三十一条 当事人对行政处罚决定不服的，可以在接到处罚通知之日起十五日内，向做出处罚决定的机关的上一级机关申请复议，对复议决定不服的，可以在接到复议决定之日起十五日内，向人民法院起诉。当事人也可以在接到处罚通知之日起十五日内，直接向人民法院起诉。当事人逾期不申请复议或者不向人民法院起诉又不履行处罚决定的，由做出处罚决定的机关申请人民法院强制执行。

对治安管理处罚不服的，按照《中华人民共和国治安管理处罚条例》的规定办理。

第三十二条 河道主管机关和管理机构的工作人员玩忽职守、滥用职权、徇私舞弊的，由其所在单位或上级主管部门给予行政处分；情节严重构成犯罪的，依法追究刑事责任。

第七章 附　则

第三十三条 本条例具体应用中的问题由山西省人民政府水行政主管部门负责解释。

第三十四条 本条例自 1994 年 10 月 1 日起施行。

山西省水工程管理条例

颁布时间：1990 年 11 月 16 日　　发文单位：山西省人大常委会

（1990 年 11 月 16 日山西省第七届人民代表大会常务委员会第十九次会议通过）

第一章　总　则

第一条　为加强水工程的管理和保护，充分发挥水工程的综合效益，根据《中华人民共和国水法》及国家其他有关法律、法规，结合本省实际情况，制定本条例。

第二条　本条例适用于本省境内为开发水利、防治水害兴建的所有水工程。

水工程系指：防洪排涝、城乡生活及工业用水、农田灌溉、水力发电、航运、排水治碱、水土保持、水产养殖、污水处理等工程以及附属的水文、电讯、供电、观测、道路等专用设施。

第三条　各级人民政府的水行政主管部门根据水资源状况和国民经济发展布局，负责本辖区内水工程的统一规划和协调工作。城市建设部门负责城区供、排水工程的规划和安排。

各部门、各单位兴建的水工程，按照谁建、谁用、谁管的原则，分级、分部门依法管理。

水资源的开发、利用、管理，按照《山西省水资源管理条例》执行。

第四条　各级人民政府应贯彻计划用水、节约用水的方针，保护水源，防止污染，发挥水工程的综合效益。

第五条　任何单位和个人都有保护水工程和节约用水的责任，对破坏水工程和浪费水、污染水的行为，有权制止和举报。

第二章　管理机构

第六条　各级人民政府对于管辖范围内的水工程，应设置管理机构或确定专人管理。

国家兴建的水工程，属全民所有，由县级以上人民政府设置管理机构。乡镇村兴建的水工程，属集体所有，由乡镇人民政府和村民委员会设置管理机构或确定专人管理。

个人或联户兴建的水工程，业务上受乡镇水利水保管理站的领导。

在全民所有的灌区、排水区、滞洪区内的水工程属乡镇村管理的部分，业务上受该水工程管理单位的领导。

第七条　灌区、排水区、滞洪区应成立管理委员会，主任委员由所属政府的主管负责人担任，副主任委员和委员由所属的水行政主管部门、水工程管理单位和受益单位负责人担任。管理委员会负责协调处理本辖区内的水工程规划、配水方案等重大问题。

第八条 灌区、排水区、滞洪区应实行民主管理。由受益单位和群众推举代表，定期召开受益区代表会，听取管理单位的工作报告，反映受益单位和群众的意见，检查监督管理工作。

第九条 乡镇水利水保管理站负责本乡镇水工程的管理，并协助水工程管理单位搞好管理。村属水工程管理人员，由村民委员会确定，业务上受乡镇水利水保管理站领导。

第三章 管理职责

第十条 水工程管理单位应按照国家有关水工程管理的法律、法规，实行依法管理。

第十一条 水工程管理单位的主要职责是：

（一）制定水工程管理制度，建立健全岗位责任制。

（二）负责水工程的检查、观测、维修、养护和安全保护。

（三）负责防洪、调度、供水、配水、排水和水工程的技术管理。

（四）编制工程发展规划并组织实施。

（五）收缴水费和防洪、排水等管理费用。

水工程管理单位可以利用本工程管理范围内的水土资源和设备、技术力量，开展综合经营。

第十二条 水工程的防洪、调度、供水、配水、排水计划，由水工程管理单位编制，按工程隶属关系，报主管部门批准后实施。

第十三条 水工程管理单位按批准的计划进行洪水调度、防洪抢险。遇有洪水危及工程安全，在交通、通讯联络中断的情况下，水工程管理单位有采取紧急抢护措施，保证工程安全的职权和责任。

第十四条 水工程管理单位在每年封冻前、解冻后、汛前汛后和遇到地震等灾害时，应对水工程进行全面检查，发现问题及时处理。

第十五条 水工程管理单位对水工程的配套、更新、改造，应及时提出报告和设计，报主管部门审核批准，列入计划，组织实施。

第十六条 水工程新增用水单位或原用水单位增加用水量，水工程管理单位应报经上级主管部门批准，由新用水单位修建替代工程或交纳替代工程补偿费。

第十七条 凡兴建工程需阻断、损坏、影响水工程的，兴建单位必须向水工程管理单位提出申请，经水工程管理单位报请主管部门批准，并在兴建单位采取补救措施或补偿后，方可施工。

第十八条 凡因建矿、挖煤和其他采矿活动，造成水工程毁坏、塌陷、影响效益的，有关单位或个人应采取补救措施，赔偿损失。

第四章　安全保护

第十九条　水工程应划定管理范围，管理范围包括水工程和管理单位占地等。管理范围内的土地由水工程管理单位依法使用，任何单位和个人不得侵占。

在水工程管理范围外应划定保护范围，保护范围内的土地所有权和使用权不变。

第二十条　水工程管理范围和保护范围的标准，由省人民政府规定。

水工程管理范围和保护范围，由县级以上人民政府划定。

第二十一条　划定的水工程管理范围，县级人民政府发给水工程管理单位土地使用证书，水工程管理单位应制图划界、树立标志。划定的保护范围，水工程管理单位与村民委员会及有关单位共同签订保护协议。

第二十二条　在水工程管理范围内，未经水工程管理单位批准，不得实施下列行为：

（一）爆破、打井、采石、取土、挖沙、挖窑、葬墓及其他采挖活动。

（二）种植、放牧、堆放物料、修造建筑物。

（三）在坝顶、堤上行驶履带拖拉机和载重车辆。

（四）在通讯、电力专用线路上架线和接线。

第二十三条　在水工程保护范围内，禁止进行爆破、打井、采石、取土、挖沙等危害水工程安全的活动。

第二十四条　严禁破坏水工程和干扰管理秩序的下列行为：

（一）毁坏、盗窃水工程的物资、器材、设备。

（二）抢水、霸水和偷水。

（三）在水工程的水域内炸鱼。

（四）滥伐树木、损坏植被。

（五）破坏水源，污染水质。

（六）妨碍水工程管理人员依法履行公务。

第二十五条　任何单位和个人向水工程的水源区、输水配水渠系内排水时，其水质必须符合国家规定的用水户水质标准。

第五章　奖励与处罚

第二十六条　对管理和保护水工程，做出显著成绩的单位和个人，由水工程管理单位或主管部门给予表彰或奖励。

第二十七条　违反本条例第二十二条（二）、（三）、（四）项和第二十三条所列规定之一的，由县级以上水行政主管部门或有关主管部门责令其停止违法行为并采取补救措施，可以并处 50 元至 200 元罚款；对有关责任人员由其所在单位或者上级主管部门给予行政处分。

第二十八条 违反本条例第二十二条（一）项和第二十四条所列规定之一的，由县级以上水行政主管部门或有关主管部门责令其停止违法行为，赔偿损失，采取补救措施；对直接责任人员可以并处 200 元至 1000 元罚款；应当给予治安管理处罚的，依照治安管理处罚条例的规定处罚；构成犯罪的，依照刑法规定追究刑事责任。

违反本条例第二十五条规定的，依照《中华人民共和国水污染防治法》处罚。

第二十九条 在供水期、汛期和遇到灾害时，违反本条例规定的，应加重处罚。

第三十条 罚款一律上缴同级财政。

第三十一条 当事人对处罚不服的，可在接到处罚通知之日起十五日内，向做出处罚决定部门的上一级主管部门申请复议，上一级主管部门应当在三十日内做出复议决定。对复议决定仍不服的，可在接 到复议决定之日起十五日内向人民法院起诉。当事人也可以在接到处罚通知之日起十五日内，直接向人民法院起诉。当事人逾期不申请复议或不向人民法院起诉又不履行处罚决定的，由做出处罚决定的部门申请人民法院强制执行。

第三十二条 水行政主管部门、其他主管部门和水工程管理单位的工作人员玩忽职守、滥用职权、营私舞弊、乱收费用的，由所在单位或上级主管部门给予行政处分；构成犯罪的，依法追究刑事责任。

第六章　附　则

第三十三条 本条例具体应用中的问题，由山西省水利厅负责解释。

第三十四条 本条例自 1991 年 1 月 1 日起施行。

防洪标准（GB50201 - 94）（节选）

【副题名】：Standard for flood control

【起草单位】：中华人民共和国水利部主编

【标准号】：GB 50201-94【颁布部门】：中华人民共和国建设部批准

【发布日期】：1994 年 6 月 2 日

【实施日期】：1995 年 1 月 1 日

【批准文号】：建标〔1994〕369 号

【批准文件】：

关于发布国家标准《防洪标准》的通知
建标〔1994〕369 号

根据国家计委计综〔1986〕2630 号文的要求，由水利部会同有关部门共同制订的《防洪标准》，已经有关部门会审。现批准《防洪标准》GB 50201-94 为强制性国家标准，自 1995 年 1 月 2 日起施行。

本标准由水利部负责管理，其具体解释等工作由水利水电规划设计总院负责。出版发行由建设部标准定额研究所负责组织。

中华人民共和国建设部

1994 年 6 月 2 日

【全　　文】：

一、总则

1.　为适应国民经济各部门、各地区的防洪要求和防洪建设的需要，维护人民生命财产的防洪安全，根据我国的社会经济条件，制订本标准。

2.　本标准适用于城市、乡村、工矿企业、交通运输设施、水利水电工程、动力设施、通信设施、文物古迹和旅游设施等防护对象，防御暴雨洪水、融雪洪水、雨雪混合洪水和海岸、河口地区防御潮水的规划、设计、施工和运行管理工作。

3.　防护对象的防洪标准应以防御的洪水或潮水的重现期表示；对特别重要的防护对象，可采用可能最大洪水表示。根据防护对象的不同需要，其防洪标准可采用设计一级或设计、校核两级。

4. 各类防护对象的防洪标准，应根据防洪安全的要求，并考虑经济、政治、社会、环境等因素，综合论证确定。有条件时，应进行不同防洪标准所可能减免的洪灾经济损失与所需的防洪费用的对比分析，合理确定。

5. 下述的防护对象，其防洪标准应按下列的规定确定：

(1) 当防护区内有两种以上的防护对象，又不能分别进行防护时，该防护区的防洪标准，应按防护区和主要防护对象两者要求的防洪标准中较高者确定。

(2) 对于影响公共防洪安全的防护对象，应按自身和公共防洪安全两者要求的防洪标准中较高者确定。

(3) 兼有防洪作用的路基、围墙等建筑物、构筑物，其防洪标准应按防护区和该建筑物、构筑物的防洪标准中较高者确定。

6. 下列的防护对象，经论证，其防洪标准可适当提高或降低。

(1) 遭受洪灾或失事后损失巨大、影响十分严重的防护对象，可采用高于本标准规定的防洪标准。

(2) 遭受洪灾或失事后损失及影响均较小或使用期限较短及临时性的防护对象，可采用低于本标准规定的防洪标准。

采用高于或低于本标准规定的防洪标准时，不影响公共防洪安全的，应报行业主管部门批准；影响公共防洪安全的，尚应同时报水行政主管部门批准。

7. 各类防护对象现有的防洪标准低于本标准规定的，应积极采取措施，尽快达到。确有困难，经论证，并报行业主管部门批准，可适当降低或分期达到。

8. 按本标准规定的防洪标准进行防洪建设，若需要的工程量大，费用多，一时难以实现时，经报行业主管部门批准，可分期实施，逐步达到。

9. 各类防护对象的防洪标准确定后，相应的设计洪水或潮位、校核洪水或潮位，应根据防洪对象所在地区实测和调查的暴雨、洪水、潮位等资料分析研究确定，并应符合下列的要求：

(1) 对实测的水文资料进行审查，并检查资料的一致性和分析计算系列的代表性。对调查资料应进行复核。

(2) 根据暴雨资料计算设计洪水，对产流、汇流计算方法和参数，应采用实测的暴雨洪水资料进行检验。

(3) 对暴雨、洪水的统计参数和采用成果，应进行合理性分析。

10. 各类防护对象的防洪标准，除应符合本标准外，尚应符合国家现行有关标准、规范的规定。

二、城市

1. 城市应根据其社会经济地位的重要性或非农业人口的数量分为四个等级。各等级的防洪标准按表 2.0.1 的规定确定。

城市的等级和防洪标注

表 1

等级	重要性	非农业人口（万人）	防洪标准【重现期（年）】
I	特别重要的城市	≥ 150	≥ 200
II	重要的城市	150 ~ 50	200 ~ 100
III	中等城市	50 ~ 20	100 ~ 50
IV	一般城市	≤ 20	50 ~ 20

2. 城市可以分为几部分单独进行防护的，各防护区的防洪标准，应根据其重要性、洪水危害程度和防护区非农业人口的数量，按表 1 的规定分别确定。

3. 位于山丘区的城市，当城区分布高程相差较大时，应分析不同量级洪水可能淹没的范围，并根据淹没区非农业人口和损失的大小，按表 1 的规定确定其防洪标准。

4. 位于平原、湖洼地区的城市，当需要防御持续时间较长的江河洪水或湖泊高水位时，其防洪标准可取表 1 规定中的较高者。

5. 位于滨海地区中等及以上城市，当按表 1 的防洪标准确定的设计高潮位低于当地历史最高潮位时，应采用当地历史最高潮位进行校核。

三、乡村

1. 以乡村为主的防护区（简称乡村防护区），应根据其人口或耕地面积分为四个等级，各等级的防洪标准按表 2 的规定确定。

2. 人口密集、乡镇企业较发达或农作物高产的乡村防护区，其防洪标准可适当提高。地广人稀或淹没损失较小的乡村防护区，其防洪标准可适当降低。

3. 蓄、滞洪区的防洪标准，应根据批准的江河流域规划的要求分析确定。

乡村防护区的等级和防洪标注

表2

等级	防护区人口 （万人）	防护区耕地面积 （万亩）	防洪标准 【重现期（年）】
Ⅰ	≥ 150	≥ 300	100 ~ 50
Ⅱ	150 ~ 50	300 ~ 100	50 ~ 30
Ⅲ	50 ~ 20	100 ~ 30	30 ~ 20
Ⅳ	≤ 20	≤ 30	20 ~ 10

四、工矿企业

1. 冶金、煤炭、石油、化工、林业、建材、机械、轻工、纺织、商业等工矿企业，应根据其规模分为四个等级，各等级的防洪标准按表3的规定确定。

工矿企业的等级和防洪标注

表3

等级	重要性	防洪标准 【重现期（年）】
Ⅰ	特大型	200 ~ 100
Ⅱ	大型	100 ~ 50
Ⅲ	中型	50 ~ 20
Ⅳ	小型	20 ~ 10

注：①各类工矿企业的规模，按国家现行规定划分。

②如辅助厂区（或车间）和生活区单独进行防护的，其防洪标准可适当降低。

2. 滨海的中型及以上的工矿企业，当按表3的防洪标准确定的设计高潮位低于当地历史最高潮位时，应采用当地历史最高潮位进行校核。

3. 当工矿企业遭受洪水淹没后，损失巨大，影响严重，恢复生产所需时间较长的，其防洪标准可取表3规定的上限或提高一等。

工矿企业遭受洪灾后，其损失和影响较小，很快可恢复生产的，其防洪标准可按表3规定的下限确定。

地下采矿业的坑口、井口等重要部位，应按表3规定的防洪标准提高一等进行校核或采取专门的防护措施。

4. 当工矿企业遭受洪水淹没后，可能引起爆炸或会导致毒液、毒气、放射性等有害物质大量泄漏、扩散时，其防洪标准应符合下列的规定：

（1）对于中、小型工矿企业，其规模应提高两等后，按表3的规定确定其防洪标准。

（2）对于特大、大型工矿企业，除采用表3中Ⅰ等的最高防洪标准外，尚应采取专门的防护措施。

（3）对于核工业与核安全有关的厂区、车间及专门设施，应采用高于200年一遇的防洪标准。对于核污染危害严重的，应采用可能最大洪水校核。

5. 工矿企业的尾矿坝或尾矿库，应根据库容或坝高的规模分为五个等级，各等级的防洪标准按表4的规定确定。

尾矿坝或尾矿库的等级和防洪标准表

表4

等级	工程规模		防洪标准〔重现期（年）〕	
	库容（$10^8 m^3$）	坝高（m）	设计	校核
Ⅰ	具备提高等级条件的Ⅱ、Ⅲ等工程			2000～1000
Ⅱ	≥1	≥100	200～100	1000～500
Ⅲ	1～0.10	100～60	100～50	500～200
Ⅳ	0.10～0.01	60～30	50～30	200～100
Ⅴ	≤0.01	≤30	30～20	100～50

6. 当尾矿坝或尾矿库一旦失事，对下游的城镇、工矿企业、交通运输等设施会造成严重危害，或有害物质会大量扩散的，应按表4的规定确定的防洪标准提高一等或二等，对于特别重要的尾矿坝或尾矿库，除采用表4中Ⅰ等的最高防洪标准外，尚应采取专门的防护措施。

五、交通运输设施

1. 铁路

（1）国家标准轨距铁路的各类建筑物、构筑物，应根据其重要程度或运输能力分为三个等级，各等级的防洪标准按表5的规定，并结合所在河段、地区的行洪和蓄、滞洪的要求确定。

国家标准轨距铁路的各类建筑物、构筑物的等级和防洪标注

表5

等级	重要程度	运输能力【10 t（年）】	防洪标准【重现期（年）】			
			设计			校核
			路基	涵洞	桥梁	技术复杂、修复困难或重要的大桥和特大桥
I	骨干铁路和准高速铁路	≥ 1500	100	50	100	300
II	次要骨干铁路和联络铁路	1500 ~ 750	100	50	100	300
III	地区（包括地方）铁路	≤ 750	50	50	50	100

注：①运输能力为重车方向的运量。

②每对旅客列车上下行各按每年 70×10^4 t 折算。

③经过蓄、滞洪区的铁路、不得影响蓄、滞洪区的正常运用。

（2）工矿企业专用标准轨距铁路的防洪标准，应根据工矿企业的防洪要求确定。

2. 公路

（1）汽车专用公路的各类建筑物、构筑物，应根据其重要性和交通量分为高速、I、II 三个等级，各等级的防洪标准按表6的规定确定。

汽车专用公路的各类建筑物、构筑物的等级和防洪标注

表6

等级	重要程度	防洪标准【重现期（年）】				
		路基	特大桥	大、中、桥	小桥	涵洞及小型排水构筑物
高速	政治、经济意义特别重要的。专供汽车分道行驶，并全部控制出入的公路	100	300	100	100	100
I	连接重要的政治、经济中心，通往重点工矿区港口、机场等地，专供汽车分道行驶，并全部控制出入的公路	100	300	100	100	100
II	连接重要的政治、经济中心或大工矿区港口、机场等地，专供汽车行驶的公路	50	100	50	50	50

注：经过蓄、滞洪区的公路，不得影响蓄、滞洪区的正常运用。

（2）一般公路的各类建筑物、构筑物，应根据其重要性和交通量分为Ⅱ～Ⅳ三个等级，各等级的防洪标准按表 7 的规定确定。

一般公路的各类建筑物、构筑物的等级和防洪标注

表 7

等级	重要程度	防洪标准【重现期（年）】				
		路基	特大桥	大、中、桥	小桥	涵洞及小型排水构筑物
Ⅱ	连接重要的政治、经济中心或大工矿区、港口、机场等地的公路	50	100	100	50	50
Ⅲ	沟通县城以上的公路	25	100	50	25	25
Ⅳ	沟通县、乡（镇）、村等地的公路		100	50	25	

注：①Ⅳ级公路的路基、涵洞及小型排水构筑物的防洪标准，可视具体情况确定。

②经过蓄、滞洪区的公路，不得影响蓄、滞洪区的正常运用。

3. 管道工程

（1）跨越水域（江河、湖泊）的输水、输油、输气等管道工程，应根据其工程规模分为三个等级，各等级的防洪标准按表 8 的规定和所跨越水域的防洪要求确定。

输水、输油、输气等管道工程的等级和防洪标注

表 8

等级	工程规模	防洪标准〔重现期（年）〕
Ⅰ	大型	100
Ⅱ	中型	50
Ⅲ	小型	20

注：经过蓄、滞洪区的管道工程，不得影响蓄、滞洪区的正常运用。

（2）从洪水期冲刷较剧烈的水域（江河、湖泊）底部穿过的输水、输油、输气等管道工程，其埋深应在相应的防洪标准洪水的冲刷深度以下。

六、水利水电工程

1. 水利水电枢纽工程的等别和级别

(1) 水利水电枢纽工程,应根据其工程规模、效益和在国民经济中的重要性分为五等,其等别按表9的规定确定。

水利水电枢纽工程的级别

表9

工程等级	水库		防洪		治涝	灌溉	供水	水电站
	工程规模	总库容 $10^3 m^3$	城镇及工矿企业的重要性	保护农田(亩)	治涝面积(万亩)	灌溉面积(万亩)	城镇及工矿企业的重要性	装机容量(KW)
Ⅰ	大(1)型	≥ 10	特别重要	≥ 500	≥ 200	≥ 150	特别重要	≥ 120
Ⅱ	大(2)型	10~1.0	重要	500~100	200~60	150~50	重要	120~30
Ⅲ	中型	1.0~0.10	中等	100~30	60~15	50~5	中等	30~5
Ⅳ	小(1)型	0.10~0.01	一般	30~5	15~3	5~0.5	一般	5~1
Ⅴ	小(2)型	0.01~0.001		≤ 5	≤ 3	≤ 0.5		≤ 1

(2) 水利水电枢纽工程的水工建筑物,应根据其所属枢纽工程的等别、作用和重要性分为五级,其级别按表10的规定确定。

水工建筑物的级别

表10

等级	永久性水工建筑物的级别		临时性水工建筑物的级别
	主要建筑物	次要建筑物	
Ⅰ	1	3	4
Ⅱ	2	3	4
Ⅲ	3	4	5
Ⅳ	4	5	5
Ⅴ	5	5	

2. 水库和水电站工程

(1) 水库工程水工建筑物的防洪标准,应根据其级别按表11的规定确定。

水库工程水工建筑物的防洪标注

表 11

水工建筑物级别	防洪标准【重现期（年）】				
	山区、丘陵区			平原区、滨海区	
	设计	校核		设计	校核
		混凝土坝、浆砌石坝及其他水工建筑物	土坝、堆石坝		
1	1000~500	5000~2000	可能最大供水（PMF）或 10000~5000	300~100	2000~1000
2	500~100	2000~1000	5000~2000	100~50	1000~300
3	100~50	1000~500	2000~1000	50~20	500~100
4	50~30	500~200	1000~300	20~10	100~50
5	30~20	200~100	300~200	10	50~20

注：当山区、丘陵区的水库枢纽工程挡水建筑物的挡水高度低于 15m，上下游水头差小 10m 时，其防洪标准可按平原区、滨海区栏的规定确定；当平原区、滨海区的水库枢纽工程挡水建筑物的挡水高度高于 15m，上下游水头差大于 10m 时，其防洪标准可按山区、丘陵区栏的规定确定。

(2) 土石坝一旦失事将对下游造成特别重大的灾害时，1 级建筑物的校核防洪标准，应采用可能最大洪水 (PMF) 或 10000 年一遇；2～4 级建筑物的校核防洪标准，可提高一级。

(3) 混凝土坝和浆砌石坝，如果洪水漫顶可能造成极其严重的损失时，1 级建筑物的校核防洪标准，经过专门论证，并报主管部门批准，可采用可能最大洪水（PMF）或 10000 年一遇。

(4) 低水头或失事后损失不大的水库枢纽工程的挡水和泄水建筑物，经过专门论证，并报主管部门批准，其校核防洪标准可降低一级。

(5) 水电站厂房的防洪标准，应根据其级别按表 12 的规定确定。河床式水电站厂房作为挡水建筑物时，其防洪标准应与挡水建筑物的防洪标准相一致。

水电站厂房的防洪标准

表 12

水工建筑物级别	防洪标准【重现期（年）】	
	设计	校核
1	> 200	1000
2	200~100	500
3	100	200
4	50	100
5	30	50

（6）抽水蓄能电站的上下调节池，若容积较小，失事后对下游的危害不大，修复较容易的，其水工建筑物的防洪标准，可根据其级别按表 12 的规定确定。

3. 灌溉、治涝和供水工程

（1）灌溉、治涝和供水工程主要建筑物的防洪标准，应根据其级别分别按表 13 规定确定。

灌溉、治涝和供水工程主要建筑物的防洪标准

表 13

水工建筑物级别	防洪标准【重现期（年）】
1	100~50
2	50~30
3	30~20
4	20~10
5	10

注：灌溉和治涝工程主要建筑物的校核防洪标准，可视具体情况和需要研究确定。

【时 效 性】有效

【法规名称】河道管理范围内建设项目管理的有关规定

【颁布部门】国务院

【颁布日期】1992 年 4 月 3 日

【实施日期】1992 年 4 月 3 日

【正 文】

河道管理范围内建设项目管理的有关规定

第一条 为加强在河道管理范围内进行建设的管理，确保江河防洪安全，保障人民生命财产安全和经济建设的顺利进行，根据《中华人民共和国水法》和《中华人民共和国河道管理条例》，制定本规定。

第二条 本规定适用于在河道(包括河滩地、湖泊、水库、人工水道、行洪区、蓄洪区、滞洪区)管理范围内新建、扩建、改建的建设项目，包括开发水利(水电)、防治水害、整治河道的各类工程，跨河、穿河、穿堤、临河的桥梁、码头、道路、渡口、管道、缆线、取水口、排污口等建筑物，厂房、仓库、工业和民用建筑以及其他公共设施(以下简称建设项目)。

第三条 河道管理范围内的建设项目，必须按照河道管理权限，经河道主管机关审查同意后，方可按照基本建设程序履行审批手续。

以下河道管理范围内的建设项目由水利部所属的流域机构(以下简称流域机构)实施管理，或者由所在的省、自治区、直辖市的河道主管机关根据流域统一规划实施管理：

(一)在长江、黄河、松花江、辽河、海河、淮河、珠江主要河段的河道管理范围内兴建的大中型建设项目，主要河段的具体范围由水利部划定。

(二)在省际边界河道和国境边界的河道管理范围内兴建的建设项目。

(三)在流域机构直接管理的河道、水库、水域管理范围内兴建的建设项目。

(四)在太湖、洞庭湖、鄱阳湖、洪泽湖等大湖、湖滩地兴建的建设项目。

其他河道范围内兴建的建设项目由地方各级河道主管机关实施分级管理。分级管理的权限由省、自治区、直辖市水行政主管部门会同计划主管部门规定。

第四条 河道管理范围内建设项目必须符合国家规定的防洪标准和其他技术要求，维护堤防安全，保持河势稳定和行洪、航运通畅。

蓄滞洪区、行洪区内建设项目还应符合《蓄滞洪区安全与建设指导纲要》的有关规定。

第五条 建设单位编制立项文件时必须按照河道管理权限，向河道主管机关提出申请，申请时应提供以下文件：

(一)申请书；

(二)建设项目所依据的文件；

(三)建设项目涉及河道与防洪部分的初步方案；

(四)占用河道管理范围内土地情况及该建设项目防御洪涝的设防标准与措施；

(五)说明建设项目对河势变化、堤防安全，河道行洪、河水水质的影响以及拟采取的补救措施。

对于重要的建设项目，建设单位还应编制更详尽的防洪评价报告。

在河道管理范围内修建未列入国家基建计划的各种建筑物，应在申办建设许可证前向河道主管机关提出申请。

第六条　河道主管机关接到申请后，应及时进行审查，审查主要内容为：

(一)是否符合江河流域综合规划和有关的国土及区域发展规划，对规划实施有何影响；

(二)是否符合防洪标准和有关技术要求；

(三)对河势稳定、水流形态、水质、冲淤变化有无不利影响；

(四)是否妨碍行洪、降低河道泄洪能力；

(五)对堤防、护岸和其他水工程安全的影响；

(六)是否妨碍防汛抢险；

(七)建设项目防御洪涝的设防标准与措施是否适当；

(八)是否影响第三人合法的水事权益；

(九)是否符合其他有关规定和协议。

流域机构在对重大建设项目进行审查时，还应征求有关省、自治区、直辖市的意见。

第七条　河道主管机关应在接到申请之日起60日内将审查意见书面通知申请单位，同意兴建的，应发给审查同意书，并抄知上级水行政主管部门和建设单位的上级主管部门。建设单位在报送项目立项文件时，必须附有河道主管机关的审查同意书，否则计划主管部门不予审批。

审查同意书可以对建设项目设计、施工和管理提出有关要求。

第八条　河道主管机关对建设单位的申请进行审查后，做出不同意建设的决定，或者要求就有关问题进一步修改补充后再行审查的，应当在批复中说明理由和依据。建设单位对批复持有异议的，可在接到通知书之日起30日内向做出决定的机关的上级水行政主管部门提出复议申请，由被申请复议机关会同同级计划主管部门商处。

第九条　计划主管部门在审批项目时，如对建设项目的性质、规模、地点作较大变动时，应事先征得河道主管机关的同意。建设单位应重新办理审查同意书。

第十条　建设项目经批准后，建设单位必须将批准文件和施工安排送河道主管机关审核后，方可办理开工手续。施工安排应包括施工占用河道管理范围内土地的情况和施工期防汛措施。

第十一条　建设项目施工期间，河道主管机关应对其是否符合同意书要求进行检查，被检查单位应如实提供情况。如发现未按审查同意书或经审核的施工安排的要求进行施工的，或者出现涉及江河防洪与建设项目防汛安全方面的问题，应及时提出意见，建设单位必须执行；遇重大问题，应同时抄报上级水行政主管部门。

第十二条 河道管理范围内的建筑物和设施竣工后，应经河道主管机关检验合格后方可启用。建设单位应在竣工验收 6 个月内向河道主管机关报送有关竣工资料。

第十三条 河道主管机关应定期对河道管理范围内的建筑物和设施进行检查，凡不符合工程安全要求的，应提出限期改建的要求，有关单位和个人应当服从河道主管机关的安全管理。

第十四条 未按本规定的规定在河道管理范围内修建建设项目的，县级以上地方人民政府河道主管机关可根据《河道管理条例》责令其停止建设、限期拆除或采取其他补救措施，可并处 1 万元以下罚款。

第十五条 本规定由水利部负责解释。

附：《河道管理条例》有关河道管理范围的规定

第二十条 有堤防的河道，其管理范围为两岸堤防之间的水域、沙洲、滩地(包括可耕地)、行洪区、两岸堤主及护堤地。

无堤防的河道，其管理范围根据历史最高洪水位或者设计洪水位确定。

《关于蓄滞洪区安全与建设指导纲要》对土地利用和产业活动的限制的规定：

土地利用和产业活动的限制

(一)蓄滞洪区土地利用、开发和各项建设必须符合防洪的要求，保护蓄洪能力，实现土地的合理利用，减少洪灾损失。

(二)在指定的分洪口附近和洪水主流区域内，不允许设置有碍行洪的各种建筑物。

(三)蓄滞洪区内工业生产布局应根据蓄滞洪区的使用机遇进行可行性研究。对使用机遇较多的蓄滞洪区，原则上不应布置大中型项目；使用机遇较少的蓄滞洪区，建设大中型项目必须自行安排可靠的防洪措施。禁止在蓄滞洪区建设有严重污染水质的工厂和储仓。

(四)在蓄滞洪区内进行油田建设必须符合防洪要求，油田应采取可靠的防洪措施，并建设必要的避洪设施。

(五)蓄滞洪区内新建的永久性房屋（包括学校、商店、机关、企业房屋等），必须采取平顶、能避洪救人的结构形式，并避开洪水流路，否则不准建设。

全国治理"三乱"领导小组

办公室文件

（92）国治办字第 5 号

关于印发全国治理"三乱"领导小组会议纪要的通知

各省、自治区、直辖市治理"三乱"领导小组办公室、中央、国务院各部委、各直属机构治理"三乱"领导小组办公室：

　　现将全国治理"三乱"领导小组会议纪要（第五期）印发给你们，请结合实际情况认真贯彻落实。

　　附件：全国治理"三乱"领导小组会议纪要

1992 年 2 月 20 日

全国治理"三乱"领导小组

会议纪要

第 5 期

领导小组办公室　　　　　　　　　　　　　　　　　1992 年 2 月 20 日

关于对收费、罚款、集资、摊派项目
审核处理情况的汇报和审议意见

1 月 4 日下午、18 日上午，领导小组组长王丙乾主持召开全国治理"三乱"领导小组部分成员会议，听取各个项目办公室关于收费、罚款、集资、摊派项目审核处理情况的汇报，研究审核处理中存在问题的解决办法。现将会议情况纪要如下：

一、关于收费项目审核处理的进展情况及十个重点研究问题的审议情况

由国家物价局和财政部联合组成的全国治理乱收费办公室重点汇报了对国务院各部门收费项目的审核处理情况。

全国治理乱收费办公室采取"请进来，走出去"的办法对国务院 50 多个部门的收费项目及标准逐个进行了会审，目前已对卫生部、劳动部、公安部、国家教委、交通部、建设部、国家技术监督局等 56 个部门的收费进行了初审，初步决定保留 198 项收费、98 个证件费，取消 28 项收费。全国治理乱收费办公室将一些收费项目交叉重复、政策上难以把握、审核处理上难度较大的十个重点问题，提请领导小组审议。会议讨论和审议意见如下：

（一）关于产品质量监督检验收费问题。国务院一些部门各自根据法律、法规规定设置了产品质量检验的专门机构，存在国家技术监督局和中央有关部门以及地方技术监督部门和有关的业务主管部门多重设立检验机构、收费名目繁多、交叉重复问题。会议认为，解决这些问题，应当掌握四条原则：一是要规定各级质量检验机构的职责分工，避免重复检验。二是检查检验的机构不能太多太杂，对现有的机构要进行清理整顿。三是由国家技术监督部门统筹规划，有计划、有秩序地进行监督检查。

（二）关于职业安全卫生和矿山安全卫生检验收费问题。会议认为，应当按照国务院关于加强安全生产和劳动安全监察的文件规定执行，但要严格限制检验、监测收费的范围，避免重复收费。要对现有的职业安全卫生和矿山安全卫生方面的检验、监测机构进行清理整顿，防止机构设置过多过滥；对自收自支的机构也要精简，规定编制；按照

国务院规定进行的安全检查、监测可适当收费，但要严格控制收费的范围、品种、次数；收费的标准可由中央和省两级来定，不能层层下放权限。

（三）工业产品生产许可证收费和化妆品卫生许可证收费问题。轻工业部根据国务院 1984 年发布的《工业产品生产许可证试行条例》的规定，从 1988 年起对化妆品生产企业的产品进行质量检验，检验其理化指标和卫生指标，合格后，颁发《生产许可证》。而卫生部门则根据 1990 年国务院颁布的《化妆品卫生监督条例》，对化妆品生产企业的产品进行质量检验，只检查卫生指标，合格后，颁发《卫生许可证》，从而导致对化妆品重复检查和重复收费。会议认为，对化妆品不应重复收费，要求将属于有关条例内容重复、部门职责交叉造成的重复检验、重复收费问题及条例的修改意见上报国务院决定。

（四）乡镇企业管理费、个体工商户管理费与公路运输管理费问题。现行法规规章规定，从事公路运输业的乡镇企业个体企业要分别向农业部门缴纳乡镇企业管理费，向交通部门缴纳公路运输管理费，个体户还要向工商部门缴纳个体工商户管理费。会议认为，对乡镇企业和个体户收一种费、还是两种费要看是否兼营，会议同意按照全国治理乱收费办公室提出的意见进行处理：即从事运输业的乡镇企业，只向乡镇企业主管部门缴纳管理费，不再向交通管理部门缴纳运输管理费；从事运输的个体户，不缴纳乡镇企业管理费，应缴纳个体工商户管理费和公路运输管理费，但公路运输管理费按运输营业额不超过 1% 的标准应降低为最高不超过营运收入的 0.5%。

（五）河道采砂收费问题。水利部门和地矿部门都对河道采砂收取管理费，造成重复收费。会议认为，水利部门和地矿部门对河道进行必要的管理，都有法律、法规依据，但地矿部门对河道采砂收费依据的《矿产资源法》中并未规定收费的内容，《河道管理条例》则明确规定河道主管机关收取管理费。因此，为避免重复收费，会议议定由水利部门一家收取河道采砂管理费。

（六）新版《中华人民共和国药典》收费问题。会议认为，卫生部药典委员会出版《中华人民共和国药典》属公开发行通过收费解决药典编制经费的做法不妥。经费不足，应当主要通过提高药典售价解决，主管部门可适当给予补助。

（七）各类评审费。目前，各行各业的各类评审存在重复收费问题，增加了企业的负担。会议要求全国治理乱收费办公室对各类评审收费要从严控制，制定出收费的原则，按照收费的原则进行具体审定。

（八）排污费、超标排污费与排水设施使用费问题。会议认为，收取排污费和超标排污费都有法律规定，应保留。

（九）治安联防费问题。治理"三乱"工作开展以后，许多地区，已根据 1988 年国务院《关于禁止向企业摊派暂行条例》的规定，取消了治安联防费。但 1990 年中央 7 号文对征收治安联防费的说法与国务院的规定不够衔接，会议认为，仍应按国务院规定取消治安联防费，并专题请示党中央、国务院审定。

（十）城市占道费问题。会议认为，占用道路摆摊设点、停放车辆、搭棚、盖房、进行集市贸易等活动，应尽量避免影响治安和交通，确属需要，应经公安、交通部门批准，可以适当收费，但不能多家重复收费；个体工商户已缴纳摊位费的不应再缴纳占道费。解决重复收取城市占道费问题，要与有关部门商量，涉及中央文件交叉、重复带来的问题，需要修改文件的，应报告国务院。

在审议上述十个重点问题后，会议还研究了收费项目审核处理结果公布的方式、分工等内容。会议原则同意全国治理乱收费项目办公室关于国务院56个部门收费项目的初审意见，要求在会议后进一步完善，由国家物价局和财政部审定后公布，其中有争议的重大疑难问题，应慎重、细致地研究解决办法，经全国治理"三乱"领导小组审议同意后，分批下发执行。各地区要按中央的规定办。有些收费项目中央规定宽的，地方可以从严掌握，不搞一刀切。凡涉及修改中央文件的，要慎重。对农业部提出的涉及农民负担的行政事业性收费需要与财政部、国家物价局联合下文的问题，会议认为，收费项目不直接涉及农民的、关系不密切的，不再征求农业部门意见，那些应该征求农业部门意见和联合发文的，可由全国减轻农民负担办公室提出意见。

二、关于罚款项目审核处理情况和意见

从全国治理乱罚款办公室关于罚款项目审核的情况看，全国30个地区共清理审核有罚款项目规定的文件4210件，其中，国家级（全国人大、国务院及国务院各部门）制订的文件有2120件，省级（省人大、省政府）制订的文件有934件，市、县、区、乡、省直厅局制订的文件有1147件。无权制订有罚款项目文件的市、区、县、乡级的文件，一些地区已废止，许多地区已停止执行，待国家明确后再废止。据初步统计，1989年、1990年全国共清理审核罚没收入101.9亿元（不含中央收入5亿元），已上缴国库93.32亿元，提留、坐支未缴国库8.57亿元，占罚没收入的8%，其中湖南省罚没收入全部上缴国库，执行"收支两条线"最好。全国已有16个地区使用财政部门统一或基本统一的罚款票据，其中江苏、陕西、江西、福建、广东五省已全部统一。经过一年的清理整顿，取缔了一大批罚款项目，清理了坐收罚没收入问题，加强了票据管理，治理罚款工作开始走向法制的轨道。当前，审核罚款项目工作中还需要进一步解决由于养人等原因还在提留、坐支、分成罚没收入的问题和有些法律、法规、规章的罚款规定不具体、不完善等深层次原因带来的问题。会议经过讨论，议定以下意见：

（一）关于罚款项目制定权及依据。一是罚款项目由谁制定，即有权制定法律、法规、规章的国家机关制定的罚款项目即属于合法，作为罚款的依据。有关的条例、办法待国务院发布后，各地可以根据中央的条例、办法制订实施细则。二是关于罚款文件的规范化。有罚款规定的规章应当用正规的法律语言，不能用"通知"、"讲话"、"决定"等文件来规定罚规，以便群众能够识别什么是合法的罚款项目，什么是不合法的。三是今后应当有一个对罚款项目进行综合协调管理的主管部门，这件事可以交给财政部门，主要负责了解情况、研究问题提出意见、统计汇总，看罚款项目有无矛盾、有无问题、有无"打架"等等问题。

（二）对于合法的罚款项目中的不完善、不具体的，如：没有制定具体的罚款标准、罚款幅度过大等问题，有关主管部门也要继续进行清理整顿，尽快通过立法程序完善起来。

（三）关于执行"收支两条线"。所有的罚没收入要全部上缴国库，财政部门则要保证执法部门的办案经费。为了妥善解决执法机关办案经费不足的问题，财政部门在安排年度支出预算时，要总结和掌握罚没收入增减变化的规律，对本年预算的罚没收入留出必要的数额编制本年度办案经费支出预算，其余罚没收入收大于支的部分再由财政部门统一安排分配，罚没收入留多少用于办案费用，各地应按实际需要编列支出预算，全国不宜规定一个统一的比例。

（四）关于加强票据管理。要认真总结并推广罚款票据管理搞得好的地方的经验，进一步加强罚款票据管理。

三、关于集资摊派项目审核处理进展情况及意见

从国家计委负责的全国治理乱集资办公室和国务院生产办负责的全国治理摊派办公室汇报的情况来看，大多数地区和部门处于审核处理和整章建制阶段。经过一年的治理整顿，集资摊派的底数初步摸清，初步审核和废止了一批项目，各方面的负担有所减轻，乱集资摊派行为有所收敛，群众监督和抵制乱集资摊派的意识增强。据全国治理集资、摊派办公室对 29 个省市上报的材料统计，全国清理集资摊派项目 1716 个，金额 135.99 亿元，已取消集资摊派项目 2094 个，金额 17.71 亿元；国务院 12 个部门、单位清理集资摊派项目 226 个，金额 39.3 亿元。目前，治理集资摊派工作存在的主要问题是：工作进展不平衡；集资和摊派的界限不清，乱与不乱不易掌握；还有相当一部分的集资摊派项目没有清理出来，审核处理工作有待于进一步深化；在教育集资、公安联防集资、城建配套集资等问题的审核处理难度大，急待妥善处理；中央部门治理工作滞后地方等。

经过讨论，会议就治理乱集资工作和治理摊派工作分别提出以下意见：

（一）要进一步明确集资的概念和集资的范围。从严掌握集资的审批权限，实行中央和省的两级管理。对集资条例要抓紧进行修改，尽快出台，集资的五条原则，即"自愿、受益、有偿、适度、资金定向使用"，要根据情况对待，能够做到的就写上，不能做到的，就不用写进去。

（二）摊派一律禁止。在制止摊派方面要有一个规定可研究一下，对1988年国务院《关于禁止摊派暂行条例》在有的基础上进行修改制止新出台的摊派；若不修改条例，也要对执行此条例提出实施意见。对赞助、捐赠要制定一个办法。国务院生产办要专门研究，提出意见。

在会议结束时，王丙乾作了总结讲活，他肯定了各个项目办公室的工作，并提出要求：一是抓紧修改和上报收费、罚款、集资和基金的条例或办法，研究今年上半年如何推动治理"三乱"工作。二是全国治理"三乱"办公室要对治理"三乱"工作以来的效果进行研究，准备即将召开的全国人大会议的解说材料。三是摊派问题比较复杂，还要专门进行研究。

河道采砂收费管理办法

水利部、财政部、国家物价局
水财〔1990〕16 号

第一条 为加强河道的整治和管理，合理采挖河道砂石，依据《中华人民共和国河道管理条例》第四十条规定制定本办法。

第二条 本办法所称河道采砂是指在河道管理范围内的采挖砂、石，取土和淘金（包括淘取其他金属及非金属）。

第三条 河道采砂必须服从河道整治规划。河道采砂实行许可证制度，按河道管理权限实行管理。河道采砂许可证由省级水利部门与同级财政部门统一印制，由所在河道主管部门或由其授权的河道管理单位负责发放。

第四条 采砂单位或个人必须提出河道采砂申请书，说明采砂范围和作业方式，报经所在河道主管部门审批，在领取河道采砂许可证后方可开采。从事淘金和营业性采砂取土的，在获准许可后，还应按当地工商、物价、税务部门的有关规定办理。

第五条 河道采砂必须交纳河道采砂管理费。

第六条 河道采砂管理费的计收：

（一）由发放河道采砂许可证的单位计收采砂管理费。

（二）河道采砂管理费的收费标准由各省、自治区、直辖市水利部门报同级物价、财政部门核定。收费单位应按规定向当地物价部门申领收取许可证，并使用财政部门统一印制的收费票据。

第七条 河道采砂管理费用于河道与堤防工程的维修、工程设施的更新改造及管理单位的管理费，结余资金可以连年结转，继续使用，其他任何部门不得截留或挪用。

第八条 河道主管单位要加强财务及收费管理，建立健全财务制度，收好、管好、用好河道采砂管理费。河道采砂管理费按预算外资金管理，专款专用，专户存储。各级财政、物价和水利部门要负责监督检查各项财务制度的执行情况和资金使用效果。

第九条 违反本办法第三、四、五条规定的，按《河道管理条例》条四十四条规定办理。

第十条 河道管理、监理人员在河道采砂收费同管理中，滥用职权、徇私舞弊、收受贿赂的，按《河道管理条例》第四十八条规定办理。

第十一条 各省、自治区、直辖市水利部门可以根据本办法的规定，结合实际情况，商同级财政、物价部门制定本地区河道采砂收费管理实施细则。

第十二条 本办法由水利部负责解释。

第十三条 本办法自公布之日起施行。

河道等级划分办法

（1994 年 2 月 21 日水利部水管 [1994]106 号通知发布）

第一条 为保障河道行洪安全和多目标综合利用，使河道管理逐步实现科学化、规范化，根据《中华人民共和国河道管理条例》第六条"河道划分等级"的规定，制定本办法。

第二条 本办法适用于中华人民共和国领域内的所有河道。跨国河道和国际边界河道不适用本办法。河道内的航道等级按交通部门有关航道标准划定。

第三条 河道的等级划分，主要依据河道的自然规模及其对社会、经济发展影响的重要程度等因素确定。（表见后）

第四条 河道划分为五个等级，即一级河道、二级河道、三级河道、四级河道、五级河道。在河道分级指标表中满足（1）和（2）项或（1）和（3）项者，可划分为相应等级；不满足上述条件，但满足（4）、（5）、（6）项之一，且（1）、（2）或（1）、（3）项不低于下一个等级指标者，可划为相应等级。

第五条 河道等级划分程序：一、二、三级河道由水利部认定；四、五级河道由省、自治区、直辖市水利（水电）厅（局）认定。

各河道均由主管机关根据管理工作的需要划出重要河段和一般河段。

第六条 具备某种特殊条件的河道（段），可由水利部直接认定其等级。

第七条 河道划分等级后，可因情况变化而变更其等级，其变更程序同第五条。

河道分级指标表

级别	分级指标					
	流域面积（万 km²）(1)	影响范围				可能开发的水力资源（万 kw）(6)
		耕地（万亩）(2)	人口（万人）(3)	城市(4)	交通及工矿企业(5)	
一	> 5.0	> 500	> 500	特大	特别重要	> 500
二	1 ~ 5	100 ~ 500	100 ~ 500	大	重要	100 ~ 500
三	0.1 ~ 1	30 ~ 100	30 ~ 100	中等	中等	10 ~ 100
四	0.01 ~ 0.1	< 30	< 30	小	一般	< 10
五	< 0.01					

注：1. 影响范围中耕地及人口，指事实上标准洪水可能淹没范围；城市、交通及工矿企业指洪水淹没严重或供水中断对生活、生产产生严重影响的。

2. 特大城市指市区非农业人口大于 100 万；大城市人口 50 万 ~ 100 万；中等城市人口 20 万 ~ 50 万；小城镇人口 10 万 ~ 20 万。特别重要的交通及工矿企业是指国家的主要交通枢纽和国民经济关系重大的工矿企业。

山西省河道采砂收费管理实施细则

（1994 年 1 月 5 日晋水计字〔1994〕2 号发布，自发布之日起实施）

第一条 为加强河道的整治和管理、合理采挖河道砂石，依据水利部、财政部、国家物价局颁发的《河道采砂收费管理办法》，结合我省实际情况，制定本实施细则。

第二条 本细则所称河道采砂，是指在本省境内所有河流、河段及其管理范围内挖砂、采石、取土和淘金以及淘取其他金属及非金属。

河道管理范围按《中华人民共和国河道管理条例》第二十条规定执行。

河道管理范围内的一切砂、石、土料等资源均属国家所有，由各级水行政主管部门统一管理，其他单位或个人不得侵占。

第三条 河道采砂必须服从河道整治规划、确保防洪安全、河势稳定、采砂单位或个人必须服从河道主管机关的监督检查。

第四条 河道采砂实行许可证制度，河道采砂许可证由省水利厅与省财政厅统一印制、并由所在河道主管机关或由其授权的河道管理单位负责发放。

第五条 在河道采砂的单位或个人，必须向采砂河段、所在河道主管机关或河道管理单位提出河道采砂申请书，说明采砂河段、开采量、时间、范围、深度、路线、作业方式、弃料处理方案、安全度汛措施以及负责人、经审查批准领取许可证后方可开采。

从事淘金和营业性采运砂、石、土料的单位和个人，获取河道采砂许可证后，还应按当地工商、物价和税务部门的规定办理有关手续。

农民及河道两岸防护区的公民自产自用，需要开采少量砂、石、土料的，可持村委会或街道居委会证明，直接向所在县河道主管机关或河道管理单位提出书面或口头申请，由河道管理单位指定地点开采并免交采砂管理费。

第六条 经批准在河道管理范围内采砂的单位和个人，必须依照下列规定向发放河道采砂许可证的单位按月缴纳河道采砂管理费。

开采砂、石、土料的，其管理费按当地市场销售价的 15% ~ 20% 计收。

淘金和其他金属及非金属，按收购价的 1% 计收。

采砂管理费属行政事业性收费。各收费单位均应向当地物价部门申领收费许可证，并使用财政部门统一印制的收费票据。

第七条 河道采砂管理费用于河道与堤防工程的维修、工程设施的更新改造及管理单位的管理费，结余资金可以连年结转，继续使用，其他任何部门不得截留或挪用。

第八条 河道主管机关应加强财务及收费管理，建立健全财务制度，收好、管好、用好河道采砂管理费。河道采砂管理费按预算外资金管理，专款专用实行财政专户专储。各级财政、物价和水利部门要负责监督检查各项财务制度的执行情况和资金使用效果。

第九条　违反河道管理规定的，可由县级以上河道主管机关根据《中华人民共和国水法》、《中华人民共和国河道管理条例》等法律、法规进行处罚。罚没收入一律上交同级财政。

第十条　河道管理及监理人员在河道采砂收费管理中，滥用职权、徇私舞弊的，按《中华人民共和国河道管理条例》第四十八条规定处理。

第十一条　本实施细则由山西省水利厅负责解释。

第十二条　本实施细则自公布之日起施行。

【标　　题】山西省河道工程维护管理费征收使用办法

【颁布单位】山西省人民政府

【颁布日期】1996 年 12 月 12 日

【实施日期】1997 年 1 月 1 日

【有 效 性】有效

山西省人民政府
关于印发《山西省河道工程维护管理费征收使用办法》的通知

晋政发〔1996〕131 号

各地区行政公署，各市、县人民政府，省直各委、办、厅、局，各大中型企业：

　　现将《山西省河道工程维护管理费征收使用办法》印发给你们，请结合实施认真贯彻执行。

1996 年 12 月 12 日

【正　文】

山西省河道工程维护管理费征收使用办法

颁发时间　1996 年 12 月 12 日

　　第一条　为加强河道工程维护管理，提高防洪抗灾能力，保障人民生命财产安 全，根据《中华人民共和国河道管理条例》和《山西省河道管理条例》制定本办法。

　　第二条　本办法所称河道工程，系指在本省境内河道(包括湖泊、人工水道、行洪区、蓄洪区、滞洪区)上建成的防洪堤、防洪水库、护岸、水闸、排涝设施等。

　　第三条　凡在本省境内受河道工程和防洪排涝工程设施保护的生产经营性单位、个体工商户和农户，均应按照本办法缴纳河道工程维护管理费。

　　第四条　凡在河道防洪排涝工程保护区内的单位和个人都有维护工程设施安全、在汛期参加防洪抢险的义务。

　　县级以上地方人民政府应在汛期组织河道两岸的城镇和村庄以及堤防保护区内的单位和个人义务出工，对河道堤防工程进行维护和加固。

　　第五条　河道工程和防洪排涝工程设施保护范围(含河道管理范围、河滩地)按下列原则确定：

　　(一)堤防及防洪水库按照工程设计的保护和影响范围确定。工程设计保护范围不明确的，按历史最大受灾范围确定。

（二）排涝工程保护范围按照工程设计的排水范围确定。

具体的河道工程和防洪排涝工程的保护范围由各级水行政主管部门会同财政、物价部门测定后，报省水行政主管部门会同财政、物价部门批准执行。

第六条 河道工程维护管理费的征收标准：

（一）工商企业和个体工商户按当年流转税总额的 1% 缴纳。

（二）有生产经营性收入的事业单位按当年营业税和所得税总额的 2% 缴纳。

（三）对保护范围内的农业纳费人，每年每亩农田（包括河滩地）按当年国家规定的 1 公斤小麦价格缴纳。

第七条 因遭受不可抗拒的自然灾害及停工停产企业，确实无力缴纳河道工程维护管理费的，就向所在地水行政主管部门提出书面申请，由当地水行政主管部门会同财政部门审查核实批准后，予以减、免。对农户收取的部分，按国家有关规定暂缓执行。缓征期满后，由省财政、物价、水行政主管部门批复执行。根据国家规定享受减、免税的单位和个人，免缴河道工程维护管理费。

第八条 保护范围内农田（包括河滩地）的河道工程维护管理费由河道管理单位征收，其余由地税部门代征，所征费用按月全额上缴同级财政部门预算外资金财政专户（乡镇税务所征收的，上缴县级财政部门）；征费时使用省财政部门统一印制的"山西省行政事业性专用票据"。代征手续费年终由财政部门按实际收费总额的 3% 计算拨付。

第九条 河道工程维护管理费实行按项目分管，按比例分成使用的原则，60% 留县，20% 上缴地市，20% 上缴省级。上缴省、地（市）的河道工程维护管理费，由各县（区）财政专户直接划转省、地（市）财政部门预算外资金专户。

第十条 河道工程维护管理费实行预决算审批制度，各级水行政主管部门应按规定向同级财政部门报送年度收支计划和年终决算，按照财政部门批准的计划执行，年终决算应及时、准确、完整、真实编报。

第十一条 河道工程维护管理费必须按照专款专用的原则，全额专项用于河道堤防工程的维护管理、设施的更新改造和汛期的防洪抢险，任何部门不得截留和挪用。各级所留费用的 80% 用于河道工程维护，其余为防洪抢险费用。

河道工程维护管理费不得用于各级行政主管部门的人员经费、办公宿舍楼修建及购买汽车。各级水行政主管部门也不得从中提留管理费及其他费用。

第十二条 河道工程维护管理费用于河道堤防、护岸、闸涵枢纽、分滞洪区工程设施的维修、加固、养护，更新改造，实行项目审批管理制度。各工程项目经上一级水行政主管部门批复后，由财政部门按工程项目的进度拨付使用。地方政府应组织受益农户义务出工，完成工程批复内容。工程建成后，由项目批复单位会同有关部门组织验收。

防洪抢险费主要用于为防止出现洪涝灾害采取紧急度汛措施和抢险、堵口所消耗的直接费用。

第十三条 擅自扩大河道工程维护管理费收费范围、提高收费标准、挪用、截留的，由财政、物价部门按照有关规定处理；并由其所在单位或上级行政机关对责任人和单位负责人给予行政处分，并责令限期归还截留和挪用的资金；构成犯罪的，依法追究刑事责任。

第十四条 本办法由财政、物价、水行政主管部门在各自的职责范围内负责解释。

第十五条 本办法自 1997 年 1 月 1 日起施行。

山西省人民政府文件

晋政办发〔2010〕51号

山西省人民政府办公厅
关于进一步加强河道采砂管理确保防洪安全的通知

各市、县人民政府，省直有关单位：

为进一步加强我省河道采砂管理，有效遏制私挖乱采的势头，确保河道采砂管理规范有序，切实维系河流健康，保护河道防洪安全，现就有关事项通知如下：

一、加强领导，明确责任，严厉打击河道非法采砂行为

地方各级人民政府要切实加强对河道采砂管理工作的领导，县级人民政府对县域内的河道采砂工作负总责。各级水行政主管部门和河道管理机构要认真履行河道管理、保护和监督职责，加强监督检查，加大监管力度。公安部门要对非法采砂的组织者、屡教不改的非法采砂者、暴力抗法者及涉黑势力依法进行打击。安监、国土、工商、税务等部门要根据各自职责，协调联动，形成合力，坚决制止非法采砂行为。监察部门对河道监管不力、有失职渎职行为的责任人要依法追究责任。市、县水行政主管部门要在每年入汛之前，会同各有关部门对非法采砂进行专项整治。

二、加强隐患排查，加快河道修复，确保防洪安全

市、县水行政主管部门要会同有关部门，对重要河道、重点河段、重要水利设施进行全面的安全隐患排查。在隐患排查中，对采砂现场管理混乱的，要责令其停采并限期整改；对违法违规私挖乱采行为，要依法惩处并坚决予以取缔；对各采砂户，要按照"谁设障、谁清除"的原则，限期清除弃渣弃料，填平沙坑和平整河床，恢复河道行洪能力；对因采砂造成堤防和水工程设施损坏的，要按照"谁破坏、谁修复"的原则，限期予以修复和加固；对多年沉积无事主的沙坑和河道损毁严重的河段，由县水行政主管部门负责河道修复整治，所需资金从县河道工程维护管理费中解决，不足部分由县财政补贴，保证尽快修复河道，确保防洪安全。

三、加强规划编制，规范河道采砂许可行为

河道采砂必须实行统一规划制度，各级河道管理机构负责编制河道采砂规划。在科学论证的基础上，划定禁采区、可采区及限采区，规定禁采期。按照河道分级管理原则，由各级水行政主管部门组织审批河道采砂规划，即省管河道由省水行政主管部门组织审批，市管河道由市水行政主管部门组织审批，县管河道由县水行政主管部门组织审批，同时报上一级水行政主管部门备案。

在河道管理范围内实施采砂的单位和个人，必须先办理河道采砂许可证，并依法缴纳河道采砂管理费。未经批准，任何单位和个人不准在河道管理范围内从事采砂活动。汛期严格禁止在河道内采砂。

四、加强执法队伍建设，强化法制宣传教育

地方各级人民政府要加强采砂管理执法队伍建设，配备必要的执法装备，强化对采砂管理人员和执法人员的培训和教育，努力提高执法人员依法行政和依法办事的能力。要充分利用报纸、电视、网络等媒体，采取多种形式广泛宣传水法律法规，积极引导群众学法、懂法、守法，努力营造规范河道采砂管理的良好社会氛围。

山西省人民政府办公厅

2010 年 7 月 1 日

山西省水利厅文件

晋水管〔2010〕423号

关于贯彻落实《山西省人民政府办公厅
关于进一步加强河道采砂管理确保防洪安全的通知》的实施意见

各市水利（水务）局，厅直属有关单位：

为贯彻落实《山西省人民政府办公厅关于进一步加强河道采砂管理确保防洪安全的通知》（晋政办发[2010]51号，以下简称《通知》）精神，切实加强全省河道采砂管理，经研究决定，提出如下实施意见：

一、进一步加强领导，明确责任，严厉打击河道非法采砂行为

按照《通知》规定，县级人民政府对县域内的河道采砂工作负总责。为此，各地要建立以县级地方人民政府负责制为核心，县政府主要负责人挂帅，水行政主管部门牵头，公安、安监等多部门协作的县域河道采砂管理责任体系。要进一步明确各部门的具体职责，强化责任，落实措施，形成合力。要通过采取专项打击与日常监管有机结合的方式，对河道非法采砂活动形成高压严打态势，使河道采砂管理达到可控局面。从今年开始，市县两级水行政主管部门要在每年入汛之前会同各有关部门对非法采砂实施专项整治和专项打击，日常监管工作则由县级水行政主管部门具体负责。

二、加强隐患排查，加快河道修复，确保防洪安全

每年入汛前，结合河道采砂专项整治活动，市、县水行政主管部门要会同有关部门，对重要河道、重点河段、重要水利设施进行全面的安全隐患排查。在隐患排查中，对采砂现场管理混乱的，要责令其停采并限期整改，对整改不到位的要依法吊销采砂许可证；对违法违规私挖乱采行为，要依法惩处并坚决予以取缔；对各采砂户，要按照"谁设障、谁清除"的原则，限期清除弃渣弃料，填平沙坑和平整河床，恢复河道行洪能力；对因采砂造成堤防和水工程设施损坏的，要按照"谁破坏、谁修复"的原则，限期予以修复和加固；对多年沉积无事主的沙坑和河道损毁严重的河段，由县水行政主管部门负责河道修复整治，所需资金从县河道工程维护管理费中解决，不足部分由县财政补贴，保证尽快修复河道，确保防洪安全。

三、加强规划编制，规范河道采砂许可

（一）河道采砂规划与审批。河道采砂必须实行统一规划制度，河道采砂规划由各级河道管理机构负责组织具有相应资质的设计单位编制。对于重要河道的采砂规划，要

按照水利部办公厅下发的《关于印发全国江河重要河道采砂管理规划工作大纲的通知》（办规计[2010]176号）及《河道采砂编制规程》（SL423-2008）的要求编制，其他河道可参照执行。在规划中要严格划定禁采区和可采区，规定禁采期和可采量，明确作业方式，确保采砂不影响河势稳定、不产生防洪隐患。各地可根据实际，对采砂活动可能影响度汛安全的河道（河段）发布全年禁采令，并予以公告。

河道采砂规划由各级水行政主管部门组织审批，即省管河道由省水行政主管部门组织审批，市、县水行政主管部门参加；市管河道由市水行政主管部门组织审批，县水行政主管部门参加；县管河道由县水行政主管部门组织审批。规划审批后报上一级水行政主管部门备案。

（二）河道采砂许可的实施。在河道管理范围内实施采砂的单位和个人，必须先办理河道采砂许可证，并依法缴纳河道采砂管理费。未经批准，任何单位和个人不准在河道管理范围内从事采砂活动。除防汛抢险应急外，汛期严格禁止在河道内采砂。

河道采砂许可证由省水利厅与省财政厅统一印制，许可证的有效期不得超过一个可采期（即每年的10月1日至翌年的6月1日）。采砂许可证由市水行政主管部门或由其授权的河道管理机构向省水行政主管部门统一领取，县级水行政主管部门应向市水行政主管部门领取许可证。

河道采砂许可证的申请，以县域为单位，由县水行政主管部门负责受理并办理相关手续。

河道采砂许可证的审核发放。县管河道由县水行政主管部门审核发证；市管河道由县水行政主管部门、市河道管理机构审查同意，经市水行政主管部门核准后，由县水行政主管部门发证；省管河道由市水行政主管部门、省河道管理机构审查同意，经省水行政主管部门核准后，由县水行政主管部门发证。采砂许可证的审核发证必须依据河道采砂规划进行。

河道采砂管理费的收取。依照水利部、财政部、国家物价局联合下发的《河道采砂收费管理办法》（水财[1990]16号）"由发放河道采砂许可证的单位计收采砂管理费"的规定，县级水行政主管部门负责县域内河道采砂管理费的收取。河道采砂管理费的收取依照《河道采砂收费管理办法》（水财[1990]16号）以及省水利厅、省财政厅、省物价局联合下发的《山西省河道采砂收费实施细则》（晋水计字（1994）第2号）的规定执行。

河道采砂许可可通过直接申请或公开招标的方式确定。招标工作由县级政府组织，县水行政主管部门牵头，国土、纪检、监察等部门参加，省、市水行政主管部门指导、监督。

依法收取的采砂管理费要专户存储，专款用于河道与堤防工程的维修、工程设施的更新改造和河道执法等费用。

四、加强执法队伍建设，强化法制宣传教育

地方各级人民政府要加强采砂管理执法队伍建设，配备符合采砂监管要求的专用执法监察车和必要的执法装备，强化对采砂管理人员和执法人员的培训和教育，努力提高执法人员依法行政和依法办事的能力。要充分利用报纸、电视、网络等媒体，采取多种形式广泛宣传水法律法规，积极引导群众学法、懂法、守法，努力营造规范河道采砂管理的良好社会氛围。

2010 年 7 月 29 日

主题词：管理　河道 采砂 防洪安全 实施意见

山西省水利厅办公室　　　　　　　　　　　　　　2010 年 7 月 29 日印发

附录二

河道管理执法文书格式

×××水利局
当场处罚决定书

××水（河道）简罚〔　　〕＿＿＿＿＿号

当事人	个人	姓名			电话	
		性别		年龄		身份证号
		住址				
	单位	名称			法定代表人（负责人）	
		地址			电话	
违法事实						
处罚依据及内容						
告知事项	1. 当事人应当对违法行为立即或在＿＿日内予以纠正； 2. 当事人必须在收到处罚决定书之日起15日内持本决定书到＿＿＿＿＿＿＿＿＿＿＿＿＿＿＿＿＿＿＿缴纳罚款。逾期不缴纳的，每日按罚款数额的3%加处罚款； 3. 对本处罚决定不服的，可以在收到本处罚决定书之日起60日内向×××人民政府或×××水利局申请行政复议；或者三个月内向＿＿＿＿＿＿＿＿＿＿＿人民法院提起行政诉讼。					
执法人员基本情况	姓　　名				×××水利局（印章） 年　月　日	
	执法证件号					
当事人签收			是否当场执行			

行政处罚立案审批表

×××水（河道）立〔　　　〕_____号

案件来源					受案时间		
案由							
当事人	个人	姓名				电话	
		性别		年龄	身份证号		
		住址					
	单位	名称			法定代表人（负责人）		
		地址			电话		
简要案情		受案人签名： 　　年　　月　　日					
科室意见		签名： 　　年　　月　　日					
水行政主管机关意见		签名： 　　年　　月　　日					
备注							

询问笔录

询问时间：_____年_____月_____日_____时_____分至_____时_____分

询问地点：_____

询问机关：_____

询问人：_____ 执法证件号：_____

_____ _____

记录人：_____

被询问人：姓名_____ 性别_____ 年龄_____

身份证号_____ 联系电话_____

工作单位_____ 职务_____

住址_____

问：我们是_____执法人员（出示执法证件），现依法向你进行询问

调查。你应当如实回答我们的询问并协助调查，作伪证要承担法律责任，你听清楚了吗？

答：_____

问：_____

答：_____

问：_____

答：_____

被询问人签名或盖章：

笔 录 纸

被询问人签名或盖章：

执法人员签名或盖章：

现场检查（勘验）笔录

时间：_____年_____月_____日_____时_____分至_____时_____分

检查（勘验）地点：_____

当事人：_____

检查（勘验）机关：_____

检查（勘验）人员：_____执法证件号：_____

_____   _____

记录人：_____

现场检查（勘验）情况：_____

_____

_____

_____

_____

_____

_____

_____

当事人签名或盖章：   （见证人签名或盖章：   ）

执法人员签名或盖章：

笔 录 纸

当事人签名或盖章：　　　　　　　　　　（见证人签名或盖章：　　　　　　）

执法人员签名或盖章：

（第　　页共　　页）

案件处理意见书

案由							
当事人	个人	姓名					
		性别		年龄		电话	
		住址					
	单位	名称			法定代表人（负责人）		
		地址			电话		
案件调查经过							
所附证据材料							

调查结论及处理意见	
	执法人员签名： 　　　　　　　　　年　月　日
水行政主管机关意见	
	签名： 　　　　　　　　　年　月　日

×××水利局
责令改正通知书

_____:

　你(单位)_____的行为，

违反了_____，

依照_____之规定，本机关责令你（单位）

(□立即/□于____年____月____日之前)按下列要求改正违法行为：

_____

_____

_____

_____

_____

_____

_____

（逾期不改正的，本机关将依照_____之规定依法处理。）

×××水利局（印章）

年　　月　　日

责令停止水事违法行为通知书

××水责字〔　〕第　号

_____:

　　经查你单位（人）_____

_____

违反了_____

_____

的规定，现责令立即停止违法行为，听候处理。否则，追究法律责任。

　　并且采取以下补救措施：

_____

_____

_____。

×××水利局

年　月　日

×××水利局

行政处罚事先告知书（适用一般案件）

×× 水（河道）告〔   〕_____ 号

_____ ：

经调查，你（单位）_____

_____

_____

你（单位）违反了_____

_____

依据_____ ，本机关拟作出如下处罚决定:

_____

_____

_____

根据《中华人民共和国行政处罚法》第三十一条、第三十二条之规定，你（单位）可在收到本告知书之日起 3 日内向本机关进行陈述申辩，逾期不陈述申辩的，视为你（单位）放弃上述权利。

×××水利局（印章）

年　月　日

执法机关地址：_____

联系人：_____　电话：_____

×××水利局

行政处罚事先告知书（适用听证案件）

×× 水（河道）告〔 〕_____ 号

_____：

经调查，你（单位）_____

_____

_____

你（单位）违反了_____

_____

依据_____，本机关拟作出如下处罚决定：

_____

_____

_____

根据《中华人民共和国行政处罚法》第三十一条、三十二条和第四十二条之规定，你（单位）可在收到本告知书之日起 3 日内向本机关进行陈述申辩、申请听证，逾期不陈述申辩、申请听证的，视为你（单位）放弃上述权利。

×××水利局（印章）

年 月 日

执法机关地址：_____

联系人：_____ 电话：_____

×××水利局

行政处罚听证会通知书

_____：

本机关定于_____年_____月_____日_____时_____分在_____

_____对你（单位）_____一案（公开、不公开）举行听证会。本次听证会由_____担任

主持人。

你（单位）法定代表人或委托代理人应准时出席，逾期不出席的，视同放弃听证权利。委托代理

人出席的，应提交身份证明及当事人签署的授权委托书。授权委托书应当写明委托代理人的姓名、性

别、年龄以及委托的具体权限，并经你（单位）签名或盖章。

根据《中华人民共和国行政处罚法》第四十二条之规定，你（单位）有权申请听证主持人回避。

如申请回避的，请于_____前向本机关提出书面申请。

特此通知。

×××水利局（印章）

年　月　日

执法机关地址：_____

联系人：_____　电话：_____

听证笔录

时　间：_____年_____月_____日_____时_____分至_____时_____分

地　点：_____

听证主持人：_____

听　证　员：_____

书　记　员：_____

当　事　人：_____

法定代表人：_____

委托代理人：_____工作单位：_____

　　　　　　_____　　_____

案件调查人员：_____

听证记录：_____

_____

_____

_____

_____

当事人或委托代理人签名：

案件调查人员签名：

_____

_____

_____

_____

_____

_____

_____

_____

_____

_____

_____

_____

_____

_____

_____

_____

_____

当事人或委托代理人签名：

案件调查人员签名：

行政处罚听证会报告书

案　由	
听证主持人	
听　证　员	
书　记　员	

听证基本情况摘要（详见听证笔录）

听证结论及处理意见：

听证人员签名：

年　　月　　日

负责人审批意见：

签名：

年　　月　　日

备注：

行政处罚决定审批表

案由								
当事人	个人	姓名						
		性别		年龄		电话		
		住址						
	单位	名称			法定代表人（负责人）			
		地址			电话			
陈述申辩或听证情况								

处理意见	
	执法人员签名： 年　　月　　日
科室意见	
	签名： 年　　月　　日
水行政主管机关意见	
	签名： 年　　月　　日

×××水利局
行政处罚决定书

_____罚〔 〕_____号

当事人：（姓名、性别、年龄、住址或单位名称、地址、法定代表人等）

当事人××××××一案，经本机关依法调查，现查明；

××××××（案件来源；立案情况；违法事实；证据列举及说明）。

本机关认为：

××××××（案件处罚理由与依据；事先告知情况；当事人陈述申辩或听证情况；自由裁量说明）。

依照×××××（法条原文）之规定，本机关（责令_____

_____，并）做出如下处罚决定：

_____

_____

_____

当事人必须在收到本处罚决定书之日起15日内持本决定书到××××××缴纳罚（没）款。逾期不按规定缴纳罚款的，每日按罚款数额的3%加处罚款。

当事人对本处罚决定不服的，可以在收到本处罚决定书之日起60日内向×××人民政府或忻州市申请行政复议；或者三个月内向×××人民法院提起行政诉讼。行政复议和行政诉讼期间，本处罚决定不停止执行。

当事人逾期不申请行政复议或提起行政诉讼，也不履行本行政处罚决定的，本机关将依法申请人民法院强制执行。

×××水利局（印章）

年   月   日

送达回证

案　　由					
受送达人					
送达单位					

送达文书及文号	送达地点	送达人	送达方式	收到日期	收件人签名

备注	

行政处罚结案报告

案　由	
当事人	

立案时间		处罚决定送达时间	

处罚决定及执行情况：

执法人员签名：
年　　月　　日

科室意见	

签名：
年　　月　　日

水行政主管机关意见	

签名：
年　　月　　日

×××水利局
履行行政处罚决定催告书

_____催〔　〕_____号

_____:

　　本机关于_____年____月_____日送达你（单位）行政处罚决定书(_____罚〔　〕_____号)，你（单位）在法定期限内未履行行政处罚决定，现依法催告你（单位）履行义务。请你（单位）自收到本催告书之日起10日内到_____缴纳罚（没）款____元。如有陈述申辩意见，请在催告期内向本机关书面提出。无正当理由逾期仍不履行义务，本机关将依法申请人民法院强制执行。

×××水利局（印章）

年　　月　　日

执法机关地址：_____

联系人：_____　电话：_____

×××水利局

强制执行申请书

_____申执〔　〕_____号

申请人：（执法机关名称、法定代表人、地址、联系电话）

被申请人：（当事人基本情况——姓名、性别、年龄、住址、联系电话或单位名称、法定代表人、地址、联系电话）

申请人于___年___月___日对被申请人_____案依法作出行政处罚决定(_____罚〔　〕__号），并已于___年___月___日送达被申请人，被申请人在法定期限内未履行行政处罚决定，也未申请行政复议或者提起行政诉讼。经本机关书面催告，被申请人仍未履行义务。根据《中华人民共和国行政强制法》第五十三条之规定，特申请强制执行。

申请执行内容：_____

_____

此致

×××人民法院

附：1.行政处罚决定书及送达回证

　　2.催告书等其他有关材料

负责人签名：

×××水利局（印章）

年　月　日

×××水利局

案件移送函

_____移〔   〕_____号

_____：

_____案件，经本机关调查核实，认为_____

_____，根据_____的规定，现将此案移送你

单位处理，并请将处理结果函告本机关。

附：有关材料

×××水利局（印章）

年　　月　　日

水行政处罚流程图

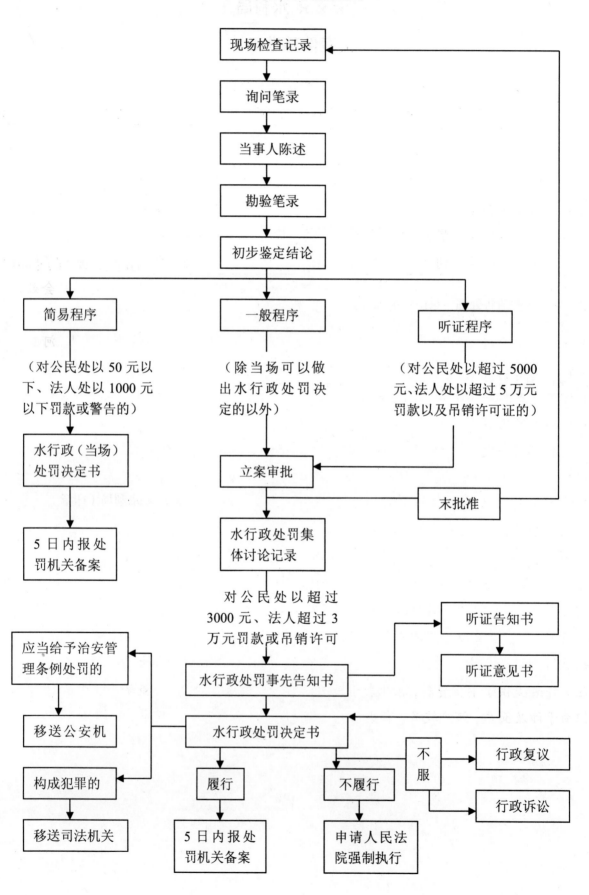

后记

经过两年多的艰苦努力，《忻州市河道管理实用指南》这凝结着全市水利工作者心血的著作终于面世了。它不仅对忻州市的河道管理工作具有一定的指导意义，也值得全省河道管理工作者借鉴。

历届各级政府对河道管理工作非常重视，从历史和全局发展的高度，提出了河流生态修复与保护战略工程，在全国进行了大规模的中小河流治理，取得了一定的社会效益、生态效益和经济效益。但是近年来，随着经济社会的快速发展，人类对河流水资源的过度开发利用，同时大量修建涉河建筑，导致河流生态环境恶化，堤防水毁，沿河两岸人民的生命财产受到威胁。为了改善河流生态环境，保障人民生命财产安全，使全市河道管理工作更加科学合理、依法规范，并为领导决策及合理开发利用河流提供科学依据，我们编写了此书。

在编写过程中，我们用全站仪、GPS等先进仪器对每一条河流进行了实地勘测，到水文局、气象局等相关单位收集资料，查阅水文、气象、地理、史志等多种书籍，请教从事水利工作多年经验丰富的专家和领导，多次和各县河道站同志沟通联系，召开了几次专题会议，经过两年多的努力工作，收集整理了系统的河流基本知识、全市大于 $100km^2$ 的 66 条河流的基础资料，以及河道管理法律、法规和河道管理执法文书格式。力求内容系统全面、数据确凿可靠、便于查找使用。

本书第一篇"河道管理理论知识"和第二篇"忻州河流基础资料"由李霄荣同志编写，"附录1　河道管理法律法规"和"附录2　河道管理执法文书格式"由李建平同志编写。在编辑出版过程中，得到了有关领导、专家、同行的热情帮助和大力支持，各县河道管理工作者提供了不少资料，在此表示衷心的感谢！在编写过程中，虽竭尽全力，几校其稿，但由于涉及面广、河流较多，有些资料是动态的，不免存在错漏现象，敬请读者批评指正。

张　健

2013 年 5 月

图书在版编目（CIP）数据

忻州市河道管理实用指南 / 李建平，李霄荣编著.
—太原 ：山西人民出版社，2013.12
ISBN 978-7-203-08328-3

Ⅰ.①忻… Ⅱ.①李… ②李…Ⅲ.①河道整治—忻州
市—指南 Ⅳ.①TV882.825.3-62

中国版本图书馆CIP数据核字（2013）第220301号

忻州市河道管理实用指南

编　著：李建平　李霄荣
责任编辑：高美然
装帧设计：李美莲

出 版 者：山西出版传媒集团·山西人民出版社
地　　址：太原市建设南路21号
邮　　编：030012
发行营销：0351-4922220　4955996　4956039
　　　　　0351-4922127（传真）　　4956038（邮购）
E - mail：sxskcb@163.com　发行部
　　　　　sxskcb@126.com　总编室
网　　址：www.sxskcb.com

经 销 者：山西出版传媒集团·山西人民出版社
承 印 者：山西嘉祥印刷包装有限公司
开　　本：890mm×1240mm　1/16
印　　张：20.25
字　　数：490千字
印　　数：1-1000册
版　　次：2013年12月　第1版
印　　次：2013年12月　第1次印刷
书　　号：ISBN 978-7-203-08328-3
定　　价：68.00元

如有印装质量问题请与本社联系调换